Christine Reinke-Kunze

# Die PackEISwaffel

*Von Gletschern, Schnee und Speiseeis*

Springer Basel AG

Die Deutsche Bibliothek – CIP-Einheitsaufnahme
Die PackEisWaffel : von Gletschern, Schnee und Speiseeis /
Christine Reinke-Kunze.

ISBN 978-3-0348-6111-3 ISBN 978-3-0348-6110-6 (eBook)
DOI 10.1007/978-3-0348-6110-6


Ursprünglich erschienen bei Birkhäuser Verlag, Basel 1996
Softcover reprint of the hardcover 1st edition 1996

Umschlaggestaltung: WSP Design, Heidelberg
Gedruckt auf säurefreiem Papier, hergestellt aus chlorfrei gebleichtem Zellstoff.
TCF∞

ISBN 978-3-0348-6111-3
9 8 7 6 5 4 3 2 1

# Inhaltsverzeichnis

# Ein Wort zuvor

*Ehrfurcht vor dem Eis ist Ehrfurcht vor der Natur, vor dem Leben, vor der Zukunft.*
*(Bernard Stonehouse, britischer Polarforscher)*

Ruhig lag das kleine, blau-weiße Kreuzfahrtschiff in den frühen Morgenstunden des 30. August 1995 am Ende des Tracy Arm, eines gut 40 Kilometer langen Fjordes im südlichen Alaska unweit Juneau, vor der gewaltigen Gletscherfront des South-Sawyer-Gletschers. Duft von frischem Kaffee und gebackenen Brötchen zog durch das Schiff, doch die etwa einhundertzwanzig Passagiere konnte er in diesem Moment nicht locken. Schweigend standen sie auf den Außendecks und schauten hinüber zum Gletscher. Das tiefe, ungemein intensive Blau des Eises hatte sie fest in seinen Bann geschlagen. Fotoapparate klickten, Videokameras summten, Ferngläser wurden vor die Augen gepreßt. Auf Eisschollen vor der Gletscherfront lagen Hunderte von Robben. Gelegentlich hob eine ihren Kopf, ließ ihn dann aber gleich wieder auf das Eis sinken. Möwen umkreisten sie mit lautlosem Flügelschlag. Die Wolken hingen an diesem Morgen tief über dem Gletscher, und die Sonne schien keine Anstalten zu machen, auch nur mit einem Strahl durch die dichte Wolkendecke hindurchzustoßen. Etwa 40 Meter erhob sich die Gletscherfront aus der Wasserlinie, der weitere Verlauf des gewaltigen Eisstromes ließ sich nur ahnen. Glatt und grau säumten Berge sein schroffes Ufer, nur wenige Bäume hatten oberhalb des Eises in Bergspalten einen Halt gefunden. Eine geheimnisvolle Stille lag über der Landschaft, bis plötzlich ein atemberaubender Donner die Ruhe zerriß. Langsam, wie in Zeitlupentempo, brach ein gewaltiges Stück Eis von der

Gletscherfront ab. Im Fallen riß es weitere Stücke mit sich. Dann schlug es auf die zuvor spiegelglatte Wasseroberfläche, die das Eis verschlang. Für nur einen kurzen Augenblick war der Gletscherbrocken verschwunden, dann hatte er sich aus der Tiefe des Wasser wieder freigekämpft, drückte nach oben, stieg rollend, sich drehend wieder auf, wie ein Taucher, der nach längerem Aufenthalt unter Wasser an der Oberfläche erscheint, hastig atmet und sich mit einer schnellen Kopfdrehung das Wasser aus dem Gesicht schlägt. Das Kalben des Gletschers löste eine gewaltige Welle aus. Minuten später erreichte sie das Schiff, das nun zu tanzen begann. Noch einmal drehte sich das abgebrochene Eisstück, dann hatte es seine neue Lage im Wasser eingenommen; wenig später beruhigten sich die Wellen, und im Tracy Arm kehrte wieder Stille ein, fast als ob nichts geschehen wäre. Nur der neue Eisberg trieb nun vor der Gletscherfront. Einige der Robben, die während des Getöses ins Wasser geglitten waren, tauchten wieder auf, sicherten und schoben ihren glänzenden Körper wieder auf eine Eisscholle in ihrer Nähe.

Schließlich drehte das kleine blau-weiße Schiff ab und machte sich auf den Weg zurück zum offenen Meer. In einer scharfen Biegung des Fjords verlor sich der Blick auf den Gletscher. Doch das Schiff glitt weiter vorbei an schroffen, geschliffenen Felswänden, die deutlich vom Eis gezeichnet waren. Ein Netzwerk von Rillen überzog ihre Oberfläche, in Seitentälern hatte der schmelzende Gletscher Sand, Kies und Geröll zurückgelassen.

«Wie gut, daß man dieses heutige Eis zum Vergleich hat», meinte vor fast fünfzig Jahren der Geologe Hans Cloos angesichts der Gletscherspuren im Felsgestein Südafrikas. «Wie ständen wir da», überlegte er im «Gespräch mit der Erde» weiter, «wenn es zufällig gerade heute kein Eis gäbe, kein Inland- und Polareis, vielleicht nicht einmal Gletscher, auch nicht die allerkleinsten Eisnäpfe in irgendwelchen Kar-Winkeln höchster oder nördlichster Gebirge? Wenn also das irdische Klima heute so beschaffen wäre, daß nie und nirgends Wasser in festem Zustand geologische Gestalt annimmt? Was dann? Wäre denn irgendein Menschenhirn auf den verwickelten Gedanken verfallen, daß Wasser kristallisieren, große, zusammenhängende Massen bilden könnte, daß solche Massen durch Täler fließen, Ebenen überfluten, über Hügel und Berge klettern und das Gesicht der Erde bleibend verändern würden?»[1]

Wohl kaum ein anderes Medium hat das Antlitz der Erde so gravierend geprägt und gestaltet wie das Eis. Ein großer Teil unserer gegenwärtigen Landschaftsformen, schroffe Felswände, tief eingeschnittene Fjorde und Täler, hügelige Ebenen, Seenplatten und Flüsse sind letztlich das Erbe der Gletscher, die Hinterlassenschaft des Eises. Ehrfurchtsvoll nannte der Schweizer Naturforscher des 19. Jahrhunderts, Louis Agassiz, die Gletscher einst «die große Pflugschar Gottes»,[2] und obwohl die mächtigsten Ströme der Erde nicht aus Wasser, sondern aus hartem Eis bestehen und «im Normalfall nicht einmal das Tempo einer Schnecke erreichen»,[3] wie es der amerikanische Wissenschaftsjournalist Ronald H. Bailey formulierte, ist ihre Wirkung mächtiger als die des fließenden Wassers.

Auf dem Höhepunkt der letzten Eiszeit um etwa 16 000 v. Chr. lagen die Durchschnittstemperaturen in einigen Gebieten Nordamerikas und Europas bis zu 18 °C niedriger als heute. Etwa ein Viertel bis ein Drittel der Landoberfläche der Erde war von einem bis zu drei Kilometer dicken Eispanzer wie von einem Leichentuch bedeckt.[4] Ein großer Teil dieser gewaltigen Masse war ständig in Bewegung, sie riß den Boden auf, hobelte und radierte ihn ab, schob Geröll und Gestein vor sich her, zermahlte die Felsbrocken zu Pulver und ließ den transportierten Schutt schließlich liegen. Nordamerika war von zwei Eisschichten bedeckt: Die eine erstreckte sich an der Ostküste, vom östlichen Kanada und von Neuengland landeinwärts über den Mittleren Westen bis zum heutigen St. Louis in Missouri, eine zweite dehnte sich entlang der Rocky Mountains aus, bedeckte große Gebiete Alaskas, das gesamte westliche Kanada und weite Regionen der heutigen Bundesstaaten Washington, Idaho und Montana.

Das Eis der Eiszeiten hat jedoch nicht nur die Oberfläche unseres Planeten mit geformt, sondern es bestimmte auch die Wege des Homo sapiens, der den Planeten Erde bewohnt. In den Eisschilden Europas, Asiens und Nordamerikas war so viel Wasser gebunden, daß der Meeresspiegel ca. 100 m tiefer lag als heute. Dadurch wurden weite Flächen des heutigen Meeresbodens freigelegt, Inseln vor der Küste waren Halbinseln, Küstenebenen waren breiter, den Ärmelkanal und den Persischen Golf gab es nicht, aber vor allem waren Sibirien und Alaska durch eine breite Landbrücke miteinander verbunden.

So konnten die Vorfahren der amerikanischen Ureinwohner über diese Verbindung trockenen Fußes ins damals noch menschenleere Amerika gelangen. Dabei war «Beringia», so nimmt man an, eine periodisch auftretende Brücke über die Beringstraße. Von Zeit zu Zeit, wenn durch wärmeres Klima das Eis schmolz, stieg der Meeresspiegel an und ließ die Landverbindung zu einem immer schmaleren Sumpflandstreifen werden, der letztlich unter dem Wasser verschwand. Diese Veränderung hat es mehrere Male gegeben. In einer der letzten Einwanderungswellen stießen die

Inuit, aus Sibirien kommend, sogar bis nach Grönland vor. Heute ist der überwiegende Teil des Inlandeises auf der nördlichen Halbkugel verschwunden, und der Meeresspiegel bleibt relativ konstant.

Doch nicht nur für Menschen, sondern auch für eine beachtliche Zahl von Tieren war «Beringia» eine wichtige Brücke. Mindestens zwanzig Säugetierarten, einschließlich der Moschusochsen, Elche, Büffel, Karibus, Schneehasen und Füchse, Lemminge und Ziesel nutzten sie, um nach Amerika zu gelangen, darunter auch Arten, die heute ausgestorben sind, wie das Mammut oder der Waldmoschusochse.[5]

Gegenüber jenen Eismengen, die vor 20 000 Jahren unseren Planeten beherrschten, sind die heute vorhandenen Eisschilde der Erde vergleichsweise klein. Etwa 14,4 Mill. km$^2$, das entspricht rund 10 % der Landfläche der Erde, sind zur Zeit von Eis bedeckt. Der weitaus größte Teil davon ist im antarktischen Inlandeis gebunden.[6] Dazu kommt noch das Meereis: Beim derzeitigen Klimazustand haben wir in der Arktis zwischen 7 und 14 sowie in der Antarktis zwischen 3,6 und 18,4 Mill. km$^2$ Meereis. Was mit diesem Land- und Meereis geschieht, wenn als Folge des anthropogenen Treibhauseffekts die Durchschnittstemperaturen auf der Erde steigen, ist eine jener gravierenden Fragen, auf die Eis- und Klimaforscher überall in der Welt in den letzten Jahrzehnten verstärkt eine Antwort suchen.

Eis begegnet uns jedoch nicht nur in Form von Gletscherströmen und Eisschilden, sondern in vielfältigen Variationen: als Schneeflocken, die leise vom Himmel rieseln, als starre, blinkende Oberfläche zugefrorener Seen und Flüsse, als grauweißer Eisschlamm auf dem Meer, der sich in den hohen Breitengraden zu schwerem Packeis verdichtet. In allen seinen Formen hat es Einfluß auch auf den Menschen unserer Tage und seinen Alltag.

Eis hat nicht nur die Wege des prähistorischen Menschen bestimmt, auch in der späteren politischen Geschichte hat es oft den Lauf der Dinge beeinflußt. In Kriegen hat es stets eine wichtige Rolle gespielt, häufig entschied es über Sieg oder Niederlage. Hannibal kämpfte zunächst gegen das Eis und den Schnee der Alpen, als er 218 v. Chr. mit 38 000 Mann gen Rom marschierte, wobei nicht wenige seiner Leute durch Lawinen umkamen. Im strengen Winter 1578 führte der finnische Feldherr Henrik Horn etwa 2500 Soldaten über den finnischen Meerbusen gegen Estland,[7] und im Januar 1657/58 marschierten die Schweden unter Karl X. mit ihren Geschützen über den gefrorenen Öresund und zwangen dadurch die Dänen zum Frieden von Roskilde.[8] Im März 1808 führte der russische Feldmarschall Barclay de Tolly eine Armee von

3700 Soldaten von Vaasa in Finnland über das Eis des Bottnischen Meerbusen nach Umeå in Schweden und eine Woche später auf demselben Weg zurück. Viele seiner Männer verloren in der eisigen Kälte ihr Leben. «Ich habe den Weg über das Eis mit den Knochen meiner Soldaten markiert»,[9] berichtete der Feldherr später seinem Zaren. Napoleon hingegen versäumte es, an den russischen Schnee zu denken, als er gen Moskau marschierte, auch Hitler scheiterte am russischen Eis. Gleichzeitig wurde nicht wenigen Menschen der Weg über die im 20. Jahrhundert nur äußerst selten vereiste Ostsee in den Wintern des Zweiten Weltkrieges zur Rettung, während andere auf der Flucht über das zugefrorene Meer ihr Leben ließen.

Nicht auf der Flucht, aber dennoch auf der Suche nach einer neuen Heimat war im Oktober des Jahres 1846 ein Wagenzug von Auswanderern, Männern, Frauen und Kindern, als sie in der Sierra Nevada von unerwartet frühem Schneefall überrascht wurden. Der Treck war auf dem Weg nach Kalifornien im Zeitplan zurückgeblieben. Die Gruppe hatte die Rocky Mountains passiert, die salzigen Ebenen von Utah und Nevada durchquert. Doch am Fuße der aufragenden Sierra mußten ihre von der Wüstensonne gebleichten, leinenbespannten Wagen stoppen. Schnee, der sich eineinhalb Meter hoch auftürmte, versperrte den Paß über das Gebirge. Während die Gruppe ihr Lager aufschlug, schneite es weiter. Insgesamt dauerte der Schneefall acht Tage. Letzlich begrub der Schnee ihre kleinen, behelfsmäßigen Zelte und blies zehn bis zwölf Meter hohe Schneewehen auf. Ohne Hoffnung gefangen, knapp an Nahrung, starben einige vor Hunger und Erschöpfung. Erst fünf Monate später, im darauffolgenden Februar, kam Hilfe. Doch zu diesem Zeitpunkt lebten nur noch 47 von einst 87 Menschen.

Wie eine Ironie des Schicksals erscheint die Tatsache, daß genau 106 Jahre später wieder Reisende unweit dieser Stelle am Donner-Paß in der kalifornischen Sierra Nevada steckenblieben: Diesmal war es ein Schnellzug, dem im Januar 1952 riesige Schneewehen Halt geboten. Im schlimmsten Sturm, den die kalifornische Küste seit 1890 erlebte, fielen in Los Angeles in drei Tagen mehr als 18 cm Regen; Blizzards heulten über die Sierras und bedeckten die Gebirgsstraßen mit 15 m hohen Schneewehen. Auf dem Weg über den Paß nach Westen fuhr der Luxuszug «City of San Francisco», besetzt mit 226 Passagieren und Angestellten, in einer Schneewehe fest. Innerhalb kurzer Zeit waren die Brennstoffvorräte erschöpft. Der Zug war ohne Wärme, Licht und ausreichend Lebensmittel. Während sich langsam eine Armee von Helfern zu dem eingeschneiten Zug durcharbeitete, und die Temperaturen sanken, gaben die Schaffner in kleinen Portionen den Inhalt der Vorratskammern aus. Die Passagiere zerbrachen Leitern und Einrichtungsgegenstände des Zuges, um damit Feuer auf den Stahlfußböden der Gänge zu entfachen. Drei Tage mußten die Opfer in ihrem eisigen Gefängnis ausharren, bevor sie gerettet wurden.[10]

Schnee, Glätte und Nebel behindern den Straßenverkehr, Glatteis kann ihn völlig zum Erliegen bringen – das klingt zwar fast wie eine Binsenweisheit, doch Eis ist ein nicht zu vernachlässigender volkskwirtschaftlicher Faktor. Allein die Schäden im Straßenverkehr, die alljährlich durch diese winterlichen Einflüsse entstehen, belaufen sich auf viele Millionen Mark. Insbesondere zu Beginn des Winters kommt es bei Glatteis und Schneefall häufig zu Unfällen. Untersuchungen in Berlin in den Wintern 1982 bis 1988 haben jedoch ergeben, daß Verkehrsteilnehmer in ihrem Verhalten beim Umgang mit den Straßenverhältnissen eine gewisse Lernfähigkeit an den Tag zu legen scheinen. In den kalten und schneereichen Januarmonaten gab es weniger Verkehrsunfälle als in vergleichsweise milderen Monaten dieser Jahreszeit. Und von Blech- und Materialschäden einmal abgesehen, nahm auch die Zahl der Schwerverletzten bei besonders winterlichem Wetter ab, bei höheren Temperaturen und weniger Schnee hingegen wieder zu.

Sogar der sich selbst mit dem bekannten Slogan «Alle reden vom Wetter, wir nicht!» als nahezu witterungsunabhängig darstellende Schienenverkehr ist bei Eisregen schon völlig zum Erliegen gekommen, wenn etwa durch die Last des Eises Bäume umbrechen und auf die Schienen fallen oder wenn Oberleitungen vereisen und beschädigt werden. So gab es bei den Eisregenfällen am 1. März 1987 und am 30. November sowie 1. Dezember 1988 vor allem in Niedersachen und Hessen große Waldschäden, und viele Verkehrswege, sowohl Straße als auch Schiene, waren zeitweise nicht passierbar, einerseits wegen des Eisbelags, andererseits wegen zahlreicher umgestürzter Bäume.

Auf dem Meer kann das Eis zur Gefahr für die Schiffahrt werden, dabei sind es nicht unbedingt nur die harten, scharfkantigen Eisberge, von denen stets nur die sprichwörtlich gewordene Spitze aus dem Wasser ragt, von denen Unheil droht. Das hat der spektakuläre Unfall des Kreuzfahrtschiffes *Maxim Gorkij* gezeigt, das in der Nacht vom 19. zum 20. Juni 1989 zwischen Spitzbergen und Grönland mit einer Geschwindigkeit von etwa 18 kn (32 km/h) in ein Treibeisfeld fuhr und stark beschädigt wurde. Entlang seiner Fahrtroute hatte man offenbar nicht mit Eis gerechnet.

Im Winter bahnen sich Schiffe nicht nur ihren Weg durch Eis vor den

Küsten, immer wieder sorgen schwere Regenfälle und die von Winterstürmen gepeitschte See dafür, daß hochaufspritzende Gischt auf den metallenen Aufbauten der Schiffe zu einem schweren Eispanzer erstarrt und zu einer Gefahrenquelle wird, die weder von kleineren Schiffen noch von größeren Fähren unterschätzt werden sollte.[11]

Eis und Schnee verbreiten jedoch nicht nur Grauen und Schrecken. Ein wolkenfreier, tiefblauer Himmel über tiefverschneiter Winterlandschaft mit Bergen und Gipfeln, die ihre Eislast wie eine Zuckergußhaube tragen ist längst nicht nur ein Sujet, das sensible Künstler zu romantischen Gemälden inspiriert. Werbefachleute haben das Motiv für ihre Zwecke entdeckt, und heute schwärmt jeder vierte Urlauber von Ferien im Winter, ergaben einschlägige Umfragen. Über 5,5 Mill. Deutsche haben in der Saison 1994/95 eine Wintersportreise gebucht. Die beliebtesten Ziele lagen gleich nach Österreich (2,8 Mill.) vor der eigenen Haustür (1,2 Mill.). Deutschland ist Europas Skifahrerland Nummer 1. Rund zehn Mill. Pistenfreaks soll es bei uns geben, behauptet zumindest der ADAC; also jeder achte Bundesbürger fährt Ski. Übrigens beschränkt sich der «weiße Rausch» keinesfalls nur auf das Alpengebiet oder Oberbayern. Sogar in Berlin gibt es am Teufelsberg einen Skilift. Und Hamburg hat seine Schwarzen Berge mit Lift und Tiroler Skihütte in der schwindelerregenden Höhe von 80 m![12]

Und wem selbst das Golfen auf grünem Gras längst nichts besonderes mehr bietet, der kann seine Bälle heute auf weißen Winterbahnen schlagen und hoffen, daß sie im Eisloch und nicht im Tiefschnee landen. In einigen Schweizer Wintersportorten werden bereits Turniere durchgeführt. Die Geburtsstunde derartiger Veranstaltungen, die nicht nur Schnee aufwirbeln, sondern auch zusätzlich Touristen anlocken sollen, schlug im Dezember 1978 in St. Moritz. Noch wird diese neue Wintersportart nicht allzu ernsthaft betrieben, doch es gibt bereits Hotels, die mit «weißen Golfwochen als Weltneuheit» werben.

Steigender Touristenzahlen kann sich auch die Insel aus Eis und Feuer am Polarkreis, die dem kalten Element sogar ihren Namen verdankt, erfreuen: Island, die «Eisinsel»,[13] die zudem auch den größten europäischen Gletscher, den Vatnajökull, trägt. Zunehmend reizvoll erschien in den vergangenen Jahren den Island-Besuchern gerade die «kalte Tour», also Fahrten mit dem Schneemobil oder Klettertouren zu heißen Quellen aus der Unterwelt des ewigen Eises dieser geologisch einmaligen Insel auf dem Mittelatlantischen Rücken.

Obwohl Schnee und Eis für die Erde und die auf ihr lebenden Menschen eine bedeutende Rolle spielt, ist die Erforschung dieses Phänomens noch eine relativ junge Wissenschaft. So wurde der heute gängige Begriff der Glaziologie erstmals Mitte des 19. Jahrhunderts verwendet, damals um die Untersuchung der Gletscher mit einem Begriff zu belegen. Als umfassende Wissenschaft im heutigen Sinne existierte sie vor dem Zweiten Weltkrieg kaum, und der Physiker Charles Wright sowie der Geologe Raymond Priestley, die 1911 an Scotts Südpolarexpedition teilnahmen, waren ihrer Zeit weit voraus, als sie 1922 einen «Glaziologie-Expeditionsbericht» veröffentlichten.

Die moderne Glaziologie, also die Wissenschaft von der Entstehung, Form, Wirkung und Verbreitung des Eises und der Gletscher, die das Gefüge, die Bewegung, Mechanik und den Massenhaushalt des Eises untersucht, ist eine erst in den letzten Jahrzehnten entstandene Wissenschaft, zu der heute jedoch schon eine selbst für den Fachmann unüberschaubar große Zahl von wissenschaftlichen Institutionen und Spezialisten der verschiedensten naturwissenschaftlichen Disziplinen weltweit ihren Beitrag leistet.

Grundsätzlich hat sich das Phänomen Eis der Aufmerksamkeit des Menschen länger entzogen als beispielsweise das Feuer. Nachdem jedoch begonnen wurde, Eis und Kälte wissenschaftlich zu erforschen und vor allem nachdem man auch ihre technischen Nutzungsmöglichkeiten in der Lebensmittelindustrie erschlossen hatte, beeinflußte es die zivilisierte Welt stärker als andere Innovationen, ohne daß man sich diese Entwicklung normalerweise ins Bewußtsein ruft.[14]

Als Erklärung mag der Gedanke dienen, daß das natürliche Bedürfnis des Menschen nach Wärme vorherrschend ist. Von eisigen Nächten, kalten Wintern, von Frost, Eis und Schnee gehen bis auf den heutigen Tag eher tödliche Bedrohungen aus, wie nicht nur alljährlich Lawinentote in Gebirgsregionen zeigen, sondern auch die Zahl erfrorener Menschen selbst in modernen Metropolen wie Moskau und New York. «Die tief in den Knochen steckende Furcht vor Kälte erklärt unter anderem den Erfolg literarischer Visionen und die Versuche wissenschaftlicher Erklärungen einstiger sowie Vorhersagen neuer Eiszeiten, die sich um die Wende zum 20. Jahrhundert explosionsartig ausbreiteten und nicht nur die Gelehrten jener Zeit stark beschäftigten»,[15] diagnostizieren die Kulturhistoriker Hans Christian Täuberich und Jutta Tschoerke.

In den Sprachen und Kulturen der europäisch geprägten Zivilisationen hat das Begriffsfeld Eis eine nicht unerhebliche Bedeutung. Dabei ist das gutmütig lächelnde, fröhliche «Väterchen Frost», das in Rußland die Funktion des westlichen Weihnachtsmannes übernimmt, eher die Ausnahme. Gemeinhin haben auch Redewendungen und Sprichworte, in denen das eisige Element eine Rolle spielt, einen negativen Beigeschmack, nicht nur, wenn es um den glücklicherweise nun für beendet erklärten «kalten Krieg» geht, bei dem zumeist zwischen den Großmächten eisige Stimmung herrschte: Wenn es dem Esel zu wohl ist, begibt er sich auf's Eis. Gelegentlich wagt man sich auf dünnes Eis, und manchmal möchte man einfach «das Eis brechen». Vermag man letzteres nicht, bleibt vielleicht als letzte Möglichkeit, jemanden aufs Glatteis zu führen.

Schnee und Eis sind wichtige Phänomene auf unserem Planeten, und mehr Menschen als je zuvor haben heute Kontakt zu ihnen. Die gewaltigen Eisschilde Grönlands und der Antarktis, aber auch die Gletscherlandschaften der Hochgebirge der Erde sind zunehmend Ziel von Wissenschaftlern und Touristen. Man reist über das Eis, und man kann selbst mit schweren Flugzeugen darauf landen. Schiffe bahnen sich ihren Weg durch Eisfelder, die sich im Winter vor den Küsten bilden, und durch das dichte Treibeis der Polarmeere. Pipelines werden über Permafrostboden verlegt oder Häuser darauf gebaut. Und in wasserarmen Regionen Arabiens schätzt man Eis als Trinkwasserreservoir für künftige Zeiten ein. Es gibt viele Gründe, sich mit mit dem kalten Phänomen zu beschäftigen, meint der britische Polarforscher Bernard Stonehouse, vor allem aber müssen wir wissen, «wie Eis und Schnee funktionieren, denn die Schnee- und Eisfelder, die den hohen Norden im Winter und das ganze Jahr über den tiefsten Süden beherrschen, könnten sich ausbreiten, so daß noch mehr Menschen von ihnen betroffen werden. Die Zukunft eines großen Teils der menschlichen Rasse könnte von unserer Fähigkeit abhängen, mit einer kälteren Welt, in der Schnee und Eis stärker vorherrschen als heute, fertigzuwerden.»[16]

«Wenn man das Eis einmal gesehen hat, dann will man es wiedersehen. Es ist nicht so, daß man es sich vorstellen kann, nein, keineswegs. Es ist ganz anders. Die Leute, die nicht wissen, wovon sie reden, meinen, es sei weiß, da sei nur weißes Eis und Schnee und vielleicht etwas grünes Wasser, weit hinten»,[17] hat der Schriftsteller Lars Gustafsson die vom Eis ausgehende Faszination beschrieben. Stefan Zweig erkannte nicht zuletzt die Funktion des Eises im Rahmen der Entdeckungsgeschichte der Erde in seinen «Sternstunden der Menschheit»: «Ein letztes Rätsel hat ihre Scham noch vor dem Menschenblick bis in unser Jahrhundert verborgen, zwei winzige Stellen ihres zerfleischten und geschundenen Körpers gerettet vor der Gier ihrer Geschöpfe. Südpol und Nordpol, das Rückgrat ihres Leibes, diese beiden fast wesenlosen, unsinnlichen Punkte, sie hat die Erde sich rein gehütet und unentweiht. Barren von Eis hat sie vor dieses letzte Geheimnis geschoben, einen ewigen Winter als Wächter den Gierigen entgegengestellt.»[18]

Zu denjenigen, die besonders vom Anblick des Eises fasziniert waren und die versuchten, ihren Eindruck von seinen bizarren Farben und Formen in Worte zu kleiden, gehören die Polarforscher, die eben die noch bis weit ins 20. Jahrhundert hinein zumeist unbekannten Regionen der Arktis und Antarktis besuchten. So war der amerikanische Marineflieger Richard Byrd, der 1929 als erster zum Südpol flog, kurz vor seinem historischen Flug in eine Gletscherspalte in der Nähe seiner Antarktisstation Little America geklettert: «Unbeschreibliche Schönheiten offenbarten sich mir. In den Strahlen des Scheinwerfers funkelten 10 bis 20 Zentimeter lange Eiskristalle wie Blumenketten aus Edelsteinen. Die lichtdurchtränkte Wand über mir schillerte in grüner und purpurner Durchsichtigkeit. Von abfallenden Eisblüten umrauscht, stieg ich tiefer und gelangte bei etwa 15 Metern auf den Grund. Ich befand mich in einer Grotte mit gewölbtem Dach. Das durch den Schlitz fallende Licht entwarf einen prachtvollen Regenbogen. Aus dem Boden kräuselten sich dünne Dampfsäulen. Bei nur –26° C war es hier unten verhältnismäßig warm. ... Gebrösel, das ich auf der Zunge zergehen ließ, schmeckte unzweifelhaft nach Salz. Wahrscheinlich füllt gefrorenes Seewasser die Spalten bis zum Meeresspiegel. Besonders fesselten mich die großen und vollkommenen Kristalle, die sich aus dem Dunst des aufsteigenden wärmeren Seewassers niederschlagen.»[19]

Das vorliegende Buch ist keine wissenschaftliche Darstellung des Phänomens Eis. Es will vielmehr aufzeigen, welche Rolle Eis für den Menschen in seiner Umwelt spielt oder gespielt hat und wie sich Menschen mit ihm auseinandergesetzt haben. Geschichte und Geschichten um den kalten Stoff spielen ebenso eine Rolle wie Menschen, die sich phantasievoll mit ihm beschäftigt haben, wie etwa 1916 Frank Worsley, Kapitän und Begleiter des Polarforschers Ernest Shackleton, der nach dem Untergang seines Expeditionsschiffes *Endurance* im antarktischen Weddellmeer das Eis, Tausende von Kilometern von jedem Land und damit von jeder Rettung entfernt, in einem winzigen Rettungsboot sitzend, kaum als Bedrohung empfand: «Bizarre Schwäne schienen auf unsere Planken einhacken zu wollen, eine Giraffe steuerte ihre Gondel direkt auf uns zu – sehr zur Freude einer Ente, die es sich auf dem Kopf eines Krokodils bequem gemacht hatte. ... All diese Phantasiegebilde hoben und senkten sich in majestätischem Rhythmus zum knirschenden, raunenden Klang und zum hohlen Echo der stampfenden See.»[20]

Das vorliegende Buch will nicht mehr und nicht weniger, als seine Leser ein wenig für einige Aspekte des Themas «Schnee, Eis und Kälte» erwärmen.

## Anmerkungen

1 Cloos, Hans: Gespräch mit der Erde. München 1947, S. 42.
2 Zit. nach: Bailey, Ronald H.: Gletscher. Amsterdam 1983, S. 20f.
3 Ebd., S. 7.
4 Vgl.: Middleton, Charles: Die Anfänge der Menschheit. Urgeschichte – 3000 v. Chr. Amsterdam 1993, S. 38.
5 Stonehouse, Bernard: Arktis-Antarktis. Luzern 1993, S. 107.
6 Schönwiese, Christian-Dietrich und Bernd Diekmann: Der Treibhauseffekt. Der Mensch ändert das Klima. Reinbek 1989, S. 152.
7 Vgl.: Laurell, Seppo und Erkki Riimala: Through Ice and Snow. The story of Finnish winter navigation. Helsinki 1985, S. 7.
8 Vgl.: Lindgrén, S. und J. Neumann: Crossings of Ice-Bound Sea Surfaces in History. Climatic Change 4 (1982), S. 71–97.
9 Zit. nach: Laurell, Seppo und Erkki Riimala, a. a. O., S. 7. Dieser etwa 110 Kilometer lange Weg über das Eis wurde 1893 und 1895 ebenfalls benutzt, um große Mengen Butter von Finnland über das Eis nach Schweden zu transportieren. 1966 wurde auf dieser Strecke, nachdem die Eisdecke von Schnee geräumt worden war, eine Verbindung für Kraftwagen eingerichtet. Vgl. ebd.
10 Thompson, Philip D. und Robert O'Brien: Das Wetter. Amsterdam 1966, S.108.
11 Seeleute unterscheiden bei der Schiffsvereisung zwischen Süßwasser- und Salzwasservereisung. Schiffsvereisung durch Süßwasser kann auftreten, wenn unterkühlter Regen auf die Aufbauten trifft (black frost) oder wenn das Schiff bei Frost durch Nebel fährt (white frost). In den meisten Fällen verursacht Spritzwasser den Eisansatz, wobei es um so gefährlicher für Schiff und Besatzung wird, je niedriger die Luft- und Wassertemperaturen liegen und je höher Windgeschwindigkeit und Seegang sind. Das Gewicht des sich bildenden Eispanzers verringert den Auftrieb und erschwert das Aufrichten des Schiffes im Wellengang, es wird empfindlicher gegen Seitenwind und seitlich auftreffende Wellen. Beides zusammen kann im schlimmsten Fall zum Kentern des Schiffes führen. (Vgl. Meteorologischer Kalender 1994, November).
12 Journal für Deutschland. Informationen aus der Politik. Presse- und Informationsamt der Bundesregierung. Dezember 1995/Januar 1996, S. 7.
13 Der Name leitet sich allerdings nicht vom Gletschereis ab, das diese Insel gegenwärtig bedeckt, sondern vom Meereis, das aus den hohen Breiten des Nordatlantik in kalten Perioden bis an die isländische Küste getrieben wird.
14 Vgl.: Täuberich, Hans-Christian und Jutta Tschoerke: Am Anfang war die Wärme. In: Unter Null. Kunsteis, Kälte und Kultur. München 1991, S. 10.
15 Ebd., S. 11.
16 Stonehouse, Bernard, a. a. o, S. 192.
17 Zit. nach: Marx, Friedhelm (Hrsg.): Wege ins Eis. Nord- und Südpolarfahrten. Frankfurt am Main, Leipzig 1995. Umschlagrückseite.
18 Zweig, Stefan: Sternstunden der Menschheit. Frankfurt am Main 1982, S. 219f.

19 Byrd, Richard Evelyn: Flieger über dem Sechsten Erdteil. Meine Südpolexpedition 1928/30. Leipzig 1931, S. 160.
20 Worsley, F. A.: Shackleton's Boat Journey. London 1974, S. 66f.

# Anatomie des Eises

Der französische Science-Fiction-Autor Jules Verne hatte seinen Romanhelden Kapitän Hatteras und dessen Begleiter in eine schwierige Lage gestellt: Bei dem Versuch, vom nördlichen Kanada aus den Nordpol zu erreichen, waren sie von einem Eisbären angegriffen worden, den sie erst im letzten Moment erlegen konnten. Doch während sie mit dem König der Arktis gekämpft hatten, war das Feuer in ihrer Eishöhle erloschen, und das Feuerzeug war nicht mehr auffindbar. Um sie herum gab es, soweit das Auge reichte, nur Eis. Die letzte Chance, eine warme Mahlzeit zu bereiten, schien verspielt. Doch der naturwissenschaftlich-technisch orientierte Jurist und Schriftsteller Verne hatte nicht nur die Fachliteratur seiner Zeit gelesen und ausgewertet, indem er sich eine Kartei mit vielen tausend Eintragungen angelegt hatte, sondern versuchte die Handlungen seiner Romane, wenngleich sie phantastisch wirkten, so doch einer gewissen Logik nicht entbehren zu lassen. Folglich ersann er auch für seinen Kapitän Hatteras und dessen Männer eine Lösung, die auf der Kenntnis und konsequenten Anwendung von Naturgesetzen beruhte. In dem 1864 geschrieben Roman «Die Abenteuer des Kapitän Hatteras» besann sich der Expeditionsarzt auf die Gesetze der Optik und fand so einen Ausweg aus der bedrohlichen Situation:

«‹Uns fehlt eine Linse ... Nun, machen wir uns eine!›

‹Aber wie?›

‹Aus einem Stück Eis, das wir zur Linse schneiden!›

‹Was? Ihr glaubt ...?›

‹Warum nicht? Es kommt doch nur darauf an, die Sonnenstrahlen zu brechen. Das vermag Eis genauso zu tun wie der beste Kristall.›

‹Ist das möglich?› fragte Johnson.

‹Ja, natürlich! Nur wäre mir Süßwassereis lieber als Salzwassereis, es ist durchsichtiger und härter.›

‹Wenn ich mich nicht irre›, sagte Johnson, auf einen Eisblock in etwa hundert Schritt Entfernung zeigend, ‹so ist dieser Block dort mit seinen grünlichen Farben …›

‹Ihr habt recht, Johnson! Los, Freunde! Johnson, nehmt das Beil mit!›

Die drei Männer eilten zu dem Eisblock, der tatsächlich aus Süßwassereis bestand. Der Doktor ließ ein Stück von einem Fuß Durchmesser abschlagen und machte sich daran, das Stück grob mit dem Beil zu behauen. Dann polierte er die Oberfläche mit seinem Messer, zuletzt mit der Hand, und erhielt bald eine Linse, durchsichtig genug, um die Dienste zu tun, die man von ihr verlangte. Dann kehrte er zum Eingang der Eishütte zurück, nahm dort ein Stück Schwamm und begann sein Experiment. Er hielt die Eislinse so, daß die Strahlen auf den Schwamm fielen, nach kurzer Zeit fing er tatsächlich Feuer.»[1]

Vor einigen Jahren hat Jearl Walker, der im kanadischen Rundfunk die populärwissenschaftliche Sendereihe «Quirks on Quarks» gestaltete, diese Geschichte seinen Hörern erzählt und zudem erläutert, wie man eine derartige Eislinse mit Hilfe von zwei Uhrgläschen auch in normalen Breitengraden herstellen kann, indem man Wasser in die Uhrgläser füllt, es gefrieren läßt und die zwei Teile anschließend an den flachen Seiten zusammensetzt, so daß eine Konvexlinse, also ein Brennglas, entsteht.

Einer seiner Hörer, ein junger Mann namens Matthew G. Wheeler, ließ sich das Experiment nicht zweimal vorschlagen. Er überprüfte nicht nur die Möglichkeit, mit Hilfe einer solchen Eislinse Feuer zu entfachen, sondern stellte schließlich mit Hilfe von Deckelböden von Spraydosen und anderen Alltagsbehältern verschiedene kleine Linsen her, die er mit Hilfe von abgeschnittenen Plastikrohren, Umkehradaptern und Papplaschen vor eine Spiegelreflexkamera setzte. Das Ergebnis waren zwar keine Aufnahmen, die den optischen Ansprüchen der Hochglanzbroschüren unserer Tage genügen, aber sie zeigten deutlich die Landschaft British Columbias, in der Wheeler mit seiner selbstgebauten Optik gearbeitet hatte, mit gletscherbedeckten Bergen und einigen Farmgebäuden im Vordergrund.[2]

Damit hatten sich Jules Verne und seine Romanhelden, Jearl Walker und Matthew G. Wheeler die Tatsache dienstbar gemacht, daß reines Eis durchsichtig ist und sich als Werkstoff bearbeiten läßt.

Eis ist der feste Aggregatzustand von Wasser, also jenes Stoffs, der entsteht, wenn sich zwei Wasserstoffatome mit einem Sauerstoffatom verbinden. Wasser ist die bekannteste Substanz auf der Erde, sie ist der wichtigste Bestandteil unserer Umwelt, die «Schlüsselverbindung zwischen den Lebenssystemen», wie es der britische Polarforscher Bernard Stonehouse einmal formuliert hat.[3] Als Lösungsmittel macht es etwa 72 % des menschlichen Körpers aus. Die Gesamtmenge des Wassers in fester, flüssiger oder gasförmiger Form wird auf rund 1384 Mill. $km^3$ geschätzt. Wasser bedeckt als farblose Flüssigkeit oder feste Masse mehr als 70 % der Erdoberfläche. Es ist zudem in der uns umgebenden Atmosphäre vorhanden. Den größten Teil der Wassermenge der Erde macht mit 97 % das Wasser der Ozeane aus; nur 2,6 % der Gesamtwassermenge der Erde sind Süßwasser, davon sind 80 % in Form von Schnee und Eis gebunden. Von der Gesamtwassermenge der Erde machen Schnee und Eis 2 % aus.

Eis beherrscht die Regionen der Erde auf sehr unterschiedliche Art und Weise. Die Bildung und das Wachsen von Eiskristallen in der Atmosphäre ist ein wichtigen Faktor bei der Entstehung von Niederschlag. In feuchten Klimaregionen fällt er bei bestimmten Temperaturen beinahe wie Federn aus einem Kissen. Dabei ist jede Schneeflocke eine Ansammlung aus sechseckigen, transparenten Eiskristallen von bemerkenswerter Schönheit. Von Wind und Sturm gepeitscht können sich die filigranen Gebilde in rundliche stechende Körnchen verwandeln, die so hart sind, daß sie selbst Felsen zu polieren vermögen. Bei Nebel schlägt sich Eis als Rauhreif nieder, es sammelt sich an Zäunen, Masten oder Bäumen. Die Anhäufungen sind gelegentlich so massiv, daß sie beispielsweise Antennenanlagen niederreißen können. Felsen und Gebäude werden mit Reif überzogen, der um so dicker wird, je länger der Nebel anhält. Eis kann sich auf Flugzeugflügeln und Propellern oder Rotorblättern von Hubschraubern bilden und eine gefährliche Glasur entstehen lassen. Auf Fensterscheiben zeichnet es bizarre, federartige Bilder. Eis kann an der Erdoberfläche durch Gefrieren des Wassers von Flüssen, Seen und Meeren (Eisgang, Seeis, Treibeis) und durch Gefrieren von Bodenfeuchtigkeit (Bodenfrost, Eisregen, Glatteis) entstehen, außerdem kann es sich durch Anhäufung von Schnee bilden, der sich unter bestimmten Voraussetzungen unter seinem eigenen Gewicht in Gletschereis verwandelt und dabei langsam zu einem klaren, felsenharten Festkörper wird. Die natürlichen Erscheinungsformen von Eis sind also vielfältig und hängen von seiner Entstehungsgeschichte ab, die ihrerseits wiederum die mechanischen Eigenschaften des Eises beeinflußt.

Ein Temperaturabfall kann Wasser in der Atmosphäre in ein kristallines Pulver verwandeln und es, wenn es den Boden erreicht hat, über längere Zeiträume zu einer bläulichweißen festen Masse werden lassen – jener Form, zu der es anwächst, um Inseln, Berge und Kontinente zu überdecken. Von der gesamten jährlichen Niederschlagsmenge der Erde, die insgesamt 449000 bis 485000 km$^3$ beträgt, fallen 5 % in fester Form (24250 km$^3$ Wasseräquivalent). Nur 2 % der Schneemenge bilden eine länger bestehende Schneedecke.[4]

Der Übergang des Wassers von einem Aggregatzustand in einen anderen ist mit Energieumwandlungen verbunden. Geht Wasser in die gasförmige Phase über, wird ihm die zur Überwindung der Bindungsenergie der Wassermoleküle benötigte Wärmeenergie entzogen. Um 1 kg Wasser bei 0 °C zu verdampfen, ist eine Energie von 2501 kJ nötig. Diese Energie geht allerdings nicht verloren, sondern ist als latente Energie im Wasserdampf vorhanden.

Der Übergang des Wassers aus dem flüssigen in den festen Aggregatzustand, das Gefrieren, tritt normalerweise bei einer bestimmten Temperatur ein: Der Gefrierpunkt des Wassers liegt bei Normaldruck (1023,25 hPa) bei 0 °C.[5] Umgekehrt beginnt bei dieser Temperatur auch das Auftauen des Eises. Um flüssig zu werden, ist eine gewisse Wärmemenge, die während des Schmelzens scheinbar verschwindet und daher gebundene, latente Wärme genannt wird, erforderlich. Wird Eis mit einer Temperatur von 0 °C erwärmt, bleibt die Temperatur des Eiswassers so lange konstant, bis das gesamte Eis geschmolzen, also in den flüssigen Aggregatzustand übergangenen ist. Die zugeführte Wärme wurde ausschließlich zum Schmelzen des Eises verbraucht. Man bezeichnet sie als Schmelzwärme, die bei 0 ° C für 1 kg Eis den Betrag von 334 kJ hat. Der Schmelzpunkt des Eises dient zur Definition des Nullpunkts der Celsius-Temperaturskala.

Um Eis in Wasserdampf zu überführen, wird sowohl die Verdunstungs- als auch die Schmelzwärme benötigt. Zum Schmelzen von 1 kg Eis bei 0 °C wird die Wärmemenge von 334 kJ benötigt, so daß zur Verdampfung dieser Eismenge insgesamt 2501 + 334 = 2835 kJ verbraucht werden.

In seiner gefrorenen Form hat Wasser eine geringere Dichte als in seinem flüssigen Zustand, und darin unterscheidet sich Wasser von allen anderen Flüssigkeiten (Anomalie des Wassers). Die Dichte des Eises beträgt bei Normalbedingungen 0,91674 g/cm$^3$. Daraus folgt, daß Eis schwimmt. Die Tatsache, daß das spezifische Gewicht rund 10 % geringer ist als das des Wassers, hat immer wieder zur Verwunderung geführt. So berichtete beispielsweise Georg Forster, der 1773 den britischen Kapitän James Cook auf dessen zweiter Weltumsegelung auch in die Antarktis begleitet hat: «Einige Leute am Bord, die keine Kenntniß von der Naturkunde haben mußten, besorgten im rechten Ernste, daß das Eis, so bald es schmölze, die Fässer, worinn es gepackt war, sprengen würde. Sie bedachten nicht, daß da es auf dem Wasser schwimmt, es folglich auch mehr Raum als das Wasser einnehmen müsse. Um ihnen die Augen zu öfnen, ließ der Capitain ein Gefäs voller kleinen Eisstükken in eine warme Cajütte stellen, wo es nach und nach schmolz und denn ungleich weniger Raum als zuvor einnahm.»[6]

Das Phänomen, daß das Volumen von Eis größer ist als das von Wasser, führte sogar noch 140 Jahre später bei Robert Scotts Expedition 1910–13 zu Diskussionen, berichtete Frank Debenham, der an der Fahrt als Geologe teilnahm: «Abends stellte der Koch in der Küche des Stützpunktes einen großen Topf auf den Ofen und füllte ihn mit Eis, bis das Schmelzwasser am Rand stand und die schwimmenden Eisstücke noch darüber hinausragten. Die Seeleute schlossen Wetten ab, ob das Wasser überlaufen würde, wenn das ganze Eis geschmolzen war oder nicht. Anschließend gab es große Debatten darüber, warum es nicht übergelaufen war.»[7]

Die innere Struktur von Eis – und zwar aller seiner Erscheinungsformen – ist kristallin nach dem hexagonalen System, sie wird bestimmt durch die Anordnung der Sauerstoff- und Wasserstoffmoleküle.

Eis ist ein Mineral mit verblüffendem mechanischem Verhalten. Hartes Eis ist elastisch, läßt sich aber leicht verformen; unter Druck richten sich seine sechseckigen Kristalle in einer Ebene aus und rutschen dann aufeinander, so daß es zu jenem Fließen kommt, das Gletscher kennzeichnet. Bereits ein einzelner Eiskristall weist ein komplexes Verformungsverhalten auf: Eis verhält sich anisotrop, etwa so, wie eine Säule Münzen zwar steif in Richtung der Säulenachse ist, die Münzen sich aber bei einer Belastung quer zur Säulenachse leicht verschieben lassen.

Jeder einzelne Eiskristall ist durchsichtig. Aber er verschmilzt alle Farben des Spektrums zu weißem Licht (Schnee ist weiß). Feinste im Kristall enthaltene Luftblasen machen ihn milchig trüb und undurchsichtig. Im Gletschereis wird allmählich die Luft aus dem alten Schnee herausgepreßt: Das Eis erscheint klar und durchsichtig. Da es rotes und infrarotes Licht absorbiert, leuchtet das Eis in Gletscherhöhlen in einem wunderschönen Blau. Je dicker Eis allerdings ist, desto undurchsichtiger ist es, die Absorption der einfallenden Stahlung nimmt mit der Tiefe ab, um 1/10 pro cm Tiefe für Schnee, aber für klares Eis nur um 1/1000 pro cm. Unter einer Eisschicht ist es hundertmal heller als unter einer gleichdicken Schneedecke.

Eis bedeckt in ausgedehnten Ablagerungen ständig weite Teile der Polargebiete, in gemäßigteren Zonen entsteht es nur im Winter. Auf der Nordhalbkugel sind jährlich 48 % der Seen und Flüsse mit Eis bedeckt (49 Mill. $km^2$).

Die Eisbildung in stehenden Gewässern wird von zwei Eigenschaften des Wassers wesentlich bestimmt, die vom physikalischen Verhalten anderer Flüssigkeiten abweichen. Erstens hat Wasser bei einer Temperatur von +4°C seine größte Dichte und erreicht damit sein größtes spezifisches Gewicht. Bei weiterem Abkühlen nehmen Dichte und spezifisches Gewicht jedoch wieder ab. Zweitens – wie oben bereits erläutert – schwimmt Eis auf dem Wasser. Wird nun z. B. im Herbst ein stehendes Gewässer durch Berührung seiner Oberfläche mit wesentlich kälterer Luft abgekühlt, dann tritt eine Umschichtung ein, d. h., dann sinkt das kälter gewordene Wasser der obersten Schicht ab, da es spezifisch schwerer wird. Die wärmeren und leichteren Schichten von unten hingegen steigen auf. Das geschieht fortlaufend, bis der gesamte Wasserkörper auf +4° C abgekühlt ist, wobei das Wasser dauernd zirkuliert. Ab +4° C sinkt die oberste Schicht bei weiterer Abkühlung nicht mehr nach unten, da das Wasser seine größte Dichte erreicht hat. Ist jedoch die Oberfläche weiterer Abkühlung ausgesetzt, dann nehmen Dichte und spezifisches Gewicht des Wassers wieder ab. Das durch den Wärmeentzug unter +4° C erkaltende Wasser wird also leichter und bleibt oben: Die am stärksten abgekühlten Teilchen schwimmen auf den wärmeren, schwereren. Wird schließlich in der obersten Schicht bei fortdauernder Kälteeinwirkung der Gefrierpunkt um Bruchteile unterschritten, so tritt an der Oberfläche Eisbildung ein. Eine zweite notwendige Voraussetzung zur Eisbildung ist das Vorhandensein von Kristallisationszentren, denn der Übergang des Wassers vom flüssigen in den festen Zustand ist ein Kristallisationsvorgang. Als Kristallisationskeime wirken dabei feste Körper im Wasser, wie Schwebstoffe oder sogar Luftbläschen.

Anders als in stehenden Gewässern läuft die Eisbildung in Flüssen ab. Hier bildet sich das Eis erst nach mehreren Frosttagen, in denen das Wasser nach einer Durchmischung gleichmäßig abgekühlt ist. Wie auch bei stehenden Gewässern bildet sich zuerst an ruhigen Uferplätzen Randeis. Zudem aber setzt die Eisbildung – und das ist der gravierende Unterschied zu stehenden Gewässern – am Gewässergrund ein, nachdem das gesamte Wasser auf 0° C abgekühlt ist. Dieses Eis wird Grundeis genannt. Das spezifisch leichtere Eis löst sich bei vergrößerter Grundeismasse und wachsendem Auftrieb vom Boden ab und treibt anschließend an der Wasseroberfläche stromabwärts. Die von der Strömung vom Ufer abgebrochenen Eisschollen und das losgerissene Grundeis werden Treibeis genannt, der Vorgang heißt Eisgang. Hindernisse im Flußlauf führen zu Eisstau und letztlich zum Eisstand, der jegliche Schiffahrt auf dem Fluß verhindert.

Das Verbreitungsgebiet des Eises auf der Erde, seinen aktuellen Wirkungsbereich, nennt man Kryosphäre nach dem griechischen kryos «Eis» analog zum Gesteinsuntergrund der Erdoberfläche, der Lithosphäre, und zur Lufthülle, der Atmosphäre.

In den gemäßigten Breiten und weiter polwärts ist das Eis eine bekannte Erscheinung, aber wir wissen eigentlich recht wenig über diesen Stoff.

Wissenschaftler in aller Welt versuchen heute, die komplexen Materialeigenschaften des Eises zu ermitteln und zu verstehen. Dabei haben sie sehr konkrete Verwendungen für ihre Forschungsergebnisse im Sinn. Um die Klimageschichte der Erde zu rekonstruieren, muß das Fließverhalten der großen Eismassen in der Antarktis und in Grönland verstanden werden. Da Menschen immer weiter in die Eisregionen vordringen, müssen die Gesetze, die die Verformung und die Belastung von Schnee und Eis bedingen, verstanden werden. Beim Bau von Forschungsstationen im ewigen Eis bespielsweise muß das Setzungsverhalten von Schnee berücksichtigt werden. Um die Tragfähigkeit von künstlichen und natürlichen Eisschollen, die als Schwimmkörper für Bohrplattformen dienen sollen, zu berechnen, müssen Ingenieure die Stoffgesetze des Eises kennen. Der Energieaufwand von Eisbrechern auf Flüssen, Binnen- und Polarmeeren soll möglichst gering gehalten werden. Beim Bau von Brückenpfeilern in Flüssen muß gewährleistet sein, daß sie bei Eisgang dem Eisdruck standhalten. Strommasten, Gebäude oder Lawinenschutzzäune, die in alpinen Regionen auf schneebedeckten Hängen stehen, müssen die Last der abgleitenden Schneemassen auffangen können.[8]

Aber Eis und Schnee sind nicht nur Gegenspieler des Menschen, die entschärft werden müssen. Erst kürzlich wurde in den Medien über eine praktische, bisher unbekannte Verwendungsmöglichkeit von Eis berichtet: Eiskristalle sind nicht nur schön, sie können auch Schmutz und Farbreste entfernen. Ein Gerät, das an der Universität von Pennsylvania entwickelt wurde, schleudert mit einem Gebläse die eisigen Teilchen auf die zu behandelnden Flächen. Vorteil gegenüber einer Reinigung mit Sandstrahl oder Wasser, die große Mengen an verunreinigtem Sand oder Wasser zurückläßt: Die meisten Eispartikel verdampfen einfach nach ihrem Einsatz.[9]

## Anmerkungen

1 Verne, Jules: Die Abenteuer des Kapitäns Hatteras. Berlin 1992, S. 192.
2 Vgl.: Walker, Jearl: Experiment des Monats. Spektrum der Wissenschaft, 1984,2, S. 128f.
3 Stonehouse, Bernard: Arktis – Antarktis. Luzern 1993, S. 49.
4 Zu den Mengenangaben des Eises der Erde vgl.: Reinwarth, O. und G. Stäblein: Die Kryosphäre – das Eis der Erde und seine Untersuchung. Würzburger Geographische Arbeiten 36, 1972, S. 26f.
5 Beim Schmelzpunkt ist die Abhängigkeit vom Druck sehr gering. Degegen erniedrigt sich der Siedepunkt des Wassers (bei Normaldruck 100 °C) mit abnehmendem Luftdruck, d. h. mit zunehmender Höhe, erheblich. Bei einem Luftdruck von 700 hPa (etwa auf der Zugspitze) siedet Wasser bereits bei 90 ° C.
6 Forster, Georg: Reise um die Welt. Frankfurt am Main 1967, S. 124.
7 Debenham, Frank. Antarktis. Geschichte eines Kontinents. München 1959, S. 26.
8 Zur gegenwärtigen Bedeutung ingenieurwissenschaftlicher Untersuchungen von Eis vgl.: Mahrenholtz, Oskar und Bernhard Meussen: Eis ist ein «heißes Metall». Materialeigenschaften untersucht. forschung. Mitteilungen der DFG 1995, 2–3, S. 4.
9 Vgl. hierzu auch die Meldung des «Stern» vom 1. 2. 1996: «Eis gegen Dreck»: «Von der Hochdruckwäsche mit der Spritzpistole wollen einige Autofahrer nichts mehr wissen, seit sie sich damit ihre Reifen durchlöchert haben. Trockeneis heißt das neue Reinigungsverfahren, das mit Material und Umwelt schonend umgeht. Gefrorenes Kohlendioxid, bei minus 80 Grad zu kleinen Kügelchen geformt, wird unter mäßigem Druck (zwei bis 20 bar) auf verschmutzte Flächen geschossen. Der Dreck kühlt abrupt ab, wird brüchig und löst sich vom Untergrund. Er muß dann nur noch zusammengefegt werden. Das Trockeneis löst sich von allein auf: Es verflüchtigt sich in winzigen Mengen Kohlendioxid in die Atmosphäre. Der Luftfahrt-Gigant Lockheed entwickelte das Verfahren, um empfindliche Bauteile aus Leichtmetall schonend zu reinigen.»

# Leise rieselt der Schnee

«Unser Freund *Maheine* hatte schon an den vorhergehenden Tagen über die Schnee- und Hagelschauer große Verwunderung bezeigt, denn diese Witterungsarten sind in seinem Vaterlande gänzlich unbekannt. ‹Weiße Steine› die ihm in der Hand schmolzen, waren Wunder in seinen Augen, und ob wir uns gleich bemüheten, ihm begreiflich zu machen, daß sie durch Kälte hervorgebracht würden, so glaube ich doch, daß seine Begriffe davon immer sehr dunkel geblieben seyn mögen. Das heutige dicke Schneegestöber setzte ihn in noch größere Verwunderung, und nachdem er auf seine Art die Schneeflocken lange genug betrachtet, sagte er endlich, er wolle es, bey seiner Zurückkunft nach *Tahiti, weißen Regen* nennen.»[1]

Schneeflocken haben nicht nur 1773 den Begleiter des englischen Weltumseglers James Cook, den Neuseeländer Maheine, in Erstaunen versetzt, worüber uns Georg Forster so anschaulich berichtet, Schneeflocken haben viele Menschen fasziniert.

Wilson A. Bentley war gerade fünfzehn Jahre alt, als er im Jahre 1880 erstmals im Mikroskop die filigrane Struktur von Eiskristallen, aus denen eine Schneeflocke besteht, betrachtete. Der Anblick der zarten Gebilde fesselte ihn so sehr, daß er es sich zur Lebensaufgabe machte, Schneekristalle in ihrer Formenvielfalt als Foto zu fixieren.

Zwar war im 19. Jahrhundert bereits bekannt, daß Schneeflocken eine Kristallstruktur haben, Bentley war jedoch der erste, der sie im Bild festhielt. Seine Arbeitsmethode war einfach und doch genial. Er ließ die Flocken auf ein samtbespanntes Tablett fallen, dann sonderte er mit Hilfe einer Lupe die vielversprechenden Kristalle schnell aus, schob sie mit einem Holzstäbchen auf Glas-Plättchen und strich sie mit einer

Feder glatt. Entweder im Freien oder in einem kalten Schuppen legte er dann den Objektträger unter ein Mikroskop, das er mit einer Kamera verbunden hatte, und fotografierte die vergrößerte Flocke.

In 40 Wintern mühsamer Arbeit sammelte «Snowflake»-Bentley, wie man den Schneeflocken-Fan zu Hause in Jericho, Vermont, nannte, Tausende von Mikrofotos – aber nicht zwei Schneeflocken waren identisch. 1931, drei Wochen vor Bentleys Tod, wurde eine Auswahl von 2453 seiner Fotografien von W. J. Humphreys als Buch veröffentlicht.[2]

Doch auch schon früher hatten sich Menschen mit Schneeflocken beschäftigt. 1555 schrieb Olaus Magnus, Erzbischof von Uppsala, in einem in Rom publizierten Buch, daß Schneeflocken die unterschiedlichsten Formen wie Sicheln, Pfeile, Nägel, Glocken oder sogar die Gestalt der menschlichen Hand annehmen könnten. Es mag durchaus sein, daß er in seinem skandinavischen Norden, wo es ausreichend winterliches Studienmaterial gab, tatsächlich bizarre Varianten gesehen hat. Die Tatsache jedoch, daß die Kristalle des Schnees stets eine sechseckige Form haben, war ihm nicht aufgefallen.

Möglicherweise war der elisabethanische Wissenschaftler Thomas Harriot 1591 der erste Europäer, der dieses Phänomen erkannte. Allerdings machte er seine Beobachtung nicht publik, sondern fertigte darüber lediglich eine private Notiz an.

Die Entdeckung der sechseckigen Struktur von Schneekristallen wurde in Europa erstmals im Jahre 1611 in der kleinen Schrift «Strena seu de nive sexangula» (Neujahrsgabe oder Vom sechseckigen Schnee) von Johannes Kepler zu Papier gebracht. Der Astronom und Mathematiker am Hofe Rudolfs II. in Prag wandte sich darin an seinen Freund und Gönner Johan Matthäus Wacker von Wackerfels, Berater bei Hofe, Rechtsanwalt und Diplomat. Schnee – lateinisch «nix» – dieses «Nichts», das Kepler zum Ausgangspunkt seiner Betrachtung geometrischer Grundformen machte, war ihm in Flocken während eines Spaziergangs auf der Prager Karlsbrücke auf den Mantel geweht: «Ja, ich weiß es, gerade Du liebst das Nichts, gewiß nicht wegen seines geringen Wertes, vielmehr des witzigen und anmutigen Spiels halber, das man wie ein munterer Spatz damit treiben kann. So bilde ich mir leicht ein, eine Gabe müsse Dir um so lieber und willkommener sein, je mehr sie dem Nichts nahekommt. ...

Wie ich so grübelnd und sorgenvoll über die Brücke gehe und mich meiner Armseligkeit ärgere und darüber, zu Dir ohne Neujahrsgabe zu kommen, wenn ich nicht immer dieselben Töne anschlage, nämlich dieses Nichts angebe oder das finde, was ihm am nächsten kommt und woran ich die Schärfe meines Geistes übe, da fügt es der Zufall, daß durch die heftige Kälte sich der Wasserdampf zu Schnee verdichtet und vereinzelte kleine Flocken auf meinen Rock fallen, alle sechseckig und mit gefiederten Strahlen. Ei, beim Herakles, das ist ja ein Ding, kleiner als ein Tropfen, dazu von regelmäßiger Gestalt. Ei, das ist eine höchst erwünschte Neujahrsgabe für einen Freund des Nichts! Und passend als Geschenk eines Mathematikers, der Nichts hat und Nichts kriegt, so wie es da vom Himmel herabkommt und den Sternen ähnlich ist!

Nur rasch die Gabe meinem Gönner überliefert, solange sie dauert und nicht durch die Körperwärme sich in Nichts verflüchtigt!»[3]

In der 15 Seiten langen Abhandlung hat Kepler nicht nur die Beobachtungen, die er auf seinem Festtagsspaziergang über die Moldau machte, festgehalten, sondern sämtliche Beobachtungen jenes Winters notiert. Seine Überlegungen über den Aufbau der Schneeflocken band er ein in Betrachtungen über symmetrische Strukturen in der Natur, die ein mathematisches Grundproblem darstellten.

Der Astronom fragte sich natürlich auch, warum die Natur gerade diese Formen hervorbringt, «warum der Schnee beim ersten Fallen, bevor er sich zu größeren Flocken ballt, immer sechseckig, gefiedert wie feiner Flaum und sechsstrahlig herabfällt. ... Da stets, wenn es zu schneien anfängt, die ersten Schneeteilchen die Figur von sechsstrahligen Sternen zeigen, muß es eine bestimmte Ursache dafür geben. Denn es wäre Zufall, warum fallen sie nicht fünfstrahlig oder siebenstrahlig, warum immer sechsstrahlig, solange sie nicht durcheinandergewirbelt und infolge der Menge und verschiedenen Berührungen verbacken herabkommen, sondern spärlich zerteilt?»[4] Eine Antwort auf die Frage, die im Molekularaufbau, der Anordnung der Wasser- und Sauerstoffatome, begründet ist, hat Kepler allerdings damals nicht gefunden.

Während in Europa die sechseckige Struktur von Schneekristallen erst im 17. Jahrhundert auffiel, war sie in China spätestens im 2. Jahrhundert v. Chr. bekannt. In den um 135 v. Chr. von Han Ying geschriebenen «Sittlichen Diskursen zur Erläuterung des Han-Textes des ‹Buches der Lieder›», findet sich eine damals offenbar bereits in weiten Kreisen bekannte Beobachtung: «Die Blüten von Pflanzen und Bäumen sind in der Regel fünfeckig, die Blüten des Schnees ... sind jedoch stets sechseckig.»[5]

Der in Großbritannien lebende Sinologe Robert G. Temple ist der Meinung, daß die Kenntnis von sechseckigen Formen in der Natur offensichtlich eine der Grundlagen der frühsten chinesischen Protowissenschaft bildet, die schon Jahrhunderte vor der Zeit Han Yings gelegt worden waren. Möglicherweise reichen diese Kenntnisse sogar bis in die Anfänge der chinesischen Zivilisation zurück, auch wenn dieses Wissen erst im erwähnten Zitat eindeutig belegt ist.

In der Folgezeit finden sich in der chinesischen Literatur verschiedene Hinweise auf sechseckige Schneekristalle. Im 6. Jahrhundert schreibt der Dichter Xiao Tong in einem seiner Gedichte: «Rötliche Wolken ziehen quer über den ganzen tiefblauen Himmel / Und die weißen Schneeflocken zeigen ihre sechsblättrigen Blüten.»

Bei den Chinesen gab es schon früh eine Vorliebe für Zahlenmystik. Die Zahl sechs stand für sie in symbolischer Korrelation mit dem Element Wasser. Zhu Xi, der bedeutendste Philosoph des chinesischen Mittelalters, schrieb im 12. Jahrhundert: «Die aus (dem Element) Erde gebildete (Zahl) Sechs ist die vollendete Zahl für Wasser, und da Schnee entsteht, indem Wasser sich zu Kristallblumen verdichtet, sind diese stets sechseckig.» Auch dieser relativ junge Text wurde schon 450 Jahre vor Keplers Abhandlung über die Schneeflocken niedergeschrieben.

Robert Temple erläutet: «Die sechseckige Struktur der Schneekristalle gehörte in gewissem Sinne zur kosmischen Naturvorstellung der Chinesen. Denn sie galt als Veranschaulichung der extremsten Form der Yin-Kraft des Universums und als Manifestation der Zahl sechs, die dem Element Wasser zugeordnet war. Man glaubte fest daran, daß Schnee entsteht, indem sich Wasser zu Schneekristallen verdichtet.»[6] In seinem Buch «Aufzeichnungen meiner Tagträume» spricht Tang Jin davon, daß Wasser zu Schnee gerinnt: «Bereits die alten Gelehrten sagten, daß die Blüten von Pflanzen und Bäumen fünfeckig und die Schneekristalle sechseckig sind, denn Sechs ist die Zahl des Wassers, und wenn Wasser zu Blumen gerinnt, dann müssen diese sechseckig sein.»

Weitere Quellen belegen, daß im 16. Jahrhundert sogar systematische Untersuchungen an Schneeflocken durchgeführt wurden. Xian Zaihang schrieb 1600 in seinem Werk «Fünf gemischte Opferschalen»: «Jedes Jahr sammelte ich zum Winteranfang bzw. zum Frühlingsanfang Schneekristalle, um diese sorgfältig zu untersuchen; alle waren sechseckig.» Robert Temple schließt nicht aus, daß Xian die Kristalle möglicherweise sogar mit Hilfe eines Vergrößerungsglases untersuchte, das damals in China bereits verbreitet war.

Obwohl den Chinesen die sechseckige Struktur von Schneekristallen bekannt war, untersuchten sie dieses Phänomen jedoch nicht als mathematisches Problem, wie Kepler es schließlich tat. Joseph Needham kommentierte dies mit der folgenden Überlegung: «Die Chinesen hatten die sechseckige Symmetrie entdeckt und als naturgegebene Tatsache akzeptiert.»[7]

Erst zu Beginn des 20. Jahrhunderts konnten nicht zuletzt aufgrund der Arbeiten des Berliner Physikers und Nobelpreisträgers Max von Laue, der 1912 wichtige Möglichkeiten zur Analyse von Kristallstrukturen entdeckt hatte, mit Hilfe von Röntgenstrahlen weitere Untersuchungen des Feinbaus der Eiskristalle durchgeführt werden.

«In der Sprache, die nicht mehr meine ist, heißt der Schnee qanik, er schichtet sich zu Stapeln, fällt in großen, fast schwerelosen Kristallen und bedeckt die Erde mit einer Schicht aus pulverisiertem, weißem Frost»,[8] beginnt der dänische Schriftsteller Peter Høeg seinen erfolgreichen, in Grönland angesiedelten Roman «Fräulein Smillas Gespür für Schnee» und beschreibt damit zugleich anschaulich den Vorgang des Schneefalls.

Der Niederschlag ist eine Phase im Kreislauf des Wassers. Schnee hat letztlich seinen Ursprung in den Weltmeeren. Die dort aufsteigende Feuchtigkeit wird von Winden fortgetragen. In zunehmender Höhe kühlen die Luftmassen ab und erreichen in Bezug auf den dampfförmigen Feuchtegehalt ihren Sättigungsgrad.

Bei weiterer Abkühlung der Luft kondensiert der überschüssige Wasserdampf, es kommt zur Bildung von Wassertröpfchen. Herrschen dabei Temperaturen unter 0 °C, so entstehen einerseits Schneekristalle und andererseits Nebeltröpfchen, wobei letztere bis zu –40 °C flüssig bleiben können. Bei genügend großer Kälte oder wenn die Luft sogenannte Gefrierkeime, d. h. Eisteilchen oder dem Eis chemisch und physikalisch isomorphe Substanzen enthält, verwandelt sich die Wolke in eine Schneewolke, aus der die Eisteilchen als Schneefall ausscheiden.[9] Während die Eisteilchen zu wachsen beginnen, sind auch unterkühlte Wassertropfen (d. h. Wasser, dessen Temperatur unter 0 °C liegt) vorhanden, ihre Zahl nimmt jedoch ab, je stärker sich die Eisteilchen entwickeln. Schließlich werden die Eisteilchen zu schwer, sie schweben nicht länger in der Luft, sondern fallen zu Boden.[10] Dabei können sich Eiskristalle verhaken, es entsteht eine Schneeflocke. Die Größe der Schneeflocken ist sehr unterschiedlich. In sehr kalter an Wasserdampf armer Luft entsteht ein feinkörniger Pulverschnee. Bei Temperaturen nur wenig unter dem Gefrierpunkt fallen große Flocken – wie die märchenhaften Federn aus Frau Holles Bett. Sie können 3 – 4 cm groß werden und sinken dann langsam hernieder. Sie kleben um so besser aneinander, je wärmer es ist, und erreichen als Gemeinschaftsflocke ein Höchstgewicht von vier tausendstel Gramm (ein Pfennig wiegt 500mal so viel), berichtet Wissenschaftsjournalist Hinrich Bäsemann.

Zwar betonen Wissenschaftler, daß kein Naturgesetz die Entstehung gleicher Schneeflocken verhindert, dennoch sind bislang noch niemals «Zwillinge» gefunden worden. Es klingt beinahe unglaublich, aber Physiker behaupten, daß in der gesamten Erdgeschichte keine zwei identischen Schneeflocken gefallen sind, da Schneeflocken niemals unter gleichen Bedingungen entstehen (Temperatur, Luftdruck, Windstärke etc.). Aus dem allgemeinen Aufbau der Schneekristalle können Wissenschaftler allerdings Rückschlüsse auf die physikalische Situation in den Wolken ziehen, so daß Schneekristalle gelegentlich als «Briefe vom Himmel» bezeichnet werden, die den Wissenschaftlern spezifische Informationen über das Geschehen in der Atmosphäre vermitteln. Unter den Kristallen, die sich zu Schneeflocken verbinden, gibt es allerdings häufig ähnliche Formen. Man teilt sie grob in symmetrische und asymmetrische Typen ein, und Laborexperimente lassen darauf schließen, daß ihre Gestalt von den Temperatur- und Feuchtigkeitsbedingungen der Wolke mitbestimmt werden, in der sie entstehen. Ist die Temperatur in einer Wolke höher als –3 °C, sind die Kristalle aller Voraussicht nach flache, hexagonale Plättchen. Zwischen –3 °C und –5 °C scheinen sich Nadeln zu bilden, und zwischen –5 °C und –8 °C entstehen prismenartige Hohlsäulen. Bei noch tieferen Temperaturen sind Hexagone und Säulen möglich.[11]

Aufgrund ihrer zarten Struktur werden Schneeflocken leicht zum «Spielball der Atmosphäre». Manche Schneeflocken sinken außerordentlich langsam. Sie würden zwei Tage benötigen, bis sie aus einer Höhe von 3000 m den Erdboden erreichen, wenn sie überhaupt unversehrt am Boden ankommen. Temperaturwechsel und unterschiedliche Feuchtigkeitsverhältnisse in den verschiedenen Luftschichten beeinflussen sie auf ihrem Weg zur Erde. Wenn die Luft in Bodennähe trocken ist, kann es schneien, auch wenn die Temperatur oberhalb des Gefrierpunktes liegt. Da ein Teil der Flocken schmilzt und rasch verdunstet, kühlt die untere Luftschicht ab, so daß die nachfolgenden Schneeflocken sie durchwandern, ohne zu schmelzen. Andererseits ist die Wetterregel: «Es ist zu kalt zum Schneien» durchaus erklärbar. Sehr kalte Luft enthält oft nicht genügend Feuchtigkeit, um irgendeine Form von Niederschlag zu bilden. Eisige Polarluft kann so wenig Wasserdampf aufnehmen, daß Forscher erlebten, wie sich ihr feuchter, warmer Atem sofort in Schnee verwandelte.

In welcher Gestalt Schneeflocken auch auftreten mögen, sie isolieren hervorragend. Sie schlucken auf ihrem Weg zum Boden durch Vibrationsdämpfung den Schall und lassen so die unheimliche Stille, die für leichten Schneefall charakteristisch ist, entstehen.

Zu extremen Schneefällen kann es kommen, wenn im Winter feuchte Winde Berghänge hinaufstiegen. Ähnlich wie es dann im Sommer starke Regenfälle gibt, entwickelt sich heftiger Schneefall. Rekordmeldungen kommen nicht selten von der amerikanischen Westküste: An der Paradise Ranger Station an den Hängen des Mount Rainier, wo feuchte Luft vom Pazifik am Cascade-Gebirge aufsteigt, fielen zwischen dem 19. Februar 1971 und dem 18. Februar 1972 insgesamt 31 m Schnee. Neben diesem Jahresrekord meldeten die Wetterdienste in den Vereinigten Staaten auch den 24-Stunden-Rekord: Am 14. und 15. April 1921 fielen in Silver Lake, Colorado, 193 cm Schnee.[12]

Meldungen über heftige Schneestürme, sogenannte Blizzards, kommen ebenfalls jedes Jahr regelmäßig aus den Vereinigten Staaten. Der heftigste bis heute bekannt gewordene Blizzard tobte am 11. und 12. März 1888. Er fegte mit Windgeschwindigkeiten von 135 km/h durch New York City, legte die meisten Stromverbindungen lahm und schnitt Verkehrswege ab. 20 Stunden lang türmte sich der Schnee mit zweieinhalb Zentimetern pro Stunde. In einigen Stadteilen von New York blies der Wind über 5 m hohe Schneewehen zusammen. In New Haven fielen 12 m Schnee. In einigen Gebieten benötigten die Rettungstrupps drei Tage, um zu eingeschneiten und von der Außenwelt abgeschnittenen Orten vorzudringen. Als der große Schneesturm vorbei war, hatten 400 Menschen ihr Leben verloren.

Schneeflocken sind jedoch nur eine Form des gefrorenen Niederschlags. Auch Regen, der aus höheren Luftschichten durch ausreichend kalte Luftschichten fällt, kann gefrieren. Es kommt zu Eisregen,[13] der Bäume, Gebäude und den Boden mit einer funkelnden Eisschicht überzieht und fast märchenhaft glasiert erscheinen läßt. Aber Eisregen ist eines der gefährlichsten Phänomene des Winters. Straßen verwandeln sich in Eisbahnen, und Stromleitungen brechen unter dem Gewicht des Eises. Ein besonders schwerer Eisregen ging 1921 in Massachusetts nieder: Es bildetete sich eine 5 cm dicke Eisschicht, die Stromleitungen und 200000 Bäume zerstörte.

Fällt Schnee auf dem Weg zur Erde durch eine wärmere Luftschicht, kann er schmelzen und später noch einmal gefrieren. Wechselndes Gefrieren und Auftauen läßt aus der Schneeflocke dann ein Graupelkorn entstehen. Graupel kann Durchmesser von 2 bis 3 mm aufweisen.

Zum Schrecken der Landwirte gehört Hagel, der ernsthafte Schäden anrichten kann. Hagelkörner entstehen, wenn sich Eiskristalle lange genug in einer Wolke aus unterkühlten Wassertröpfchen befinden und auf das Tausendfache ihrer Normalgröße anwachsen. Allerdings müssen sie schnell durch die Atmosphäre fallen, damit sie keine Gelegenheit zum Schmelzen haben. Hagel sind Eiskörner schaliger Struktur und unterschiedlicher Größe. Normalerweise haben sie einen Durchmesser von 0,5 bis 1 cm, sie können aber auch die Größe von Tennisbällen erreichen.

Großer Hagel mißt ca. 2,5 cm, «riesiger» 7,5 cm. Letzterer ist um 250 g schwer und kommt nur selten vor. Rekordmeldungen liegen aus Indien (3,5 kg) und China (2 Steine von 4,5 kg) vor. Sicher gewogen worden sind 887 g im Jahre 1882 in Dubuque (Indiana), 680 g im Jahre 1928 in Potter (Nebraska) und 757 g am 3. September 1970 in Coffeyville (Kansas). Letzteres Hagelkorn hatte einen Umfang von 44 cm. Derartige Eisbrocken haben eine Endfallgeschwindigkeit von 50 m/sec. Die an der unteren Grenze des Riesenhagels liegenden Eisklumpen können noch Dächer durchschlagen, und selbst gewöhnlicher Hagel mit Körnern unter 1 cm kann an empfindlichen Obst-, Wein- und Gemüsekulturen schwere Schäden anrichten. Einer der schwersten Hagelstürme dieses Jahrhunderts in Deutschland ging am 12. Juli 1984 in München nieder; die Schäden beliefen sich auf rund 3 Milliarden Mark. Die Hagelkörner verbeulten ca. 240000 Autos, zerschlugen Dächer und Glasscheiben, knickten Antennenanlagen um und verwüsteten Felder. Eine Boing 757, die im Landeanflug in den Hagelsturm geriet, mußte anschließend für 20 Mill. Mark repariert werden. Das größte nachgewiesene Hagelkorn dieses Unwetters hatte einen Durchmesser von 9,5 cm und wog 300 g. Es gilt als Wunder, daß in München niemand erschlagen wurde. Die Spur des Unwetters, die sich quer durch die bayerische Landeshauptstadt zog, war 300 km lang und 5 km breit.[14]

Während z.B. Regen, Schnee und Hagel zu den fallenden Niederschlägen zählen, gehören Tau und Reif zu den abgesetzten Niederschlägen. Reif kommt sogar in den Wüsten der Subtropen vor. Er entsteht, wenn gegen die Bodenwärme gut isolierte Objekte – Grashalme (daher auch die englische Bezeichnung «grassfrost»), Zäune oder Masten – so stark erkalten, daß um sie herum die Eissättigung erreicht wird und sich die Luftfeuchtigkeit in Form von Eiskristallen an ihnen absetzt.

In dem Augenblick, in dem ein Schneekristall den Boden berührt, ändert sich seine Umgebung. Im freien Fall war er ein Individuum, am Boden wird er zu einem Bestandteil der Schneedecke.

Am Boden sind die Schneekristalle Veränderungen unterworfen, die als Metamorphose (Umwandlung) bezeichnet werden. Dabei haben im wesentlichen drei Formen dieses Prozesses Bedeutung für die Entwicklung der Schneedecke: die abbauende Metamorphose, die aufbauende Metamorphose und die Verfirnung.

Schneekristalle, die den Boden erreicht haben, sind recht unstabile Gebilde. Sie liegen in engster Nachbarschaft mit anderen Kristallen; gegenseitige Berührung und vor allem der Druck der nächsten auf sie fallenden Schneeflocken haben zur Folge, daß am einzelnen Kristall feine Ästchen abbrechen. Jeder einzelne Kristall hat nun das Bestreben, seine Form zu vereinfachen, seine Oberfläche zu verkleinern. Die kleinste Form wird erreicht, wenn er Kugelgestalt annimmt. Dieser Schrumpfungsprozeß dauert so lange, bis alle Teilchen in kleinste Formen von etwa 0,2 bis 1 mm Durchmesser umgebildet sind. Da die Oberfläche dieser Körner kleiner ist als die der ursprünglichen Schneeflocken, sie also weniger Platz einnehmen, setzt sich die Schneedecke langsam. So sinkt nach wenigen Tagen etwa eine ursprünglich 20 cm hohe Schneedecke auf die halbe Höhe zusammen. Eine Neuschneedecke aus flockigen Dendriten enthält mehr als 90% Luft zwischen den einzelnen Kristallen. Das spezifische Gewicht von neu gefallenem Schnee ist 0,05 bis 0,06. Da durch die abbauende Metamorphose der Luftanteil in der Schneedecke auf ca. 70% gemindert wird, ergibt sich dann ein spezifisches Gewicht von ca. 0,3.

Jeder Schneefall fügt im Winter einer bestehenden Schneedecke eine neue Schicht hinzu. Gegenüber älteren Ablagerungen hebt sich diese Schicht gut erkennbar ab. Legt man einen senkrechten Schnitt an, erkennt man, daß eine Schneedecke kein einheitliches Gebilde ist; es gibt die unterschiedlichsten Schneearten, zwischen denen es wiederum Übergangsformen gibt. Grob kann man Schnee in Neuschnee und Altschnee einteilen. Als Neuschnee werden, unabhängig von der Zeit, die seit dem Schneefall verstrichen ist, alle Schneearten bezeichnet, bei denen die ursprüngliche Form der Schneekristalle noch zu erkennen ist.[15]

Die einzelnen Schneeschichten enthalten die unterschiedlichsten Kristalltypen und Luftmengen. Eine Schicht gerade gefallenen Schnees kann 99 % Luft enthalten, Firnschnee, alter Schnee, der bereits dabei ist, sich in Gletschereis zu verwandeln, schließt nur noch 20 % Luft ein.[16]

Entscheidender Faktor der aufbauenden Metamorphose sind die Temperaturverhältnisse innerhalb der Schneedecke. Während die oberen Schichten der Schneedecke, die der kalten Luft ausgesetzt sind, die Temperatur der Umgebung annehmen, kann der Boden, auf dem sie liegt, eine Temperatur von etwa 0°C oder knapp darunter bewahren. Aus diesem Grund schützt eine Schneedecke Pflanzen vor dem Erfrieren. Weite Teile Kanadas und Sibiriens würden kaum Vegetation aufweisen, wenn der Schnee nicht den Boden vor dem Winterfrost bewahren würde. Die Temperatur innerhalb der Schneedecke nimmt vom Boden bis zur Oberfläche ständig ab. Die Temperaturdifferenz pro Längeneinheit, der Temperaturgradient, ist für die aufbauende Metamorphose entscheidend. Wenn bei strenger Kälte ein großer Temperaturunterschied entsteht, sinkt die kalte, trockene Luft der oberen Schichten nach unten. Die durch ständige Sublimation der Eiskristalle in den unteren wärmeren Schichten wasserdampfhaltige Luft der bodennahen Schichten steigt auf. An der Oberfläche sublimiert der Wasserdampf und läßt die Schneekristalle dort wachsen. So vergrößern sich die Schneekristalle der oberen Schicht ständig, während ihre Zahl in den unteren abnimmt. Die Kristalle der oberen Schicht können bis zu 1 cm lang werden. Als Endprodukt entstehen Formen, die einem Becher mit pyramidenartig abgestufter Außenfläche gleichen (Becherkristalle). Die Folge ist, daß die Zahl der Kristalle in einem gegebenen Volumen ständig abnimmt. Dieser Vorgang – auch Gradientmetamorphose genannt – ist um so intensiver, je stärker das Temperaturgefälle ist.

Die so gebildeten Schneeschichten werden als Tiefenreif oder Schwimmschnee bezeichnet. Schwimmschnee ist nicht unproblematisch, da sich seine sechseckigen Kristalle nicht miteinander verbinden, sondern eine lose, unzusammenhängende Masse darstellen und wie Kugellager wirken. Sie sind daher für weitere Schneeschichten eine instabile Unterlage.

Die dritte Form, oft das Endstadium der Metamorphose, ist die Verfirnung, mit der das Wachstum der Eiskörner durch mehrmaliges Schmelzen und Wiedergefrieren bezeichnet wird. Bei diesem Vorgang runden sich die Körner, und der sich zwischen ihnen bildende Wasserfilm gefriert seinerseits, so daß ein festes Gefüge (Schmelzharsch) entsteht.[17]

Schnee verhindert, wie die aufbauende Metamorphose zeigt, Wärmeabstrahlung; er isoliert. Da in den Flocken oft winzige Luftbläschen eingeschlossen sind, wirkt eine Schneedecke ähnlich wie ein Daunenbett. So betrug bei einem Kälteeinbruch im amerikanischen Mittelwesten die Temperatur an der Schneeoberfläche –33 °C, während man nur 18 cm tiefer am Boden –4 °C maß; der Unterschied von 29 °C zwischen der Ober- und Unterseite der Schneedecke entspricht einem Gradienten von –1,6 (°C/cm).

Die isolierende Wirkung des Schnees beschrieb der griechische Schriftsteller Xenophon, der 400 v. Chr. griechische Söldner durch Armenien führte: «In der Nacht darauf fiel jedoch unermeßlich viel Schnee, so daß er die Waffen und die Männer zudeckte, die am Boden lagen; auch die Lasttiere fesselte der Schnee. Die Leute zögerten sich zu erheben. Denn für die, welche lagen, war der Schnee eine warme Decke, wo er nicht abgeschmolzen war.»[18]

Da die Dichte (oder das Raumgewicht) des Schnees je nach Intensität der Setzung zunimmt, kann eine Neuschneedecke für die Unterlage, auf der sie zu liegen kommt, eine nicht unbedeutende Last darstellen.[19] Sie kann sowohl eine ältere, wenig tragfähige Schneeschicht oder ein unsolides Gebäude überlasten. Gebirgsbauten müssen daher besonders tragfähig sein. Ein Hausdach von 10 m Breite und 15 m Länge muß in Arosa beispielsweise rund 148 t Schnee zu tragen vermögen.[20] Diese maximale Auflast wird nach folgender Formel berechnet:

$$P = 1{,}5 \times H^2 + 500$$

(P=Gewicht in $kg/m^2$, H=Höhenlage in Hektometern)

(Beispiel Arosa: H=18 hm; $P = 1{,}5 \times 18^2 + 500 = 986\ kg/m^2$)

Nicht uninteressant für Menschen in schneereichen Gebieten ist auch die Frage, wieviel Wasser im Schnee gespeichert ist, also mit welchem Wasserfluß aus einem bestimmten Einzugsgebiet bei der Schneeschmelze gerechnet werden kann oder muß.

Die Wassermenge, die sich beim Abtauen einer Schneeschicht über einer gleich großen Fläche ergibt, heißt Wasserwert. Er ist abhängig von der Dichte des Schnees, er nimmt zu bei Niederschlägen – Regen oder Schnee – und wird kleiner, wenn Wind Schnee wegträgt oder auch wenn Schmelzwasser abläuft.

In den Alpen wird der Wasserwert regelmäßig monatlich zweimal festgestellt. Dazu sticht man mit einer Sonde einen Schneezylinder von der Oberfläche bis auf den Boden aus. Die Probe wird gewogen und durch folgende Beziehung der Wasserwert der untersuchten Schneebedeckung ermittelt:

$HW = G/F$; HW = Wasserwert in cm
G = Schnee-Nettogewicht in g
F = Querschnitt der Sonde in $cm^2$

Beispiel: Querschnitt der (gebräuchlichen) Sonde: 70 $cm^2$, Gewicht des Schnees 2100g.

HW = 2100/70= 30 cm.

Der Schneeschicht entspricht eine 30 cm hohe Wassersäule.[21]

Die durch den Prozeß der abbauenden Metamorphose oder Setzung bewirkte Änderung der Kristallformen hat zur Folge, daß eine Schneedecke stets in Bewegung ist. Dadurch, daß jeder Einzelkristall an Größe verliert, nimmt die Mächtigkeit der Schicht ab, vorausgesetzt, sie liegt auf einer horizontalen Unterlage. Je höher die Lufttemperatur ist, um so größer ist die Setzung, bei großer Kälte läuft der Prozeß langsamer ab. Die stärkste Setzung erfolgt bei Neuschnee in den ersten drei Tagen. Dabei beträgt der Höhenverlust 48 % im Vergleich zur Anfangshöhe.

Während die Setzung der Schneedecke auf horizontalem Boden nur den Rückgang der Schneehöhe zur Folge hat, ergeben sich bei geneigtem Gelände zwei Bewegungsrichtungen des Schnees: Der Schnee setzt sich nicht senkrecht gegen die Unterlage, sondern in einer Resultierenden zwischen der Lotrechten und der Hangneigung. Die Summe beider Bewegungen ist an der Oberfläche der Schneedecke am größten und nimmt in einer Art Kippbewegung gegen den Erdboden ab. Je steiler die Fläche, auf der der Schnee liegt und je mächtiger die Schneedecke selber ist, desto größer ist die Differenz der Bewegung zwischen oben und unten. Diese Bewegung wird Kriechen genannt, wenn die untere Schneeschicht auf einem rauhen Boden haften bleibt. Die Geschwindigkeit an der Oberfläche beträgt 1 – 30 mm pro Tag.[22] Das Kriechen des Schnees läßt sich sehr gut auf schrägen Hausdächern beobachten. Neben der Kriechbewegung gibt es das Gleiten, wenn die Schneedecke auf einer geneigten glatten Unterlage liegt.

Schnee ist ein plastischer Stoff. Unter dem Gewicht eines Menschen beispielsweise läßt er sich zusammendrücken, und man kann Schneebälle aus ihm formen. Je wärmer er ist, um so plastischer ist er. Es ist ein bekanntes Phänomen, daß beim Gehen an kalten Tagen ein Knirschen zu hören ist, während dieses Geräusch an wärmeren Tagen nicht auftritt. Das Geräusch wird von durch die Kälte spröde gewordenen Schneekristallen hervorgerufen, die unter den Füßen zerbrechen. Zusätzliche durch warmes Wetter erzeugte Plastizität ermöglicht den Schneekristallen ein Ausweichen, der Schnee knirscht nicht.

Die Strahlungsdurchlässigkeit von Schnee ist sehr gering, eine Schneedecke ist ein guter Reflektor. Sie reflektiert etwa 80 % der einfallenden Sonnenstrahlung, bei Neuschnee sogar über 90 %. Von den 20 % der in die Schneedecke eindringenden Strahlung ist in 50 cm Tiefe nur noch etwa 1 % meßbar, es herrscht praktisch Dunkelheit.[23] Der Prozentwert der abgestrahlten Energie (Einstrahlung = 100 %) wird Albedo genannt, sie ist abhängig vom Zustand der Schneedecke und vom Einfallswinkel des Lichtes. 1960 wurde am Südpol eine Albedo von maximal 93,4 % gemessen; dieser extreme Wert läßt sich darauf zurückführen, daß der Schnee in der aerosolfreien antarktischen Atmosphäre kaum Verunreinigungen aufweist.[24] (Schätzungen für die durchschnittliche Albedo der Erdoberfläche liegen bei 30 %.) Die Albedo der Polargebiete hat einen entscheidenden Einfluß auf den Wärmehaushalt der Erde. Gäbe es die polare Eisbedeckung nicht, würde der Planet durch die Sonneneinstrahlung aufgeheizt werden.

Beim Menschen kann durch die hohe Reflexion der intensiven, kurzwelligen, ultravioletten Strahlenanteile des Sonnenlichts beim längeren Betrachten sonnenbestrahlter Schneefelder eine Erkrankung der Hornhautoberfläche, die Schneeblindheit, hervorgerufen werden. Bereits im antiken Griechenland kannte man diese Erscheinung und wußte sich davor zu schützen. So berichtete der bereits erwähnte Xenophon: «Von den Soldaten waren diejenigen zurückgeblieben, die schneeblind waren. ... Wenn man auf dem Marsch etwas Schwarzes vor den Augen trug, konnte man sich gegen Schneeblindheit schützen.»[25]

Schallwellen durchdringen die Schneedecke ebenfalls bis zu einer gewissen Tiefe. Über einer Schneedecke liegt in der Regel eine Kaltluftschicht, an der aus der Schneedecke austretende Schallwellen reflektiert werden. Dieses Phänomen erklärt, daß ein von Lawinen Verschütteter zwar die Stimmen seiner Retter hören kann, seine Rufe hingegen nicht gehört werden.

Schnee ist wasserdurchlässig; Regen oder Schmelzwasser kann in die Schneedecke eindringen. Bei großem Temperaturgefälle gefriert Wasser allerdings schon in den oberen Bereichen der Schneedecke.

Die Metapher «Schnee von gestern» gehört zu den häufig verwendeten Umschreibungen für eine Situation, die schon sehr lange zurückliegt. Streng genommen ist das Bild vom «Schnee von gestern» falsch formuliert, richtiger wäre: «Schnee vom vergangenen Jahr». Der Tübinger Rhetorik-Professor Walter Jens hat die Tatsache erkannt: «Schnee von gestern – das ist ein noch recht frischer, feiner, sauberer Schnee. Mit dem kann man – was auch immer – sehr wohl noch viel anfangen. Mit Schnee vom vergangenen Jahr aber hat man tatsächlich nur noch ein Überbleibsel vor sich. Eben etwas völlig Altes, Überholtes.»[26]

## Anmerkungen

1 Forster, Georg: Reise um die Welt. Frankfurt am Main 1967, S. 457f.
2 Vgl.: Allen, Oliver E.: Die Atmosphäre. Amsterdam 1983, S. 104 und Bentley, W. A. und W. J. Humphreys: Snow Crystals. New York 1962, S. 13.
3 Zit. nach: Baeyer, Hans Christian v.: Regenbogen, Schneeflocken und Quarks. Physik und die Welt, die wir täglich erleben. Reinbek 1996, S. 137.
4 Zit. nach: ebd., S. 138.
5 Zit. nach: Temple, Robert K. G.: Das Land der fliegenden Drachen. Chinesische Erfindungen aus vier Jahrtausenden. Bergisch Gladbach 1990, S. 162. Auch die folgenden chinesischen Zitate sind dieser Quelle entnommen.
6 Ebd.
7 Ebd., S. 163.
8 Høeg, Peter: Fräulein Smillas Gespür für Schnee. München, Wien 1994, S. 9. Entgegen einer weit verbreiteten Meinung, nach der die Eskimos oder Inuit, wie sie heute richtiger genannt werden, eine sehr große Zahl von Wörtern für das Phänomen Schnee benutzen, gibt es in ihrer Sprache lediglich zwei Wörter für Schnee. Die Annahme, daß Schnee im Leben und Alltag eine so bedeutende Rolle spielt, demzufolge sie Hunderte von Wörtern für verschiedene Schneearten und -qualitäten haben, gehört in den Bereich der Legende, die jedoch liebend gern herangezogen wird, um zu veranschaulichen, daß einfache Völker eine andere Sicht oder Beurteilung der Wirklichkeit haben. (Vgl.: Miller, George A.: Wörter. Streifzüge durch die Psycholinguistik. Heidelberg, Berlin, New York 1993, S. 19) George Miller versucht die Entstehungsgeschichte dieses Mythos nachzuvollziehen: «Die Anthropologin Laura Martin führt diesen Mythos auf einen Abschnitt im Handbook of North American Indians von Franz Boas (1911) zurück, wo dieser anführt, daß die Eskimosprache offenbar verschiedene Wörter für Schnee habe: aput für Schnee, der bereits auf der Erde liegt, qana für Schnee, der gerade fällt, piqsirpoq für ein Schneetreiben und qimuqsuq für eine Schneeverwehung. 1940 wuchs diese Anzahl, als Benjamin Lee Whorf einen Aufsatz veröffentlichte, in dem er behauptet, die Eskimosprache verfüge über eigene Wörter für Schnee, der gerade fällt, für Schnee, der liegt, für festen Schnee, für Schneematsch, für verwehten Schnee und für weitere Arten von Schnee. Als das Interesse an der Sache wuchs, wurden die Verlautbarungen vage: ‹In Eskimosprachen gibt es viele Wörter für Schnee.› ‹Viele› wurden daraufhin als neun, achtundvierzig, einhundert oder zweihundert übersetzt. Der Linguist Geoffrey Pullum riet seinen Lesern, diese eskimologische Unwahrheit zu bekämpfen. Wenn Du diese Behauptung hörst – so lautet sein Rat –, erhebe Dich und tue kund, daß das führende Lexikon der Eskimosprache gerade zwei Wortstämme nennt: qanik für Schnee, der fällt, und aput für Schnee, der liegt. Damit machst Du Dich nicht gerade beliebt, aber Du setzt Dich für die Wahrheit und für die Maßstäbe gültiger Behauptungen ein.»
9 Vgl.: Schild, Melchior: Lawinen. Zürich 1972, S. 21. Als Eiskeime, an denen die Wasserdampfmoleküle andocken, können Sand- und Vulkanstaub, Rußteilchen, Meersalz und auch industrielle Abgase dienen.
10 Die Ausgangsform aller Schneekristalle ist ein dünnes hexagonales Plättchen. Die gefrierenden Wassermoleküle ordnen sich am günstigsten in einem Winkel von 120 Grad an; 120 Grad-Winkel ergeben aneinandergereiht ein Sechseck.

11 Bei vereinfachter Darstellung entstehen im Temperaturbereich von:
 –4°C bis –8°C Nadeln
 –8°C bis –12°C dicke Plättchen, z.T. mit Fortsätzen
 –12°C bis –18°C Plättchen und Sterne
 –18°C bis –25°C räumliche Sterne, Plättchen
 –25°C bis –14°C kurze Prismen.
 (Vgl.: Ernest, Albert: Wetter, Schnee und Lawinen. Graz, Stuttgart 1981, S. 41.
12 Vgl.: Farrand, John: Wetter. Köln 1991, S. 160.
13 Fällt Regen auf gefrorenen Boden und friert erst dort, entsteht Blitzeis.
14 Zu dem Münchner Unwetter vgl.: Jacob, Klaus: Enfesselte Gewalten. Basel, Boston, Berlin 1995, S.42f.
15 Die wichtigsten Arten des Neuschnees sind: Wildschnee, Pulverschnee, Pappschnee, Graupeln, Oberflächenreif. Die Arten des Altschnees sind: Feinkörniger Altschnee, grobkörniger Altschnee, Firnschnee, Sulzschnee, Faulschnee, Harsch, Schmelzharsch Firnspiegel, Windharsch, Bruchharsch, Schwimmschnee.
16 Vgl.: Fraser, Colin: Lawinen – Geißel der Alpen. Rüschlikon–Zürich, Stuttgart, Wien 1968, S. 80.
17 Vgl.: Ernest, Albert, a.a.O., S. 63 und Fraser, Colin, a.a.O., S. 82.
18 Xenophon: Anabasis IV, 4, 11.
19 Vgl.: Schild, Melchior: Lawinen. Zürich 1972, S. 26.
20 Beispiel aus: ebd. S. 27.
21 Beispiel aus: ebd. S. 28. (Es wird die Höhe des Zylinders aus Wasser – spezifisches Gewicht 1 – ermittelt.)
22 Vgl.: Ernest, Albert, a.a.O., S. 64ff.
23 Die Eindringtiefe in die Schneedecke beträgt:
 bis 10 cm 50 – 40 %
 bis 20 cm 30 – 10 %
 bis 30 cm 10 %
 bis 50 cm 0 % (Angaben: Ernest, Albert, a.a.O., S. 50.)
24 Vgl.: Blüthgen, Joachim und Wolfgang Weischet: Allgemeine Klimageographie. Berlin, New York 1980, S. 97.
25 Xenophon, Anabasis IV, 5, 12.
26 Vgl.: Beim Wort genommen: Der Schnee von gestern. Journalist 1994, 2, S. 27.

# Der Schnee von gestern

Die Darstellung des Erdreliefs wirkt gespenstisch: Von Großbritannien ragen nur noch Höhenzüge und Bergspitzen aus dem Meer, rund die Hälfte der Insel ist von Wasser bedeckt, Holland ist vollständig verschwunden, und Bonn wird als Containerhafen genutzt. Das ist nicht die Vision eines Science-Fiction-Films, sondern die graphische Umsetzung einer Computersimulation, die zeigt, wie unserer Erde aussieht, wenn die unvorstellbare Menge von rund 30 Mill. $km^3$ Eis, die die Antarktis bedeckt, schmelzen würde. Als Hiobsbotschaft geisterte dieses Bild vor einigen Jahren durch die Medien, aber es war nicht nur der Phantasie einer sensationslüsternen Presse entsprungen, sondern wurde auch von Wissenschaftlern ernsthaft diskutiert.

Man hat Berechnungen angestellt, um zu ermitteln, wie hoch der Meeresspiegel ansteigt, wenn sämtliche Gletschereisvorräte der Erde schmölzen; für alle derzeit vorhandenen Eismassen wären das 81,5 m; allein die Eisdecke der Antarktis machte davon 73 m aus. Einen Fehler allerdings haben die Titelbilder von Illustrierten, die den Kölner Dom dann im Hochwasser versinken sehen: Dieses Bauwerk wird wohl längst nicht mehr stehen, wenn sich die Eisvorräte unserer Erde tatsächlich einmal in Wasser verwandelt haben. Denn der Abschmelzvorgang wird nicht von heute auf morgen verlaufen, sondern, wenn überhaupt, etliche Jahrtausende dauern.

Ein genauso langwieriger Vorgang war auch die Akkumulation dieser Eismassen. Nicht wenige von ihnen sind Überbleibsel der gewaltigen Eisschilde, die die Erde einst in weitaus größerem Ausmaß als heute bedeckten. Die Entstehung von Gletschereis ist ein komplizierter Prozeß, in dem Schnee in den unteren Lagen größerer Schneeanhäufungen unter dem Druck auflastender Schneemassen umgewandelt wird (Metamorphose).[1] Gletscher können oberhalb der Schneegrenze[2] in einer Vertiefung am Berghang ihren Ausgang nehmen, wo es im Winter genügend schneit und im Sommer so kalt ist, daß der Schnee nicht völlig schmilzt. Die Schneegrenze verläuft regional auf unterschiedlicher Meereshöhe: in den Polargebieten liegt sie auf dem Niveau des Meeresspiegels, am Äquator in Ostafrika (Mount Kenia und Kilimandscharo) sind die Bedingungen für ewiges Eis erst in einer Höhe von 5200 bzw. 5500 m gegeben.

Bereits im Verlauf einer winterlichen Schneefallperiode wandeln sich frisch gefallene Schneeflocken in kompakte Eiskristalle um. Durch Setzung und Wasseraufnahme wird aus dem Neuschnee Altschnee. Überdauert er – nur leicht verschmolzen – den folgenden Sommer, entsteht ein körniges Aggregat, der Firn («vorjährig»). Durch den Eigendruck und das Gewicht von überlagerndem Schnee im nächsten Winter wird die Vorjahrsschicht weiter verdichtet, es entsteht das weißliche Firneis. Sammeln sich neue Schichten von Firn und Schnee an, so pressen sie einen Teil der noch vorhandenen Luft, die zunächst noch zwischen den älteren Kristallen eingeschlossen war, heraus; es bildet sich Gletschereis. Damit einher geht eine Farbumwandlung des Eises vom typischen Weiß lufthaltiger Eiskörner zum Blau von Eiskörnern, die keine Luft mehr enthalten. Schmelzwasser, das sich an der erwärmten Oberfläche bildet, sickert in die Tiefe, füllt noch vorhandene Luftblasen aus und gefriert wiederum in den kalten inneren Schichten. Während bei Pulverschnee die Dichte 0,06 beträgt, steigt sie bei Gletschereis bis zu 0,9. Der Luftgehalt beträgt bei Pulverschnee 90 %, bei Firn 60 %, beim Firneis 30 % und beim Gletschereis nur noch 2 %.[3]

Die Zeit, die benötigt wird, bis sich Gletschereis bildet, hängt von der Temperatur und der Niederschlagsmenge ab. In Island bildet sich Gletschereis in relativ kurzer Zeit. Hier fällt im Winter viel Schnee; im Sommer erwärmt sich die Luft über den Gefrierpunkt, so daß sich an der Oberfläche des Schnees reichlich Schmelzwasser bildet, das in die unteren Schneeschichten eindringt und wieder gefriert; der Prozeß der Verdichtung des Schnee-Eis-Konglomerats läuft recht schnell ab. In vielen Gebieten der Antarktis hingegen, wo es wenig Niederschläge gibt und der Schnee im Sommer nicht anschmilzt, dauert der Prozeß sehr viel länger.

Zum Gletscher wird Eis dann, wenn es in Bewegung gerät. Dieser Vorgang setzt ein, wenn der Eiskörper eine bestimmte Mächtigkeit erreicht hat, bei der sein Gewicht seine innere Festigkeit und die Reibung mit dem Untergrund überwindet. Wie bei einer Scheibe Brot, die mit Honig bestrichen ist und schräg gehalten wird, fließt die obere Schicht des Gletschers eher und schneller als die auf dem Untergrund aufliegende Schicht. Außerdem ist hier wie dort die Fließgeschwindigkeit in der Mitte höher als an den Rändern.

In erster Linie ist für die Bewegung des Gletschers die Schwerkraft verantwortlich. Doch nicht nur an Hängen fließt Gletschereis, es kann sich auch in der Ebene bewegen, wenn Eis von einem höheren Niveau nachgeschoben wird.

Die unterschiedlichen Fließgeschwindigkeiten auf der Oberfläche und im Innern eines Gletschers hat bereits im 19. Jahrhundert der Schweizer Gletscherforscher Louis Agassiz am Unteraargletscher nachgewiesen. Er hatte dazu eine Reihe von Pfählen quer über den gesamten Gletscher ins Eis getrieben und an den seitlichen Felswänden markiert, auf welcher Höhe er sein Zeichen angebracht hatte. Als er im folgenden Jahr sein Versuchsfeld kontrollierte, stellte er fest, daß die Reibung des Eises am Fels dessen Bewegung verlangsamt. Mit ähnlichen Versuchen konnte Agassiz ebenfalls zeigen, daß auch in Fließrichtung eines Gletschers unterschiedliche Geschwindigkeiten auftreten. Später konnte dann bewiesen werden, daß die Geschwindigkeit eines Gletschers in der sogenannten Gleichgewichtszone am größten ist, dem Bereich nämlich zwischen dem Nähr- oder Akkumulationsgebiet des Gletschers, in dem der jährliche Schneefall das Schmelzen und Verdunsten überwiegt, und dem Zehr- oder Ablationsgebiet hangabwärts, wo der Verlust durch Abschmelzen im Verlauf des Jahres größer als die Niederschlagsmenge ist. Ferner wurde festgestellt, daß auch in der Vertikalen der Gletschereismasse unterschiedliche Geschwindigkeiten anzutreffen sind, daß sich also die verschiedenen Schichten im Eis unterschiedlich schnell bewegen. So wurde schon zu Beginn des 20. Jahrhunderts an einigen Tiroler Gletschern festgestellt, daß sie sich an der Oberfläche schneller bewegten als in der Nähe der Sohle. Dafür ist einerseits die Reibung am Boden verantwortlich, andererseits muß der Gletscher Bodenunebenheiten überwinden, die seinen Lauf hemmen.

Bei der Bewegung der Gletscher spielen zwei Prozesse eine Rolle: Das Gleiten an der Gletscherbasis und die interne Deformation des Gletschers. Der auf den ersten Blick einfache Prozeß des Gleitens hat eine Besonderheit: Die Gletschersohle kann erst über den Grund gleiten, wenn sich zwischen ihr und dem Boden ein dünner Wasserfilm von meist nur wenigen Millimetern gebildet hat. Dieser Wasserfilm besteht aus Schmelzwasser, das sich entweder durch Reibungswärme oder durch die Bodenwärme gebildet hat. Dieser Wasserfilm reduziert die Reibung und dient als Gleitmittel. Trifft der Gletscher auf seinem Weg auf Unebenheiten, setzt ein besonderes Verhalten des Gletschereises ein. An der hangaufwärts gerichteten Seite der Unebenheit entstehen hohe Drücke, die zum Abschmelzen geringer Eismengen führen. Das Schmelzwasser läuft hangabwärts um das Hindernis herum und gefriert unter dem dort geringeren Druck wieder. Dieser Vorgang des Schmelzens und Wiedergefrierens heißt Regelation.

Wo sich kein Wasserfilm bildet, das Eis am Untergrund «klebt», dort wird die Bewegung des Gletschers ausschließlich durch die interne Deformation verursacht («trockener Gletscher»). Dabei löst das Eigengewicht des Eises eine Verschiebung innerhalb der einzelnen Gletscherkörner aus, «deren Moleküle sich in mehr oder weniger parallel zur Gletscheroberfläche verlaufenden Schichten anordnen. Diese Schichten gleiten dann übereinander. Die zunehmende Verschiebung innerhalb der einzelnen Gletscherkörner – und bis jetzt noch nicht völlig geklärte Verschiebungen zwischen den Gletscherkörnern selbst – machen die interne Deformation im Gletschereis aus.»[4]

Je nach den örtlichen Voraussetzungen spielen beide Vorgänge für die Gletscherbewegung eine Rolle. Bei sogenannten temperierten oder «warmen» Gletschern (Eistemperatur um 0 °C) wird die Bewegung durch das basale Gleiten hervorgerufen, bei einigen polaren oder «kalten» Gletschern (Eistemperatur dauernd unter 0 °C) gibt es dieses Gleiten nicht, hier wird die Bewegung ausschließlich durch die innere Deformation bestimmt. In jedem Fall aber hängt die Geschwindigkeit, mit der ein Gletscher sich bewegt, von seiner Mächtigkeit, vom Gefälle und seiner Temperatur ab.

Je mächtiger ein Gletscher ist, desto eher verformt er sich, da die Schwerkraft die Eiskristalle zu einer schnelleren Bewegung zwingt. Auf einer geneigten Fläche bewegt sich ein Gletscher schneller als auf einer flacheren Ebene. Je höher die Temperatur ist, umso mehr Schmelzwasser bildet sich an der Sohle des Gletschers, das seine Bewegung beschleunigt. Gleichzeitig dringt bei höheren Temperaturen mehr Schmelzwasser von der Oberfläche in das Eis ein, das im Innern des Gletschers wieder gefriert, wobei latente Wärme frei wird, die ihrerseits die Temperatur im Gletscher erhöht. Dadurch wird der Halt der Eiskristalle untereinander gelockert und somit die Geschwindigkeit des Gletschers erhöht. Die Fließgeschwindigkeiten von Gletschern schwanken in weiten Grenzen. Der acht Kilometer lange Franz-Josef-Gletscher auf der neuseeländischen Südinsel erreicht eine Geschwindigkeit von etwa

1 m pro Tag oder einem Drittel Kilometer pro Jahr. Der Meserve-Gletscher in der Antarktis legt pro Tag maximal einen halben Zentimeter zurück. Er benötigt rund ein Vierteljahr für einen Meter, und in den letzten 90 Jahren hat er ein Drittel Kilometer zurückgelegt.[5] Die Fließgeschwindigkeit erreicht bei Alpengletschern zwischen 30 und 150 m, im Himalaja teilweise 1000 m und in Westgrönland sogar 7000 m pro Jahr.[6]

Die unterschiedlichen Fließgeschwindigkeiten innerhalb des Gletschers rufen Spannungen hervor, durch die der Eiskörper deformiert wird, bis er stellenweise bricht und riesige Spalten aufreißt. Bereits bei einer Hangneigung von 5° zerreißt der Zusammenhalt des Eises. Ist im Untergrund ein steiler Geländeknick oder eine Felsstufe vorhanden, zerbricht durch die Spannungsunterschiede die Eisoberfläche, es reißen Quer- und Längsspalten auf. Sie zerteilen das Eis in gewaltige Blöcke und pyramidenförmige Eistürme, die sogenannten séracs, die letztlich als Gletscherabbruch in die Tiefe stürzen.

Die beobachtete Breite von Gletscherspalten variiert zwischen ein paar Millimetern und 40 m. Sie treten nur in der spröden Oberfläche der Gletscher auf. In größeren Tiefen ab etwa 30 m ist das Eis so hohem Druck ausgesetzt, daß es sich plastisch verformt und nicht mehr reißt. Nicht selten sind Gletscherspalten von Schneebrücken überdeckt, so daß sie zunächst von Menschen, die sich auf dem Eis bewegen, nicht wahrgenommen werden. So sind sie immer wieder Gebirgs- oder Polarexpeditionen zum Verhängnis geworden. Weltweites Aufsehen erregte 1958 ein Foto, das während der Transantarktisexpedition von Vivian Fuchs und Edmund Hillary aufgenommen worden war. Es zeigte eine «Schneekatze», ein Kettenfahrzeug, das in einer antarktischen Gletscherspalte hing. Der Fotograf war für die Aufnahme in die Gletscherspalte hinabgeklettert, und er zeigte das Fahrzeug von unten, wie es im Eis hing. Seine ungewöhnliche Perspektive unterstrich auf dramatische Art und Weise einmal mehr die Macht, die die eisige Natur auch im 20. Jahrhundert noch über Mensch und Technik hat.

Etwa vierzig Jahre zuvor hatte die australische Öffentlichkeit bewegt am Schicksal der Antarktisexpedition ihres Landsmannes Douglas Mawson Anteil genommen. Der Forscher war 1912 mit seinen beiden Kameraden Dr. Xaver Mertz und Leutnant Ninnis auf einer Schlittentour an der ostantarktischen Küste unterwegs, als ein Unglück geschah, das dem ganzen Team zum Verhängnis wurde: Ninnis stürzte mit seinem Schlitten und seinen Hunden in eine Gletscherspalte. Mawson schrieb darüber später in seinem Expeditionsbericht: «Halb von Sinnen winkte ich Mertz zu, meinen Schlitten zu bringen, auf dem ein Alpenseil lag; ich beugte mich vor und rief in die dunkle Tiefe hinab. Kein Laut drang zurück, nur das Winseln eines Hundes, der auf einem zufällig sichtbaren Vorsprung 45 Meter tief unten hängengeblieben war. Das arme Tier hatte sich anscheinend das Rückgrat gebrochen, denn es trachtete, sich vorn aufzurichten, während das Hinterteil gelähmt herabhing. Ein anderer Hund lag regungslos neben ihm. Dicht daneben waren, wie es in der Dunkelheit schien, die Überreste eines Zeltes und eines Leinensacks mit Nahrungsmitteln für 14 Tage für drei Mann. Wir brachen die Firnbrücke ganz auf, beugten uns durch ein Seil gesichert vor und riefen in die Dunkelheit hinunter, in der Hoffnung, daß unser Kamerad noch am Leben sein möchte. Drei Stunden lang riefen wir unaufhörlich, aber keine Antwort kam zurück.»

Dennoch wollten sie sich nicht mit der traurigen Wahrheit abfinden: «Mit einer Leine maßen wir die Entfernung des sichtbaren Vorsprunges, auf dem die Reste lagen. Sie betrug 45 Meter; zu beiden Seiten verlor sich die Spalte in der Dunkelheit. Es schien uns so furchtbar tief unten und die Hunde sahen so klein aus, daß wir einen Feldstecher zu Hilfe nahmen; aber auch damit ließ sich nichts mehr feststellen. Alle uns zur Verfügung stehenden Taue reichten, zusammengebunden, nicht aus, um den Vorsprung zu erreichen, und jeder Gedanke an eine weitere Untersuchung oder Rettung der Lebensmittel mußte aufgegeben werden.»[7]

Zwar erscheint die heutige Zahl und Größe der Gletscher gegenüber früheren erdgeschichtlichen Perioden gering, aber immerhin sind ca. 10 % der Kontinente und mehr als 7 % der Ozeane mit Eis bedeckt. Während der letzten Vereisung, die vor ca. 10000 Jahren endete, war der Anteil des Landeises dreimal so groß und stieg auf 32 % der gesamten Landfläche – ungefähr dieselbe Fläche, die heute von Wüsten eingenommen wird. Die Entstehung und das Schmelzen der eiszeitlichen Gletscher verursachten weltweite Schwankungen der Meeresspiegelhöhe um etwa 100 m, möglicherweise sogar mehr, innerhalb geologischer Zeiträume. Würden die heutigen Gletscher vollständig abschmelzen, stiege der Meeresspiegel um etwa 80 m an. Insgesamt etwa 98 % der gegenwärtigen Gletschereismassen liegen in den Polargebieten, die restlichen 2 % verteilen sich auf etwa 200000 Gletscher auf der ganzen Erde. Das meiste Eis, 28 Mill. $km^3$, befindet sich in der Antarktis, der grönländische Eisschild besitzt nur etwa ein Achtel der Fläche seines südlichen Gegenstücks. Im Gletschereis sind die größten Süßwassermengen der Erde gespeichert.[8] Gletscher sind über alle Kontinente mit Ausnahme Australiens verteilt. Ihre Flächen verteilen sich folgendermaßen auf die Kontinente: «An erster Stelle steht Antarktika, einschließlich der Eisschelfe,[9] mit 13988000 km². Es folgt Nordamerika mit 2056467 km², davon nimmt das grönländische Inlandeis allein 1802600 km² ein. Asien besitzt eine Gletscherfläche von 134793 km². Südamerikas gegenwärtige Vergletscherung wird auf etwa 26500 km² geschätzt. Während das festländische Australien heute gletscherfrei ist, trägt Neuseeland eine Gletscherbedeckung von rund 1000 km² und Neuguinea von etwa 15 km². Afrikas Gletscherflächen liegen auf den höchsten Gipfeln Ostafrikas und nehmen etwa 12 km² Fläche ein.»[10]

Es hat in der Wissenschaft verschiedene Versuche gegeben, Gletscher trotz ihrer Formenvielfalt zu klassifizieren. Eine sehr einleuchtende Einteilung ist die in zwei Hauptgruppen: Einerseits die Gletscher, die von den Bergen ins Tal fließen und sich dabei dem Bodenrelief anpassen, andererseits die Inlandeisgebiete, die von einer zentralen Kuppe nach allen Richtungen auseinanderströmen und weite Teile des Geländes überdecken.

Zu den Gebirgsgletschern gehören so auch die vor allem in Norwegen und Island anzutreffenden sich über weite Hochflächen ausbreitenden sogenannten Plateaugletscher. Unter den Gebirgsgletschern sind die Hochgebirgsgletscher am weitesten verbreitet. Sie haben ihren Ursprung in Firnfeldern, deren Schnee niemals vollständig taut. In den Alpen gibt es etwa 2000 Gletscher, von denen viele über ihr Sammelbecken nicht hinausreichen, sogenannte Kargletscher, sowie Gehängegletscher, Gletscher mit sehr kurzen Zungen, die ebenfalls kein Tal ausschürfen.

In Alaska kommen Talgletscher vor, die bis zum Fuß eines Gebirges reichen und sich im Vorland mit anderen Gletschern vereinigen, die sogenannten Vorland- oder Piedmontgletscher. Mit 3900 km² ist der 1791 entdeckte Malaspinagletscher nicht nur der größte dieses Typs, sondern auch der größte außerpolare Gebirgsgletscher, wie bereits eine Vermessung 1891 ergab.[11] Auch im Gebiet der Alpen hat es während der Eiszeiten derartige Vorlandgletscher gegeben.

Ein gemeinsames Charakteristikum aller Gletscher ist, daß sie stets Gestein aus dem Weg räumen und selbst felsigen Untergrund angreifen. Die Erosionskraft des Eises selbst ist gering. Sie wird von seiner Härte bestimmt, die wiederum von der Temperatur abhängig ist. Nahe dem Gefrierpunkt beträgt die Eishärte 1 bis 2 Mohshärtegrade,[12] bei –15 °C steigt sie auf 2 bis 3, bei –40 °C auf 4 und bei –50 °C auf 6 Mohsgrade.[13] Allerdings führen Gletscher Gesteinstrümmer mit sich, die den Boden, über den sie gleiten, polieren und schleifen. Dadurch ist die Gewalt sich bewegender Eismassen erheblich größer als die fließender Wassermassen. Ein Gletscher führt aber nicht nur Material, das er abgeschliffen hat, mit sich, sondern auch Material, das durch Steinschlag, Bergstürze oder Lawinen auf seine Oberfläche gelangt ist.

Schmilzt das Eis, bleibt dieses Material liegen und prägt das Landschaftsbild. «Moraine» nannten die Bauern aus dem Gebiet von Chamonix die um die Gletscher angehäuften Wälle auf die Frage des Gletscherforschers Horace Bénédict de Saussure (1779), der das Wort übernahm und den Begriff Moräne für vom Gletscher transportiertes und abgelagertes Gesteinsmaterial in die wissenschaftliche Literatur einführte.[14]

Vor allem die Endmoränen, also jener Gesteinsschutt, der vom Gletschereis in Form halbrunder Wälle am Gletscherende abgelagert wurde, erregten das besondere Interesse der Wissenschaft, da sie die Grenze markieren, bis zu der ein Gletscher je vorgestoßen ist. Großes Kopfzerbrechen bereiteten den Wissenschaftlern des 19. Jahrhunderts allerdings auch die sogenannten erratischen Blöcke, Felsblöcke oder Findlinge aus ortsfremdem Gestein, die auffällig das Landschaftsbild bestimmen, deren Herkunft jedoch lange ungeklärt war. Erst die wissenschaftliche Auseinandersetzung mit dem Phänomen Gletscher hat Aufklärung über die Art und die Wege des Transports dieser Felsblöcke gebracht.

Die wissenschaftliche Beschäftigung mit Gletschern reicht zurück bis in das letzte Drittel des 19. Jahrhunderts.[15] Ihr Ursprung ist in den Alpen und dort insbesondere in der Schweiz zu suchen. Gletscher wurden bereits in alten Reiseberichten beschrieben, in Sagen spielen sie eine Rolle, und im Mittelalter werden Gletscher in Urkunden erwähnt, wo sie als Grenzen von Besitztümern angegeben werden.[16]

Das Wort Gletscher geht zweifellos auf das lateinische Wort glacies («Eis») zurück. In die Literatur eingeführt wurde es wahrscheinlich durch die Schweizer Chronik des Luzerners Petermann Etterlin (1507), von wo aus es in die Kanzleisprache von Tirol übernommen wurde und hier neben der mundartlichen Bezeichnung Ferner (von Firn, althochdeutsch «alt», soviel wie «alter Schnee») verwendet wurde.[17] Der Landvogt Aegidius Tschudi (1505–1572) bereiste als junger Mann die Alpen. Er verfaßte eine Reihe topographischer Berichte, die auch Gletscher berücksichtigen, von denen «Die uralt warhafftig Alpisch Rhetia/samt dem Tract der anderen Alpgebirgen» aus dem Jahre 1538 die älteste ist.

Die Cosmographia (deutsch 1544) – die vermutlich älteste gedruckte Abhandlung über einen Gletscher – des Sebastian Münster (1489–1552), der eine umfangreiche Korrespondenz mit Tschudi unterhalten hatte,[18] beschreibt ausführlich Formen und Ausdehnungen von Gletschern. Sie berichtet von deren Mächtigkeit und Spalten, deutet Gletscher als verhärtetes Eis und erwähnt die in gewissem Sinne zutreffende Anschauung, daß sich der Gletscher selbst «purgiere».[19] Auch in der aus dem Jahre 1548 stammenden Landeskunde der Schweiz von Johann Stumpff (1500–1566), Pfarrer in Bubikon, finden sich Beschreibungen von Gletschern und ihren Bewegungen: «Sonderlich ist aber berühmt der sogenannte große Gletscher in dem Grindelwald ..., welcher seit etlichen Seculis nach und nach so gewachsen, daß er nicht nur die nah gelegene Erde, Wiesen und Bäume weggeschoben, sondern auch die benachbarten Einwohner ihre Wohnungen anders wohin zu setzen genöthigt.»[20] Josias Simler (1530–1576), der sich zur Aufgabe gemacht hatte, eine umfassende Geografie der Schweiz zu verfassen, unterschied in seiner 1574 in Zürich publizierten «Descriptio Vallesiae» schon zwischen Firn und Eis.

Die 1604 angefertigte Tirolkarte von W. Ygls enthält die erste und lange Zeit einzige zeichnerische Wiedergabe eines Gletschers, nämlich des Groß (Gurgler) Verners; in einem Gedicht, das der Pfarrer und Naturkundler Hans Rudolf Räbmann aus Bern 1606 verfaßte, gibt es einen ersten Hinweis auf Moränen, d.h. Sand und Steine, die der Gletscher ausstoße.[21]

Mit dem Aufkommen der Naturwissenschaften im Zeitalter des Humanismus entstanden die ersten wissenschaftlichen Betrachtungen über Gletscher, wenngleich sie gelegentlich eher abenteuerlich klingen.

Der Zürcher Stadtarzt, Mathematiker und Physiker Johann Jakob Scheuchzer schrieb die Abhandlungen «Naturgeschichte des Schweizerlandes» (1706–1708) und «Itinera per Helvetiae Alpium regiones» (Reisen durch das Gebiet der Schweizer Alpen, 1723), die einen Meilenstein in der Geschichte der Gletscherkunde bilden. Scheuchzer war bereits bekannt, daß Gletscher Schutt und Geröll mit sich führen und daß ihr Eis geschichtet ist,[22] er gilt sogar als Urheber einer ersten Gletscherbewegungstheorie. Aus dem Jahre 1742 stammt Pierre Martells Beschreibung von Moränen, und im selben Jahr wurde von dem Bündner Pfarrer Nicolaus Sererhard erstmals ein Gletscherschliff erwähnt.[23]

Der streitbare Berner Pfarrer Johann Georg Altmann verfaßte neben zahlreichen Schriften theologischen, ethnographischen und linguistischen Inhalts 1751 in seinem «Versuch einer historischen und physischen Beschreibung der Helvetischen Eisberge» das «Eismeer» vom Grimsel bis zum Glarnerland, aus dem zwischen den Bergen die Gletscher hervorgedrückt werden. Der Berner Notar und Amtsschreiber

Gottlieb Siegmund Gruner schilderte 1760 die «Eisgebirge des Schweizer Landes», die 1778 unter dem Titel «Reisen durch die merkwürdigen Gegenden Helvetiens» als Reisebuch neu erschienen. Altmann und Gruner erkannten die Gletscherbewegung schon als eine Folge der Schwerkraft.[24]

H. Besson verfaßte 1770 bis 1780 nicht nur den «Discours sur l'histoire naturelle de la Suisse», in den zahlreiche Beobachtungen am Rhonegletscher einflossen, sondern er führte 1770 bei Chamonix die ersten Bewegungsmessungen mit Hilfe von in Spalten eingetriebenen Tannen durch. In dieser Zeit entstanden auch zum Teil recht modern klingende Überlegungen. J. A. de Luc beschrieb 1771 die Bewegung der Gletscher als ein ruckartiges Losbrechen einzelner Teile, und 1773 schätzte der Wiener J. Walcher in seinen «Nachrichten von den Eisbergen in Tirol» die Beziehungen zwischen Klima und Gletscherschwankungen im wesentlichen richtig ein. 1787 publizierte der Jurist und Staatsmann Bernhard Friedrich Kuhn im Magazin für die Naturkunde Helvetiens den «Versuch über den Mechanismus der Gletscher», dem zahlreiche Beobachtungen an den Grindelwaldgletschern zugrunde lagen und in dem er die Bewegung der Gletscher durch den Druck der oberen Firnmasse erklärte, die Entstehung der Mittelmoränen richtig beschrieb und aus der Verfolgung alter Moränen weit über das jetzige Eisgebiet hinaus als erster auf eine einst viel größere Ausdehnung der Gletscher schloß. Er erkannte ebenfalls die Bedeutung des Gleitens des Gletschers an der Sohle, wenngleich er sie falsch erklärte. Seine Beschreibungen wurden erst ab 1821 durch Ignaz Venetz erhärtet.

Bis weit ins 18. Jahrhundert waren es in erster Linie heimische Gelehrte und Naturkundler, die sich mit der Erschließung und Erforschung des alpinen Hochgebirges und seiner Gletscher beschäftigten. Fremden Reisenden erschien jene Welt eher furchteinflößend. Ein Umschwung in der Einschätzung des Hochgebirges und seiner Probleme setzte erst ein, nachdem der damals 23jährige Arzt, Botaniker und Dichter Albrecht Haller aus Bern 1732 sein Lehrgedicht «Die Alpen» veröffentlichte, in dem er vom Gebirge schwärmt und behauptet, daß man die bislang als gräßlich empfundene Konglomeration von Wäldern, Stein und Eis als «schön» erachten könne.[25] Rousseaus Schlagwort «Zurück zur Natur» sowie sein 1761 erschienener Roman «Briefe zweier Liebender aus einer kleinen Stadt am Fuß der Alpen», der zu einem Bestseller geriet, trugen ebenfalls zu diesem Umdenkungsprozeß bei, selbst wenn Immanuel Kant im fernen Königsberg 1790 noch nörgelnd notierte: «Wer wollte auch ungestalte Gebirgsmassen, in wilder Unordnung übereinandergetürmt, mit ihren Eispyramiden, oder die düstere tobende See usw. erhaben nennen?»[26]

Sein Zeitgenosse Goethe in Weimar war anderer Meinung; 1796 veröffentlichte er das Tagebuch seiner Alpenreise, in dem er angesichts des Montblanc ins Schwärmen geriet: «Man hatte Müh', in Gedanken seine Wurzeln wieder an die Erde zu befestigen. Vor ihm sahen wir eine Reihe von Schneegebirgen auf den Rücken von schwarzen Fichtenbergen liegen und ungeheure Gletscher zwischen den schwarzen Wäldern herunter ins Tal steigen.» Angesichts der kalten Einöde am St. Gotthard vermerkte er: «Nackte wie bemooste Felsen mit Schnee bedeckt, ruckweiser Sturmwind, Wolken heran und vorbeiführend, Geräusch der Wasserfälle, das Klingeln der Saumrosse in der höchsten Öde, wo man weder die Herankommenden noch die Scheidenden erblickte.»[27]

Das Interesse am Hochgebirge erwachte; und künftig ging seine Erforschung und die seiner Gletscher mit dem Aufschwung des Alpinismus Hand in Hand. 1787 erstieg der Genfer Professor der Philosophie Horace Bénédict de Saussure (1740–1799) als Zweiter den Montblanc.[28] Vier Stunden lang experimentierte der 47jährige Naturforscher auf dem Gipfel. Er ermittelte die Temperatur, bei der in jener Höhe das Wasser siedet, maß seinen Begleitern den Puls und feuerte einen Schuß aus einer Pistole ab, um die Ausbreitung des Schalls zu untersuchen. Bei dieser Montblanc-Besteigung ging am Mer de Glace eine Leiter verloren. Im Jahre 1832 schmolz sie 4050 m talabwärts wieder aus. Daraus ergibt sich ein jährlicher Vorschub des Gletschereises von 90 m. 1779 bis 1796 erschienen Saussures «Voyages dans les Alpes» in vier Bänden. Im ersten Band beschreibt er ausführlich die Erscheinung der Gletscher, zeichnet ein Bild von ihrem Entstehen und Vergehen und ihrer Bewegung, wobei er den Vorgang selbst noch nicht erklären kann. Auf dem Werk Saussures basiert die «Anleitung auf die nützlichste und glanzvollste Art die Schweiz zu bereisen», ein Reisehandbuch von J. G. Ebel aus dem Jahre 1793, in dem es über die Entstehung eines Gletschers in der Nähe von Bormio heißt: «Auf dem Berg Valazeta ist seit dem Jahre 1774 ein Gletscher entstanden. Ein Einwohner von Bormio, der in der Nähe Alptriften besaß, wollte ihn drey Jahre nachher zerstören; allein er fand bald, daß 1000 Männer einen ganzen Sommer Arbeit haben würden, um diesen Zweck zu erreichen, und somit unterblieb sein Bemühen. Im Jahre 1787 war dieser junge Gletscher schon sehr beträchtlich.»[29]

Im 19. Jahrhundert wandten sich die Naturforscher zunehmend dem bis heute wohl spannendsten Kapitel der Gletscherforschung zu, der Untersuchung seiner Bewegung. 1827 errichtete der Solothurner Franz

Josef Hugi auf der Mittelmoräne des Unteraargletschers eine Hütte, die wohl erste Forschungsstation auf einem Gletscher. Sie veränderte ihre Lage bis 1830 um 100 m, bis 1836 um 714 m und bis 1842 um 1428 m. Damit legte sie knapp 100 m pro Jahr zurück.[30] In den folgenden Jahren richtete sich das Interesse verschiedener Forscher auf dieses Eisfeld. Neben Hugi erarbeiteten der Lausanner Professor Jean de Charpentier («Essai sur les glaciers», 1841) und der Neuenburger Professor Louis Agassiz, der Autor des Monumentalwerkes «Système glaciaire» (1847),[31] eine Karte des Unteraargletschers, die auf umfangreichen Messungen und Beobachtungen der Jahre 1841 bis 1846 basiert, die von zahlreichen Helfern vorgenommen worden waren. Veränderungen des Rhonegletschers wurden erstmals mit geodätischer Genauigkeit vermessen. Ab 1875 wurden jedes Jahr an 6 Profilen geradlinig verlaufende Steinreihen quer über den Gletscher gelegt, möglichst senkrecht zur Bewegungsrichtung. 40 Jahre lang, bis 1915, wurden die Verschiebungen genau gemessen und registriert. Die Ergebnisse dieser Arbeiten wurden 1916 von Paul-Louis Mercanton publiziert.

Allmählich verlegte sich das Hauptgewicht der alpinen Gletscherforschung geographisch nach Osten. So stellten die Münchner Hermann und Adolf Schlagintweit (1846/47) Beobachtungen an Gletschern der Ötztaler Alpen und des Glocknergebiets an, ferner wurden am Karlseisfeld der Dachsteingruppe und an der Pasterze Arbeiten unternommen, die vorwiegend der Verfolgung von Gletscherschwankungen dienten. Neben einer großen Zahl kleinerer Untersuchungen wiesen vor allem die kartographischen Aufnahmen und regelmäßigen Nachmessungen des Vernagt- und des Hintereisferners in den Ötztaler Alpen durch Sebastian Finsterwalder, Adolf Blümcke und Hermann Hess der Gletscherforschung neue Wege.

Bereits wenige Jahre nach dem Beginn der systematischen Gletscherforschung in den europäischen Alpen wurden auch Messungen der Eisbewegungen an Gletschern Hochasiens vorgenommen. Den Reigen der Arbeiten eröffnete Richard Strachey, der im Jahre 1847 erstmals zum Pindarigletscher kam und mit ihm überhaupt den ersten Gletscher seines Lebens erblickte. Er war von seinem Anblick so fasziniert und begeistert, daß er im Mai des darauffolgenden Jahrs erneut den beschwerlichen siebentägigen Fußmarsch zum Gletscher unternahm, dieses Mal mit dem Ziel, die Fließgeschwindigkeit des Gletschers zu messen. Mit seinen Untersuchungen wollte er ergründen, ob die Eigenschaften der Gletscher des Himalaja denen der Alpen gleichen, was damals durchaus bezweifelt wurde. Strachey stützte sich in seiner Vorgehensweise auf die

Meßarbeiten und Methoden, die der Schotte James David Forbes bereits 1842 am Mer de Glace und Louis Agassiz am Unteraargletscher angewandt hatten: «Er fluchtete mit einem Theodolit fünf Pfähle in eine Gerade quer über den Gletscher und bohrte mit Steinbohrern Löcher ins Eis, in die er die Pfähle verankerte. Er maß dann die Auswanderung der Pfähle aus der Geraden, zuerst nach 25 Stunden und noch einmal nach vier Tagen. Aus der Eintagesmessung fand er 30 cm/d, aus der Viertagesmessung 24 cm/d. ... Schließlich kam Strachey im Oktober 1848 ein drittes Mal zum Pindarigletscher und stellte dabei den Weg des Eises über eine Laufzeit von fast fünf Monaten fest, nämlich vom 21. Mai bis 15. Oktober. Ergebnis: 20,3 cm/d.»[32] Strachey verglich seine Ergebnisse mit denen, die seine Kollegen in den europäischen Alpen gewonnen hatten und kam zu dem Schluß, daß sie in ihren Eigenschaften denen der Alpen ähnelten. Hermann und Adolf Schlagintweit, die währendessen an Gletschern in den Ostalpen gearbeitet hatten, führten sieben Jahre nach Strachey dann ebenfalls Messungen im Himalaja durch, diesmal gemeinsam mit ihrem Bruder Robert. Sie gelten als die ersten Glaziologen, die im Himalaja gearbeitet haben.[33] Das Trio unternahm ausgedehnte Forschungsreisen in Hochasien und versäumte kaum eine Gelegenheit, gletscherkundliche Beobachtungen anzustellen. Hermann und Robert kehrten schließlich nach Europa zurück, während ihr Bruder Adolf in Asien blieb. Er überschritt als erster Europäer das Kunlungebirge. Anschließend geriet er in die Gefangenschaft eines gegen China Krieg führenden Turkfürsten, der ihn am 26. August 1857 in Kaschgar enthaupten ließ. Die Arbeiten der Brüder gerieten in der Folge in Vergessenheit. Erst 1967 wurde ein Teil ihrer Unterlagen, die heute in der Bayerischen Staatsbibliothek in München lagern, durch den Regensburger Wissenschaftler W. Kick ausgewertet, andere harren bis heute einer Sichtung. Nach den ersten Expeditionen wurde es um die Gletscher Asiens wieder still; das Interesse der Forscher galt in erster Linie den europäischen Eisfeldern. Die Arbeiten im Himalaja wurden erst im 20. Jahrhundert wieder aufgegriffen. Richard Finsterwalder, der 1928 den Fedčenkogletscher im Pamir, den längsten Gletscher Rußlands, untersucht hatte, arbeitete 1938 am Nanga Parbat; zur gleichen Zeit war Wolfgang Pillewizer im Gletschergebiet des nordwestlichen Karakorum tätig. Der Glaziologe Richard von Klebelsberg führte schließlich eine Pamir-Expedition durch, und Heinrich von Ficker leitete gemeinsam mit Finsterwalder eine deutsch-russische Altai-Expedition.

Mit Ausnahme Islands und der Alpen erfuhren andere Gletschergebiete der Erde also erst relativ spät die Aufmerksamkeit der Naturforscher. Die ältesten schriftlichen Zeugnisse über isländische Gletscher sind in den «Gesta Danorum» des Saxo Grammaticus, der Geschichte Dänemarks aus der Zeit um 1200, zu finden, die mit Sicherheit auf isländischen Berichten basieren. Es heißt dort: «Es gibt auch eine andere Art Eis, das zwischen Felsen und Klippen liegt, und man ist sich darüber einig, daß dies Eis nach einem gewissen System, durch eine Art Rotationsbewegung, seinen Platz in der Eismasse wechselt, so daß das obenliegende Eis zu unterst kommt und das unterste zur Oberfläche kommt.»[34] In diesem Bericht wird auch von Menschen berichtet, die in Gletscherspalten gestürzt waren und deren Leichen später an der Oberfläche des Gletschers gefunden wurden.

Die Gletscher Islands fielen schon frühzeitig durch ihr räumliches Zusammenfallen mit vulkanischen Erscheinungen und die dadurch bedingten Katastrophen auf. Die älteste Karte, die Gletscher wiedergibt, ist eine Islandkarte, die Bischof Gudbrandur Thorláksson auf Holar vor 1585 zeichnete und die 1590 in der Orteliusschen Kartensammlung erschien.[35] Die Karte verzeichnet darüber hinaus Treibeis an der Nordostküste der Insel sowie einen Ausbruch des Vulkans Hekla. Rund hundert Jahre später, im Jahre 1695, fixierte Thórdur Thorkelsson Vídalín, Rektor auf Skálholt, das Wissen seiner isländischen Landsleute über Gletscher. Er beschrieb in seiner kleinen Abhandlung, «daß sich mehr Schnee in den Bergen sammelt als im Sommer abschmelzen kann, weil es in den Bergen kälter ist als auf dem Tiefland, und deshalb werden die Gletschermassen zusammengepreßt, und gleiten über das Tiefland hinaus und verbreiten sich dort.»[36] Vídalín berichtet außerdem von einer zweitägigen Fahrt, die der Bauer Jón Ketilsson von seinem Hof südlich des Vatnajökull zum nördlichen Rand des Gletschers und zurück unternahm. Es wird angenommen, daß diese Reise in der Mitte des 17. Jahrhunderts stattfand. Sie ist, meint Hjálmar R. Bárdarson, «nach aller Wahrscheinlichkeit eine der allerersten bekannten Forschungsreisen auf einem Gletscher».[37]

1792–1794 schrieb Sveinn Pálsson (1762–1840), der in Kopenhagen Medizin und Naturwissenschaft studiert hatte, in dänischer Sprache eine Abhandlung über die isländischen Gletscher, die er auf einigen Reisen untersucht hatte. Seine Arbeit blieb jedoch ungedruckt und geriet zunächst in Vergessenheit. Sie wurde 1882 teilweise ediert und erschien erst 1945 in isländischer Übersetzung von Jón Eythórsson. Pálsson formulierte in seiner Arbeit bereits die Idee, daß sich Gletscher wie zähflüssiges Material bewegen. Er war zu dieser Erkennnis durch eigene Beobachtungen u. a. bei der Erstbesteigung des Öræfajökull gekommen, über die er schrieb: «Ich bemerkte besonders den erwähnten Gletschersturz, der bis östlich von Kvísker geglitten war. Seine Oberfläche sah aus, als wäre sie mit bogenförmigen Streifen besetzt, die quer über den Gletscher lagen, besonders oben am Hauptgletscher, und die Bögen waren dem Tiefland zugekehrt, als ob dieser Gletscher im halbgeschmolzenen Zustand oder wie ein zähflüssiges Material vorwärtsgerutscht wäre. Dies ist wohl eine Art Beweis, daß das Eis in Wirklichkeit – ohne zu schmelzen – teilweise flüssig ist, genau wie einige Harzarten.»[38] Diese Arbeit gilt heute als wichtigste isländische Publikation über Gletscher im 18. Jahrhundert.

In Norwegen löste ein in der ersten Hälfte des 18. Jahrhunderts einsetzender Gletschervorstoß Interesse an der bis dahin völlig unbekannt gebliebenen Eisbedeckung dieses Landes aus. Die Reisen des deutschen Geologen Leopold von Buch und des schwedischen Naturforschers Göran Wahlenberg (um 1807) in Samland und Norwegen, der Briten E. Smith, J. D. Forbes und W. C. Slingsby sowie der heimischen Forscher Baltazar Mathias Keilhau und Th. Kjerulf in den Hochregionen Südnorwegens erbrachten jedoch nur wenig Material.

Die Gletscherwelt Spitzbergens wurde 1858 von Adolf Erik Nordenskiöld, der 1878–80 mit der *Vega* die Nordostpassage bezwang, untersucht. Während die mitteleuropäischen Moränenlandschaften vor weit mehr als 10000 Jahren von den skandinavischen bzw. den Alpengletschern abgelagert wurden, sind die jüngeren Moränenwälle Spitzbergens erst vor ein paar Jahrzehnten bzw. Jahrhunderten vom Eis zurückgelassen worden, da die Gletscher Spitzbergens bis heute Vorstoß- und Rückzugsperioden erleben. Der letzte Zeitraum größerer Gletschervorstöße war Ende des 19. Jahrhunderts, seither sind die Gletscher Spitzbergens bis zu 15 km zurückgewichen.

Das grönländische Inlandeis wurde von dem vielseitig interessierten dänischen Grönlandinspektor Hinrich Rink, der u.a. 1861 mit der grönländischen Zeitung Atuagagdliutit die erste Illustrierte der Welt gründete, in seiner Ausdehnung, Entstehung und Bedeutung erkannt. Rink beobachtete und beschrieb 1848 das Kalben der Gletscher und das Entstehen der Eisberge in der Disko- und der Uummannaq-Bucht. Ein gutes Vierteljahrhundert später, im Jahr 1875, nahm der norwegische Geologe Amund Helland in Grönland Messungen vor, bei denen er die Bewegung von Gletschern feststellen wollte. Wie seine Kollegen in den Schweizer Alpen beobachtete er die Lageveränderung von Steinen, die sich auf Gletschern befanden. Er fand dabei heraus, daß sich der Eisgletscher von Ilulissat (Jakobshavn) mit einer Geschwindigkeit von 15 bis 20 m pro Tag bewegte.

Einen weiteren wichtigen Beitrag über die Struktur und Bewegungsabläufe des grönländischen Gletschereises haben die beiden Expeditionen von Erich von Drygalski (1891 und 1892/93) am Qarajaq-Gletscher an der grönländischen Westküste ergeben, in deren Verlauf umfangreiche physikalische Untersuchungen durchgeführt wurden. Seit der ersten Durchquerung Grönlands durch Fridtjof Nansen und Otto Sverdrup im Jahre 1888 unter etwa 65°N brachte eine Reihe großangelegter Expeditionen, wie die schweizerische Durchquerung unter Alfred August de Quervain und Paul-Louis Mercanton (1912), die dänische Durchquerung unter Johan Peter Koch und Alfred Wegener (1912/13) und zwei Expeditionen unter Knud Rassmussen (beide 1912) sowie schließlich die Deutsche Grönland-Expedition Alfred Wegeners (1929 und 1930/31) auch über das Innere des grönländischen Inlandeises erste Informationen. Während seiner Grönlanddurchquerung 1912 hatte Wegener regelmäßig Messungen der Schneetemperatur und Bohrungen bis in 7 m Tiefe vorgenommen. In der Forschungsgeschichte der Arktis waren dies die ersten eingehenden Untersuchungen der Schneedecke und der oberen Firnschichten im Innern eines Kontinentalgletschers. Die Messungen erbrachten zugleich eines der wichtigsten Ergebnisse der gesamten Expedition, nämlich daß in der Firnschicht eine geschätzte Jahresdurchschnittstemperatur von –31°C bis –32°C herrscht.

Die weiteren Expeditionen Wegeners 1929 und 1930/31, an der eine Reihe von Fachdisziplinen beteiligt waren, gaben nicht nur wichtige Impulse für zukünftige Untersuchungen in der Arktis, sondern sie formten auch das heutige Bild vom Aufbau Grönlands und der auf ihm lagernden Eismassen: die größte Insel der Erde ist eine riesige Mulde mit bis zu 4000 m hohen Randgebirgen, die mit einer schwach gewölbten Eismasse gefüllt ist. Dieser Inlandgletscher erreicht in der Mitte des Landes eine Höhe von 3000 m bei einer Mächtigkeit von etwa 2000 m. Zu den damals überraschenden Ergebnissen gehörte die Berechnung der Masse des grönländischen Inlandeises, die man mit 3 Mill. km$^3$ annahm. «Das ist soviel wie die Masse des gesamten europäischen Festlandes mit allen Hoch- und Mittelgebirgen. Grönland enthält vierzigmal soviel Wasser wie Nord- und Ostsee zusammen; würde das hier aufgespeicherte Eis schmelzen, so stiege das Weltmeer um nicht weniger als acht Meter, und weite tiefliegende Gebiete in allen Erdteilen würden unter Wasser gesetzt werden.»[39]

Zwei Mitglieder der Wegener-Expedition, Ernst Sorge und Fritz Loewe, kehrten bald auf das grönländische Eis zurück. Gemeinsam mit Johannes Georgi hatten sie 1930/31 als erste Menschen auf der grönländischen Eiskappe in der eigens eingerichteten Station Eismitte überwintert. 1932 übernahmen sie die wissenschaftliche Beratung bei den Dreharbeiten zu dem Film «SOS Eisberg», den Regisseur Albert Fanck mit dem Piloten Ernst Udet und der Schauspielerin Leni Riefenstahl in Uummannaq drehte. Ihre Freizeit nutzen die beiden Forscher für wissenschaftliche Arbeiten.

Sorge untersuchte den bis dahin unbekannten großen Eisfjord Westgrönlands und kartierte ihn mit seiner ihn um 2000 m übersteigenden Hochgebirgsumrandung. Einen Schwerpunkt seiner Arbeiten bildete die Untersuchung des Umiamako- und des Rink-Gletschers. Seine Messungen am Umiamako-Gletscher ergaben, daß er jeden Tag etwa 5,20 m vorrückt. Das ist eine Größenordnung schneller als die schnellsten Gletscher der Alpen, aber dennoch gehört der Umiamako nicht zu den schnellsten grönländischen Gletschern.

Höhepunkt seiner Arbeiten wurde für Sorge die Beobachtung des Rink-Gletschers. Von einem Zeltlager des Filmteams in Nuugaatsiaq aus machte er sich allein in einem Faltboot auf den mehrtägigen Weg durch den Kangerluk-Fjord zum Gletscher. Unterwegs nutzte er die Zeit für verschiedene Messungen, wobei eine Lotung eine Tiefe des Fjords von 1060 m ergab. Etwa zweieinhalb Kilometer vor der Front des Gletschers fand er einen geeigneten Landeplatz, zog sein Boot etwa vier Meter auf den Felsen und kletterte, nur mit den Meßgeräten gewappnet, weiter hinauf. In aller Eile stellte er schließlich den Theodoliten auf und beobachtete durchs Fernrohr die vor ihm liegende Gletscherfront. «Da begann ein Schauspiel, wie ich es noch nie in meinem Leben gesehen hatte und wie es wohl überhaupt nur selten ein Mensch zu sehen bekommt. Die senkrechte Gletscherfront begann sich langsam zu heben. Es dauerte eine ganze Weile, bis ich das bemerkte. Zuerst hatte ich nur das unsichere Empfinden, daß sich irgendetwas in dem Anblick des Gletschers änderte, ohne daß ich aber wußte, ob es an mir lag oder an dem Gletscher selbst.»[40]

Gespannt verfolgte er das Geschehen weiter: «Auf einmal ereignete sich etwas, das mir mit dem eben beobachteten in gar keinem Zusammenhang zu stehen schien. Nämlich weit hinten, etwa 500 m hinter der Front, schossen Wasserstrahlen explosionsartig bis zu drei- oder vierfacher Fronthöhe, also etwa 300 m, empor. Diese Riesenfontänen waren auf einer mindestens 1500 m langen Reihe angeordnet, die etwa parallel zur Front verlief.» Fasziniert beobachtete Sorge das Kalben des Rink-Gletschers. Seine Messungen ergaben, daß die Kalbungswellen an dieser Stelle – 2,5 km vor der Gletscherfront – eine Höhe von 12 – 14 m hatten, in der Nähe der Front waren sie nach seiner Schätzung 30 m hoch, «also viel Höher als die größten Ozeanwellen». Für Sorge war dann allerdings äußerst unangenehm, daß die Flutwelle sein Faltboot weggerissen hatte. Es blieb ihm nichts weiter übrig als zu warten, daß das Filmteam ihn vermissen und suchen würde. Nach einigen Tagen wurde er tatsächlich von Udet vom Flugzeug aus entdeckt und aus seiner Lage befreit. Die Wartezeit hatte Sorge mit weiteren Messungen überbrückt. «Zusammen mit den Schätzungen der Breite und Dicke des Eisstückes ergab sich, daß der Gletscher bei dieser einzigen Kalbung 500–600 Millionen cbm Eis in den Fjord geworfen hatte. Von dieser ungeheuren Eismenge kann man sich nur eine Vorstellung machen, wenn man sie mit bekannten Größen vergleicht. Sie ist zum Beispiel größer als die gesamte Häusermenge von Groß-Berlin.»[41] Geschwindigkeitsmessungen ergaben für den Rink-Gletscher, der mit über 100 m Fronthöhe zu den mächtigsten der Erde gehört, rund 20 m täglichen Vorrückens im größten Teil der Frontbreite. Albert Fanck filmte später ein erneutes Kalben des Gletschers, dabei drehte er 42 km Filmaufnahmen, die den Vorgang in seinen verschiedenen Phasen dokumentierten.

Nach dem Zweiten Weltkrieg wurden weitere umfangreiche Arbeiten zur Erforschung des grönländischen Eisschildes im Rahmen der Internationalen Glaziologischen Grönlandexpedition (EGIG) durchgeführt. Es war ein von der Schweiz initiiertes, 1956 gegründetes Gemeinschaftsunternehmen der Länder Dänemark, Frankreich, Österreich und der Schweiz zur Erforschung der Bewegung, der Massenbilanz sowie einiger weiterer Aspekte des grönländischen Inlandeises im Bereich des 70. Breitengrades. Im Rahmen des Programms wurden drei Sommerkampagnen (1959, 1967, 1968) und eine Überwinterung durchgeführt. Für die Logistik war der Franzose Paul-Emile Victor verantwortlich. Die bislang neuesten Arbeiten auf dem grönländischen Eis waren internationale Bohrprojekte, die u.a. neue Erkenntnisse im Rahmen der Klimaforschung ergaben.[42]

Die Gletscher Alaskas, von denen es nach Angaben der Alaska Geographic Society 100000 geben soll und die heute jährlich von Tausenden von Touristen bestaunt werden, wurden von den frühen Entdeckungsreisenden und Seefahrern des 18. Jahrhunderts wie A. Malaspina, George Vancouver und James Cook noch für einen Teil der arktischen Eisbarriere und nicht für Gletscher gehalten.

Lediglich der französische Forschungsreisende Jean François de Galaup Graf von La Pérouse, der 1786 auf der Suche nach der Nordwestpassage war, erkannte das Eis Alaskas als Gletscher. Die erste Beobachtung der Kalbung eines Gletschers in dieser Region wurde 1794 während der Expedition Vancouvers im Prince-William-Sund gemacht.

Die ersten Karten, die alaskanische Gletscher ausweisen, wurden zwischen 1848 und 1850 für Michail Dmitrievič Teben'kov, Gouverneur von Russisch-Amerika, wie Alaska damals noch hieß, angefertigt. 1867, also im selben Jahr, als Alaska von Rußland an Amerika verkauft wurde, erschien die erste wissenschaftliche Abhandlung über die Gletscher Alaskas. Sie war von William P. Blake verfaßt worden, der 1863 auf Einladung der russischen Marine den Stikine River bereist hatte.

Ins Blickfeld der Öffentlichkeit geriet die Gletscherwelt Alaskas vor allem durch die Reiseberichte des amerikanischen Naturforschers und Reiseschriftstellers schottischer Abstammung John Muir, der 1879 in Begleitung des presbyterianischen Missionars Samuel Hall Young erstmals nach Alaska kam. Muir erkundete in den folgenden Jahren die heute zum Nationalpark erklärte Glacier Bay und den nach ihm benannten Muir-Gletscher. Noch heute gilt der Glacier Bay die Aufmerksamkeit der Wissenschaft, da hier beobachtet werden kann, wie sich Vegetation ein eisfrei gewordenes Terrain zurückerobert; denn wo heute grüne Hänge aus den dunklen Fjorden ragen, lag noch vor etwa 200 Jahren ein dicker Eispanzer. 1891 charterte der amerikanische Industrielle Edward Henry Harriman das Dampfschiff *George W. Elder* und lud seine Familie sowie eine Reihe erfahrener Naturwissenschaftler zu einer Erkundungsfahrt in die Gletscherwelt Alaskas ein. Im Anschluß an die Reise faßten die fünf beteiligten Geologen ihre Erkenntnisse in zwei Büchern zusammen. Ihre besondere Aufmerksamkeit hatte dem Prince-William-Sund gegolten, der in unseren Tagen durch das Tankerunglück der *Exxon Valdez* in die Schlagzeilen der Weltpresse geraten ist.

«Als ich in Richtung Südosten blickte ..., sah ich eine seltsam geformte Wolke, die in herrlichem Silberglanze schimmerte. Form und Proportionen ließen darauf schließen, daß es sich dabei um ein riesiges schneebedecktes Gebirge handelte.»[43] Mit diesen Worten beschrieb der britische Forschungsreisende Sir Henry Stanley 1888 als erster Weißer die Gipfel des Ruwenzori-Gebirges. Sein afrikanischer Begleiter, der kein Eis kannte, glaubte, die Gipfel seien weiß von Salz. Nur ein Jahr später wurde der 5968 m hohe ebenfalls schneebedeckte Kilimandscharo erstmals von Hans Meyer bestiegen. Damit rückten auch die wenigen Eisflächen Afrikas ins Bewußtsein der Wissenschaft. Kurz darauf wurden die schwer zugänglichen Eisfelder Patagoniens zunächst vorwiegend durch im Lande lebende deutsche Forscher erkundet. Einer der größten Gletscher Patagoniens, der Morenogletscher, wurde im Februar

1899 von dem deutschen Geologen Rudolf Hauthal entdeckt, der als Mitglied der argentinischen Grenzkommission in der Südkordillere topographische Aufnahmen vornahm. Hauthal führte dabei mehrere Messungen durch und konnte ein Jahr später feststellen, daß dieser Gletscher im Gegensatz zu allen übrigen damals bekannten Gletschern der chilenisch-argentinischen Anden schnell vorrückte.

Katastrophal schnelles Vorrücken ist bei einer Reihe von Gletschern beobachtet worden. Heute befaßt sich eine Gruppe von Wissenschaftlern ausschließlich mit dem Phänomen der «glacier surges» oder galoppierenden Gletscher. Gewaltige Gletschervorstöße wurden aus dem Karakorum bekannt; so wird vom Garumbar-Gletscher berichtet, daß er so schnell vorrückte, daß er zwei ältere Frauen unter sich begrub, die ihm nicht mehr schnell genug entkommen konnten. Im Sommer 1986 begann der 150 km lange Hubbard-Gletscher in Alaska schneller zu fließen als gewöhnlich. Die Folge war, daß er sich in der Yakutat-Bucht überraschend wie ein Damm vor den Russell-Fjord geschoben hatte, diesen vom Meer abriegelte und drohte, ihn in einen Süßwassersee zu verwandeln. Allerdings brach der Eisdamm nach einigen Wochen, der Fjord hatte wieder Zugang zum Meer, und die Gefahr für die Tierwelt war gebannt. Die Wissenschaft war vom Verhalten des Hubbard-Gletschers überrascht, da er sich vermutlich seit dem 12. Jahrhundert ruhig verhalten hatte. Anders ist die Situation beim benachbarten Variegated-Gletscher, der wie der Hubbard-Gletscher seinen Ursprung in den St.-Elias-Bergen hat. Von ihm ist bekannt, daß er etwa alle siebzehn bis zwanzig Jahre seine Fließgeschwindigkeit erhöht.

Zwar gibt es mittlerweile eine Reihe von Überlegungen, dieses Phänomen zu deuten, letztlich sind aber die Ursachen für derartige «surges» noch unbekannt. Eine These, die derzeit als plausibelste Erklärung gilt, erläutern die beiden amerikanischen Wissenschaftler Keith Richards und Martin Sharp: «In den Jahrzehnten vor dem Surge befindet sich der Gletscher in der ‹Aufbauphase›. Dieser Aufbau beinhaltet das Anwachsen des Akkumulationsgebietes und das Schrumpfen des Ablationsgebietes. Daraus folgt letztlich eine zunehmend größer werdende Neigung im Längsprofil. Im Akkumulationsgebiet bedeutet das eine Erhöhung des Drucks auf die untersten Eisschichten; dadurch erhöht sich wiederum die Plastizität des Eises. Diese Veränderung äußert sich nicht nur durch das allmähliche Ansteigen der Fließgeschwindigkeit, sondern führt außerdem dazu, daß die Kanäle der subglazialen Schmelzwässer mehr und mehr vom Eis verschlossen werden. Dieser Prozeß kann soweit voranschreiten, daß Schmelzwasser gezwungen wird, seitlich oder oberflächlich abzufließen. Bevor das Schmelzwasser jedoch an die Oberfläche gelangt, werden alle Hohlformen im und besonders unter dem Gletscher mit Wasser gefüllt. So entstehen regelrechte Wasserpolster, die den Kontakt des Gletschers mit dem Untergrund durch Auftrieb verringern und damit die Grundlage für die hohe Geschwindigkeit der Gletscher bilden.

Die hohe Eigengeschwindigkeit im oberen Teil setzt sich in den unteren Teil des Gletschers fort, wo sich daraufhin die Eismächtigkeit erhöht und die Gleitgeschwindigkeit ebenfalls anwächst. Daraus kann schließlich ein kräftiger Vorstoß der Gletscherstirn resultieren, der Endmoränen und glaziale Ablagerungen überfährt und deformiert.

Durch das Vorstoßen des Gletschers verringert sich aber die Eismächtigkeit im oberen Teil, so daß Abflußrinnen der Schmelzwässer wieder geöffnet werden oder neu entstehen: Das subglazial gestaute Wasser kann somit abfließen. Da nun die auslösenden Prozesse des raschen Vorstoßes fehlen, hört die Eisbewegung auf und der Zyklus beginnt von neuem.»[44] Problematisch werden plötzliche Gletschervorstöße vor allem, wenn sie menschliche Siedlungen bedrohen.

Die uns bekannten größten Gletscherkatastrophen ereigneten sich 1962 und 1970 in Peru. In beiden Fällen gingen Lawinen von dem vergletscherten Nevado Huascarán nieder, dem 6768 m hohen Gipfel in der Cordillera Blanca und ruhelosesten Berg in Peru. Die Ursache des ersten Unglücks ist unbekannt, aber sie löste vom steilen Nordgipfel eine gigantische Menge Eis ab. Als das 200 m lange und ca. 800 m breite Eisbrett etwa 4000 m tiefer und 16 km vom Gipfel entfernt zum Stillstand kam, hatte es 4000 Menschen unter sich begraben.

Die Katastrophe am Huascarán vom 31. Mai 1970, die größte der Geschichte, zerstörte neben kleineren Siedlungen die Stadt Yungay völlig. In diesem Falle wurde der Gletschersturz durch ein Erdbeben ausgelöst. Das Eis, das am Gletscherbruch eine Mächtigkeit von 70 bis 80 m hatte, brach auf einer Länge von 800 m ab, stürzte in die Tiefe und bewegte sich als kanalisierte Eis- und Schlammlawine durch ein Nebental zur Haupttiefenlinie, in der die Stadt Yungay lag. Die verfrachtete Eismasse betrug 85 Mill. $m^3$. Bei dem Erdbeben fanden rund 70000 Menschen den Tod, rund ein Drittel davon durch den Gletschersturz. Die Zeitschrift für Gletscherkunde und Glazialgeologie druckte damals den Bericht zweier Wissenschaftler aus München und Innsbruck ab, die sich zur Unglückszeit vor Ort aufgehalten hatten: «Die Ortschaften, durch die wir mit dem Auto fuhren, insbesondere auch Huaraz, das ‹Innsbruck vom Río Santa›, boten trostlose Eindrücke und weckten in mir die

Erinnerung an im Zweiten Weltkrieg so furchtbar zerstörte Städte. ... Ausgelöst durch das Beben, brach das Eis des oberen Gletscherabbruches wahrscheinlich in seiner ganzen Länge und Höhe und in einer noch unbekannten Breite ab und stürzte über die 800 m hohe Felswand herab. Zugleich mit dem Eisbruch ... dürften sich auch größere Felsmassen aus der Wand gelöst haben, die sich mit dem herabbrechenden Eis vermischten und über den tiefer gelegenen ‹Gletscher 511› herabstürzten. Wir konnten die viele hundert Meter breite Spur dieser Eis- und Felsmassen über den Gletscher verfolgen. ... Die Wucht und Masse dieser Riesenlawine konnte durch die Endmoränen der Gletscherzunge, die die Lawine von 1962 noch eindämmen konnte, nicht mehr in Bahnen gelenkt werden. Vielmehr brandete die Lawine über die Moränen hinaus, breitete sich unterhalb der Moränenfelder aus und wurde erst wieder durch die allgemeine Geländeform in die schmalere Bahn des schluchtartigen Bachbettes des Río Shacsha gezwungen. Die Geschwindigkeit und die Wucht der Lawine erhöhten sich in diesem Flaschenhals noch ganz bedeutend. Am Ende der Engstelle war die Wucht so ungeheuer geworden, daß ein Teil der Massen einen gut hundert Meter hohen, sperrenden Rücken überfloß und die blühenden Orte Aira und Yungay völlig mit Felsblöcken, Eis und Schlamm überdeckte. Außer einigen abgelegenen Häusern blieb nur der auf einem Moränenhügel liegende Friedhof von der totalen Vernichtung verschont. ... Augenzeugen – wir sprachen mit einem Bauern, der an den Hängen der Cordillera Negra seine Felder bestellte und der zusehen mußte, wie der Bergsturz Haus und Familie begrub – berichteten, es habe nur drei Minuten gedauert, bis die sich vom Huascarán lösenden Massen über den Río Santa brandeten. Das bedeutet, wenn man die Strecke vom Ursprung des Bergsturzes bis ins Tal mit 15 km zugrunde legt, eine durchschnittliche Geschwindigkeit der Lawine von etwa 250 bis 300 km/std. Mir erscheint dies ungeheuerlich, jedoch glaubwürdig, wenn man an die Geschwindigkeit denkt, die z. B. Staublawinen erreichen können.»[45]

Seit Beginn des 20. Jahrhunderts wird auch die größte Eisbedeckung der Erde, das antarktische Inlandeis, eingehender untersucht. «Die Erforschung der antarktischen Gebiete ist die größte noch zu lösende Aufgabe der geographischen Wissenschaft»,[46] erklärte 1895 der in London abgehaltene Sechste Internationale Geographische Kongreß und forderte die wissenschaftlichen Gesellschaften und Organisationen der Erde dringend auf, noch bevor das Jahrhundert zu Ende ginge, Expeditionen ins Südpolarmeer in besonderer Weise zu forcieren. Tatsächlich entsandten in den folgenden Jahren Belgien, Großbritannien, Schweden,

Deutschland und Frankreich Expeditionen in die Antarktis, in deren Verlauf erste umfassende Eisarbeiten durchgeführt wurden.

«Ziel zukünftiger Forschungsarbeiten auf dem Gebiet der Eisdynamik muß sein, den Zu- und Abtrag der Land- und Schelfeise hinreichend genau zu bestimmen und festzustellen, wie sich das Fließverhalten des Eispanzers veränderte», hieß es in dem im April 1996 vom Bundesministerium für Bildung, Wissenschaft, Forschung und Technologie in Bonn vorgelegten Polarforschungsprogramm der Bundesregierung.

Die Antarktis ist von einem gigantischen gewölbten Eisschild überzogen, der an manchen Stellen bis zu 4500 m mächtig ist und fast 13 Mill. $km^2$ bedeckt. Damit ist diese einsame Eiswelt größer als die Vereinigten Staaten, Mexiko und Mittelamerika zusammen. Mehr noch – von allen großen Landmassen auf der Erde hat sie die tiefsten Temperaturen und die heftigsten Stürme zu verzeichnen. Die Durchschnittstemperatur am Südpol liegt im Sommer bei –33 °C und im Winter bei –62 °C. In der Antarktis sind sogar schon –89 °C gemessen worden. Selbst in den Sommermonaten klettert die Temperatur nur hier und da entlang der Küste über den Gefrierpunkt.

Es ist eine trockene Kälte. Obwohl das Eis der Antarktis 70 % des gesamten Frischwassers der Erde in sich birgt, ist die Region eine Wüste, vergleichbar mit so niederschlagsarmen Zonen wie der Sahara und der Gobi. Der Schneefall von 630 mm im Jahresdurchschnitt entspricht zwar nur ungefähr 100 mm Regen; aber weil so gut wie keine Verdunstung stattfindet, kam es im Laufe der Jahrhunderttausende zu der gewaltigen Akkumulation von Eis, die weiter anhält.

Von der kuppelartigen Hochebene der zentralen Antarktis fließen zahlreiche Gletscher zur Küste des Kontinents. Der größte ist der Lambert-Gletscher, dessen Einzugsgebiet nahezu ein Viertel des Eisschildes der Antarktis umfaßt; er ist mit 40 km Breite und 400 km Länge der größte Gletscher der Erde. Er ergießt sich in das Amery-Schelfeis, eine der zahlreichen die Antarktis umgebenden Schelfeisflächen. «Sie bilden eine Art kristallines Außenskelett, das den Eiskontinent formt, zusammenhält und schützt»,[47] philosophierte der amerikanische Geschichtsprofessor Stephen Pyne angesichts der antarktischen Eismassen.

Tatsächlich gehören die antarktischen Eisschelfe zu den großen Besonderheiten dieses Kontinents. Die beiden größten, das Ross- und das Filchner-Ronne-Schelfeis, füllen riesige Einbuchtungen des antarktischen Kontinents aus. Das Ross-Schelfeis[48] erstreckt sich vom Rossmeer über 975 km in Richtung Süden. Das Eis bedeckt eine Fläche von ungefähr 520000 $km^2$ und ist damit so groß wie Frankreich. Am Kontinentalrand liegt das Eis am Boden auf, dort erreicht es eine Mächtigkeit bis zu 750 m, seewärts nimmt die Stärke des Eises ab. Mit einer Geschwindigkeit von 1,6 m bis 3 m pro Tag schiebt es sich ins Meer.

Das Ross-Schelfeis war 1911/12 Ausgangspunkt des dramatischen Wettlaufs des Norwegers Roald Amundsen und des Briten Robert Scott zum Südpol. Heute wird die Kante dieser gewaltigen Eisfläche bisweilen bereits von Kreuzfahrtschiffen besucht: Das Ross-Schelfeis gilt als eines der großen Naturwunder der Erde.

Auch Wissenschaftler geraten gelegentlich angesichts der gewaltigen antarktischen Gletschermassen ins Schwärmen, wie der britische Glaziologe Charles Swithinbank über den Byrdgletscher: «Die Gletscheroberfläche glich einem aufgewühlten Ozean. Soweit das Auge reichte, zerfurchte Wellen und riesige Furchen, parallel zu den schroffen Felswänden des Tals. Dazwischen endlose Flächen, übersät mit Gletscherspalten.»[49] Für die Forscher ist allerdings die Frage zunehmend vordringlicher geworden, wie sich der antarktische Eisschild künftig verhalten wird. Derzeit wird kontrovers diskutiert; bislang ist die Wissenschaft nicht in der Lage, sicher beurteilen zu können, ob der antarktische Eisschild wächst oder schrumpft. Die Bilanz – ob sich Aufbau des Eises und Reduzierung durch Abbrechen von Eis an den Kanten bzw. Schmelzen an der Unterseite von Eisschelfen die Waage halten – ist bis heute eine Dunkelziffer. Es gibt eine Reihe von Schätzungen, aber man muß ihnen durchaus einen Fehler von 25 bis 30 % zugestehen.

«Technisch wäre es allerdings nicht schwierig, die notwendigen Posten für eine derartige Bilanz zu ermitteln», behauptet der niederländische Glaziologe Johannes Oerlemans, «es ist eigentlich nur eine Frage des Geldes.» Und der Zeit. Schließlich müßte man an einer gigantisch großen Zahl von Orten Messungen vornehmen, um den Zuwachs oder die Abnahme des Eises zu registieren.

Mißtrauisch beobachtet die Wissenschaft vor allem das Eis der Westantarktis. Von den heute existierenden Kontinentalgletschern Grönlands und der Antarktis würde das marine Inlandeis der Westantarktis noch am empfindlichsten auf Klimaänderungen, etwa als Folge des Treibhauseffekts, reagieren, vermuten Klimaforscher. Die angenommene Sensibilität der Westantarktis für Klimaschwankungen hängt damit zusammen, daß der Felsgrund, auf dem dieses ‹marine› Inlandeis aufliegt, anders als bei anderen Typen von Inlandeis in weiten Bereichen mehr als 1000 m unter dem Meeresspiegel aufliegt und so der Ozean über Auftriebskräfte und Wärmeflüsse direkt darauf einwirken kann.

Ein vollständiger Abbau allein des Eises der Westantarktis würde einen Anstieg des Meeresspiegels um etwa 5 m bewirken. Allerdings würde er sich mindestens über 100 Jahre, wahrscheinlich jedoch über mehr als 1000 Jahre erstrecken, ist eine verbreitete Auffassung in der Wissenschaft.

Um zumindest über ein Teilgebiet der Westantarktis nähere Informationen zu erhalten, wurde 1982 begonnen, das Filchner-Ronne-Schelfeis genauer zu untersuchen. Die Ausmaße des nach Wilhelm Filchner, Leiter der zweiten deutschen Südpolarexpedition 1911 bis 1913, benannten Schelfeises sind gewaltig. Mit rund 500000 $km^2$ ist es nach dem Ross-Schelfeis die zweitgrößte schwimmende Eisplatte der Erde. Ist es an der Front lediglich 200 m stark, so beträgt seine Mächtigkeit an der «grounding line», der Region, in der sich das Inlandeis ins Meer schiebt, bis zu 1500 m. Das Filchner-Ronne-Schelfeis hat eine Schlüsselstellung für den marinen westantarktischen Eispanzer. Es spielt die Rolle des Korkens im Flaschenhals. Es ist der Eisauslaß für ein Viertel des antarktischen Inlandeises. Der Eisfluß wird jedoch durch erhöhte Reibung an den Gebirgsrändern und durch Aufliegen am Boden erheblich gebremst – es kommt zum Stau.

Eistrichter dieser Art sind sehr störanfällig. Schon durch einen geringfügigen Meerespiegelanstieg, der durch eine weltweite Erwärmung der Atmosphäre ausgelöst werden kann, können sie von ihrer Auflage abgehoben werden. Sind die Eisschelfe erst einmal aus ihrer Verankerung gerissen, könnten sie nicht mehr für einen Rückstau des Inlandeises sorgen. Modellrechnungen gehen davon aus, daß ein derartiger Prozeß in wenigen Jahrhunderten ablaufen könnte. Darum ist es von großer Bedeutung, die Stabilität und den Massenhaushalt des Schelfeises kennenzulernen. Dazu sind zahlreiche Einzeluntersuchungen erforderlich. Während der jährliche Schneezutrag, der bis zu 30 cm pro $cm^2$ beträgt, noch recht einfach durch Auszählen von Jahresschichten anhand von Bohrkernen ermittelt werden kann, ist es erheblich schwieriger, den Massenfluß zu berechnen. Die durch Kalben jährlich ausgestoßene Eismasse ist inzwischen durch Satellitenaufnahmen bekannt. Sie bewegt sich zwischen 10 und 20 Mrd. Tonnen. Weitgehend unbekannt sind allerdings noch die Prozesse, die sich an der Unterseite des Schelfeises abspielen. Hier wird es in weiteren Untersuchungen darum gehen, festzustellen, wieviel vom Schelfeis im sommerlichen Meerwasser bei −1,5 °C pro Jahr abschmilzt und wieviel Salzwasser anfriert.

Tatsache ist jedoch, daß die Schelfeiskante seit 1957, dem Jahr der ersten Vermessung, ständig in Richtung Meer vorgerückt ist. Dabei erreicht die Vorschubgeschwindigkeit Werte von bis zu 1700 m pro Jahr. Bis heute ist ungeklärt, ob das stete Vorrücken klimabedingt oder ein systemimmanenter Prozeß des Eises ist. In jedem Fall warnen Wissenschaftler vor übereilten Schlüssen, die Beobachtungen nur weniger Jahre könnten völlig irreführend sein.

Doch auch von nichtpolaren Gletschern können Gefahren für Menschen und ihren Lebensraum ausgehen.

Immer wieder sind Gletscher in Alm- und Waldgebiete vorgestoßen oder haben in Siedlungen Schaden an Grund und Boden, aber auch an Gebäuden, an Verkehrswegen und sonstigen Einrichtungen verursacht. In den hochgelegenen Minen der peruanischen Anden sind wiederholt Bergbauanlagen und Stollen durch Gletschervorstöße und Eisabbrüche gefährdet, beschädigt oder sogar außer Funktion gesetzt worden. Auch in den Ostalpen wurde der Goldbergbau in den Hohen Tauern (Glockner- und Sonnblickgruppe) um 1600 durch Gletschervorstöße schwer geschädigt, dabei wurden Stollen zum Teil verschüttet, einige von ihnen wurden erst durch den starken Gletscherrückzug um 1930 wieder freigelegt, mitsamt der Werkzeuge, die vor mehr als 300 Jahren darin zurückgelassen worden waren.

Als Speicher des lebenswichtigen Rohstoffs Wasser hingegen haben Gletscher eine wichtige wirtschaftliche Bedeutung. Das ist nicht zuletzt angesichts der gewaltigen Süßwassermengen, die in der Antarktis lagern, diskutiert worden. Der Gedanke der Nutzung derartiger Reservoire ist jedoch nicht neu. Im Wallis wird Schmelzwasser seit Jahrhunderten zur Bewässerung verwendet, und in neuerer Zeit wird Gletscherwasser vielerorts in Speicherseen gesammelt und zur Energiegewinnung genutzt. In China streuten Bauern Staub und Asche auf Gletscher, um die Menge des Schmelzwassers zu erhöhen, das im Sommer von den Gletschern floß und mit dem sie ihre Felder bewässerten. Gletschereis wurde für Kühlzwecke benutzt. In Lima, der Hauptstadt Perus, wurden in den vierziger Jahren des 19. Jahrhunderts nach Einschätzung des Schweizer Naturforschers und Südamerikareisenden Johann Jacob von Tschudi täglich 50 Zentner Gletschereis verbraucht. Im 19. und zu Beginn des 20. Jahrhunderts wurde Gletschereis auch in den Alpen für Kühlzwecke abgebaut, und bereits seit Römerzeiten dienen Gletscherpässe als Handels- und Heerstraßen. Schließlich wurden Gletscher als Fremdenverkehrsattraktion entdeckt. Spezialfahrzeuge bringen Touristen zum Athabasca-Gletscher in den kanadischen Rocky Mountains; zum Mount Cook in Neuseeland werden Gletscherflüge angeboten, und weltweit wurden Tunnel in das eisige Blau berühmter Gletscher gegraben, um Touristen gefahrlos Innenansichten einer bizarren Welt zu bieten. Hatte doch bereits Charles Darwin gestaunt: «Diese gewaltigen Schneemassen, die nie schmelzen und dazu ausersehen scheinen, so lange zu überdauern, wie die Welt zusammenhält, sind ein prächtiger und sogar erhabener Anblick.»[50] Und der keineswegs zu falschem Pathos neigende Mark Twain wußte in den späten siebziger Jahren des 19. Jahrhunderts nach einer Reise zu den Schweizer Gletschern, daß sich «ein Mensch, der mit Gletschern verkehrt, mit der Zeit ziemlich unbedeutend fühlt».[51]

## Anmerkungen

1 Vgl. Kapitel «Leise rieselt der Schnee».

2 «Die Schneegrenze ist weder eine Temperaturgrenze noch eine Strahlungs- oder Niederschlagsgrenze, sondern eine Klimagröße besonderer Art, die vom Zusammenspiel von Schneemenge, Strahlung, Temperatur, Windeinwirkung, Geländegestaltung und anderen Faktoren derart abhängt, daß jeder dieser Faktoren für sich allein beträchtlichen Einfluß ausüben kann.» Louis, Herbert und Klaus Fischer: Allgemeine Geomorphologie. Berlin, New York 1979, S. 245.

3 Vgl.: Schumann, Walter: Das Buch der Erde. München 1987, Bd. 1, S. 200.

4 Bailey, Ronald H.: Gletscher. Amsterdam 1983, S. 49.

5 Ebd., S. 51.

6 Schumann, Walter, a. a. O., S. 203.

7 Mawson, Douglas: Leben und Tod am Südpol. Leipzig 1922, Bd. 1., S. 195f.

8 «Ihnen gegenüber nimmt sich die in Süßwasserseen und Stauseen enthaltene Wassermenge mit rund 155 000 $km^3$ oder 0,55 % der gesamten Süßwassermenge recht gering aus. Noch kleiner ist die Flußwassermenge, wenn bei mittlerer Wasserführung ihr Fließen unterbrochen und in diesem Moment die Wassermenge gemessen würde; es wären nur etwa 1 200 $km^3$ oder nur rund 0,004 % der Gesamtsüßwassermenge.» Marcinek, Joachim: Gletscher der Erde. Leipzig 1984, S. 18f.

9 Die Bezeichnungen Eisschelf und Schelfeis werden auch in der Glaziologie nicht einheitlich verwendet noch inhaltlich unterschieden.

10 Marcinek, Joachim, a. a. O., S. 142.

11 Heyn, Erich: DIERCKE Die Rekorde der Erde. München 1981, S. 170: «Der Name des Gletschers erinnert an den italienischen Seefahrer und Entdecker Malaspina (1754-1810), der in spanischen Diensten auf einer Südsee-Expedition bis in den Norden des Pazifik vordrang und dieses merkwürdige Naturphänomen entdeckte. Leistungen und Größe des Entdeckers blieben der Nachwelt lange verborgen, da dieser nach seiner Rückkehr verhaftet und sein Bericht der Öffentlichkeit vorenthalten wurde.»

12 Die Härte eines Minerals ist der Widerstand, den es beim Ritzen einem scharfkantigen Gegenstand entgegenbringt. Der Wiener Mineraloge Friedrich Mohs führte 1812 die Mohssche Härteskala ein, eine Vergleichsskala aus 10 verschieden harten Mineralien. Nummer 1 (Vergleichsmineral Talk) ist der weichste, Nummer 10 der härteste Grad (Vergleichsmineral Diamant).

13 Vgl.: Schumann, Walter, a. a. O., S. 205.

14 Vgl.: Marcinek, Joachim, a. a. O., S. 73. Später wurden die Moränen noch weiter klassifiziert: Obermoräne, Innenmoräne, Grundmoräne, Rand-, Ufer- oder Seitenmoräne, Mittelmoräne, Stirn- oder Endmoräne und Vorstoßmoräne.
15 Klebelsberg, R. v.: Handbuch der Gletscherkunde und Glazialgeologie. Wien 1948, S. 1f.
16 Drygalski, Erich v. und F. Machatschek: Gletscherkunde. Wien 1942, S. 1.
17 Ebd., S. 6: «Wie die Gletscher eine allgemein verbreitete Erscheinung sind, so haben viele Sprachen für sie eigene Namen. Das aus dem Lateinischen stammende Wort findet sich im Französischen und Englischen als Glacier, im Italienischen als Ghiacciajo. Doch gibt es daneben im welschen Teil des Wallis die Bezeichnung Biegno, in Piemont Ruize, in den italienischen Ostalpen Vedretta, im romanischen Graubünden neben dem Ausdruck Glatsch als Vadret, wahrscheinlich abgeleitet von vetus, alt, also synonym mit Firn und Ferner. Letztere Bezeichnung wird östlich des Brenners abgelöst von Käs (Kees), vielleicht verwandt mit Kies (= harte, glänzende Masse) oder vom althochdeutschen Ches=Eis. Im Norwegischen wird Sneebrae und Isbrae unterschieden, doch kommt daneben auch die ältere, in Island heimisch gebliebene Form Jökull vor. Die schwedische Sprache verwendet das Fremdwort Glaciär. Die Eskimos Grönlands nennen das Landeis Sermek, das Inlandeis Sermerssuak. Die Gletscher der chilenischen Anden heißen Ventisqueros.»
18 Vgl.: Vögele, Anna-Elisabeth: Die Anfänge der Gletscherforschung. Mitteilungen der Naturforschenden Gesellschaft Luzern 29, 1987, S. 12. Vögele gibt zahlreiche historische Quellen wieder.
19 D.h. «reinige». Ebd., S. 2.
20 Zit. nach: Flaig, Walther: Das Gletscherbuch. Leipzig 1938, S. 67.
21 Ein Abdruck des Gedichts findet sich bei Vögele, Anna-Elisabeth, a.a.O., S. 14. Dort heißt es u. a.: «Bey Petronell am berg fürwar Ein grosser Glettscher hanget dar/Mit Heusren muß man rucken fort. Stoßt vor im weg das Erderich Boum/Heuser/Felsen wunderlich.»
22 Drygalski, Erich v. und F. Machatschek, a. a. O., S. 2.
23 Marcinek, Joachim, a. a. O., S. 50.
24 Vgl.: Drygalski, Erich v. und F. Machatschek, a. a. O.
25 «Wenn Titans erster Strahl
der Gipfel Schnee vergüldet
Und sein verklärter Blick
die Nebel unterdrückt,
So wird, was die Natur
am prächtigsten gebildet,
Mit immer neuer Lust
von einem Berg erblickt... »
Zit. nach: Schneider, Wolf und Guido Mangold: Die Alpen. Hamburg 1989, S. 187.
26 Zit. nach: ebd.
27 Zit. nach: ebd., S. 188f.
28 Die Erstbesteigung des Montblanc fand am 7. August 1786 durch den Arzt Dr. Michael Paccard unter der Führung von Jacques Balmat statt. Sie war von Saussure angeregt worden.
29 Zit. nach: Flaig, Walther, a. a. O.
30 Marcinek, Joachim, a. a. O., S. 66f.
31 Zu den Arbeiten von Agassiz vgl. Kapitel «Spurensuche».

32 Kick, W.: Eisgeschwindigkeitsmessungen an Gletschern Hochasiens. Zeitschrift für Gletscherkunde und Glazialgeologie 13, 1977, 1/2, S. 8f.
33 Vgl. ebd., S. 9.
34 Zit. nach: Bárdarson, Hjálmar R.: Eis und Feuer. Reykjavík 1980, S. 24.
35 Vgl. ebd, S. 2.
36 Ebd., S. 26.
37 Ebd.
38 Ebd.
39 Wegener, Else (Hrsg): Alfred Wegeners letzte Grönlandfahrt. Leipzig 1932, S. 228.
40 Sorge, Ernst: Mit Flugzeug, Faltboot und Filmkamera in den Eisfjorden Grönlands. Berlin 1933, S. 80.
41 Ebd., S. 83.
42 Vgl. Kapitel «Ein eisiges Geschichtsbuch».
43 Zit. nach: Matthews, Rupert O.: Die großen Naturwunder. München 1991, S. 60.
44 Zit. nach: Goudie, Andrew: Physische Geographie. Heidelberg, Berlin, Oxford 1995, S. 78.
45 Welsch, W. und H. Kinzl: Der Gletschersturz vom Huascarán (Peru) am 31. Mai 1970. Zeitschrift für Gletscherkunde und Glazialgeologie 6, 1970, 1/2, S. 181-185.
46 Zit. nach: Sullivan, Walter: Männer und Mächte am Südpol. Zürich o. J., S. 43.
47 Pyne, Stephen J.: The Ice. New York 1986, S. 118.
48 Das Ross-Schelfeis wurde 1841 von James Clark Ross entdeckt, dem die fast 50 m hoch aufragende Eisfront in ihrer abweisenden Schroffheit so unbezwingbar erschien wie die Kreidefelsen von Dover.
49 Zit. nach: May, John: Das Greenpeace-Buch der Antarkis. Ravensburg 1988, S. 24.
50 Zit. nach: Morrison, Tony: Die Anden. Amsterdam 1991, S. 154.
51 Mark Twain: Bummel durch Europa. Zürich 1990, S. 347.

# Schwimmende Pfannkuchen

«Das Eis in den Polarmeeren hat die verschiedenartigsten Formen und Gestalten. Man trifft es in allen Größen und Ausdehnungen an, von ganz dünnem, jung gebildeten sogenannten Kucheneise und in den kleinsten Stückchen bis zu den ungeheuren Feldern von unabsehbarer Ausdehnung mit einer Dicke von 30 bis 40 Fuß unter Wasser, und endlich den gewaltigen Eisbergen.»[1] So schilderte Kapitän Carl Koldewey, der 1868 mit der Jacht *Grönland* die Erste Deutsche Nordpolar-Expedition unternahm, seinen Eindruck vom Eis, das sein kleines, nicht einmal 20 m langes Schiff zur Umkehr zwang.

«Dort, wo das Meer dick geronnen ist, dort liegt das Ende der Welt»,[2] glaubte der aus Massalia, dem heutigen Marseille stammende Fernhandelskaufmann Pytheas (330 v. Chr.) nach seiner Reise in den hohen Norden. Er berichtete, auf seiner Reise nach Thule, womit er wahrscheinlich das Seegebiet um Island meinte, sei er in eine dickflüssige und zähe See geraten; offensichtlich handelte es sich um Treibeis. So berichtet das berühmte Landnámabók über den Aufenthalt des Wikingers Flóki Vilgerdarson im Jahre 856 im Vatnsfjördur am Bardaströnd: «Da war der Fjord voll von Fischen, deshalb unterließen sie das Heusammeln, und im nächsten Winter starb ihnen der ganze Viehbestand. Der Frühling war recht kalt. Da stieg Flóki auf einen recht hohen Berg und sah gegen Norden über die Berge hin einen Fjord voll Meereis: deshalb nannten sie das Land Island, wie es seither geheißen hat.»[3] Eine recht detaillierte Beschreibung des Meereises aus der Zeit um 1260 findet sich im isländischen Königsspiegel (Konungs skuggsjá): «Wenn wir weit genug auf die offene See hinauskommen, begegnet uns eine so ungeheure Menge Eis, daß ich keine ähnliche Stelle auf der Erde kenne. Ein Teil dieses Eises ist so flach, daß es auf dem Meer selbst gebildet sein muß, acht bis zehn Fuß dick, und es ist so weit vom Land entfernt, daß es vier Tage oder mehr dauern würde, über das Eis zum festen Land zu gehen. ... Dies Eis ist von einer sonderbaren Art. Zuweilen liegt es ganz ruhig mit Waken oder großen Fjorden zwischen den Eisschollen da, zu anderen Zeitpunkten aber ist die Geschwindigkeit dieser Schollen so groß, daß sie mit einer Geschwindigkeit treiben, die einem Schiff mit vollen Segeln bei günstigem Winde nichts nachgibt. Und wenn sie sich bewegen, da schwimmen sie nicht seltener gegen den Wind als vor dem Wind. Etwas vom Eis des Meeres hat eine andere Form, von den Grönländern Eisbruch genannt. Der Eisbruch gleicht einem großen Berg, der über die Oberfläche des Meeres ragt. Er treibt mit dem übrigen Meereis, kann sich aber auch für sich halten.»[4]

Der erste Bericht über die Eisbedeckung im Südpolarmeer stammt aus der Zeit um 650 n. Chr. Einer alten polynesischen Legende zufolge erreichte damals der Seefahrer Ui-te-Rangiora die Gewässer der Antarktis, in die er mit einem Kriegskanu vorgestoßen war. Das Meer erschien ihm wie mit weißem Puder bedeckt. Angesichts des ihm fremden Anblicks kehrte er um, so schnell er konnte.

Jedes Jahr in den Wintermonaten legt sich das Eis wie eine Halskrause um den antarktischen Kontinent und schirmt ihn ab. Dann dringen selbst in unseren Tagen keine Schiffe mehr zu den dort errichteten wissenschaftlichen Stationen vor.

Für den Bremerhavener Eisforscher Hajo Eicken stellt das Meereis «eine in ihrer Ausdehnung bedeutende Landschaftsform dar, die stetigem, tiefgreifendem Wandel unterliegt.»[5] Eine Besonderheit des Eises, die die gefrorenen Ozeangefilde wesentlich prägt, «ist seine im Vergleich zu anderen Gesteinen außergewöhnlich hohe Transparenz.»[6] Wissenschaftlich betrachtet ist Meereis eine Erscheinung der oberen Grenzfläche des Meeres bzw. der Grenzschicht zwischen Hydrosphäre und Atmosphäre.[7] Insgesamt sind bis zu 7 % des Weltmeeres von Meereis bedeckt;[8] permanent ist es in den polaren Regionen des Weltmeeres vorhanden.

Meereis hat meßbare physikalische und chemische Eigenschaften wie Temperatur, Salzgehalt, Festigkeit und Farbe. Es ist morphologisch beschreibbar, nach Ausdehnung, Mächtigkeit oder Oberflächenform.

Meereis ist, so banal es klingt, Eis, das aus Meerwasser durch Gefriervorgänge entstanden ist. Wasser mit einem Salzgehalt ab 24,7 ‰ wird als Meerwasser bezeichnet und das daraus gebildete Eis als Meereis.[9] Im weiteren wird jedoch auch Eis der Ostsee, die einen geringen Salzgehalt hat, Meereis genannt.

Während in einem Süßwassersee zuerst die gesamte Wassermasse auf 4 °C abgekühlt, bevor sich auf der Oberfläche Eis bildet, ist im Meer nur die oberste Schicht von der Abkühlung betroffen. Im Unterschied zu Süßwasser liegt der Gefrierpunkt bei Salzwasser niedriger. So gefriert zum Beispiel Meerwasser mit einem Salzgehalt von 35 ‰ erst bei –1,8 °C.

Beim Gefriervorgang kristallisiert nur der Wasseranteil, die Salzionen können aufgrund ihrer Größe nicht ins Eiskristall eingebaut werden. Es entstehen kleine Eisplättchen, das «Körncheneis», die aufschwimmen und sich an der Oberfläche als Eisbrei sammeln.[10] Das Salz reichert sich beim Gefriervorgang in konzentrierten Laugen an, die in Taschen und Flüssigkeitsblasen in der Eisdecke eingeschlossen sind. Sinken die Temperaturen weiter, friert immer mehr Eis aus, und die Laugeneinschlüsse werden immer salzhaltiger.[11] Läuft dieser Eisbildungsprozeß langsam ab, so werden die die Salzlauge enthaltenden Taschen und Bläschen allmählich ausgepreßt, die salzhaltige Lösung drainiert nach unten und gelangt schließlich aus dem Eis in das Meerwasser, mit dem es sich in den oberen 50–100 m der Wassersäule vermischt.[12] Gefriert das Eis aufgrund meteorologischer Bedingungen schnell, werden beim Gefriervorgang größere Taschen mit Salzlauge eingeschlossen. Schnell gefrorenes Meereis kann einen Salzgehalt von bis zu 20 ‰ aufweisen, im allgemeinen liegt er zwischen 2 und 10 ‰.[13] Meereis ist also ein komplexes Gebilde, das aus drei verschiedenen Komponenten besteht:

- einer festen Komponente, den Eiskristallen,
- einer flüssigen Komponente, der Salzlake und
- einer gasförmigen Komponente sehr kleiner Luftbläschen.[14]

Unter dem Einfluß von Wind und Wellen schließen sich die Eiskristalle zu kompakteren, tellerartigen Gebilden, kleinen Eisschollen zusammen. Durch ständiges Aneinanderstoßen der Schollen entstehen Randwülste. Das so enstandene Eis wird aufgrund seiner Erscheinungsform Pfannkucheneis genannt. Die einzelnen Schollen wachsen schließlich zu größeren Flächen zusammen, die sich bei ruhigem Wetter übereinanderschieben und verfestigen. Innerhalb eines Jahres kann Neueis in den Polargebieten bis zu drei Meter dick werden. In der Antarktis entsteht so ein breiter Eisgürtel, der den gesamten Kontinent umgibt. Er hebt und senkt sich mit den Gezeiten. Selbst in der kältesten Winterperiode bildet sich daher im Weddellmeer durch Tidenhub, Drift und Strömung keine geschlossene Meereisdecke aus, immer wieder gibt es im Eis ausgedehnte Gebiete offenen Wassers. Sie werden mit dem russischen Wort Polynja («eisfreie Stelle») bezeichnet. Bei ablandigen Winden entstehen Küstenpolynjas, deren Ausdehnung und Lage sich unter dem Einfluß des Windes schnell verändern können. Polynjas, die sich mitten im eisbedeckten Meer bilden, entstehen möglicherweise durch wärmere Wasserströmungen.

Lange Zeit wurde von der Wissenschaft angenommen, daß Polynjas «blühende Oasen» darstellen, da die Sonnenstrahlung infolge der fehlenden Eisdecke bereits früh im Jahr in den Wasserkörper eindringt und Pflanzenzellen zum Wachstum anregen könnte. Untersuchungen auf dem Forschungsschiff *Polarstern* haben jedoch ergeben, daß die kalten Winde, die die Wasserflächen vom Eis freifegen, gleichzeitig neue Eisbildung zur Folge haben. Der durch den Gefriervorgang entstehende Salzeintrag bewirkt eine stärkere Durchmischung der oberen Wasserschicht, wodurch die Pflanzenzellen in größere Tiefen gebracht werden. Wissenschaftler fanden in derartigen Polynjas vor der anarktischen Küste das «klarste Ozeanwasser der Welt».[15]

Das Meereis ist in weiten Bereichen so stabil, daß es das Gewicht von Tieren trägt, die dadurch ihren Lebensraum weit auf das Meer hinaus ausdehnen können. In der Arktis und in einigen wenigen Regionen der Antarktis, wie etwa in Teilen des Weddellmeeres, kann das Meereis ein Alter von mehreren Jahren oder sogar Jahrzehnten erreichen. Hinsichtlich des Alters besteht ein erheblicher Unterschied zwischen den Eisbedeckungen der Polargebiete: Das Meereis der Arktis ist überwiegend mehrjähriges Eis (mehr als 90%), das antarktische Eis ist überwiegend einjähriges Eis (etwa 85 bis 90 %).[16]

Aus Satellitenbeobachtungen, die seit den siebziger Jahren durchgeführt werden, ist heute bekannt, daß die Vereisung der polaren Ozeane nicht nur jahreszeitlich, sondern auch über längere Zyklen erheblich schwanken kann. Die Ursachen dafür werden in – noch nicht ausreichend erforschten – Wechselwirkungen zwischen Ozean, Eis und Atmosphäre vermutet.

Meereis bildet eine Trenn- oder Isolierschicht zwischen Wasser und Luft, die die Wassermassen vor weiterer Auskühlung gegen die Atmosphäre schützt.[17] Umgekehrt schränkt Meereisbedeckung auch die direkte Aufheizung der Polarmeere durch die Sonne ein. Darüber hinaus vermindert sie den Lichteinfall und spielt somit eine nicht unerhebliche Rolle für das Ökosystem des Meeres.

Für die Klimaforschung ist die Kenntnis der Meereisverteilung und deren Flächenänderung von großem Interesse, denn sie hat Einfluß auf den Wärmehaushalt der Erde. Eine unterschiedliche Eisverbreitung bedeutet auch eine unterschiedlich intensive Rückstrahlung des einfallenden Sonnenlichtes (Albedo). Die Albedo von Meereis beträgt 40 bis 80 %, die des offenen Wassers dagegen nur 6 bis 8 %. Aber nicht nur deshalb sind Meereisfelder wichtig für das Klima; bereits einjähriges Meereis mit einer Dicke von einem halben bis einem Meter unterbindet den Wärme- und Gasaustausch zwischen Ozean und Atmosphäre fast völlig. Die Meereisbedeckung der Polarmeere beeinflußt somit die Wechselwirkung zwischen Ozean und Atmosphäre und damit das Klimasystem auch über die eigentlichen Polargebiete hinaus. Die Wissenschaft schreibt der Meereisbedeckung Einfluß auf folgende klimarelevante Größen ein:

- den Wärmehaushalt der Erde (Eis-Albedo-Rückkopplung),
- den Wärmeaustausch zwischen Ozean und Atmosphäre und damit den Wasserdampfgehalt der Atmosphäre,
- den Gasaustausch zwischen Ozean und Atmosphäre (u. a. Austausch von $CO_2$),
- die Bildung von Tiefen- und Bodenwassermassen,
- die atmosphärische Zirkulation und
- die biologische Aktivität in der Wassersäule.[18]

Welche Bedeutung das Meereis innerhalb der polaren Ozeane einnimmt, läßt sich erahnen, wenn man sich das Ausmaß der arktischen und antarktischen Eisfelder vor Augen führt. Mit einer Ausdehnung von 16 Mill. $km^2$ (Zum Vergleich: Fläche Rußlands: 17 Mill. $km^2$) sind im Winter mehr als 90% der arktischen Meere eisbedeckt. Etwa die Hälfte des Südpolarmeeres ist im Winter von Eis überzogen. Dort wächst von März bis September die vom Meereis bedeckte Fläche um den antarktischen Kontinent auf 20 Mill. $km^2$ an. Die maximale Bedeckung des Südpolarmeeres entspricht etwa der Fläche Südamerikas. Im Südsommer schmilzt das Meereis unter Einwirkung der Sonnenstrahlung auf ein Minimum von etwa 4 Mill. $km^2$. Vor allem im Weddell- und im Rossmeer überdauert Eis auch den antarktischen Sommer. Vollkommen eisfrei werden lediglich die Küsten an der Westseite der Antarktischen Halbinsel und Teilbereiche der Ostküste des Rossmeeres. In der Arktis ist der Jahresgang nicht ganz so ausgeprägt, das arktische Mittelmeer, das überwiegend in höheren geographischen Breiten liegt als der antarktische Ringozean, ist auch im Sommer weitgehend von mehrere Meter mächtigem, mehrjährigem Eis bedeckt.[19] Flächenmäßig sind dem Eis der Arktis durch die den arktischen Ozean säumenden Kontinente Grenzen gesetzt.

Wie bei der Angabe der Wolkenbedeckung in der Meteorologie wird die Eisbedeckung in Zehnteln angegeben. Dabei bedeuten ein Zehntel bis drei Zehntel offenes Treibeis und sieben Zehntel bis neun Zehntel Treibeis, das für Schiffe kaum noch passierbar ist. Weitere Klassifikationen des Eises wurden in der im Jahre 1956 von der World Meteorological Organisation (WMO) für den internationalen Gebrauch herausgegebenen Eisnomenklatur zusammengestellt, die 1970 noch einmal erweitert und überarbeitet publiziert wurde.[20]

Von Wind und Meereströmungen angetrieben, ist das Meereis in ständiger Bewegung. Im antarktischen Weddellmeer treibt es stets in Richtung des Uhrzeigersinns. Wie schnell es sich bewegt, wird am dramatischen Schicksal zweier Schiffe offenkundig, die dort vom Eis eingeschlossen wurden. Am 8. März 1912 wurde das Expeditionsschiff *Deutschland* von Wilhelm Filchners Expedition an der Küste des Coats-Landes eingeschlossen. Das Schiff vertrieb zunächst nach Nordwesten, später nach Nordosten und wurde schließlich am 25. November desselben Jahres vom Eis wieder freigegeben, die *Deutschland* war bis zu diesem Zeitpunkt um 1200 km nach Norden gedriftet. Ähnlich erging es dem britischen Polarforscher Ernest Shackleton, der 1914 plante, erstmals die Antarktis zu Fuß zu durchqueren. Auch sein Schiff blieb im Eis des Weddellmeeres stecken. Die *Endurance* driftete vom Mai 1915 bis April 1916 von 77°S bis 61°S, bis sie zu guter Letzt unweit der Küste der Antarktischen Halbinsel vom Eis zerdrückt wurde und sank.

Das Dröhnen und Mahlen des Eises hatte der Besatzung den bevorstehenden Untergang des Schiffes ankündigt. In seiner kreisenden Bewegung drückte das Eis gegen die Felsenküste der Halbinsel. «Die Wirkung des Druckes rundherum war furchterregend», schrieb Shackleton später, «mächtige Eisblöcke, festgehalten zwischen zusammenstoßenden Eisfeldern, erhoben sich langsam, bis sie wie Kirschkerne emporschnellten, die man zwischen Daumen und Finger preßt. Der Druck von Millionen Tonnen sich bewegenden Eises zermalmte und vernichtete alles unerbittlich. Wird das Schiff einmal fest ergriffen, dann ist sein Schicksal besiegelt.»[21] Die Expeditionsmitglieder, die sich sämtlich auf das Eis hatten retten können, trieben mit ihm weiter, bis sie schließlich offenes Wasser erreichten und mit Hilfe ihrer Rettungsboote, die sie von der *Endurance* hatten bergen können, das ablegene Elephant Island ansteuerten, von wo aus sie viele Wochen später durch ein Schiff der chilenischen Marine geborgen werden konnten.

Ohne sich vom Treibeis einschließen zu lassen, verbrachte vom 6. Mai bis 14. Dezember 1986 die *Polarstern* als erstes Forschungsschiff den siebenmonatigen Südwinter im Bereich des Weddellmeeres. Insgesamt 140 Wissenschaftler nahmen damals am «Winter-Weddell-Sea-Project»

(WWSP 86) teil. Dabei hatten die Biologen erstmalig die Gelegenheit, die Lebensvorgänge im winterlichen eisbedeckten Polarmeer näher zu untersuchen. Sie entdeckten damals die bis dahin unbekannte Lebensweise des Krills im Winter und stellten fest, daß er sich in der Polarnacht großflächig an der Unterseite von Eisschollen verteilt.

Auf dieser Reise hatte die *Polarstern* keine besonderen Probleme während der Eisfahrt, dafür blieb sie im Dezember 1990 auf ihrem Weg nach Süden bereits bei etwa 75° S im Eis des Weddellmeeres stecken. «Es war als säßen wir in einem Pudding», meinte Kapitän Grewe später über die Eisverhältnisse, die als die schwersten der letzten 17 Jahre im Weddellmeer gelten. Noch während die Forscher in ihrer eisigen Falle steckten, wurde ihnen vor Augen geführt, daß nicht nur der Sonnenschein des beginnenden Sommers das Schmelzen des Meereises in Gang bringt, sondern vor allem der Wind: Das Meereis nahe der Küste blieb stabil und für die *Polarstern* undurchdringlich, weil die Tiefdruckgebiete im Weddellmeer, die Stürme bringen und das Eis aufbrechen, ihre Bahn weiter nördlich zogen als sonst. Ihren Plan, weiter nach Süden vorzudringen, mußten die Wissenschaftler aufgeben. Zwei Wochen hielt das ungewöhnlich zähe und feste Treibeis das Schiff fest – ein Schlaraffenland für die Eisforscher. Vom Bordhubschrauber unterstützt, schwärmten sie auf das Eis aus. In drei Kilometern Entfernung erreichteten sie auf einer stabilen Scholle eine «Forschungsstelle», wo unbeeinflußt vom Schiff über mehrere Tage die Strömungen unter dem Eis, das Wachstum der kleinen Pflanzen, Tiere und Bakterien im Eis und im Wasser, die Menge und Zusammensetzung der herabrieselnden Partikeln und der Wärmefluß an den Grenzschichten zwischen Luft, Eis und Wasser gemessen wurden.

Gedanken über das Meereis hatten sich bereits die frühen Seefahrer und Entdecker gemacht. Der berühmte britische Kapitän James Cook, der 1773 als erster Mensch den südlichen Polarkreis überquerte, beobachtete das Verhalten des Treibeises sehr genau und versuchte so Aufschluß zu erhalten, wo sich das von ihm so sehnlichst gesuchte Südland befinden könnte: Das Treibeis trieb ständig nach Osten und konnte deshalb mit keiner Landmasse zusammenhängen. Cook überlegte außerdem, wie Eisberge und polare Eisfelder entstanden sein könnten und fragte sich, «welche Wirkung die Kälte auf das Seewasser ausübt, und zwar in Anbetracht der folgenden Umstände: gefriert das Wasser oder nicht, und wenn ja, welche Kältegrade sind dafür notwendig und was wird dann aus seinem Salzgehalt? Alles Eis, dem wir begegneten, liefert nämlich beim Auftauen reinstes Süßwasser.»[22] Der ihn begleitende Naturforscher Georg Forster kam zu der Überzeugung, daß Salzwasser unter bestimmten Bedingungen zu salzfreiem Eis gefriere und folgerte daraus, daß es nicht unbedingt ein Hinweis auf die Existenz einer polaren Landmasse als Süßwasserlieferant sei. Cook pflichtete seinem Gedankengang letzlich bei.

Wegweisend für die Entwicklung der Meereisforschung waren die Arbeiten des norwegischen Polarforschers Fridtjof Nansen, der Meereis erstmals auf seiner Fahrt nach Grönland erblickte, das er 1888 ansteuerte, um es auf Skiern zu überqueren: «Niemals werde ich den Eindruck vergessen, den der erste Anblick dieser Natur auf mich machte. ... Da plötzlich tauchte etwas Großes, Weißes aus dem Dunkel auf, es wuchs und wurde immer weißer, wunderbar weiß im Gegensatz zu der rabenschwarzen Meeresfläche. Das war die erste Eisscholle. Dann kamen mehrere; sie tauchten schon in der Ferne auf, mit einem plätschernden Geräusch glitten sie vorüber und verschwanden wieder. Da gewahrte ich plötzlich einen sonderbaren Schein am nördlichen Himmel; am stärksten war er unten am Horizont, erstreckte sich aber hoch gegen den Zenit. Gleichzeitig vernahm ich ein schwaches Brausen, das von Norden kam, dem Schall der Brandung gleich, wenn sie gegen die Felsenküste schlägt. Es war das Treibeis, das vor uns im Norden lag. Das Licht war der Widerschein, den die weiße Fläche desselben auf die nebelige Luft wirft, das Geräusch aber rührte von der See her, welche über die Eisschollen dahinbrauste, die rasselnd gegeneinander prallten. In stillen Nächten kann man das Getöse ganz weit hinaus im Meere hören.»[23] Außer Walfängern waren bis zu diesem Zeitpunkt nur wenige Menschen mit dem auf dem Meer treibenden Eis und dem es ankündigenden Eisblink in Berührung gekommen, und als Nansen zu seiner Grönlandfahrt aufbrach, gab es über den arktischen Ozean selber nur sehr vage Annahmen: «Man darf sich die Treibeismassen des Eismeeres nicht wie eine einzige, zusammenhängende Fläche vorstellen. Sie bestehen aus zusammengestauten Massen von größeren und kleineren Schollen, die eine Dicke von 6 m, ja 12 bis 15 m und mehr haben können. Wie sie gebildet werden und woher sie kommen, weiß noch niemand mit Sicherheit zu sagen –, dieser Prozeß muß irgendwo auf dem offenen Meer im höchsten Norden vor sich gehen, dort, wohin noch niemand gelangt ist.»[24]

Heute weiß man, daß sich das Eis der Arktis in ganz bestimmten Bahnen durch das arktische Meer bewegt. Auslöser der Drift der Eisfelder im Nordpolarmeer sind die atmosphärische und die ozeanische Zirkulation, also Wind und Wasserströmungen. Eisschollen werden hauptsächlich vom Wind getrieben. Eisberge mit großem Tiefgang werden mehr von der Strömung verdriftet.[25] Insbesondere zwei große Driftsysteme spielen im arktischen Becken eine wichtige Rolle: Der im Uhrzeigersinn drehende Beaufortwirbel in der nordamerikanischen Arktis und die Transpolardrift, die das Eis von den sibirischen Schelfen in das europäische Nordmeer bringt. Das Eis im Beaufortwirbel bewegt sich relativ langsam, für einen Umlauf benötigt es etwa 5 bis 8 Jahre; die Aufenthaltsdauer des Eises in der Transpolardrift beträgt etwa 3 bis 4 Jahre.[26] Diese Driftgeschwindigkeiten sind in den 80er Jahren dieses Jahrhunderts mit Hilfe von Driftbojen ermittelt worden.[27]

Es war wiederum Fridtjof Nansen, der diese Bewegung des Eises im arktischen Ozean als erster genauer in Augenschein nahm. Aus einem von dem Meteorologen Professor Henrik Mohn verfaßten Artikel im norwegischen «Morgenbladet» vom 30. November 1884 erfuhr er vom Fund verschiedener Gegenstände, die mit Sicherheit von der *Jeanette*-Expedition stammten, die im Juni 1881 nördlich der Neusibirischen Inseln gesunken war. Bereits einige Monate zuvor, am 18. Juni 1884, hatten Inuit vor Qaqortoq (Julianehåb) an der grönländischen Südwestküste einige Gegenstände von Bord dieses Schiffes, festgefroren auf einer Eisscholle, entdeckt. Im selben Monat wurde ein weiterer Fund bei Qassimiut gemacht, etwa 60 km nordwestlich von Qaqortoq. Zu den überzeugendsten Beweisstücken gehörten eine Proviantliste, unterschrieben von De Long, ein Verzeichnis über die Boote der *Jeannette* sowie eine Ölzeughose und eine Mütze, versehen mit den Namen von einigen Besatzungsmitgliedern. Professor Mohn schrieb in dem Artikel, seiner Meinung nach sei es wahrscheinlich, daß die Gegenstände mit dem Eis quer über das Polarmeer getrieben wären. Nansen folgerte nun, wenn eine Eisscholle quer durch das Polargebiet treiben könne, müsse derselbe Weg auch für eine Expedition möglich sein. Um eine solche Fahrt durchführen zu können, ließ er von dem Schiffsbauer Colin Archer ein Schiff konstruieren, dessen Rumpf sich durch stark ausfallende Spantenformen auszeichnete, der nicht so leicht vom Eis zerdrückt werden konnte.

1893 bis 1896 versuchte Nansen dann tatsächlich, die Drift des Eises im Polarmeer nutzend, mit der *Fram*, wie seine Frau Eva das Schiff getauft hatte, den Nordpol zu erreichen. Dieses Ziel erreichte er zwar nicht, jedoch gewann er auf dieser Fahrt wesentliche Erkenntnisse über das Nordpolarmeer und brachte grundlegende Daten über das Eis des arktischen Ozeans mit. Wann immer er Gelegenheit hatte, nahm er Untersuchungen des Eises vor, die ihm auch Aufschluß über seine

Entstehung gaben: «Ich bohrte an vielen Stellen, fand aber überall dasselbe: unter der alten Scholle lag eine dünne, ziemlich lockere Eismasse. Anfänglich dachte ich, es sei eine dünne Eisscholle, die hinuntergeschoben worden sei, später entdeckte ich aber, daß es thatsächlich neugebildetes Süßwassereis auf der unteren Seite des alten Eises war; es war auf die drei Meter tiefe Süßwasserschicht zurückzuführen, die durch das Schmelzen des Schnees auf dem Eise entstanden war. Infolge seiner Leichtigkeit schwamm dieses wärmere Süßwasser auf dem salzigen Seewasser, das an seiner Oberfläche eine Temperatur von –1,5 °C hatte. Auf diese Weise kühlte sich das süße Wasser durch die Berührung mit dem kälteren Seewasser ab, und es bildete sich auf dem ersten, wo es mit dem darunter befindlichen Salzwasser in Berührung kam, eine dicke Eiskruste. Diese Eiskruste war es, welche die Dicke des Eises an der Unterseite vermehrte.»[28] Die weiteren wichtigen Erkenntnisse Nansens faßte der Münchner Geograph Gierloff-Emden zusammen: «Eishügel im schwimmenden Eis erreichen 7 m Höhe. Es gibt Süßwassertümpel auf dem Meereis. Die Zunahme der Eisdicke vom Winter zum Frühjahr geht mit zunehmender Dicke langsamer, bis zu 2,6 m. Die Temperaturen im Eis während des Monats März betragen in 1,2 m Tiefe –16 °C, in 0,8 m Tiefe –30 °C. Das Eis ist im Winter kälter und spröde, im Sommer wärmer und elastischer. Die Wassertemperatur betrug unter dem Eis in 2 m Tiefe –13 °C, nahm dann etwas ab, nahm wieder zu (Inversion) und nahm dann mit der Tiefe ab. Das Nordpolarmeer hat eine Wassertiefe von 3300 bis 3900 m. Eispressungen in der Sibirischen See wurden dort mit dem Gezeitenphänomen erklärt: Offenbar steht die Eispressung hier mit der Flutwelle in Verbindung oder wird vielleicht von derselben verursacht. Sie tritt mit größter Regelmäßigkeit ein; zweimal in 14 Stunden lockert sich das Eis, und zweimal schiebt es sich in dieser Zeit zusammen. Die Pressung war ungefähr um 4, 5 und 6 Uhr morgens und fast genau um dieselbe Stunde nachmittags eingetreten, und in der Pause haben wir stets eine Zeitlang auf offenem Wasser gelegen.»[29]

Den ungeduldigen Nansen hielt es schließlich nicht mehr auf seinem Schiff, er fühlte sich an Bord allzusehr zur Untägigkeit verdammt und wollte die Drift seines Schiffes nicht weiter abwarten. Am 14. März 1895 verließ er zusammen mit Hjalmar Johansen die *Fram* und machte sich mit Skiern und Schlitten auf den Weg zum Nordpol. Die beiden Norweger erreichten ihn zwar nicht, immer wieder jedoch sahen sie Ablagerungen und Verunreinigungen im Eis, die von den großen sibirischen Strömen stammen mußten: «Gegen Ende unseres gestrigen Tagesmarsches kamen wir über zahlreiche Rinnen und Eisrücken; in einem ganz neuen Rücken waren ungeheure Stücke von Süßwassereis in die Höhe geschraubt worden. Das Eis war dicht mit Thon und grobem Sand durchsetzt, sodaß die Blöcke aus der Ferne dunkelbraun aussahen und leicht für Felsen gehalten werden konnten; ich habe thatsächlich selbst geglaubt, sie wären Gestein. Ich kann mir nichts anderes denken, als daß dieses Eis Flußeis, am wahrscheinlichsten aus Sibirien, ist; weiter nördlich habe ich oft ungeheure Stücke von solchem Süßwassereis gesehen und sogar auf 86° Breite fand ich noch Thon auf dem Eise.»[30] Heute weiß man, daß große Mengen Sediment beim Gefrieren von Eis auf den flachen sibirischen und amerikanischen Kontinentalschelfen eingeschlossen werden, die beim Aufbrechen des Eises im Frühjahr in das arktische Becken transportiert werden.

Im späten Frühjahr und Sommer trägt die Zufuhr von Süßwasser und Wärme, die die großen sibirischen Flüsse Ob, Irtyš, Enisej, Lena, Indigirka oder Kolyma[31] ins Nordpolarmeer einbringen, dazu bei, küstennahe Bereiche vom Meereis zu befreien und sie für die Schiffahrt zu öffnen. Vor einigen Jahren wurde in der Sowjetunion ernsthaft diskutiert, einige der großen Flüsse umzuleiten, um Trockengebiete im Süden zu bewässern. Die Auswirkungen für den arktischen Ozean und seine Eisbedekkung und somit auch für das globale Klima wären nicht abzusehen gewesen.

In die Zeit, als Nansen seine Expedition vorbereitete, fallen auch erste theoretische Ansätze zur Erforschung des Meereises, wie J. Stefans Arbeit aus dem Jahre 1891 über die Eisbildung auf den Polarmeeren.[32]

Keine zehn Jahre nach Nansens Expedition wurde auch dem Eis des Südpolarmeeres verstärkt die Aufmerksamkeit der Wissenschaft zuteil. Am 24. Januar 1895 hatte der Norweger Carsten Borchgrevink am Kap Adare am Eingang des Rossmeeres als erster Mensch den antarktischen Kontinent betreten, 1898 überwinterte – unfreiwillig – erstmals eine Expedition im Südpolarmeer: die *Belgica* unter Adrien de Gerlache. Nur ein Jahr später verbrachte Borchgrevink mit einem kleinen Team den ersten Winter auf dem Kontinent selbst. «Das Eis, welches direkt durch Gefrieren des Meerwassers entsteht, ist nie sehr stark, aber seine Dicke nimmt zu durch die Ablagerung von Schnee auf seiner Oberfläche einerseits und durch das Übereinanderschieben der Eisblöcke während einer Pressung andererseits,» hatte Emil Racovitza, Wissenschaftler der *Belgica*-Expedition, beobachten können, während das Schiff vom Eis an der Weiterfahrt gehindert und zur Überwinterung gezwungen war; er war sich außerdem sicher, daß «die Eisberge, welche von der Expedition angetroffen wurden, unstreitig aus einem Eise bestehen, dessen Ursprung von dem des eigentlichen Packeises verschieden ist. Ein Eisberg ist ohne Zweifel ein Stück eines Landgletschers.»[33]

Nicht zuletzt hat auch der deutsche Wissenschaftler Erich von Drygalski, der 1901–1903 die Expedition des Forschungsschiffes *Gauss* leitete, umfangreiche Eisuntersuchungen durchgeführt: «Das Bohren in den Eisschollen ging abwechselnd leicht und schwer: nämlich leicht, wo man festeres Eis hatte, in welchem dann auch der Bohrer bisweilen schnell durch Hohlräume hindurchstieß, schwer aber, sowie man in nassen Schneebrei eindrang, welcher in Adern und Lagen die Eisschollen durchzieht und durch eine konzentrierte Salzlake, die darin steht, dickflüssig erhalten wird. In diesem Eisbrei fraß sich der Bohrer leicht fest, man kam dann weder vorwärts noch rückwärts, sodaß der Bohrer ausgegraben werden mußte. Die Technik des Eisbohrens wurde mit der Zeit von Stehr [dem Leitenden Ingenieur der *Gauss*, C. R.-K.] eingehend durchgebildet. Seine Leistung, ein 30 m tiefes Bohrloch in einem Eisberge ohne Zuhilfenahme von Wasser und Maschinen, lediglich durch Handkraft herzustellen, ist als eine sehr erhebliche zu bezeichnen. In den Schollen zu bohren ist nur bis 11 m Tiefe gelungen, weil eben die feuchten Bestandteile derselben eine weitere Arbeit verhinderten. Keineswegs war damit schon die Maximaldicke der antarktischen Eisschollen erreicht.»[34]

Die frühen Expeditionen brachten darüber hinaus Angaben über Ausmaß und Verteilung des Eises im Südpolarmeer mit, schließlich benötigten sie dafür außer geschulten Augen keinerlei besondere Gerätschaften. Wie auch auf Walfangschiffen hielten auf den ersten wissenschaftlichen Reisen Matrosen in der «Eistonne» des Schiffs, dem Krähennest hoch am vorderen Mast, Ausschau, in erster Linie natürlich, um dem Schiff einen Weg zu suchen.

Ergänzend zu den klassischen Forschungsarbeiten, die von Expeditionen durchgeführt wurden, die das Meereis zu Fuß oder mit Schiffen bezwangen, kamen Ende des 19. Jahrhunderts neue Techniken zum Einsatz, die zusätzliche Informationen über die Eisbedeckung der Polarmeere brachten: Als Vorreiter des Flugzeuges lieferten Ballon und Zeppelin erste Überblicke. 1897 hatte der Schwede Salomon August Andrée versucht, mit seinem Ballon *Örnen* («Der Adler») von Spitzbergen aus den Nordpol zu erreichen. Die Fahrt endete mit der Landung des Ballons auf einer Eisscholle, von der keiner der Teilnehmer mehr lebend zurückkehrte. Die Filme und Aufzeichnungen der Expedition wurden später gefunden und konnten ausgewertet wurden: «Die drei Männer waren weit nach Norden, tief zum Kern des Treibeises vorgedrungen, wo Schollen von mannigfacher Form und Größe ein einziges zusammenhängendes Feld bildeten. Risse von verschiedener Länge und Breite durchzogen das Eis. Die Trift und die durch sie verursachte Pressung hatten das Eis überall zu Wällen aufgestaut, bald lang und hoch, bald kurz und niedrig. Damals im Hochsommer war der Schnee so weit abgeschmolzen, daß die Eisfläche weithin mit Wasserpfützen bedeckt war. Dieser Wechsel zwischen schneebedecktem und blankem Eis, zwischen Schmelzwasserpfützen und Schrunden hatte den Polarfahrern während ihres Ballonfluges so oft offenes Wasser vorgetäuscht. Größere Flächen offenen Wassers gab es nicht. Nur selten war das Eis auf weite Strecken ganz eben.»[35]

Im Südpolarmeer setzte als erster der britische Polarforscher Robert Scott einen Ballon ein. Mit seinem Fesselballon *Eva* stieg er am 4. Februar 1902 auf eine Höhe von 213 m, um einen Blick auf das Ross-Schelfeis zu werfen. Nur wenige Wochen später tat Erich von Drygalski es ihm gleich und rüstete seinerseits einen Fesselballon auf. Am 29. März 1902 genoß er aus einer Höhe von 500 m eine herrliche Sicht: «Die Strahlung war außerordentlich scharf, aber der Reflex der Eisoberfläche wirkte nicht bis zur Höhe herauf, sodaß die Schneebrille oben überflüssig war. ... Im ... Scholleneis waren viele Waken, die lebhaft reflektierten, nirgends aber war mehr weithin offenes Meer. Die Tafelform der Eisberge waltete entschieden vor.»[36]

In den 20er Jahren fanden die ersten Flüge zu den Polen statt, und seit Mitte des 20. Jahrhunderts sind weitere technische Innovationen hinzugekommen, durch die die Meereisbeobachtung und -forschung intensiviert werden konnte. Seit 1957 ist die Überfliegung des Nordpols eine Routineangelegenheit. Am 3. August 1958 um 11.15 Uhr tauchte das amerikanische Atom-U-Boot *Nautilus* unter dem Eis des Nordpols hindurch[37] und brachte von dieser Fahrt erste Beschreibungen von der Unterseite des arktischen Meereises mit: «Über uns bildete das Eis eine fast geschlossene, unwahrscheinlich zerklüftete Decke. Bei einer durchschnittlichen Dicke von drei bis fünf Meter ragte es zuweilen bis in eine Tiefe von 20 Meter herab. Unter ihm dahinzutauchen, war keine reine Wonne.»[38]

Eine besondere Methode zur Erforschung des arktischen Meereises entwickelten die Russen mit sogenannten Driftstationen. Am 21. Mai 1937 ließ sich Ivan D. Papanin zusammen mit einem kleinen Forscherteam von Flugzeugen nahe dem Nordpol auf einem mehr als 2 Jahre alten Eisfeld von $1{,}5 \times 2{,}5$ km$^2$ Größe absetzen und trieb 274 Tage auf dieser Scholle zur ostgrönländischen Küste. Sie legten durchschnittlich

7,6 km pro Tag zurück. Während einer weiteren, ähnlichen Driftexpedition 1948–50 unter Leitung von Alexej Fedorovič Trešnikov, seit 1960 Direktor des Arktischen und Antarktischen Forschungsinstituts in Leningrad, wurde ein bis 3000 m hohes untermeereisches Gebirge, der Lomonosov-Rücken, entdeckt, der das Nordpolarmeer in zwei Becken aufteilt.

Wesentliche Informationen über die Verbreitung des Meereises in den Polargebieten hat nicht zuletzt seit den 60er Jahren der Einsatz von Satelliten mit verschiedenen optischen und elektronischen Fernerkundungsinstrumenten gebracht.

Lange Zeit standen in der Meereisforschung Belange von Schiffahrt und Fischerei an erster Stelle. Dann traten weitere praktische Motive in den Vordergrund: Die Suche nach Erdöl und anderen Bodenschätzen in den Schelfgebieten des Nordpolarmeeres führte zur Intensivierung der Meereisforschung. Der zunehmende Betrieb von Forschungsstationen in der Antarktis hat die Entwicklung der Meereisforschung zusätzlich begünstigt, nicht zuletzt aus praktischen Erwägungen, da bei der Versorgung der antarktischen Stationen Jahr für Jahr Forschungs- und Versorgungsschiffe auf ihren Fahrten gegen das Eis ankämpfen müssen.

Ergebnisse der Untersuchung von Mächtigkeit, Salzgehalt, Festigkeit und Elastizität des Meereises werden in den Schiffsversuchsanstalten und den Ingenieurbüros bei der Planung von Neubauten eisgängiger und eisbrechender Schiffe benötigt, aber sie dienen auch als Eich- und Vergleichsdaten bei der Auswertung und Interpretation von Satellitenaufnahmen.

Nicht nur die Erforschung des Meereises in den Polargebieten ist heute von Interesse; von wirtschaftlicher Bedeutung ist auch die Eisbeobachtung vor europäischen Küsten, gehören doch die deutsche Bucht und die Ostsee zu den am meisten befahrenen Seegebieten der Welt. Bereits 1896 wurde die Deutsche Seewarte in Hamburg durch einen Reichserlaß mit der Durchführung eines Eisnachrichtendienstes betraut, der die Schiffahrt über das Vorkommen von Eis informieren sollte. Daraufhin wurde im Winter 1896/97 ein Eismeldedienst für die deutschen Küstengewässer und Häfen eingerichtet, der bis April 1945 die Küste von der Emsmündung bis nach Memel (Klaipėda) einschloß und der heute im Osten bis zur Insel Usedom reicht.[39]

Die Bilanz, die der Eisdienst[40] im April 1996 über seine Aktivitäten während des längsten Eiswinters seit 33 Jahren an der deutschen Ostseeküste zog, läßt ahnen, wie viele Menschen von den winterlichen Verhältnissen betroffen waren: die Öffentlichkeit wurde durch 105 im

DeutschlandRadio verlesene Berichte unterrichtet, es wurden 75 Berichte über Norddeich und 79 über Rügen Radio gesendet, 58 Faksimile-Eiskarten erstellt, die über einen Sender des Deutschen Wetterdienstes ausgestrahlt wurden, sowie etwa 500 telefonische Auskünfte erteilt. Außerdem wurden 60 spezielle Berichte über die Eislage an der Küste Mecklenburg-Vorpommerns per Telefax versandt.

Die mittlere Zahl der Tage mit Eis an 13 repräsentativen Küstenstationen betrug im Winter 1995/96 85 Tage. Damit lag die Zahl der Eistage nur knapp unter denen des Winters 1962/63, in dem es 88 Tage mit Eis gegeben hatte. In den 100 Jahren seit Beginn der regelmäßigen Eisbeobachtungen erreichten nur der Winter 1946/47 mit 97 Tagen und die Kriegswinter 1939/40 und 1941/42 mit jeweils 87 Tagen eine länger anhaltende Vereisungsdauer.

In den Boddengewässern der Küste Mecklenburg-Vorpommerns hatte die Eisbildung Anfang Dezember 1995 eingesetzt, mehr als 125 Tage lang blieb das Eis. Damit waren die Boddengewässer am längsten vereist. An der Küste Schleswig-Holsteins war die innere Schlei mit 110 Tagen Spitzenreiter. Bereits Ende Dezember waren die meisten Innenfahrwasser vereist und die Kleinschiffahrt – Fischereifahrzeuge und Touristenschiffe – mußte weitgehend eingestellt werde. Teilweise ruhte sie für mehr als drei Monate. Ende Januar waren Küstenmotorschiffe mit niedriger Maschinenleistung durch überwiegend kompaktes 10–50 cm dickes Eis stark behindert, teilweise konnten trotz Eisbrechereinsatz nur noch Schiffe mit hoher Maschinenleistung verkehren. Um den 7. Februar hatte die Eisbildung das gesamte Seegebiet westlich der Linie Kap Arkona (Rügen) – Trelleborg erfaßt. Schiffe mit niedriger Maschinenleistung und nicht für die Eisfahrt geeignete Schiffe wurden vor dem Befahren der Westlichen Ostsee gewarnt. Diese Warnung wurde 51 Tage lang aufrechterhalten.

Obwohl die Eisbedeckung der Seegebiete letztendlich nicht das Ausmaß früherer vergleichbarer Winter erreichte – eine mehrwöchige nahezu geschlossene 20–40 cm dicke Eisbedeckung fast der gesamten Westlichen und Südlichen Ostsee –, war die Situation für die Schiffahrt zeitweise fast ebenso schwierig wie in den bekannten kalten Kriegswintern. Der Grund dafür waren häufige Winde aus östlichen Richtungen, die das Eis an der Ostküste Rügens und in der Zufahrt zum Greifswalder Bodden, in der Lübecker Bucht und an der Küste der Kieler Förde in bis zu 18 km breiten Gürteln stark zusammenpreßten. Dabei bildeten sich wie im Februar des letzten stärkeren Eiswinters 1979 teilweise 1–2 m dicke Barrieren aus Eisbrei und Trümmereis, die nur mit Eisbrecherhilfe durchfahren werden konnten. Es gab Tage, an denen mehr als 20 Schiffe gleichzeitig in der Kieler Außenförde festsaßen. Erst Ende März 1996 besserte sich die Wetterlage.[41]

Trotz Küstenbeobachtungsstationen und Fernerkundungssatelliten, die das Meereis überwachen, bietet es bis heute stets neue Überraschungen. So faßte einmal Thomas C. Pullen, ehemaliger Kapitän der kanadischen Marine und Eisexperte, der u.a. in den 80er Jahren das Kreuzfahrtschiff *World Discoverer* auf seiner Fahrt durch die eisbesetzte Nordwestpassage begleitete und nautisch beriet, seine Erfahrungen mit dem Meereis einmal folgendermaßen zusammen: «Wir stoßen auf schweres Eis, wo laut Eiswarndienst das Meer eisfrei sein müßte – eine fundamentale Erkenntnis in der arktischen Seefahrt, nämlich daß es immer anders kommt, als man denkt.»[42]

Im Januar 1979 mußten in der Nähe von Vladivostok rund 3000 Personen aus dem Japanischen Meer gerettet werden, die sich in zwei Meeresbuchten zum Fischen auf das Eis begeben hatten. Für die Jahreszeit völlig überraschend hatte Tauwetter eingesetzt, und die meisten Fischer wurden auf plötzlich abbrechenden Schollen ins offene Meer getrieben: «Über 1000 Fischer konnten vom Eisbrecher *Ilja Muromec* geborgen werden. Die durchgeführte Rettungsaktion dauerte 48 Stunden. Es wurden zwei Dutzend Schiffe, ein Flugzeug und ein Helikopter eingesetzt.»[43]

## Anmerkungen

1 Koldewey, Carl: Die erste Deutsche Nordpolar-Expedition im Jahre 1868. Petermanns Geographische Mittheilungen 1871, Ergänzungsheft 28. ND Gotha 1993, S. 13.

2 Zit. nach: Pantenburg, Vitalis: Seestraßen durch das Große Eis. Herford 1976, S. 8.

3 Zit. nach Bárdarson, Hjálmar R.: Eis und Feuer. Reykjavík 1980, S. 8.

4 Ebd. S. 13. Eine weitere Beschreibung des vor Island treibenden Meereises stammt aus dem Jahre 1590: «Eine große Menge davon treibt manchmal an die Küsten Islands, denn diejenigen, die die nördlichsten Küsten des Landes bewohnen, können sich nie vor diesem unheilbringenden Gast sicher fühlen. Das Eis ist in ständiger Bewegung zwischen Island und Grönland, wenn es auch zuweilen eine Reihe von Jahren durch Gottes Gnade dem Land ferngehalten wird. Liegt es lange Zeit an den Küsten Islands, bewirkt seine Nachbarschaft vielfache Not für diejenigen, die dort wohnen, wegen Grasmangels, der davon herrührt, daß der nahrende Erdsaft verschwindet, sobald das Eis die Küste erreicht, und die rauhe Kälte das Land befällt. Diese Insel wäre nicht länger bewohnbar, wäre sie jedes Jahr solchen Unglücken ausgesetzt. Aber durch Gottes Vorsehung wird das Eis so sehr in Schach gehalten, daß es sich nur Island nähert, wenn Gott beschlossen hat, unser Volk zu strafen, und das geschieht in unregelmäßigen Abständen, denn manchmal zeigt sich das Eis kaum ein Jahrzehnt lang oder mehr, zu

anderen Zeitpunkten kommt es sogar zwei- oder dreinmal im gleichen Jahr und da mit solcher Kraft und Geschwindigkeit, daß es nicht einmal von Schiffen mit günstigem Wind überholt wird. Selbst wenn man es an dem einen Tag von den höchsten Bergen nicht erspähen kann, hat es am nächsten alle Buchten und Fjorde gefüllt und sich so weit und breit nach allen Seiten ausgebreitet, daß wer darüber hinwegschaut, glauben könnte, es habe sich alles Eis des Meeres an Islands Küsten angesammelt und decke das Meer nördlich von Island so vollständig, daß seine Grenzen nirgends zu sehen sind. Oft treibt es lange hin und her in größeren oder kleineren Mengen, treibt wie schwimmende Inseln herum. Es ist entscheidend, zu welcher Jahreszeit es entsteht. Geschieht es im Herbst oder im Winter, wenn die Erde wegen der natürlichen Kälte der Jahreszeit erfroren ist, schadet seine Anwesenheit weniger. Aber kommt das Eis im Sommer oder im Frühjahr, wenn der Winter eben dem Sonnenschein und der Wärme der Luft weicht, und die Menschen angefangen haben, sich nach der grünen Jahreszeit zu sehnen, ist das Eis wahrscheinlich ein unwillkommener Gast, denn es bewirkt immer Mangel an Gras. Deshalb sind die Bewohner des Südlandes immer besser gestellt als die Bewohner des Nordlandes, da man das Treibeis nie an den Küsten des Südlandes antrifft. Droht das Eis, sich an die Ost- oder Westküste zu legen, wird es sofort von den gewaltigen Strömen des Meeres zurückgetrieben.» Ebd., S. 14.

5 Eicken, Hajo: Vergängliche Landschaft im Eismeer. In: Lauer, Britta: Im Eismeer. München 1995, S. 13.

6 Ebd., S. 17.

7 Hydrosphäre: der vom Wasser bedeckte Teil der Erdoberfläche.

8 Die Angaben über die Meereisbedeckung der Weltmeere schwanken: Gierloff-Emden, H.G.: Das Eis des Meeres. Berlin, New York 1982, S. 767: 7% gegenüber 12% im Jahresbericht des Alfred-Wegener-Instituts für Polar- und Meeresforschung Bremerhaven 1990/ 91, S.64.

9 Gierloff-Emden, H. G., a. a. O., S. 773.

10 Eine Beschreibung der Meereeisbildung findet sich in den Expeditionsberichten vieler Polarreisen, u.a. auch in: Wilhelm Filchner: Zum sechsten Erdteil, Berlin 1923, S. 254: «Die Tagestemperaturen hatten seit einigen Tagen einen beträchtlichen Sturz erfahren; die Jungeisbildung ging schnell vor sich. Zuerst bildeten sich einige Kristalle im Wasser, dann schlossen sich mehrere zusammen und überzogen die Wasseroberfläche wie mit einer ganz feinen, durchsichtigen klaren Haut. Auf dieser bildeten sich neue Kristalle. Diese Haut wurde stärker und stärker und nahm allmählich eine weißliche Farbe an. An dieser Eisfläche entstanden, wie hingesät, neue große weiße Eiskristalle, die sich wiederum schnell zusammenschlossen, so daß eine ständige Verdichtung und Verstärkung der Jungeisschicht die Folge war. Bald hatte das Jungeis eine Mächtigkeit von 3-4 cm angenommen.» Im Jahre 1907 wies der Ozeanograph Otto Krümmel darauf hin, daß beim schnellen Gefrieren Eis- und Salzkristalle an der Oberfläche entstehen: «Indem die feinen Eisnadeln, die an ihrer Spitze die Salzkristalle tragen, immer dichter aneinanderrücken, bilden sie nach 24 Stunden eine mattweiße Schicht, die der Uneingeweihte für frischen Schnee halten könnte. Die sibirischen Elfenbeinsammler, die im Frühjahr vom Festland nach den Neusibirischen Inseln hinüberfahren, verwenden das ausgeblühte Salz zu Speisezwecken und nennen es ‹Rassol› (Lake oder Sole).» Zit. nach: Gierloff-Emden, H. G., a. a. O., S. 778.

11 «Kochsalz, das mit 70 % den größten Anteil darstellt, fällt schon bei -22,7° C aus. Kompliziert wird dieser Vorgang noch dadurch, daß gemeines Kochsalz ($NaCl \times 2H_2O$) nicht die einzige Salzkomponente ist. Daneben gibt es noch andere Salze wie Magnesiumchlorid ($MgCl_2$), Natriumsulfat ($Na_2So_4$), Kalziumchlorid ($CaCl_2$), Kaliumchlorid

(KCl) und andere, die sowohl bei höheren als auch bei niedrigen Temperaturen ausfallen. Man geht heute davon aus - das Messen ist außerordentlich schwierig - daß bei etwa -54° C alle Salze ausgefallen sind und das Mischsystem fest ist.» Kohnen, Heinz: Antarktisexpedition. Bergisch Gladbach 1981, S. 20f. Ein anschaulicher - genereller - Vergleich über den Salzgehalt im Meer stammt von dem Hamburger Ozeanographen Jens Meincke: «Es ist soviel davon im Meerwasser gelöst, daß sich die Kontinente mit einer 150 m mächtigen Schicht bedecken ließen. Wahrscheinlich sind alle 92 natürlichen chemischen Elemente im Meerwasser vorhanden, wenn auch erst etwa 70 quantitativ bestimmt werden konnten. Mehr als 99,9 % des Salzgehaltes werden von 11 Elementen gestellt, die als Hauptkomponente bezeichnet werden. Die verbleibenden Anteile werden als Spurenelemente zusammengefaßt. Ursprung des Meersalzes sind Verwitterungsprodukte der kontinentalen Gesteine, die mit Flüssen ins Meer gelangten.» Flemming, N. C. und Jens Meincke (Hrsg.): Das Meer. Enzyklopädie der Meeresforschung und Meeresnutzung. Freiburg, Basel, Wien 1977, S. 51.

12 Eicken, Hajo: Wie polar wird ein Polarmeer durch Meereis? In: Hempel, Irmtraut und Gotthilf: Biologie der Polarmeere. Jena 1995, S. 69.

13 Moss, Sanford und Lucia deLeiris: Antarktis. Heidelberg, Berlin, New York 1992, S. 27.

14 Vgl.: Gierloff-Emden, H. G., a. a. O., S. 773.

15 Vgl.: Eicken, Hajo, a.a.O., S. 70

16 Vgl.: Spindler, Michael: Eislebensgemeinschaften im Nord- und Südpolarmeer: ein Vergleich. In: Hempel, Irmtraut und Gotthilf, a. a. O., S. 80.

17 «Temperaturmessungen an Eisschollen des Nordpolarmeeres ergaben folgende Werte, die nach Jahreszeit und Tiefe im Eis variieren: im Winter in 0,25 m Tiefe -26°C, in 2 m Tiefe -10°C, im Sommer in 0,25 m Tiefe 0°C, in 2 m Tiefe -1,2°C.» Gierloff-Emden, H. G. a. a. O., S. 782.

18 Vgl.: Alfred-Wegener-Institut für Polar- und Meeresforschung (Hrsg.): Zweijahresbericht 1992/93. Bremerhaven o. J., S. 102.

19 Vgl.: Eicken, Hajo, a. a. O., S. 61.

20 Vgl. die WMO-Eisnomenklatur im Anhang.

21 Zit. nach: Andrist, Ralph: Das große Buch der Polarforscher. Reutlingen 1962, S. 122.

22 Allen, Oliver: Die Entdeckung der Pazifik-Inseln. Amsterdam 1983, S. 145.

23 Nansen, Fridtjof: Auf Schneeschuhen durch Grönland. Berlin 1951, S. 52.

24 Ebd., S. 53f.

25 Vgl.: Gierloff-Emden, H. G., a. a. O., S. 825.

26 Eicken, Hajo, a. a. O., S. 62.

27 Die oberflächenahe Strömung im Nordpolarmeer ist u. a. in den Jahren von 1973 bis 1993 mit 500 Driftbojen, die von Satelliten geortet wurden, untersucht worden. Vgl.: Fahrbach, Eberhard: Die Polarmeere - ein Überblick. In: Hempel, Irmtraut und Gotthilf, a. a. O., S. 27.

28 Nansen, Fridtjof: Durch Nacht und Eis. Leipzig 1897, Bd. I, S. 365f.

29 Gierloff-Emden, H. G., a. a. O., S. 814f.

30 Nansen, Fridtjof, a. a. O., Bd. II, S. 75.

31 Im Winter sind diese Flüsse oberflächlich zugefroren, das Wasser fließt unter der Eisdecke weiter. Sie werden dann teilweise als Verkehrswege für Schlitten oder Fahrzeuge genutzt.

32 Stefan, J.: Ueber die Theorie der Eisbildung, insbesondere über die Eisbildung im Polarmeere. Annalen der Physik und Chemie NF 42 (1891) 2, S. 269-286.

33 Racovitza, Emil: Die Resultate der belgischen Südpolar-Expedition In: Cook, Frederick A.: Die erste Südpolarnacht 1898-1899. Kempten 1903, S. 367.

34 Drygalski, Erich v.: Zum Kontinent des eisigen Südens. Berlin 1904, S. 249f.

35 Andrée, Salomon August: Dem Pol entgegen. Leipzig 1930, S. 71.

36 Drygalski, Erich, a. a. O., S. 273f.

37 Damit wurde ein Plan realisiert, den bereits um 1900 der spätere Erfinder des Kreiselkompasses, Hermann Anschütz-Kaempfe (1872-1931), ins Auge gefaßt hatte und an dessen Durchführung 1931 der Australier Hubert Wilkins noch gescheitert war.

38 Anderson, William R. und Clay Blair: Die abenteuerliche Fahrt des Nautilus. Wien, München, Basel 1959, S. 172.

39 Vgl.: Koslowski, Gerhard: Eisdienst. In: Ehlers, Peter, Georg Duensing, Günter Heise (Hrsg): Schiffahrt und Meer. 125 Jahre maritime Dienste in Deutschland. Herford 1993, S. 200. «Seit dem Winter 1896/97 ist eine große Menge an Eisdaten zusammengekommen. Sie wurden zuerst in Listen geführt und später (bis 1980) in eine handgeschriebene Eiskarte übernommen. Ein frühes Produkt der Bearbeitung der Daten ist der 1956 erschienene Eisatlas von der Deutschen Bucht und der Westlichen Ostsee. Seit Mitte der achtziger Jahre besteht für das Küstengebiet der alten Bundesrepublik Deutschland eine Eisdatenbank, in der von 1940 bis heute Angaben über folgende Eisparameter enthalten sind: Eisbedeckungsgrad, Eisdicke, Form und Topographie des Eises, Häufigkeit und Höhe der Preßeisrücken, morsches Eis. Gegenwärtig erfolgt die Erweiterung um das Küstengebiet Mecklenburg-Vorpommern.» Ebd., S. 202.

40 Er gehört heute zur Nachfolgeinstitution der Deutschen Seewarte, dem Bundesamt für Seeschiffahrt und Hydrographie (bis 1990 Deutsches Hydrographisches Institut) in Hamburg.

41 Angaben aus: Pressemitteilung des Bundesamts für Seeschiffahrt und Hydrographie vom 15. April 1996. Eis, das von Wind und Strömungen zusammengepreßt wird, hat außerdem großen Einfluß auf die Küstenlandschaft, z. B in England: «Im Spätwinter spielt gelegentlich der Materialtransport durch Eis eine nicht zu unterschätzende Rolle. Bancroft glaubt, daß in einem einzigen Falle auf diese Weise über 3 Millionen Tonnen Sedimente umgelagert wurden. Dabei wird das Sediment mit dem Treibeis teilweise weiter hinaus in die Buchten geschafft, teilweise aber auch durch gestrandete Eisschollen bei hohen Fluten auf der hohen Marsch abgelagert. So kann es passieren, daß im Frühjahr die Marschflächen mit lauter kleinen Hügeln bedeckt sind, ähnlich Ameisenhaufen. Hind schätzte den Sedimenttransport eines einzigen kleinen Eisfeldes in der Avonmündung auf über 93 000 Tonnen. Er glaubt, daß die von den Eisschollen bewirkte Erosion in den Marschen größer sei als ihre Ablagerungen und führt vor allem die breiten Mündungstrichter der Flüsse auf diesen Eistransport zurück. In den verhältnismäßig kleinen Marschen der Northumberlandstraße sollen durch Eisstauungen am Außenrande der Marschen stellenweise 1 - 1,50 m hohe natürliche Deiche entstanden sein.» Gierloff-Emden, H. G., a. a. O., S. 801.

42 Zit. nach: Harborn, John D.: Moderne Eisbrecher. In: Spektrum der Wissenschaft, 1984, 2, S. 25.

43 Gierloff-Emden, H. G. , a. a. O.

# Auf Eis gebaut

«Dies ist ein kleiner Schritt für einen Menschen, aber ein gewaltiger Sprung für die Menschheit», funkte der Amerikaner Neil Armstrong am 21. Juli 1969 vom Mond zur Erde herab, nachdem er als erster Mensch seinen Fuß auf den fernen Himmelskörper gesetzt hatte. Während sich der Astronaut dann wieder an irdische Dimensionen gewöhnte, warf am 24. August 1969 – auf den Tag genau einen Monat nach der Rückkehr von Apollo 11 – in Chester, Pennsylvania, das damals größte amerikanische Handelsschiff, der Tanker *Manhattan,* die Leinen los, um sich kurz darauf seinen Weg durch das Eis der Nordwestpassage zu bahnen. 500 Jahre lang hatten Seeleute hier verzweifelt einen Weg von Europa zu den Gewürzmärkten Asiens gesucht, doch erst zu Beginn des 20. Jahrhunderts war dieser Seeweg erstmals durchfahren worden. Als 1967 in der Prudhoe Bay im Norden Alaskas Öl gefunden wurde,[1] schienen sich neue Perspektiven einer Nutzung dieser für gewöhnlich von schwerem Treibeis verstopfen Passage zu eröffnen. Mit einer spektakulären Fahrt bezwang die 287 m lange und von 43000 PS angetriebene *Manhattan* den legendären Seeweg. Trotz seiner Maschinenleistung blieb das Schiff zweimal im Eis stecken und mußte von den beiden Eisbrechern, von denen es begleitet wurde, aus der eisigen Umklammerung befreit werden. Das gesamte Unternehmen verschlang rund 160 Millionen Dollar. Auf seiner Fahrt durch die Inselwelt im Norden Kanadas führte das Schiff an Bord ein Faß Öl mit, das wohl teuerste Öl aller Zeiten. Nach Abschluß des Projekts fiel allerdings die Entscheidung der Erdölindustrie zugunsten des Baus einer 1300 km langen Ölleitung quer durch Alaska vom Erdölfördergebiet Prudhoe Bay zum eisfreien Hafen Valdez. Doch auch im Verlauf dieser Bauarbeiten war das Eis das Hauptproblem, mit dem sich die Ingenieure und Bautrupps auseinanderzusetzen hatten: Das Gebiet, durch das die Pipeline verlegt werden sollte, führte zu 85 % durch Regionen mit Permafrost, also ständig vereistem Boden, der besondere Bautechniken erforderte.

Permafrost bildet sich dort, wo die Temperatur am Erdboden dauernd oder zumindest seit zwei Jahren unter 0 °C liegt. Er wird auch Frostboden, Dauerfrostboden oder ewige Gefrornis genannt. Wissenschaftler unterscheiden zwischen kontinuierlichem, diskontinuierlichem und sporadischen Permafrost. Als grobe Faustregel gilt, daß bei Temperaturen, die im Jahresdurchschnitt unter –6 °C liegen, Dauerfrostboden zu erwarten ist. Bei diskontinuierlichem Permafrost ist mehr als 50 % der Fläche dauernd im Untergrund gefroren, wobei im Boden nicht gefrorene Partien (sogenannte Taliki) vorhanden sein können. Als sporadischer Permafrost werden kleinere Permafrostinseln im Boden bezeichnet, der ansonsten nicht ständig gefroren ist.[2]

Etwa ein Fünftel bis ein Viertel der Landoberfläche der Erde sind Permafrostgebiete. Allein 48 % der Landmassen der Nordhemisphäre (48,1 Mill. km$^2$) haben Dauerfrostboden.[3] Dazu gehören große Regionen in Sibirien, Kanada und Alaska sowie größere Vorkommen in Grönland, Spitzbergen und Nordskandinavien. Aber auch auf Inseln, in der Beaufort-See in der westlichen Arktis oder in der Laptev- und der Ostsibirischen See, kommt Permafrost vor. Die Südgrenze des Permafrostvorkommens fällt etwa mit der Jahresisotherme von –2 °C zusammen, die südlichste Verbreitungsgrenze liegt bei 40 °N, auf der Breite von New York oder Neapel.[4] Ferner trifft man auf Permafrost in den Hochlagen der mittleren Breiten, wie etwa in den Rocky Mountains oder dem tibetanischen Hochland,[5] aber auch in den Alpen gibt es Regionen mit Permafrost.

Charakteristisch für diese Gebiete ist, daß sich über der Schicht permanent gefrorenen Bodens in der Regel eine Bodenschicht befindet, in der Temperaturen jahreszeitlichen Schwankungen unterworfen sind. Diese Schicht taut bei wärmeren sommerlichen Temperaturen auf, friert jedoch nachts oder im Winter wieder. Sie wird als Auftauschicht bezeichnet, ihre Mächtigkeit schwankt in den Permafrostgebieten erheblich, sie kann zwischen 5 m und 15 cm in Gebieten mit Torflagern variieren.

Bohrungen auf Schelfflächen im Nordpolarmeer haben das Vorhandensein von Permafrost auch im Meeresboden bestätigt. Während er landseitig im Küstenbereich bis an die Oberfläche reicht, liegt zwischen dem Permafrost im Schelfgebiet und dem Wasserkörper eine Schicht nichtgefrorener Sedimente, deren Mächtigkeit mit der Entfernung von der Küste zunimmt.[6] Bohrungen im Mackenzie-Delta haben darüber hinaus ebenfalls ergeben, daß es neben rezentem auch fossilen Permafrost gibt, dessen Alter mit Hilfe der $^{14}$C-Methode auf 40000 Jahre bestimmt wurde.[7] Ferner haben die Kadaver von im Permafrost konservierten Tieren, die in Sibirien vor 10000 Jahren ausstarben, gezeigt, daß seit dieser Zeit Dauerfrostboden ununterbrochen existiert haben muß, denn die Tiere der Tundra wurden von der Kälte jahrtausendelang konserviert.

Die ersten Berichte über derartige Funde von Fossilien lieferten im 19. Jahrhundert Elfenbeinhändler in Sibirien und Alaska. Die Goldwäscherei in Alaska schließlich brachte mehr Fossilien ans Tageslicht, als die Wissenschaftler normalerweise hätten finden können. Allein 1938 erhielt das American Museum of Natural History in New York mehr als 8000 Exemplare. Mit dem Rückgang der Goldwäscherei gingen auch die Funde zurück.[8] In vielen Fällen waren die Tiere so gut erhalten, daß die Wissenschaftler über die Nahrung, die sie aufgenommen hatten, auch die Vegetation der Zeit, in der sie gelebt hatten, rekonstruieren konnten.[9]

Weltweites Aufsehen erregten Mitte der 80er Jahre die Arbeiten des Anthropologen Owen Beattie, der auf der in der Nordwestpassage liegenden Insel Beechey Island die Leichname von drei Mitgliedern der 1848 verschollenen Franklin-Expedition exhumierte und untersuchte. Der Permafrost hatte ihre Körper fast völlig erhalten, und somit war es Beattie möglich, eine schleichende Bleivergiftung als eine der Ursachen, die schließlich zum Tod der drei Seeleute geführt hatten, zu erkennen.[10]

Bis heute ist die Eisbildung im Boden ein Prozeß, der noch nicht völlig geklärt ist und bei dem verschiedene Faktoren eine Rolle spielen: der Wassergehalt des Bodens, die Temperaturverhältnisse und die Mineralart. «Alle tieferen Bodenschichten und Gesteine enthalten Feuchtigkeit. Ihre Poren sind mit Wasser gefüllt. Überall auf der Erde, wo die mittlere Jahrestemperatur deutlich unter dem Gefrierpunkt liegt, bleibt dieses Bodenwasser in größeren Tiefen gefroren, ist also kristallines Eis. Und Eis von 0°C benötigt eine relativ große Wärmemenge, um in Wasser derselben Temperatur verwandelt zu werden, die sogenannte Schmelzwärme. Die Bodenerwärmung in den kurzen warmen Sommern der Frostbodengebiete reicht aber nicht aus, den Boden bis in tiefere Schichten hinein aufzutauen. Die Frostgrenze im Boden liegt dann im Sommer einige Meter unter der Bodenoberfläche. Wenn es wieder kalt wird, vereist zuerst die oberste Bodenschicht. Darunter ist dann noch eine getaute, noch nicht wieder vom Bodenfrost erfaßte

Schicht, deren Untergrenze langsam tiefer greift, bis sie die Obergrenze der dauernd gefrorenen Schicht erreicht. Dadurch entstehen schon recht komplizierte Verhältnisse: In der Gefrierperiode lagert eine Frostschicht einer getauten Schicht auf. Beim Tauen im Frühsommer ist es dann umgekehrt: Die Eis-Wasser-Grenze wandert gleichmäßig von der Oberfläche tiefer.»[11]

Permafrost reicht unterschiedlich tief in den Untergrund: In Skandinavien ist der Boden in der Regel bis in eine Tiefe von 20 m durchgefroren, in Sibirien bis 200 m und auf Spitzbergen sogar bis 300 m. Die größten bekannten Tiefen erreicht der Permafrost mit bis zu 1450 m in Nordrußland und mit 700 m im Norden Kanadas. Beiden Regionen ist gemeinsam, daß extrem kalte Winter und kühle Sommer herrschen, daß es nur wenig Schneefall gibt und nur eine minimale Vegetationsbedekkung vorhanden ist.[12] Im allgemeinen verringert sich die Permafrostmächtigkeit mit zunehmender Distanz von den Polen.[13]

Der Wechsel zwischen Frost- und Tauboden hat Auswirkungen auf die Oberflächenform des Bodens, denn dadurch werden Kräfte frei, die zu einer Sortierung der Bodenbestandteile führen. Zuerst friert die Feinsterde; durch Volumenvergrößerung werden gröbere Steine beiseite gedrückt und oftmals hochkant gestellt. Die feinkörnigen, stark durchfeuchteten und quellfähigen Bestandteile schieben die groben Steine bei jedem Gefrieren seitwärts und ordnen sie zu kleinen Steinwällen, die ringartig (Steinringböden) oder auch vieleckig (Polygonböden) ausgebildet sind. Je nach Hangneigung können diese zu Girlanden- oder Streifenböden abgewandelt werden. Da die Feinerde zwischen den Steinkreisen oder -streifen durch den Auffrierprozeß ständig in Bewegung ist, können Pflanzen nur schwer Wurzeln fassen, sie bewachsen daher nur die Steinpolygone, während die Feinerde vegetationslos bleibt. Im subpolaren Gebiet kann der Durchmesser solcher Steinkreise bis 7 m betragen, daher erscheint die Tundra fleckenhaft bewachsen.[14] Diese durch grobkörnige Steinmuster geprägten Böden nennt man Struktur- oder Frostmusterboden.

Eine weitere interessante Erscheinung ist in Permafrostgebieten zu beobachten, die Bildung von Eiskeilen oder Eiskernen. Sie entstehen, wenn Schmelzwasser durch Spalten in den auftauenden Boden dringt, auf eine Schicht mit niedriger Temperatur stößt und gefriert. So bilden sich Eiskerne, die allmählich wachsen und sich in «unterirdische Mikrogletscher»[15] verwandeln.

Eine weitere Besonderheit sind die Pingos:[16] Hügel, die im Innern vollständig aus kristallisiertem Eis bestehen und von einer dünnen

Bodenschicht bedeckt sind. Im Mackenzie-Delta hat man 1380 dieser Pingos gezählt. Sie haben eine Höhe von 3 bis 70 m und einen Durchmesser von 30 bis 600 m. Ein Pingo entsteht in Permafrostgebieten dadurch, daß in einem verlandeten Teich oder Tümpel das Wasser gefriert. Durch die damit einhergehende Volumenausdehnung wird der auf ihm liegende Boden in die Höhe gedrückt. Die jährliche vertikale Wachstumsrate dieser Pingos liegt bei 0,2 m. Altersbestimmungen von Pingos in der kanadischen Arktis haben ein Alter von bis zu 7000 Jahren ergeben.[17] Von den Inuit im Norden Kanadas werden diese Pingos gelegentlich als Kühlhäuser genutzt. Neben denen im Mackenzie-Delta gibt es im nördlichen Amerika Pingos im Baffinland und im Norden der Seward-Halbinsel. Sie kommen ferner an der grönländischen Ostküste zwischen 71° und 74°N und an der grönländischen Westküste zwischen 70° und 72°N vor. In Eurasien wurden sie im Anadyr- und Kolyma-Bergland, in den Flußgebieten von Indigirka, Lena und Tunguska sowie in Nordsibirien und im Nordural gefunden.[18]

Unter dem Frostboden liegt der sogenannte Niefrostboden. Beim Durchbohren der Frostbodenschicht können aus diesem Niefrostboden artesische Wasser aufsteigen, wie in Sochondo im südsibirischen Jablonovyj-Gebirge, wo ein artesischer Brunnen durch eine 53 m dicke Frostbodenschicht gebohrt wurde. «Dieses Wasser des Niefrostbodens verstärkt auch das Bodeneis des Frostbodens von unten her, da der Dampfdruck über Eis geringer ist als über Wasser. Insofern schmilzt auch im Frühjahr mehr Wasser oberflächlich ab, als der Schicht entsprechend gefroren war. Der Frostboden regeneriert sich von unten her»,[19] resümiert der Wiener Geograph Walter Weiss.

«Den Dauerfrostboden rührt man am besten nicht an»,[20] ist eine alte Weisheit, denn selbst die Zerstörung der Vegetation über eisreichem Permafrostboden hat gravierende Folgen, da sie eine Einschränkung der Wärmeisolierung bewirkt, die eine Vertiefung der Auftauschicht zur Folge hat. In Permafrostgebieten müssen Bauwerke gegenüber dem Untergrund isoliert werden, da Gebäude Wärme abstrahlen. Dies kann durch eine Fundamentierung mit Pfählen geschehen. Durch die Auftauschicht des Bodens wird ein Loch bis in den Dauerfrostboden gebohrt, ein Pfahl eingesetzt und Wasser zugegossen. Dieses gefriert und «zementiert» den Pfahl fest. Das Bauwerk ruht dann auf Pfählen, die die Unterseite des Gebäudes möglichst hoch über dem Erdboden halten, so daß Luft ungehindert zirkulieren kann. Auch Fußwege, Versorgungsleitungen und Pipelines müssen mit Stelzen oberirdisch verlegt werden. Beim Straßenbau haben Ingenieure in Sibirien als Unterbau eine zähflüssige Torfmasse verwendet, die im Sommer in die vorbereitete Trasse eingefüllt wird, im Winter steinhart gefriert und dann die trockenen Deckschichten trägt.[21] Bei Flugplätzen und Tanklagern, die unmittelbar auf dem Boden ruhen, muß der Untergrund mit Hilfe verlegter Röhren künstlich gekühlt werden. Diese besonderen Baumaßnahmen erhöhen die Baukosten erheblich, in der Umgebung von Norilsk z.B. um 150 – 250 %.[22]

Der Frostboden duldet auch keinen Druck, und so wie das Eis sich unter dem Druck einer Schlittenkufe in Wasser verwandelt, so kann auch das Bodeneis auf das Gewicht von Bauwerken reagieren. So sind schon ganze Gebäude weggesackt, einfach weil ihre Baulast den Boden aufgetaut hat.[23] Wie kompliziert die Reaktionen des Dauerfrostbodens auf menschliche Eingriffe sein können, zeigt eine Beobachtung, die Wissenschaftler des Jakutischen Instituts für Dauerfrostbodenkunde gemacht haben. Sie stellten fest, «daß im Zentrum von Jakutsk die Temperatur in einer Tiefe von 10 Metern in den dreihundert Jahren des Bestehens dieser Stadt um 4 bis 5 Grad gesunken ist. Bekanntlich erwärmen Städte den Boden. In diesem speziellen Fall aber kommt es wohl auf die Stärke der gebildeten Kulturschicht und den Schatten an, den Häuser im Sommer werfen. Auch andere Faktoren können hier mit im Spiel sein: Die Schneedecke wärmt den Boden und schützt ihn vor den äußerst niedrigen Wintertemperaturen. Die Menschen aber zertreten den Schnee, stampfen ihn mit Maschinen fest, räumen ihn beiseite bzw. verschmutzen ihn und fördern dadurch das Gefrieren des Bodens.»[24]

Allerdings kann Permafrost auch Vorteile haben: Er verfestigt Lokkersedimente und bildet somit für Staudämme einen stabilen Baugrund, solange er durch ausreichende Isolierung in diesem Zustand gehalten wird.

Beim Bau der Alaska-Pipeline im Permafrostgebiet bestand die Gefahr, daß die von warmem Öl durchflossenen Rohre den Frostboden auftauen würden. In einem solchen Fall könnten sie verrutschen und brechen oder im Sommer bis zu sieben Meter tief absinken und vom Schlamm verschlungen werden. Im Winter dagegen könnten sie vom Frost zersprengt werden. Deshalb wurden die Rohre über weite Strekken auf in 20 m Abstand stehende etwa 2 m hohe Stützen gelegt. Die 46 cm dicken Stützen wurden 7 – 10 m tief in den Dauerfrostboden getrieben und mit Wasser und Sand verankert. Um der Gefahr zu begegnen, daß der Boden durch das Gewicht der Stützen und der auf ihm lagernden Pipeline taut und Stützen absinken, wurden rund 80 % der insgesamt 78 000 Stützen mit je zwei versiegelten Heizröhren versehen, die wasserloses Ammoniak – wie zum Beispiel in Kühlschränken – enthalten und die innerhalb der Stützen in den Boden hinunterreichen. Das Ammoniak nimmt die Wärme unter der Erde auf, verdunstet dabei und führt sie zu Leitblechen, die an der Spitze der Stützen montiert sind und die sie an die Luft abgeben. Der Ammoniakdampf verdichtet sich dabei wieder und sinkt zum Boden der Heizröhre zurück, wo sich der Vorgang wiederholt, sobald die Bodentemperatur es erfordert. Auf diese Weise bleibt der Permafrost konstant erhalten und bildet ein ideales Fundament für die Stützen. Zur Überwachung der Pipeline werden mit Video-Anlagen ausgestattete Hubschrauber eingesetzt, die mit Infrarotkameras die Wärme in den 125000 Heizröhren elektronisch kontrollieren. Heizröhren, die nicht korrekt arbeiten, werden ausgetauscht.

Damit das zu transportierende Öl im Winter nicht gefriert, wurden die Pipelinerohre mit einer zehn Zentimeter dicken Polyurethan-Decke (eine kunstharzverstärkte Glasfaser in einem verzinkten Stahlmantel) umwickelt.[25] Diese Decke wurde in $4{,}5 \times 7{,}5\ m^2$ großen Platten geliefert, die 400 kg wogen. 85000 Stück wurden für die 674 km lange Strecke verwendet, auf der die Leitung über dem Boden verläuft. Die Maschine, mit der diese Platten um die Rohre gelegt wurden, wurde eigens für das Bauprojekt in Toledo, Ohio entwickelt. Sie wog sechs Tonnen und sah aus wie eine Art Krake, der von einem Kran aus bedient wird. Saugschalen und hydraulische Arme hoben die Decke auf ihrer Außenseite an, legten sie über das Rohr und wickelten es ein. Anschließend wurde die Decke mit Nieten befestigt. So konnte täglich ein Kilometer Pipelinestrecke isoliert werden.

Bei Temperaturschwankungen des Öls in der auf Stützen ruhenden Pipeline können sich die Stahlrohre dehnen oder zusammenziehen. Um eine in die Länge gehende Ausdehnung bzw. Komprimierung und den damit verbundenen Druck oder Zug seitlich aufzufangen, wurde die Leitung im Zickzack verlegt. Die Rohre sind so installiert, daß sie auf einem Gleitlager liegend, seitlich zweieinhalb – in Erdbebenzonen sogar bis zu sieben Meter – gleiten und auch vertikal eineinhalb Meter nachgeben können. Das heißt, auf diesen rund 38000 Lagern können in Bewegung gebrachte oder erwärmte Rohre seitlich ausweichen oder beim Zusammenziehen wieder zurückgleiten. Um der Anlage Standfestigkeit zu verleihen, wurde sie alle 200 bis 300 m fest im Boden verankert. Infolge der Zickzackführung ist der Rohrstrang länger als die Pipelinetrasse.

12 Pumpstationen, die gleichmäßig alle 106 km über die Strecke verteilt sind, sorgen für den Fluß des Öls durch die gesamte Pipeline.

Fünf von ihnen sind ebenfalls auf Permafrostboden gebaut. Sie haben jeweils rund hundert Tonnen schwere Kühlanlagen erhalten, die ihren Unterbau aus bis zu 2 m hohen Kies- und Schotteraufschüttungen in der wärmeren Jahreszeit gefroren halten.

Der Bau der Alaska-Pipeline war ein Projekt von durchaus ungewöhnlichem Umfang. Dennoch ist es symptomatisch für eine Entwicklung, die erst am Anfang steht. Immer weiter sind Menschen im 20. Jahrhundert auch in Gebiete vorgestoßen, die früher nahezu unbewohnt waren, wie die Regionen des Permafrostes im hohen Norden. Ausgelöst haben diese Entwicklung wirtschaftliche Interessen: der Abbau und die Förderung von Rohstoffen und die Erschließung von Küstengebieten durch Hafenanlagen, um zusätzliche Versorgungsbasen für die Fischerei zu schaffen.

Die Suche nach neuen Rohstoffreserven war letzlich in den 70er und 80er Jahren für viele Länder auslösendes Moment, auch in der Erforschung des eisbedeckten antarktischen Kontinents aktiv zu werden. Zwar sind die Antarktisvertragstaaten 1991 übereingekommen, bis zum Jahre 2041 jeglichen Abbau von mineralischen Rohstoffen in der Antarktis zu unterlassen, doch um zumindest politisch Flagge zu zeigen, haben viele Länder dort wissenschaftliche Aktivtäten entfaltet oder forciert. Das hatte zur Folge, daß eine Reihe von wissenschaftlichen Stationen in der Antarktis entstanden, bei deren Errichtung man sich mit dem Medium Eis in seinen vielfältigen Formen vertraut machen mußte.

Der Bau von Forschungsstationen hatte 1899 mit der Errichtung von zwei vorfabrizierten Holzhütten durch die Borchgrevink-Expedition begonnen, die jedoch nur ein Jahr lang genutzt wurden.[26] Ein wahrer Bauboom setzte während des Internationalen Geophysikalischen Jahres 1957/58 ein. Damals entstanden fast 50 Stationen auf dem Kontinent des eisigen Südens.

Insbesondere auf der Antarktischen Halbinsel und den ihr vorgelagerten Inseln gibt es heute eine auffällige Konzentration von Forschungsstationen. Neben politischen und logistischen haben vor allem bautechnische Gründe die Errichtung von Stationen in diesem Gebiet begünstigt: Hier ist es möglich, Bauwerke auf Fels zu gründen, d.h. es können Gebäude in konventioneller Bauart errichtet werden. Dadurch kann einerseits der Kostenfaktor gesenkt werden, andererseits erleichtert dies Ländern mit geringer Polarerfahrung den Zugang, da sie sich nicht mit den in ihrem mechanischen und thermischen Verhalten komplizierten Medien Schnee und Eis auseinanderzusetzen brauchen.

Diese Vorzüge haben zu einer Massierung auf der King-George-Insel geführt, wo die Stationen der Brasilianer, Polen, Chinesen, Russen, Chilenen und Uruguayer, um nur einige zu nennen – Comandante Ferraz, Arctowski, Chang Cheng (Große Mauer), Bellingshausen, Presidente Frei und Artiguas –, nur den sprichwörtlichen Steinwurf voneinander entfernt liegen. Das Design der gegenwärtigen Forschungsstationen in diesem Bereich der Antarktis zeigt eine beachtliche Vielfalt. Der Phantasie der Bauherren sind kaum Grenzen gesetzt. Hier gibt es neben Stationen wie beispielsweise der polnischen Station Arctowski, die einer gemütlichen Gebirgshütte gleicht, nüchtern sachliche Container-Ensembles wie die brasilianische Basis Comandante Ferraz. Größe und Ausstattung der Stationen richten sich nicht zuletzt nach dem Geldbeutel ihrer Betreiberstaaten.

Stationen hingegen, die auf dem Eis, etwa auf den großen Eisschelfen errichtet werden, haben speziellen Konstruktionsproblemen Rechnung zu tragen, denn die gesamte Eisdecke der Antarktis ist instabil und in ständiger Bewegung. Stationen auf dem Schelfeis haben daher eine durch die Wanderbewegung des Eises begrenzte Lebensdauer.

Die deutsche Filchner-Sommerstation beispielsweise bewegt sich mit 1100 m pro Jahr auf die Schelfeiskante zu. Sie lag bei ihrer Errichtung etwa 21 km von der Eiskante entfernt und wird sie im Verlaufe von etwa 18 Jahren erreichen. Fließbewegung und Geschwindigkeit des Eises sind allerdings nicht einheitlich und müssen für die jeweiligen Regionen gesondert errechnet werden. Die Fließgeschwindigkeit des Eises bei der Georg-von-Neumayer-Station bespielsweise lag bei nur etwa 160 m pro Jahr.[27]

Darüber hinaus beeinflußt eine Station das sie umgebende Eis. Stationsgebäude müssen geheizt werden, um Menschen den Aufenthalt zu ermöglichen. Doch so gut ein Gebäude auch isoliert sein mag, es gibt in jedem Fall Wärme ab und versenkt sich dadurch langsam im Eis. So war die britische Basis Halley Bay 9 m tief versunken, bevor sie aufgegeben und anschließend durch einen Neubau ersetzt wurde.

Ein weiteres Problem für die Lebensdauer von Gebäuden ist der Wind, der in der Antarktis fast ständig bläst und der schnell Schneewehen an Gebäuden anhäuft, die niemals schmelzen. Das Gewicht von Schnee und Eis zerstört und erdrückt eine Station letztlich. Wände und Dächer werden dabei in besonderer Weise belastet und auf Dauer deformiert oder gar zerstört.

Eine Reihe von modernen Bauweisen wurde in den 60er Jahren entwickelt. Die australische Station Casey wurde auf eine Plattform gestellt, unter der der Wind und damit der Schnee passieren kann. Eine andere Lösung wurde 1961 bei der neuen Station Byrd gewählt.[28] Hier rekurrierte man auf Erfahrungen, die die Amerikaner bereits in Grönland erworben hatten. Schneefräsen hoben über 100 m lange, bis zu 12 m breite und 11 m tiefe Gräben aus, die anschließend von einem Stahlgewölbe überdacht und in die die einzelnen Gebäude hineingestellt wurden, die dort vor Wind und Schnee geschützt waren. Allerdings legte sich schon bald eine Schneedecke von mehreren Metern über das stählerne Gewölbe.

Beim Bau von Halley Bay im Jahre 1966 wurden anstelle der Gewölbe ovale, bis zu 7 m breite und 50 m lange Stahlröhren zum Schutz der Wohn- und Laborräume benutzt. Auch die Südafrikaner wandten beim Bau ihrer Station, die 1979 ersetzt werden mußte, diese Bauart an und stellten die einzelnen Stationsgebäude in einen galvanisierten Stahltunnel, der das Gewicht gleichmäßiger auf das Eis verteilte. Diese Bauweise hat zudem den Vorteil, daß die Gebäude aus dem Tunnel entfernt und erneut genutzt werden können, wenn das Gewicht des Schnees auf den Röhren zu groß geworden ist. Die amerikanische Südpolstation wird durch eine Kuppel geschützt, die zwischen 1971 und 1975 errichtet wurde. Die ursprüngliche Station, die 1957 errichtet worden war, ist mehrere Meter im Eis eingesunken und hat sich mehr als einen Kilometer von ihrem ursprünglichen Ort entfernt.

Eine typische moderne Forschungsbasis besteht aus mehreren unterschiedlichen Gebäuden: Wohnkomplexen, Labors, Dieselkraftwerk, Funkstation, Wetterstation und Lagergebäuden, in denen zumeist mehr als eine Jahresration an Lebensmitteln aufbewahrt wird. Die verschiedenen Gebäude können durch Korridore – auch im Eisuntergrund – verbunden sein, die es ermöglichen, auch bei schlechtem Wetter relativ leicht von einem Gebäude ins andere zu gelangen. Ebenfalls zur Basis gehört normalerweise in einigem Abstand eine Notunterkunft, die nach einem Feuer noch Schutz bieten kann. Angesichts der trockenen antarktischen Luft ist Feuer dort nämlich die größte Gefahr. Um diese Gefahr möglichst einzudämmen, greift man auf besondere Baumaterialien zurück, die folgenden Anforderungen genügen sollten:

«• schwer entflammbar bzw. feuerhemmend
- keine Giftgasentwicklung bei Bränden
- gute Wärmedämmung
- leicht, aber trotzdem mit hoher Festigkeit
- wasser- und stoßunempfindlich
- geringe Neigung zu Kaltsprödigkeit und hohe Rißzähigkeit.»[29]

Traditionell wurde beim Bau von Antarktisstationen Holz verwendet, das eine gute Wärmedämmung bietet und sich zudem gut be- und verarbeiten läßt; allerdings ist bei der Verwendung dieses Materials die Brandgefahr groß, da es im antarktischen Klima austrocknet. Heute wird versucht, die Brandgefahr durch besondere Imprägnierungen zu reduzieren. Stahl hielt Einzug mit dem Bau der ersten Stationen in den vierziger Jahren. Er hat zwar den Vorteil, daß er Schneelasten gut abfangen kann, ist aber ein guter Wärmeleiter und zudem bei Kälte spröde, er wird daher nie als alleiniger Baustoff verwendet.

Einer Grundidee beim Bau von Antarktisstationen ist man in der gut 100jährigen Tradition treu geblieben: So weit es geht, werden die Bauteile in den jeweiligen Heimatländern vorgefertigt. So können sie mit verhältnismäßig wenig Personal vor Ort im kurzen antarktischen Sommer in einer Saison soweit fertiggestellt werden, daß man sie im anschließenden Winter bereits erstmals nutzen kann.

## Anmerkungen

1 Erste Probebohrungen auf dem North Slope von Alaska waren bereits 1921 von der Standard Oil vorgenommen worden. Ein acht Jahre dauerndes Bohrprogramm, das 1944 begann, wurde mit wenngleich bescheidenen Erdöl- und Erdgasquellen fündig; zu dieser Zeit erschien jedoch das Transportproblem noch unlösbar. Zwölf Bohrungen in den sechziger Jahren erwiesen sich als Fehlschläge. Vgl.: Dyson, John: Heiße Arktis. Wien, München 1981, S. 95.

2 Vgl.: Semmel, Arno: Periglazialmorphologie. Darmstadt 1994, S. 18.

3 Wilhelm, Friedrich: Hydrogeographie. Braunschweig 1993, S. 101.

4 Ebd. Isotherme: Gedachte Linie, die alle Punkte gleicher Temperatur miteinander verbindet.

5 Goudie, Andrew: Physische Geographie. Heidelberg, Berlin, Oxford 1995., S. 90.

6 Vgl.: Wilhelm, Friedrich, a. a. O., S. 105.

7 Rezent: in der geologischen Gegenwart gebildet; fossil: in geologischer Vergangenheit entstanden. $^{14}$C-Methode: Datierungsmethode, die auf dem Zerfall des radioaktiven Kohlenstoff-14-Isotops beruht.

8 Vgl.: Chorlton, Windsor: Eiszeiten. Amsterdam 1983, S. 58.

9 Aus dem Jahre 1846 stammt folgende Beschreibung eines Mammtfundes in Sibirien: «Die großen, nackten, pergamentartigen Ohren waren über den Kopf hochgeklappt. Auf den Schultern und auf dem Rücken trug es steifes, ungefähr fußlanges Haar wie eine Mähne. Das lange Oberhaar war dunkelbraun und recht grob. Die Oberseite des Kopfes war so zerklüftet und schmutzverkrustet, daß sie der rissigen Borke einer alten Eiche ähnelte. An den Seiten war der Kopf sauberer, und unter der äußeren Behaarung war überall die Unterwolle zu erkennen, sehr weich, warm und dicht, von gelblichbrauner Farbe. ... Als der Bauch des Tieres aufgeschnitten wurde, quollen die Eingeweide heraus, und der Gestank war so entsetzlich, daß ich den Brechreiz nicht unter-

drücken konnte und mich abwenden mußte. Dennoch ließ ich den Magen herausschneiden und beiseite ziehen. Er war gut gefüllt, und sein Inhalt war bestens erhalten und sehr aufschlußreich. Er bestand überwiegend aus jungen Trieben von Tannen und Kiefern, vermischt mit zerkauten jungen Tannenzapfen.» Zit. nach: ebd., S. 54.

10 Vgl. Kapitel «Auf Eis gelegt».

11 Heusler, Holger: Unbekannte UdSSR. Frankfurt am Main 1977, S. 137.

12 Goudie, Andrew, a.a.O., S. 91.

13 Frost im Boden gibt es in den Wintermonaten allerdings auch in unseren Breiten. Auffällig sind vor allem die «Frostschäden» auf Straßen am Ende der Winterperiode. Das im Boden in feinen Zwischenräumen kapillar festgehaltene Wasser gefriert bei –4 °C bis –5 °C. Sobald sich in der Frostperiode die ersten Eiskristalle in den Kapillaren poröser Gesteine bilden, üben diese auf das noch nicht gefrorene Wasser im Untergrund eine Saugwirkung aus. Durch die Volumenvergrößerung des gefrierenden Wassers entstehen lagenweise angeordnete Eislinsen und Eisbänder. Die eigentlichen Schäden setzen jedoch erst mit dem Tauprozess oder bei erneuter Wasserzufuhr während kurzer Tauperioden ein. Daher werden Frostschäden und Tauschäden unterschieden. Besonders unter dem Achsdruck schwere Fahrzeuge bricht bei Tauwetter die Straßendecke ein und beult sich seitlich der Radspur stark auf. In unseren Breiten liegt die Frosteindringungstiefe bei 0,80 bis 1,20 m. Je nach den örtlichen Bedingungen genügt für Hochbauten eine frostfreie Gründung zwischen 1,00 und 1,50 m. Vgl.: Hohl, Rudolf: Unsere Erde. Frankfurt am Main 1984, S. 290.

14 Vgl.: Weiss, Walter: Arktis. Wien, München 1975, S. 50.

15 Markin, Wjatscheslaw: Natur und Klima. In: Mayer, Fred: Sibrien. Zürich, Schwäbisch Hall 1983, S. 64.

16 Pingo ist das Inuit-Wort für Hügel.

17 Vgl.: Summerfield, Michael A.: Global Geomorphology. New York 1991, S. 304.

18 Vgl.: Wilhelm, Friedrich, a.a.O., S. 106.

19 Weiss, Walter, a.a.O.

20 Markin, Wjatscheslaw, a.a.O., S. 64.

21 Vgl.: Praxis Geographie 1991, 11, S. 26.

22 Ebd.

23 Heussler, Holger, a.a.O., S. 138.

24 Markin, Wjatscheslaw, a.a.O., S. 65.

25 Vgl.: Halban, George: Unternehmen Alaska-Pipeline. München, Zürich 1978, S. 105f; zum Bau der Pipeline vgl. auch: Roscow, James P.: 800 Miles to Valdez. Englewood Cliffs 1977.

26 Bereits 1903 baute William Bruce ein zweites Forschungscamp in der Antarktis: Es war eine meteorologische Meßstation auf der zu den Süd-Orkneys gehörenden Laurie-Insel. Bruce hatte seine Basis von Anfang an mit dem Ziel errichtet, sie über einen längeren Zeitraum kontinuierlich zu nutzen. Da allerdings Großbritannien kein Interesse an der Nutzung bekundete, übergab er sie an Argentinien. Seither wird die älteste kontinuierlich besetzte Basis in der Antarktis von der argentinischen Regierung unterhalten.

27 Janssen, Freerk: Die Versorgung antarktischer Forschungsstationen. Pfaffenweiler 1989, S. 71.

28 Über Konstruktionsmerkmale von Antarktisstationen vgl. auch: Kohnen, Heinz: Antarktisexpedition. Bergisch Gladbach 1981, S. 104–136.

29 Janssen, Freerk, a.a.O., S. 72.

# Spurensuche

Josef Wilhelm Amrein konnte zufrieden sein. Schließlich war er im Luzerner Bankhaus Knörr innerhalb kurzer Zeit zum Filialleiter für Speditions- und Wechselgeschäfte aufgestiegen. Als er anstelle seines erkrankten Vaters für die Familie sorgen mußte, eröffnete er nebenbei einen Weinhandel, der ebenfalls florierte. 1870 heiratete er Marie Troller und beschloß, sich mit dem Weinhandel selbständig zu machen. In seinem Schwiegervater fand er Unterstützung, und von ihm erhielt er das nötige Startkapital, mit dem er zunächst seine Lagerkapazitäten zu erweitern gedachte. Am Stadtrand von Luzern, unweit der Chaussee nach Zürich, fand er mit dem Grundstück «Steinbruchhof» einen passenden kühlen Platz als Weinlager. Im Frühjahr 1872 schloß er den Kaufvertrag über das bis dahin ungenutzte Land ab, um in den anstehenden Sandsteinfelsen einen Weinkeller einzulassen. Im Herbst desselben Jahres begannen die Bauarbeiten. Dr. Franz Joseph Kaufmann, Naturgeschichtslehrer an der Mittelschule in Luzern, wurde zu einem aufmerksamen Beobachter der Arbeiten, fast täglich kam er auf seinem Spaziergang dort vorbei. Am 2. November 1872 stießen die Bauarbeiter auf ein merkwürdiges, beckenförmiges Loch im Sandstein. Kaufmann, der kurz darauf wieder an der Baustelle vorbeischaute, erkannte darin sofort das Werk eiszeitlicher Gletscher. Bei der merkwürdig geformten Entdeckung handelte es sich um ein Strudelloch. Solche Strudellöcher oder Gletschertöpfe entstehen als Auswaschungen durch Schmelzwasser eines Gletschers.[1] Kaufmann gelang es, den Grundstückseigentümer Amrein dazu zu bewegen, die mit den Bauarbeiten verbundenen Felssprengungen zunächst einzustellen. Kurz zuvor hatte Amreins Bruder durch Pfahlbauausgrabungen am Baldaggersee von sich reden gemacht;

historisches und wissenschaftliches Interesse lagen sozusagen in der Familie. Es war auch jener Bruder, der veranlaßte, daß ein Fachmann, Albert Heim (1849–1937), damals junger Geologe in Zürich, zu Rate gezogen wurde. Bevor Heim wenig später in Luzern eintraf, waren fünf weitere Gletschertöpfe entdeckt worden. Die lokale Presse nahm Anteil an dem Fund, und bald regten sich erste zaghafte Stimmen, die forderten, «Amreins Löcher», wie die Luzerner sie bald nannten, zu erhalten. Einen Monat später kaufte Amrein das Nachbargrundstück hinzu, um nach weiteren Gletschertöpfen suchen zu lassen. Tatsächlich wurde hier 1875 der mit 9,5 m Tiefe und 8 m Durchmesser größte Gletschertopf in Luzern freigelegt, der im Baedeker den sehr begehrten Stern erhielt.[2]

Nicht zuletzt auf Heims Anraten sah Amrein von der Nutzung des Geländes als Weinlager ab und eröffnete statt dessen am 1. Mai 1873 den Gletschergarten Luzern, der die Gletschertöpfe künftig vor einer Zerstörung bewahrte und der Öffentlichkeit zugänglich machte. Die Spuren der eiszeitlichen Gletscher lockten bereits im ersten Jahr viele Besucher an. Allerdings konnte Amrein seinen Erfolg nicht mehr auskosten. Er starb am 20. Juli 1873 im Alter von nur 39 Jahren, seine Witwe Marie Amrein-Troller (1849–1931) setzte sein Lebenswerk weiter fort. Heute zählt der Gletschergarten mit jährlich rund 160000 Besuchern zu den meistbesuchten Natursehenswürdigkeiten der Schweiz.[3]

Wenn allerdings der Gletschergarten zu einem anderen Zeitpunkt entdeckt worden wäre, so meint heute sein Direktor Peter Wick, wäre er möglicherweise nicht erhalten worden, denn «die Entdeckung des Gletschergartens Luzern platzte – man darf kaum von einem Zufall sprechen – mitten in die touristische Gründerzeit und in die zunehmend breitere Akzeptanz der Eiszeittheorie hinein.»[4] Die heute jedem Schulkind vertraute Vorstellung von einer Klimaepoche, in der mächtige Gletscher heute mit grünen Pflanzen bewachsene Regionen unserer Breitengrade bedeckt haben, faßte im 19. Jahrhundert erst langsam Fuß.

Im Laufe der über vier Milliarden Jahre Erdgeschichte, die heute für die Wissenschaftler überschaubar sind, hat der Planet Epochen mit sehr unterschiedlichen Temperaturniveaus erlebt. Die letzten 2 Mrd. Jahre lassen sich in mehrere Eiszeitalter (Kaltzeiten, Glaziale) und Warmperioden (Warmzeiten, Interglaziale) unterteilen. In den Kaltzeiten traten Naturerscheinungen wie Schnee, Gletscher-, Meer- und Bodeneis über längere Zeiten und mit weiter Verbreitung auf; gewaltige Gletscher bedeckten weite Teile der Erde. Als sie sich zurückzogen, ließen sie mächtige Schichten von Geröll- und Gesteinsablagerungen zurück, Findlinge und tiefe Entwässerungsrinnen, die sogenannten Urstromtäler, die von den gewaltigen Wassermassen ausgespült wurden, die das abschmelzende Eis freisetzte.

Die nachhaltigste Prägung erfuhr die Oberfläche der Erde durch die Eiszeiten des Pleistozäns; sein Anfang liegt 1,5–2 Mill. Jahre, sein Ende etwa 10000 Jahre zurück. Auf allen Kontinenten sind heute zahlreiche Landschaftsmerkmale eindeutig als Werke einstiger Gletscher identifiziert: ausgeschürfte Canyons in den Rockey Mountains oder spitzgeschliffene Berggipfel wie die des Matterhorns oder des Mount Everest sind Werke des Eises. Die Westküste Norwegens mit ihren bis zu 1200 m tiefen Fjorden ist ein eindrucksvolles Relikt der unvorstellbar gewaltigen Kraft der Gletscher der Eiszeit. «Wenn eines unter den Werkzeugen, die die Natur bei der Erschaffung dieser Berge verwendet hat, vor allen anderen den Namen Zerstörer verdient, so ist dies auf jeden Fall der Gletscher»,[5] hatte der Naturforscher John Muir nach der Erforschung der kalifornischen Sierra Nevada geschrieben. Eis wirkt wie ein Hobel, und längst haben wissenschaftliche Untersuchungen ergeben, daß die Gletscher zu jenen Kräften gehören, die die Landschaft vieler Gebiete der Erde am nachhaltigsten beeinflußt haben. Felsen werden von ihnen glatt und rund poliert, Gesteinstrümmer, die das Eis mit sich führt, schleifen felsigen Untergrund ab oder ritzen Rillen in Fließrichtung in ihn hinein. Gesteinsschutt, der von den Gletschern abgeraspelt wurde, wird von Eis und Schmelzwasser mitgeführt und an anderer Stelle wieder abgelagert. Je mächtiger ein Gletscher ist und je schneller er sich bewegt, desto wirkungsvoller ist seine Kraft, mit der er die Landschaft formte. Wissenschaftler schätzen heute, daß das nordamerikanische Inlandeis, das vor 20000 Jahren ganz Kanada und Teile der Vereinigten Staaten bedeckte, eine durchschnittlich zehn Meter mächtige Schicht von Boden und Gestein von insgesamt mehr als 5 Mill. $km^2$ Landfläche abgeschürft hat.

Während der pleistozänen Vereisung waren in Nordeuropa und Großbritannien, Nord- und Zentralasien, Kanada, Grönland, dem südlichen Südamerika und – in einem weit größeren Ausmaße als heute – auch in der Antarktis über 55 Mill. $km^2$ der Erdoberfläche von Eismassen bedeckt. Sie umfaßten mehr als das dreifache der heutigen Eisbedeckung (rund 15 Mill. $km^2$). Das Eis reichte, von Norden vorrückend, zeitweise bis an den Fuß der Deutschen Mittelgebirge und der Karpaten, in Osteuropa bis in die Dnepr- und Donniederung. Die Alpen waren weitaus stärker vergletschert als heute, ebenso die asiatischen Hochgebirge, die südlichen Anden und die neuseeländischen Gebirge. Zwischen den Eismassen des Nordens und denen der Alpen lag eine recht schmale eisfreie Zone. In Nord- und Mitteleuropa sind drei große, nach Flüssen benannte Inlandeisvorstöße nachweisbar: Elster-, Saale- und Weichseleiszeit.[6] Heute noch sichtbare Zeugen der eiszeitlichen Gletschertätigkeit sind Moränen, Urstromtäler und Seen. So sind der Tollensesee, der Scharmützelsee, der Schweriner See und der Ratzeburger See sogenannte Gletscherzungenbecken, die dadurch entstanden, daß sie von Gletscherzungen ausgehobelt wurden und sich mit Wasser füllten. Ihr Charakteristikum ist, daß sie langgestreckt und teilweise von Hügelzügen umgeben sind. In Süddeutschland gibt es ebenfalls derartige Seen: den Bodensee und den Ammersee. Auch die Flensburger und die Kieler Förde sowie die Schlei sind das Werk eiszeitlicher Gletscher. Tausende von Seen in der mitteleuropäischen Landschaft – in Mecklenburg, Schleswig-Holstein, Brandenburg, Oberschwaben und Oberbayern sind sogenannte Toteislöcher oder Sölle. Sie entstanden dadurch, daß Gletscher Brocken ihres eigenen Eises überrollten und mit Geröll und Schutt zudeckten. Dieses «Toteis» schmolz ab, nachdem der Gletscher sich zurückgezogen hatte, und der Schutt brach in die entstandene Höhlung ein.[7]

«Zu dem vielen Eis brauchen wir Kälte. Ich habe eine Vermutung, daß eine Epoche großer Kälte wenigstens über Europa gegegangen ist»,[8] hatte schon Johann Wolfgang von Goethe angesichts der zu seiner Zeit einsetzenden Diskussion um die Erklärung der auffälligen Landschaftsphänomene überlegt und traf damit bereits den Kern der Eiszeittheorie.

Aber noch heute sind viele Fragen ungeklärt, darunter auch die, wieviele Kaltzeiten es gegeben hat: mindestens 6, vielleicht 13 oder 19, wenn nicht gar mehr.[9]

Zu den augenfälligsten Relikten der Eiszeiten gehören die sogenannten Findlinge, große Felsbrocken, die Menschen schon früh zum Bau von Riesensteingräbern verwendeten. Diese Steine «gehörten» offensichtlich nicht in die Gegend, in der sie lagen, daher auch ihre Bezeichnung erratische («verirrte») Blöcke.[10] Eine Erklärung ihrer Herkunft suchte man zunächst in den Launen überirdischer Mächte. Im Mittelalter bildeten sie oft den Gegenstand von Sagen, was überlieferte Namen wie Druidenstein oder Hexenstein bezeugen. Den «Düvelsteen» von Großkönigsförde bei Kiel, so wurde erzählt, soll der Teufel dort hingeschmettert haben, weil er sich von von einem Bauern betrogen fühlte. Die beiden hatten ein Abkommen geschlossen, wonach dem Gehörnten gehören sollte, was über der Erde wuchs. Der gewitzte Bauer pflanzte Rüben an. Daraufhin schlossen sie einen neuen Vertrag, demzufolge der Teufel alles erhalten sollte, was unter der Erde wuchs. Dieses Mal säte der Bauer Korn. Als der Teufel merkte, daß er wiederum den kürzeren gezogen hatte, schleuderte er vor Wut schäumend einen gewaltigen Stein vom Boden der Ostsee weit übers Land. Sein Ziel, das Haus des Bauern, verfehlte er jedoch. Der Brocken – sechs Meter lang, 4,50 m breit, 3,75 m hoch – ist der größte Findling Schleswig-Holsteins.[11]

Im 18. Jahrhundert gaben Funde von fossilen Reptilien und Säugetieren, die den heutigen durchaus ähnelten, jedoch in anderen Klimazonen gefunden wurden, Anstoß, über klimatische Veränderungen auf der Erde nachzudenken und mögliche Ursachen zu suchen.

Damit begann um 1760 die eingehendere Auseinandersetzung mit den Findlingen der norddeutschen Tiefebene und des Alpenvorlandes. In den Anfängen der geologischen Forschung wurden viele Phänomene mit vulkanischen Vorgängen begründet. Findlinge wurden als vulkanische Bomben angesehen.[12] Diese Denkweise fand ihre Entsprechung in der Deutung der Toteislöcher, die man damals konsequenterweise als Krater betrachtete. Aus dem Jahre 1780 stammt folgende Beobachtung: «Von Boizenburg aus mochte ich hingehen und hinschauen, wohin ich wollte, lauter Craters mit Heerlagern aus Steinen umringt, und endlich fand ich gar, daß die ganze Uckermarck aus lauter Cratern besteht.»[13]

Nahezu ungehört blieben zu diesem Zeitpunkt noch Ansichten, die Eis als gestaltende Kraft zur Erklärung heranzogen, wie die des Schweizer Justiz- und Polizeiministers Bernhard Friedrich Kuhn (1762–1825), der 1787 in dem Buch «Versuch über den Mechanismus der Gletscher» die von Gletschern ausgehende Kraft eindrucksvoll beschrieb: «Die größten vor dem Eise stehenden Bäume werden mit Wurzeln aus der Erde gehoben, oder mitten am Stamme entzweygebrochen. Die Erde vor den Kanten der Gletscher wird von Grund aufgewühlt, und mit denen daselbst liegenden Felsblöcken in hohe Wälle zusammengeschoben, die das Eis immer weiter vor sich her – selbst Anhöhen hinan wälzt.»[14] Zu ähnlichen Schlüssen kam der Schotte James Hutton, der um 1790 den Schweizer und den Französischen Jura besucht und dort vom Gletschereis in den Fels gegrabene Furchen untersucht hatte. Die überwiegende Zahl der Geologen des 18. Jahrhunderts war jedoch der Meinung, daß alle diese Phänomene nur die Hinterlassenschaft einer gewaltigen Sintflut sein konnten, wie sie schließlich schon in der Bibel beschrieben worden war. Im Jahre 1824 entdeckte Jens Esmark, Professor der Bergwissenschaft an der Universität Kristiania (Oslo) Spuren früherer Gletscher auch in Norwegen. Seine Beobachtungen wurden dem deutschen Naturwissenschaftler Reinhard Bernhardi bekannt, der später eigene Untersuchungen durchführte und 1832 einen Artikel publizierte, in dem er die Auffassung vertrat, einst hätte sich eine Eiskappe über Europa ausgedehnt, die bis nach Mitteldeutschland gereicht habe.[15]

Aufmerksam verfolgte Goethe die verschiedenen Deutungen, mit denen seinerzeit versucht wurde, den Weg der Findlinge zu rekonstruieren. Angetan war der Dichter in Weimar von Arbeiten des Gothaer Legationsrates und Naturforschers Karl Ernst Adolph von Korff, nach dessen Ansicht einst gewaltige Gesteinsblöcke aus dem Norden auf Eisschollen die Ostsee gequert und bei Überschwemmungen mit dem Eis sogar weit ins Landesinnere geraten seien. Nach Moränenstudien an Schweizer Seen stellte Goethe eigene Überlegungen an: «Ich lasse die Gletscher durch die Täler sich fort und fort heruntersenken bis an den Rand des Sees; auf ihnen rutschen die abgelösten Blöcke auf einer glatten gesenkten Fläche und werden mit vorgeschoben, wie es heutzutage noch geschieht. An der Fläche des Sees bleiben sie liegen, das Eis schmilzt, und wir finden sie noch heutigentags.»[16] In Wilhelm Meisters Wanderjahren faßte er die verschiedenen Positionen und Argumente seiner Zeitgenossen zusammen: «Zuletzt wollten zwei oder drei stille Gäste sogar einen Zeitraum grimmiger Kälte zu Hülfe rufen und aus den höchsten Gebirgszügen auf weit ins Land hineingesenkten Gletschern gleichsam Rutschwege für schwere Ursteinmassen bereitet und diese auf glatter Bahn fern und ferner hinausgeschoben im Geiste sehen. Sie sollten sich, bei eintretender Epoche des Aufthauens, niedersenken und für ewig in fremdem Boden liegenbleiben. Auch sollte sodann durch schwimmendes Treibeis der Transport ungeheurer Felsblöcke von Norden her möglich werden. Diese guten Leute konnten jedoch mit ihrer etwas kühlen Betrachtung nicht durchdringen. Man hielt es ungleich naturgemäßer, die Erschaffung der Welt mit kolossalem Krachen und Heben, mit wildem Toben und feurigem Schleudern vorgehen zu lassen.»[17] In seinem Faust läßt er Mephisto dann spotten:

> *«Noch starrt das Land von fremden Zentnermassen;*
> *Wer gibt Erklärung solcher Schleudermacht?*
> *Der Philosoph, er weiß es nicht zu fassen,*
> *Da liegt der Fels, man muß ihn liegen lassen,*
> *Zuschanden haben wir uns schon gedacht.»*[18]

Die wissenschaftliche Diskussion hatte sich mittlerweile in den Alpenraum verlagert. Beobachtungen von Seeausbrüchen in den Alpen führten zu einer neuen Theorie, die weite Kreise zog. Gletscher oder Moränen dämmten Täler ab, in denen sich Wasser sammelte. Schmolzen die

Gletscher ab, ergoß sich das von ihnen zuvor aufgestaute Wasser in tieferliegende Gebiete und richtete teilweise erhebliche Schäden an. Die Beobachtung eines solchen Ereignisses im Jahre 1818 im Wallis veranlaßte wahrscheinlich den Geologen Leopold von Buch, einen derartigen Vorgang als Ursache für die Verbreitung von Findlingen im Alpenvorland heranzuziehen. Er schrieb 1827: «Es ist von der Mitte der Alpen her, durch die Alpenthäler eine ungeheure Fluth ausgebrochen, welche die Trümmer der Alpengipfel weit über entgegenstehende Berge und sehr entlegene Flächen verbreitet hat.»[19] Die später als «Schlamm- oder Geröllfluttheorie» bezeichnete Erklärung wurde auch auf das nordeuropäische Tiefland übertragen. Offen blieb jedoch, woher die gewaltigen Wassermassen gekommen sein sollten.

Andere, kühlere Klimabedingungen auf der Erde setzte eine Theorie voraus, die der englische Geologe Charles Lyell um 1830 entwickelte. Seiner Meinung nach waren in früheren Zeiten der Erdgeschichte Nordeuropa und weite Gebiete Mitteleuropas von einem Meer bedeckt gewesen, in das Eisberge aus dem Polarbereich hineindrifteten, die dann das mitgeführte Material und somit auch die Findlinge ablagerten. Diese Drifttheorie wurde nicht zuletzt von Charles Darwin befürwortet.

Mit den Berichten und Aussagen von Jean-Pierre Perraudin, einem Bergbewohner aus den südlichen Schweizer Alpen, hielt ein neuer Gedanke Einzug in die Diskussion. Perraudin lebte von der Gemsjagd im Val de Bagnes unweit Lourtier. Er kam 1815 aufgrund von Beobachtungen der Natur seiner Umgebung zu der Überzeugung, daß die Gletscher, die damals nur in den höher gelegenen Bereichen anzutreffen waren, einst das ganze Tal beherrscht haben mußten: «Nachdem ich schon vor langer Zeit Kerben und Kratzer auf harten, nicht verwitterten Felsen entdeckt hatte, kam ich schließlich zu der Folgerung – nachdem ich nahe an die Gletscher herangegangen war –, daß sie vom Druck oder Gewicht dieser Massen verursacht worden waren, von denen ich Spuren mindestens bis Champsec gefunden habe. Ich glaubte daher, daß in der Vergangenheit Gletscher das ganze Val de Bagnes ausfüllten, und ich bin bereit, diese Tatsache ungläubigen Leuten durch den offensichtlichen Beweis zu demonstrieren, indem ich diese Markierungen mit jenen vergleiche, die heute von Gletschern freigegeben werden.»[20]

Perraudin berichtete Jean de Charpentier von seinen Beobachtungen. Charpentier, der als Pionier der Glaziologie gilt, wurde 1786 im sächsischen Freiberg geboren. Nach der Ausbildung zum Bergingenieur und einigen praktischen Berufsjahren in der preußischen Bergwerksverwaltung ging er 1808 nach Frankreich, wo er sich in den Pyrenäen mit dem

Kupferabbau befaßte.[21] 1813 wurde er Direktor der Salinen von Bex im Kanton Waadt. In seiner Freizeit betätigte er sich als Naturforscher und er wurde später zu einem wichtigen Verfechter der Gletschertheorie. Charpentier war von den Argumenten Perraudins durchaus beeindruckt, aber letztlich nicht überzeugt: «Wenn auch Perraudin seinen Gletscher nur um 24 Meilen über seine derzeitige Zunge hinaus bis Martigny verlängerte, weil er selbst niemals über jene Stadt hinaus gekommen war, und wenn ich auch über die Möglichkeit des Transports von Findlingsblöcken durch Wasser mit ihm übereinstimmte, so fand ich seine Hypothese doch so außergewöhnlich, ja sogar übertrieben, daß ich sie nicht einer Untersuchung oder auch nur einer Betrachtung für wert hielt.»[22] Wenig später erzählte Perraudin seine Überlegungen allerdings jemanden, bei dem sie auf offene Ohren trafen, dem Straßen- und Brückenbauingenieur Ignaz Venetz, der sich aus beruflichen Gründen 1815 bis 1818 im Val de Bagnes aufhielt und der ihm nicht nur sehr genau zuhörte, sondern eigene Schlüsse zog.

Ein weiterer Anstoß, sich mit den Gletschern zu beschäftigen, ging schließlich von der Schweizerischen Naturforschenden Gesellschaft aus, die anläßlich ihrer dritten Versammlung im Jahre 1817 in Zürich beschloß, folgende Preisfrage auszuschreiben: «Ist es wahr, dass unsere höheren Alpen seit einer Reihe von Jahren verwildern?» In dieser Arbeit, für die ein Preis von 600 Franken ausgesetzt wurde, sollte es u. a. darum gehen, «eine unpartheyische Zusammenstellung mehrjähriger Beobachtungen über das theilweise Vorrücken und Zurücktreten der Gletscher in den Querthälern, über das Ansetzen und Verschwinden derselben auf den Höhen; Aufsuchung und Bestimmung der hie und da durch die vorgeschobenen Felstrümmer kenntlichen ehemaligen tiefern Grenzen verschiedener Gletscher»[23] zu verfassen. Es gingen zwei Arbeiten ein, von denen aber letzlich keine den ausgesetzten Preis erhielt, und es erfolgte eine erneute Ausschreibung. Daraufhin wurde 1822 eine Arbeit vorgelegt, die als preiswürdig anerkannt wurde. Ihr Verfasser war Ignaz Venetz. Hier wie auch 1829 auf der Jahresversammlung der Gesellschaft im Hospiz des Großen St. Bernhard vertrat er die These, daß sich einst riesige Gletscher von den Alpen nicht nur über die Schweizer Ebene und den Jura, sondern auch über weitere Teile Europas erstreckt hätten. Als Beweis führte er die Verteilung von Findlingen und Moränen an und verglich sie mit der der gegenwärtigen Alpengletscher. Allerdings bekundete kaum einer der Zuhörer Interesse an dem Vorgetragenen, mit einer Ausnahme: Jean de Charpentier wurde nun hellhörig. Mittlerweile kam ihm die Idee, die er ja von Perraudin her kannte, nicht mehr so abwegig vor, und er begann eigenhändig, Beweise zu sammeln. 1834, auf dem Weg nach Luzern, wo er vor der Versammlung der Gesellschaft einen Vortrag halten wollte, hatte er eine Begegnung, die ihn in seiner Meinung bestärkte: «Auf der Reise durch das Tal von Hasli und Lungern traf ich auf der Straße von Brunig einen Holzfäller aus Meiringen. Wir unterhielten uns und wanderten eine Weile zusammen. Als ich einen großen Felsblock aus Grimsel-Granit, der dicht am Weg lag, untersuchte, sagte er: ‹Von dieser Sorte gibt es viel Stein hier herum, sie kommen aber von weither, von Grimsel, weil sie aus Geisberger (Granit) bestehen, während die Berge der Umgebung hier nicht daraus gemacht sind.› Als ich ihn fragte, wie diese Steine nach seiner Meinung ihren Lageort erreicht hätten, antwortete er ohne zu zögern: ‹Der Grimsel-Gletscher hat sie transportiert und auf beiden Seiten des Tales abgelegt, weil dieser Gletscher in der Vergangenheit sich bis zur Stadt Bern erstreckte und Wasser sie keineswegs in solcher Höhe über dem Talboden hätte ablegen können, ohne die Seen zu füllen.› Dieser gute alte Mann hätte es sich nicht träumen lassen, daß ich in meiner Tasche ein Manuskript trug, welches seine Hypothese bestätigte. Er war äußerst erstaunt, als er sah, wie mich seine geologische Erklärung befriedigte und ich ihm etwas Geld gab, damit er zur Erinnerung an den alten Grimsel-Gletscher und auf die Erhaltung der Brunig-Blöcke einen Schluck trinken konnte.›»[24]

Zu Charpentiers Zuhörern in Luzern gehörte auch ein 27jähriger Wissenschaftler, sein ehemaliger Schüler Louis Agassiz. Trotz seiner Jugend galt er als Kapazität für fossile Fische, er war bereits Professor für Naturgeschichte am Collège in Neuchâtel. Agassiz hielt nicht viel von den Ausführungen seines Lehrers, doch aus Freundschaft zu ihm wollte er keine ernsthafte Meinungsverschiedenheit heraufbeschwören. Als er jedoch zwei Jahre später von ihm nach Bex eingeladen wurde, den Sommer dort zu verbringen, änderte er angesichts der Moränen und erratischen Blöcke des Rhonetals seine Meinung schnell und war für Charpentiers Theorie gewonnen.

Nur wenig später, am 24. Juli 1837, stand Agassiz selber am Rednerpult der Luzerner Gesellschaft. In aller Eile hatte er am Abend zuvor seine Idee zu Papier gebracht; seine Zuhörer erwarteten von ihm Ausführungen über Fossilien, als er begann: «Erst kürzlich haben zwei unserer Kollegen (de Charpentier und Venetz) durch ihre Untersuchungen eine Kontroverse mit weitreichenden Konsequenzen für Gegenwart und Zukunft hervorgerufen. Die Charakteristika des Ortes, an dem wir heute zusammengekommen sind, legen es mir nahe, wiederum über ein

Problem mit Ihnen zu sprechen, das nach meiner Meinung durch die Untersuchung der Hänge unseres Jura gelöst werden könnte. Ich denke da an Gletscher, Moränen und Findlingsblöcke.»[25]

Rhetorisch begabt, beschwor Agassiz «eine Epoche klirrender Kälte» herauf, in der sich ein «sibirischer Winter über eine Welt legte, die bis dahin mit üppiger Vegetation gesegnet und von großen Tieren bevölkert gewesen war». Detailliert schilderte er, daß «der Tod ein Leichentuch über die gesamte Natur breitete»,[26] als riesige Gletscher vom Nordpol her nach Süden vorstießen und einen Eisschild bildeten, der seiner Meinung nach bis ans Mittelmeer reichte.

Agassiz rief mit dem Vortrag große Aufregung unter seinen Zuhörern hervor und brachte sie nahezu alle gegen sich auf. Der Grund für den Widerstand lag einerseits darin, daß die meisten Gelehrten hartnäckig an der alten Sintflut-Theorie festhielten und daß andererseits kaum einer etwas über Gletscher wußte. Zu den wenigen Befürwortern seiner Theorie gehörte der Münchner Botaniker Friedrich Karl Schimper, der während der Tagung eine Ode mit dem Titel «Die Eiszeit» verteilte und damit den heute gebräuchlichen wissenschaftlichen Terminus erstmals verwendete.[27]

Agassiz war überzeugt, daß auch seine entschiedensten Gegner – so wie es ja auch ihm selber ergangen war – sich angesichts von Beweisen vor Ort der Richtigkeit seiner Ausführungen nicht würden entziehen können, und unternahm im Anschluß an die Tagung eine Studienfahrt in den Schweizer Jura. Ohne weiteres ließ sich jedoch niemand überzeugen, und mancher zog den Schluß, bei den Rillen und Furchen im Gestein handle es sich um Abdrücke von Wagenrädern und nicht um Schleifspuren von Felsbrocken, die von wandernden Gletschern mitgeschleppt worden waren. An Agassiz' Exkursion erinnerte sich später ein Teilnehmer: «Im allgemeinen war ich nach meiner kurzen Bekanntschaft mit den führenden Wissenschaftlern der Gruppe überzeugt, daß zwischen ihnen eine starke Eifersucht und viel Egoismus herrschten. Während der ganzen Fahrt war Elie de Beaumont kalt wie Eis. Leopold von Buch wanderte geradeaus, die Augen auf den Boden gerichtet, brummelte über einen Engländer, der mit Elie de Beaumont über die Pyrenäen sprach, während wir uns doch im Jura befanden, und der sich recht aggressiv über die törichten Bemerkungen einiger Amateure beklagte, die sich der Gruppe angeschlossen hatten. Agassiz, der wahrscheinlich noch immer über die scharfe Kritik erbittert war, die von Buch über seine Gletscherhypothesen geäußert hatte, verließ die Gruppe gleich nach dem Aufbruch und wanderte ganz allein mehr als tausend Meter voraus.»[28]

Auch wenn Agassiz über die Reaktion seiner Kollegen enttäuscht war, so blieb doch seine Gletschertheorie im Gespräch. Vorerst galt es für ihn jedoch eine Reihe von Vorurteilen aus dem Weg zu räumen. Selbst sein Gönner Alexander von Humboldt schrieb ihm im Dezember 1837: «Ihr Eis flößt mir Angst ein. Ich fürchte, Ihr Verstand befaßt sich mit zu vielen Dingen gleichzeitig.»[29] Er riet ihm, seine Arbeiten über fossile Fische wieder aufzugreifen: «Wenn Sie das tun, leisten Sie der positiven Geologie einen größeren Dienst als mit diesen allgemeinen Betrachtungen (außerdem auch etwas eisigen) über die Umwälzungen der primitiven Welt, Betrachtungen, die, wie Sie wohl wissen, nur jene überzeugen, die sie ins Leben rufen.»[30]

Doch Agassiz blieb bei seiner Meinung, suchte gemeinsam mit Venetz und de Charpentier weitere Beweise und leistete mit keine Dramatik entbehrender Rhetorik weitere Überzeugungsarbeit: «Eine Zeit eisiger Ruhe ging demnach jener Umwälzung voraus, welche die Alpen aus dem Schoße der Erde hervorbrechen ließ. Wo früher Herden plumper Elefanten die üppigen Wälder eines tropischen Klimas durchstreiften, ungestalte Flußpferde in den schlammigen Seen sich suhlten, Rudel schnellfüßiger Hirsche vor der Raubgier der vorweltlichen Löwen flohen ..., da war die Ruhe des Todes eingetreten. Vernichtet war, was da lebte. ... Kein Rauschen der Ströme, kein Säuseln der Blätter, kein Geschrei verfolgter Tiere mehr; – eine derbe Eismasse barg alle Töne unter ihrer vernichtenden Decke. ... Der Tod war eingekehrt mit seinen Schrecken in einer mächtigen Schöpfung, er hatte sie vernichtet mit einem Schlage seiner gewaltigen Hand, um ein neues Geschlecht erstehen zu lassen, damit das Werk gekrönt werde durch die Erschaffung des Geschöpfes, welches allein fähig sein sollte, selbst dasjenige zu erschließen, was die Nacht der Vergessenheit den anderen für ewig verhüllte. Allein auch dieser Zustand hatte sein Ende. Das Innere der Erde fing an zu kochen unter seiner eisigen Decke, noch einmal erhoben sich die heißflüssigen Massen mit ungeheurer Gewalt, und unter der Eiskruste hervor brach die Kette unserer Centralalpen. ... Und da die Erscheinung der Alpen die klimatologischen Verhältnisse der Schweiz plötzlich änderten, so gab es nun, durch Jahres- und Witterungswechsel bedingt, häufig Oscillationen und Schwankungen in der Ausdehnung jener die Schweiz bedeckenden Eiskruste. Vor allen Dingen erhielt die Eismasse einen der allgemeinen Bodenneigung zwischen den Alpen und dem Jura entsprechenden Fall; ihre Oberfläche, die wahrscheinlich vorher Firn war, verwandelte sich durch den Wechsel des Auftauens und Gefrierens in Eis; ihr Niveau nahm allmählich ab; die auf der Oberfläche fortbewegten Blöcke setzten sich nach und nach längs des Jura in immer abnehmenden Höhen ab, bis zuletzt der Boden der Schweizer Ebene aufgedeckt war, den Bodenverhältnissen entsprechende Schöpfungen zu leben begannen.»[31]

Seine bildhafte Sprache und ein ausgeprägtes Gefühl für – wie wir heute sagen würden – «Public Relations» waren wirkungsvolle Propagandamittel. Außerdem suchte Agassiz international Kontakt zu den Wissenschaftlern seiner Zeit.

Ein wichtiger Kollege, der bei Agassiz zu Gast war, ist Reverend William Buckland, einer der damals führenden englischen Geologen. Buckland kam 1838 in Begleitung von Charles Lucien Bonaparte, Prinz von Camino und Bruder des früheren französischen Kaisers, in die Schweiz. Der Franzose war ein wohlhabender Mann, der zudem ein außerordentliches Interesse an der Naturgeschichte zeigte. Buckland hatte 1820 die Professur für Mineralogie und Geologie in Oxford übernommen und galt als eine der schillerndsten Persönlichkeiten dieser britischen Universiät. Selbst bei Ausflügen zu geologischen Lagerstätten im Gelände trug er seine akademische Robe und einen Zylinder. Wo immer er auftauchte, schleppte er einen Beutel mit Fossilien mit, aus dem er, wie berichtet wird, «selbst bei vornehmen Abendgesellschaften seinen jeweils neuesten Knochenfund hervorholte, um darüber mit unendlicher Kauzigkeit zu dozieren».[32]

Buckland war glühender Verfechter der Sintfluttheorie. In seiner Antrittsvorlesung in Oxford, die den Titel «The Connexion of Geology With Religion Explained» («Eine Erklärung der Verbindung von Geologie und Religion») trug, hatte er betont, das Ziel der Geologie müsse sein, «die Zeugnisse der Naturreligion zu bestätigen; und aufzuzeigen, daß die durch sie entwickelten Fakten mit den Berichten über die Schöpfung und die Sintflut in den Mosaischen Schriften übereinstimmen».[33]

Der Besuch bei Agassiz in den Schweizer Alpen brachte seinen Glauben an die Sintfluttheorie zwar ins Wanken, aber zur neuen Gletschertheorie konnte Agassiz ihn erst zwei Jahre später bei einem Aufenthalt in Schottland bekehren.

Rund zehn Jahre lang hatte Agassiz weder Geld noch Mühe gescheut, weitere Beweise für seine Theorie zusammenzutragen. Nahezu jeden Sommer verbrachte er mit Assistenten und Studenten in den Schweizer und Französischen Alpen und suchte Gletscherspuren. Im Sommer 1840 richtete er 65 km südöstlich von Bern auf einem Moränenhügel unweit des Unteraargletschers sogar eine Forschungsstation ein. Er gab ihr den wohlklingenden und hochtrabenden Namen Hôtel des Neuchastelois.

In Wirklichkeit bestand die Unterkunft zum größten Teil aus einem überaus großen erratischen Block, dessen Überhang das Dach bildete. Zwei Steinmauern bildeten die Seitenwände, und eine Wolldecke schloß den Eingang. Mit gutem Willen fanden sechs Personen hier ein Nachtlager; der mitgeführte Wein wurde vom Eis des Unteraargletschers gekühlt.

Im selben Jahr 1840 veröffentlichte er seine Theorie einer einst vom Eis bedeckten Erde als Buch. Die Publikation «Etudes sur les glaciers» war allerdings von Auseinandersetzungen mit de Charpentier und Venetz überschattet. Zwar weist Agassiz darauf hin, daß wesentliche Gedankengänge von den beiden Kollegen stammen, doch er veröffentlichte sie, bevor de Charpentier seine Forschungsergebnisse selber hatte publizieren können. Letzterer legte seine Version erst 1841 vor.

Ungerührt von den Auseinandersetzungen, die zum Bruch der Wissenschaftler führten, trieb Agassiz seine eigenen Arbeiten voran und entwickelte immer neue Methoden, dem Eis seine Geheimnisse zu entlocken. Sein «Hôtel» am Unteraargletscher wurde bald Treffpunkt für Geologen aus ganz Europa.

Agassiz selber reiste im Herbst 1840 nach England, um sich wieder einmal seinem ursprünglichen Forschungsgebiet, den fossilen Fischen, zu widmen. Im September nahm er an der Jahresversammlung der British Association for the Advancement of Science («Britische Gesellschaft zur Förderung der Wissenschaft») in Glasgow teil, wo er seine Gletschertheorie vorstellte und nochmals betonte: «In einem gewissen Zeitalter waren der ganze Norden Europas und auch der Norden von Asien und Amerika von einer Eismasse bedeckt.»[34] Im Anschluß an den Vortrag wurde er von Buckland zu einer Exkursion durch Schottland und Nordengland eingeladen. Dort konnte er nun seinen noch skeptischen Freund innerhalb kürzester Zeit von seiner Theorie überzeugen. Dank Bucklands Einfluß trafen Agassiz' Vorstellungen wenig später auch bei anderen englischen Wissenschaftlern auf offene Ohren. Bereits am 15. Oktober 1840 teilte Buckland Agassiz mit: «Lyell hat Ihre Theorie in toto übernommen!!! Als ich ihm eine wunderbare Gruppe von Moränen, nicht weiter als dreieinhalb Kilometer vom Haus seines Vaters entfernt, zeigte, akzeptierte er sie sofort, so als beseitige sie eine Menge Schwierigkeiten, die ihn Zeit seines Lebens gestört hatten.»[35]

In der Folgezeit verbreitete sich das Thema in England geradezu in Windeseile; 1841 schrieb der Wissenschaftler Edward Forbes an Agassiz: «Sie haben alle Geologen hier gletschertoll gemacht, und Sie sind dabei, Großbritannien in ein Kühlhaus zu verwandeln.»[36] Bis Agassiz'

Theorie jedoch endgültig akzeptiert wurde, gingen noch gut 20 Jahre ins Land.

Agassiz selber hingegen reiste 1846 auf Einladung des Bostoner Textilfabrikanten John Amory Lowell in die Vereinigten Staaten. Bei seiner Ankunft in Halifax war er begeistert: «Begierig, den Fuß auf den neuen Kontinent zu setzen, der für mich so vielversprechend war, sprang ich auf den Strand und begann flotten Schrittes, die Höhen über der Anlegestelle zu erklimmen. Nachdem ich die Stadt hinter mir gelassen hatte und unberührtes Gelände betrat, begegneten mir die vertrauten Zeichen, die glatt geschliffenen Oberflächen, die Furchen und Schrammen, die ‹Stempel› der Gletscher, die aus der Alten Welt so gut bekannt waren; und ich war überzeugt ..., daß auch hier diese großartige Kraft am Werk gewesen ist.»[37]

Nicht zuletzt auf Betreiben von Lowell, der auch als Mäzen der Harvard University hervortrat, verlängerte Agassiz seinen Aufenthalt, nahm einen Ruf als Zoologie-Professor in Harvard an und blieb bis zu seinem Tode im Jahre 1873 in Amerika.[38]

Mitte des 19. Jahrhunderts wurden auch andernorts mehr und mehr Hinweise auf eine glaziale Überformung offenkundig. Bereits 1844 wurden in den Hohburger Bergen bei Wurzen östlich von Leipzig Gletscherschrammen entdeckt, die den sächsischen Bergbau-Wissenschaftler Bernhard von Cotta stark beeindruckten: «Sollten die nordischen Gletscher wirklich von den skandinavischen Bergen bis an die Wurzener Hügel gereicht haben? Mich friert bei dem Gedanken!»[39]

Am 3. November 1875 hielt der schwedische Wissenschaftler Otto Torell vor der Deutschen Geologischen Gesellschaft einen Vortrag, mit dem er eine breite Zuhörerschaft in seinen Bann zog und der bis heute nichts von seiner Gültigkeit eingebüßt hat: Gletschereis habe sich vom hohen Norden bis nach Norddeutschland vorgeschoben und nach dem Abtauen mitgeführte Gesteinstrümmer sowie Findlinge hinterlassen. Dem Vortrag vorausgegangen war eine Exkursion in die Rüdersdorfer Kalkberge, wo Torell gemeinsam mit einigen Kollegen die bereits 1867 auf Muschelkalkoberflächen entdeckten Glazialschrammen untersucht hatte.

Es war wahrscheinlich Ignaz Venetz, der als erster darauf hinwies, daß die Erde nicht nur eine Eiszeit erlebt hat, sondern daß es wiederholt Vergletscherungen gegeben hat. Sein Landsmann Adolph von Morlot (1820–1867), erweiterte diese Annahme und beschrieb durch eine warme Periode getrennte Eiszeiten. Es war wiederum ein Schweizer, der in Zürich wirkende Paläobotaniker Oswald Heer, der 1865 den Begriff «Interglazial» einführte.[40]

Doch bis sich die Idee von der mehrmaligen Wiederkehr der Eiszeitgletscher in der Wissenschaft international durchsetzen konnte, sollte ein halbes Jahrhundert vergehen. In Norddeutschland vertraten unabhängig voneinander Albrecht Penck und A. Helland die Auffassung, daß der skandinavisch-norddeutsche Raum wiederholte Vereisungen erlebt habe. 1882 veröffentlichte Penck eine Arbeit über «Die Vergletscherung der deutschen Alpen», und 1909 schrieb er gemeinsam mit seinem Schüler Eduard Brückner in Wien das dreibändige Werk «Die Alpen im Eiszeitalter», in denen für das Gebiet der Alpen die bis heute geltende Gliederung der vier Kaltzeiten (Günz, Mindel, Riß, Würm) mit den dazwischenliegenden Warmzeiten eingeführt wurde.[41]

Wie in Mitteleuropa Otto Torell 1875 der Glazialtheorie schließlich zum Durchbruch verholfen hatte, war es im osteuropäischen Raum der Geograph Petr Kropotkin (1842–1921). Kropotkin entstammte einer aristokratischen Familie und war in seiner frühen Jugend Kammerpage des russischen Zaren gewesen. Seine wissenschaftliche Tätigkeit begann er in Ostsibirien, wo er während einer Reise die Spuren einer ehemaligen Vereisung entdeckte, die sein Interesse an den Problemem der Glazialtheorie weckten.[42]

Auch in Amerika hatte man Spuren mehrmaliger Vereisungen registriert und wie in Europa mit geographischen Namen belegt. In der dritten Auflage von Geikies «The Great Ice Age» 1894 waren zwei Kapitel den eiszeitlichen Ablagerungen Nordamerikas gewidmet, die T. C. Chamberlain verfaßt hatte, in ihnen wurden die Bezeichnungen Kansas-, East-Iowa- und East-Wisconsin-Vereisung erstmals angewendet.[43]

«Die Ursache der Großeiszeiten selbst ist unbekannt»,[44] konstatierte 1987 Rudolf Trümpy, ehemaliger Präsident der internationalen Union of Geological Sciences zum Stand der Eiszeitforschung. Der Kölner Geowissenschaftler Martin Schwarzbach hat in seinem Buch «Das Klima der Vorzeit» über 50 verschiedene Eiszeittheorien zusammengetragen, die zu einer Klärung der Entstehung von Eiszeiten beizutragen versucht haben.[45] Die Sonne hätte ihre Kraft verloren, die Erde wäre in eine andere Bahn geraten, kosmischer Staub hätte das Sonnensystem verhüllt, Vulkanasche die Atmosphäre verdunkelt, so daß es kalt hätte werden müssen oder der Golfstrom hätte seine Kraft eingebüßt. Der Phantasie waren nahezu keinen Grenzen gesetzt. Vor allem in den Jahren 1900 bis 1910 boomte das Thema Eiszeit, rund 20 verschiedene Theorien und Hypothesen entstammen allein dieser Zeit. «Es ist nicht zuviel gesagt, wenn man behauptet, daß gegenwärtig monatlich mindestens eine Broschüre über die Eiszeit erscheint»,[46] schrieb 1907 der seinerzeit populäre Buchautor Wilhelm Bölsche und fragte sich natürlich auch nach den Gründen. Er entdeckte zwei wesentliche Ursachen für das starke Interesse an diesem geologischen Problem: die «uralte Volksangst», daß ein «Weltwinter» alles vernichten könne, eine Angst, die durch abstruse Eiszeit-Theorien noch zusätzlich genährt wurde; außerdem paßten die Eiszeit-Prophetien ausgezeichnet in pessimistische Vorstellungen, die en vogue waren. Die beiden niederländischen Literaturwissenschaftler Helmuth Lethen und Antoon Berentsen sind heute der Meinung: «Die Eiszeit-Geologen publizierten ihre Ergebnisse also in einer Öffentlichkeit, die von einer ‹uralten Volksangst› grundiert war, überwölbt von einer Untergangsphilosophie und ... strukturiert von literarischen Erzählungen der Vereisung.»[47] Martin Schwarzbach meint: «Manche solcher Hypothesen würde man wohl kaum besonders erwähnen, wenn sie sich nicht an die Namen renommierter Forscher knüpften»,[48] und ist überzeugt, daß sich das Eintreten der Eiszeiten sicherlich nur aus dem Zusammenwirken vieler Faktoren und nicht einer einzigen katastrophalen Ursache erklären lasse.

Unter den zahlreichen Theorien, die aufgestellt wurden, die Ursachen der Eiszeiten zu erklären, fanden die Überlegungen, die der serbische Astronom und Mathematiker Milutin Milanković zwischen 1912 und 1941 vorlegte, die bislang größte Zustimmung. Seiner Meinung nach beeinflussen Veränderungen der Erdbahn, der Neigung der Erdachse sowie deren Kreiselbewegung (Präzession) die Intensität der von der Erde empfangenen Sonnenenergie. Diese Veränderungen laufen zyklisch ab, und Milanković hat sie sorgsam berechnet. Bohrungen in Sedimenten der Tiefsee haben zumindest das Vorhandensein der Zyklen bestätigt.

Die unbeantwortete Frage unserer Tage ist: Wann wird die nächste Kaltzeit einsetzen? Fest steht nur, daß die Kenntnis der Ursachen der letzten Eiszeit keine sicheren Prognosen für die Zukunft zulassen würde, denn heute müßten verstärkt Eingriffe des Menschen und seiner Zivilisation in die «Klimamaschine» berücksichtigt werden. Sicher ist allerdings, daß es nicht nur die großen Eisschilde sind, die alles unter sich bedeckend, ihren Einfluß geltend machen können.

So setzten um 1540 in den Alpen, in Skandinavien und auf Island markante Gletschervorstöße ein, die erst etwa in der Mitte des 19. Jahrhunderts zum Stillstand kamen. Diese drei Jahrhunderte währende Ära ist als «kleine Eiszeit» in die Klimageschichte eingegangen. Sie hat weite Landstriche Europas nachhaltig beeinflußt. In Island beispielsweise verwandelte sie die Ökonomie des Landes völlig: der Anbau von Getreide mußte durch die Schafzucht ersetzt werden. In dieser Periode traten starke Stürme auf, die zu zahlreichen Überschwemmungen und damit zu Landverlusten an der dänischen, deutschen und niederländischen Küste führten. Inuit drangen zwischen 1690 und 1728 verschiedentlich bis in das Gebiet der Orkney-Inseln vor, während die letzten Nachfahren der Wikinger in Grönland ausstarben. 1695 war Island vom Eis umschlossen, der Kabeljau verschwand aus den Gewässern der Shetlandinseln und vor der norwegischen Küste. Am 7./8. Dezember 1703 zog ein Sturm über Südengland hinweg, der nicht nur den Leuchtturm von Eddystone zerstörte, sondern allein in London Schaden im Wert von zwei Mill. Pfund anrichtete. Im 17. Jahrhundert fror die Themse mindestens elfmal zu. Dieser kühleren Periode folgte ein mehr als 100 Jahre anhaltender Trend zur Erwärmung, der bis gegen 1960 anhielt; danach wurde ein erneutes Absinken der Durchschnittstemperaturen festgestellt.[49] Heute fürchtet sich alle Welt wiederum vor einer globalen Erwärmung.

## Anmerkungen

1 Durch Sonneneinstrahlung und warme Luft schmilzt Eis an der Oberfläche des Gletschers. Während der sommerlichen Schmelzperiode kann eine Gletscherfläche von 1 km$^2$ etwa 250 l Schmelzwasser pro Sekunde produzieren. Dieses sammelt sich und stürzt durch Spalten (Schlucklöcher) in die Tiefe. Es füllt im Eisinnern die Hohlräume bis auf den Grund des Gletschers, wo es sich unter großem Druck in Richtung Gletschertor bewegt. An Engpässen erhöht sich die Fließgeschwindigkeit des Wassers und kann das Felsbett des Gletschers auswaschen (auskolken). Vgl.: Keller, Beat und Peter Wick: Gletschergarten Luzern. Luzern 1990, S. 9.

2 Vgl.: Schifferli-Amrein, Margit und Peter Wick: Die Entdeckung und Entwicklung des Gletschergartens Luzern 1872–1972. In: Gletschergarten Luzern 1872–1972. Festschrift. Bern 1973, S. 8.

3 Gletscher, Schnee und Eis. Luzern 1993, S. 31.

4 Wick, Peter: «Eiszeit»- und Gletscherski-Tourismus in der Schweiz. In: Gletscher im ständigen Wandel. Zürich 1995. S. 189.

5 Bailey, Ronald H.: Gletscher. Amsterdam 1983, S. 75.f

6 Die Benennung dieser Vereisungen geht auf einen Vorschlag von K. Keilhack zurück. Im Jahre 1910 wurden diese neuen Bezeichnungen erstmals auf Blättern der «Geologischen Karte 1:25000 von Preußen und benachbarten Bundesstaaten» benutzt. Vgl.: Ehlers, Jürgen: Gliederung der eiszeitlichen Ablagerungen in Norddeutschland. In: Liedtke, Herbert: Eiszeitforschung. Darmstadt 1990, S. 159.

7 Küster, Hansjörg: Geschichte der Landschaft in Mitteleuropa. München 1995, S.43.

8 Zit. nach: George, Uwe: Expedition in die Urwelt. Paläontologie: Die Erforschung der steinernen Zeit. Hamburg 1993, S. 56.

9 Vgl.: Küster, Hansjörg, a. a. O., S. 36. Heute werden bis zu 30 Kaltzeiten angenommen.
10 Diese Bezeichnung wurde 1802 von dem Schotten John Playfair in den wissenschaftlichen Sprachgebrauch eingeführt.
11 Vgl.: Lausch, Erwin: Eiszeit 2. In: Arktis + Antarktis. GEO Wissen 1990, S. 98.
12 Mit Bomben bezeichnet man den Auswurf magmatischen Gesteins von einer bestimmten Größe. Kahlke, Hans Dietrich: Das Eiszeitalter. Leipzig, Jena, Berlin 1981, S. 15.
13 Zit. nach: ebd.
14 Zit. nach: Vögele, Anna-Elisabeth: Die Anfänge der Eiszeitforschung. Eiszeitforschung. Mitteilungen der Naturforschenden Gesellschaft Luzern 29 (1987), S. 26f.
15 Vgl.: Imbrie, John und Katherine Palmer Imbrie: Die Eiszeiten. München 1981, S. 20.
16 Zit. nach: George, Uwe, a. a. O., S. 56.
17 Goethe, Johann Wolfgang: Wilhelm Meisters Wanderjahre oder Die Entsagenden. Hrsg. Ehrhardt Bahr. Stuttgart 1982, S. 286. (2. Buch, 9. Kap.)
18 Goethe, Johann Wolfgang: Faust. Der Tragödie zweiter Teil. (4. Akt.)
19 Zit. nach: Marcinek, Joachim: Gletscher der Erde. Leipzig 1984, S. 88.
20 Zit. nach: Imbrie, John und Katherine Palmer Imbrie, a.a.O., S. 21.
21 Gletscher, Schnee und Eis. a.a.O., S. 89.
22 Zit. nach: Imbrie, John und Katherine Palmer Imbrie, a. a. O., S. 22.
23 Vgl.: Vögele, Anna-Elisabeth, a. a. O., S. 28.
24 Zit. nach: Imbrie, John und Katherine Palmer Imbrie, a. a. O., S. 24f.
25 Zit. nach: ebd., S. 27.
26 Zit. nach: Bailey, Ronald H. a.a.O., S. 23.
27 Vgl. den Abdruck des Gedichtes im Anhang.
28 Zit. nach: Imbrie, John und Katherine Palmer Imbrie, a. a. O., S. 31.
29 Zit. nach: Bailey, Ronald H., a. a. O., S, 23. f.
30 Zit. nach: Imbrie, John und Katherine Palmer Imbrie, a. a. O.
31 Zit. Nach: Schulz, Heinz: Leben wir in einem Eiszeitalter? Berlin 1985, S. 35–37.
32 Zit. nach: Bailey, Ronald H., a. a. O.; S, 26.
33 Zit. nach: Imbrie, John und Katherine Palmer Imbrie, a. a. O., S. 36
34 Zit. nach: ebd. S. 41.
35 Ebd., S. 42.
36 Ebd., S. 44.
37 Robinson, Andrew: Erdgewalten. Köln 1994, S. 223f.
38 Als Grabstein wurde ein Findling von einem Schweizer Gletscher nach Amerika verschifft. Vgl. ebd., S. 238f.
39 Zit. nach: Lausch, Erwin, a. a. O., S. 99.
40 Vgl.: Kaiser, Karlheinz: Die Inlandeis-Theorie, seit 100 Jahren fester Bestand der Deutschen Quartärsforschung. Eiszeitalter und Gegenwart 26 (1975), S. 15f.
41 Kahlke, Hans Dietrich, a. a. O., S. 19.
42 Ebd., S. 18f.
43 Ebd., S. 22. Die klassischen vier pleistozänen Kaltzeiten Nordamerikas sind die Nebraska-, Kansas-, Illinois- und Wisconsin-Vereisung.
44 Zit. nach: Lethen, Helmut und Antoon Berentsen: Eiszeit und Weltuntergang. In: Unter Null. München 1991, S. 47.
45 Vgl. Schwarzbach, Martin: Das Klima der Vorzeit. Stuttgart 1974, S. 8.
46 Bölsche, Wilhelm: Auf den Spuren der tropischen Eiszeit. Deutsche Rundschau 131, 1907, S. 412–427.
47 Lethen, Helmut und Antoon Berentsen, a. a. O., S. 20.
48 Zit. nach: Lausch, Erwin: Eiszeit 1. In: Arktis + Antarktis. GEO Wissen 1990. S. 91.
49 Vgl.: Lamb, H. H.: Klima und Kulturgeschichte. Reinbek 1989. Hier auch die genannten Beispiele, S. 232–263.

# Ein eisiges Geschichtsbuch

In den frühen Morgenstunden des 8. März 1958 verließ der amerikanische Eisbrecher *Glacier* den McMurdo-Sund im Rossmeer und nahm Kurs auf Boston. Die ersten heftigen Herbststürme fegten über das Eis. Die Sonne stand schon tief über dem Horizont und würde bald für Monate gar nicht mehr aufgehen. Der antarktische Winter kündigte sich an.

Im Laderaum der *Glacier* lag eine ebenso eigenartige wie für die Wissenschaft kostbare Fracht: etwa eine Tonne Eis, sorgsam in anderthalb Meter langen Pappröhren verstaut.[1] Insgesamt waren es 203 Röhren, von denen jede einen Abschnitt einer zehn Zentimeter dicken und ursprünglich 302 m langen Eissäule enthielt. Diese Eissäule war von Wissenschaftlern des Snow, Ice, and Permafrost Research Establishment («Forschungsstelle für Schnee, Eis und Permafrost», SIPRE) der US-Armee[2] aus dem westantarktischen Eisschelf unweit der Byrd-Station herausgebohrt worden.

So hatte man die rohen, noch unbearbeiteten Unterlagen für eines der ehrgeizigsten Experimente innerhalb des Internationalen Geophysikalischen Jahres (IGJ) 1957/58 gewonnen. Knapp ein Drittel Kilometer lang, enthielt die Eissäule einen Schnitt durch die in Marie-Byrd-Land gefallenen Schneemengen von rund 1400 Jahren. Sie reichte damit bis ins 6. Jahrhundert, also in die Regierungszeit des oströmischen Kaisers Justinian I. zurück. Mit Hilfe dieses Eises wollten die Wissenschaftler Aufzeichnungen der klimatischen Vergangenheit des Südkontinents entziffern. Mit Erdölbohrgerät war die Säule zwischen dem 6. Dezember 1957 und dem 26. Januar 1958 aus dem Eis gefräst worden.[3]

Sie wurde – bis auf die letzten 53 m – der Länge nach zersägt. Dann zerriß in der Byrd-Station das letzte Sägeblatt: Das Eis war hart wie

Stahl. Eine Hälfte und der unzersägte Teil wurden für den Transport in das über 15000 km entfernte Wilmette, eine Vorstadt von Chicago, verpackt. Dort sollte das Eis in einem in einer ehemaligen Dampfwäscherei eingerichteten Forschungslaboratorium wissenschaftlich untersucht werden.

Die andere Hälfte der Eissäule blieb zur Sicherheit in einem Schuppen der Byrd-Station in der Antarktis zurück. Im Falle eines Schmelzens der ersten Hälfte während des Transports sollten die Wissenschaftler so im nächsten Jahr die Möglichkeit haben, die zweite Hälfte anzufordern. Das verpackte Eis wurde zunächst 1000 km weit nach Little America, der damaligen zentralen amerikanischen Versorgungsbasis in der Antarktis, geflogen und dort an Bord der *Glacier* verstaut.

Über das neuseeländische Littleton fuhr das Schiff durch den Pazifischen Ozean, den Panamakanal, den Nordatlantik und erreichte schließlich in den späten Nachmittagstunden des 13. April 1958 den Hafen von Boston. Am folgenden Vormittag wurden die antarktischen Eisproben in einen Tiefkühlwagen umgeladen, der sie in das 1900 km entfernte Wilmette bringen sollte. Da in Boston zu diesem Zeitpunkt jedoch sehr mildes Frühlingswetter mit Temperaturen um 15 °C herrschte und man daher befürchtete, die Eisproben könnten schmelzen, half die Schiffsbesatzung beim Umladen auf den LKW.

Mit seiner Fracht aus antarktischem Eis rollte der Lastwagen aus Boston hinaus und fuhr durch New England gen Süden. Er durchquerte New Jersey, Pennsylvania und anschließend Ohio. Gestoppt wurde nur zum Essen, zum Schlafen und zum Entrichten der Straßengebühren. Schließlich erreichte der Transport die Calumet Skyway Bridge, über die er nach Chicago hineinrollte. In Wilmette wurde die kalte Ladung von Earnest W. Marshall, einem der Glaziologen, die die Bohrung in der Antarktis überwacht hatten, in Empfang genommen. Gemeinsam mit dem Neuseeländer Anthony J. Gow begann er die Analyse des Eiskerns und die Dechiffrierung der tiefgefrorenen Aufzeichnungen der Vergangenheit.

Die Untersuchung von Eisbohrkernen ist eine noch relativ junge Wissenschaft. Sie wurde in einer Zeit entwickelt, als man begann, sich weltweit Sorge um die vom Menschen verursachten Klimaveränderungen zu machen. Glaziologen können eine Reihe von Informationen zu diesem Problemfeld liefern. In den letzten Jahren hat daher diese Forschungsrichtung großen Aufschwung genommen.

Den ersten Eiskern, er war etwa 100 m lang, zogen Wissenschaftler einer norwegisch-britisch-schwedischen Antarktisexpedition (1949–52) im Maudheim-Schelfeis.[4] Weitere Eisbohrungen fanden in den fünfziger Jahren in Grönland statt. 1963–66 wurde dort bei Camp Century die erste Tiefbohrung vorgenommen, die rund 100000 Jahre Klimageschichte umfaßt. Nach den im Norden gewonnenen Erfahrungen nahmen amerikanische Wissenschaftler des US Cold Regions Research and Engineering Laboratory 1968 eine weitere Eisbohrung in der Antarktis vor. In der Nähe der Byrd-Station bohrten sie 2164 m tief in das antarktische Eis und erreichten das darunter liegende Gestein. Von 1972 bis 1983 bohrten sowjetische Forscher unweit der Station Vostok in der Nähe des Pols der Unzugänglichkeit ein 2083 m tiefes Loch in das an dieser Stelle etwa 3700 m dicke Eis und begannen anschließend eine weitere Bohrung bei der Station Komsomolskaja. Amerikaner und Franzosen starteten schließlich 1977/78 bei Dome C, wo das Eis 3500 m mächtig ist, ein Gemeinschaftsprojekt und bohrten ein 905 m tiefes Eisloch. 1992 durchteufte die europäische Tiefbohrung GRIP (Greenland Ice Core Project) im dritten Bohrabschnitt das grönländische Inlandeis an seinem höchsten Punkt. Die erreichte Bohrtiefe betrug 3029 m.

Bereits in den siebziger Jahren begann man auch von alpinen Gletschern Bohrkerne für Klimauntersuchungen zu ziehen. In der Schweiz wurde auf dem Colle Gnifetti (Monte Rosa) und auf dem Fiescherhornplateau gearbeitet. Es folgten Bohrungen auf dem Mt. Logan in Alaska, dem Quelccaya-Gletscher in Peru und auf dem Dunde-Gletscher in China. Alpine Gletscher liefern eher Informationen über lokales und regionales Klimageschehen kürzerer Zeitabschnitte, polare Gletscher hingegen über das globale Klima der letzten Jahrhunderttausende.[5]

Allerdings sind die eigentlichen Bohrarbeiten im Eis – insbesondere in der Antarktis – nicht immer problemlos abgelaufen; so machte 1976 auf dem Ross-Schelf das Eis den Technikern einen Strich durch die Rechnung: Nach 16 Tagen hatten sie eine Tiefe von etwa 330 m erreicht und gönnten sich knapp 100 m vor dem Ziel einen Schichtwechsel. Als das neue Team nach einer halben Stunde die Arbeit wieder aufnehmen wollte, war das Eis nachgeflossen und hielt den Bohrer in der Tiefe fest. Den Männern gelang es nicht, das Gerät «loszueisen», und sie mußten das Projekt für die laufende Saison abbrechen. Eisbohrungen arten also, falls man sie nicht durch eine nichtfrierende Flüssigkeit mit dem spezifischen Gewicht von Eis absichert, zu einem Wettlauf mit der Zeit aus. Bewußt hatte man hier allerdings auf den Frostschutz verzichtet, da man eine Verschmutzung des Eises und des Meerwassers vermeiden wollte. Erst ein Jahr später gelang es, das Ross-Schelfeis wie geplant zu durchbohren. Dabei suchten die Wissenschaftler allerdings nicht nur die

Informationen, die das Eis für sie aufbewahrte, sie wollten auch wissen, was sich unter dem Eis abspielt. Ihre Untersuchungen zeigten, daß unterhalb des südlichen Teils des Schelfeises ein Gezeitenhub mit beträchtlichen Amplituden auftritt, der auf bedeutsame Wassermassenbewegungen unter dem Eis schließen läßt.

Informationen über das frühere Klima der Erde sind im Eis auf verschiedene Arten gespeichert; einige sind direkt ablesbar, andere sind verschlüsselt und müssen auf Umwegen von den Wissenschaftlern dechiffriert werden.[6] Zu den unkomplizierten Parametern gehört beispielsweise die Zusammensetzung der Atmosphäre in früheren Perioden. Jahrtausendelang ist Schnee auf Grönland und die Antarktis gefallen und – abgesehen von seinem nahezu unmerklichem Strömen zum Meer – dort liegen geblieben. Jedesmal wenn sich neuer Schnee auf die vorhandene Decke legte, wurde Luft in der Eisdecke eingeschlossen, die viele ihrer Komponenten unverändert beibehielt. Heute berichtet nun jede Jahresschicht von der jeweiligen Zusammensetzung der Atmosphäre in der Zeit ihrer Ablagerung.[7]

Zu den ersten Forschern, die erkannten, daß ein Eiskern ein Archiv mit Klimainformationen darstellt, gehörte Ernst G. Sorge, ein Berliner Studienrat, der mit Johannes Georgi und Fritz Loewe während der Grönlandexpedition Alfred Wegeners 1930/31 die einsame winterliche Wacht in Eismitte im Herzen von Grönland verbrachte. Sorge hob dort während dieser Zeit eine 15 m tiefe Grube aus und untersuchte die jährlichen Schneeschichten, wobei er zu dem Schluß gelangte, daß Unterschiede in der Dichte – in jeder beliebigen Tiefe – Hinweise auf das Klima des betreffenden Jahres gaben.[8] An den Wänden seiner Eisgrube war ihm aufgefallen, daß der Schnee in wechselnden, hell und dunkel gefärbten Schichten lag. Diese Schichten waren optisch leicht zu unterscheiden, und Sorge sah in ihnen einen natürlichen Kalender. Er wußte, daß Schnee, der im Sommer auf Grönland fällt, nasser und daher dichter ist als Winterschnee. Außerdem enthielt der Sommerschnee in Grönland erhebliche Mengen von Staubteilchen, die aus dem Süden stammten; folglich bestanden die dunklen Schichten aus Schnee, der während des Sommers gefallen war.

Nachdem der Zusammenhang zwischen den farblichen Unterschieden und den Jahreszeiten feststand, war es ziemlich einfach, eine Eisschicht durch Auszählen der dunklen oder der hellen Schichten genau zu bestimmen.

Um zu wissen, wie lange es gebraucht hatte, bis die obersten 15 Meter der Eiskappe in der Umgebung von Eismitte entstanden waren, brauchte Sorge also lediglich die dunklen Schichten zu zählen, wobei jeweils eine ein Jahr repräsentierte. Außerdem waren die dunklen Lagen von den helleren durch eine dazwischenliegende dünne Eisschicht getrennt, die dadurch entstanden war, daß der während des Sommers geschmolzene Schnee mit Anbruch des Winters wieder zu Eis gefror.

Durch Messung ihrer Dicke konnte der Forscher außerdem den jährlichen Schneefall ermitteln. Sorge zeigte damit, daß man die Geschichte eines Eiskerns genauso lesen kann, wie man Jahresringe eines Baumes zählt. Zwischen Schneedichte und Klima bestand also ein Zusammenhang.

Angenommen, eine Schicht Winterschnee wäre weniger dicht als eine andere darüber- oder darunterliegende Schicht, so wäre das ein Hinweis auf eine Veränderung des winterlichen Wetters.

Das Prinzip Sorges funktionierte zwar in Grönland, wo die sommerlichen und die winterlichen Lagen deutlich erkennbar sind und die gefrorene Schicht des im Sommer geschmolzenen Schnees den Wechsel der Jahreszeiten noch unterstreicht, aber schwieriger war es jedoch in der Antarktis anzuwenden, wo der Schnee in vielen Bereichen der Eiskappe selbst zur Sommerzeit nicht schmilzt und die für Grönland typischen sommerlichen Verunreinigungen nicht nachweisbar sind. Das Jahresringprinzip funktioniert also in der Antarktis nicht.

Doch in den fünfziger Jahren wurden u. a. im California Institute of Technology weitere Möglichkeiten ersonnen, im Eiskern Sommerschnee und Winterschnee zu unterschieden sowie ganz allgemein klimatische Veränderungen festzustellen. Samuel Epstein und Robert P. Sharp, zwei Forscher der geologischen Abteilung des Instituts, bedienten sich einer Kapriole der Natur, um aus dem Eis Grunddaten über Temperaturen ablesen, die auf unserem Planeten einmal geherrscht haben: Atmosphärischer Sauerstoff besteht zum allergrößten Teil aus Sauerstoff-16, zu 2 % jedoch aus Sauerstoff-18. Dieses Isotop mit 10 Neutronen im Atomkern ist schwerer als Sauerstoff-16. Es verdunstet daher langsamer, fällt andererseits im Niederschlag schneller wieder aus. Daraus ergibt sich: Je niedriger die Tempertur weltweit, desto geringer der Sauerstoff-18-Wert im Eis. Denn je kälter das Erdklima ist, um so geringer ist der schwere Sauerstoff-18-Anteil im Wasser, das aus den Meeren verdunstet und sich später als Schnee niederschlägt. In wärmeren Perioden hingegen verdunstet relativ viel Sauerstoff-18. In einer Reihe von Versuchen hatten die Forscher diese Tatsache nachgewiesen und dabei herausgefunden, daß tropischer Regen die höchste Konzentration von Wassermolekülen mit schweren Sauerstoffatomen aufweist, Schnee dagegen die geringste. Folglich kann man aus dem Anteil von Sauerstoff-18 im Eis auf die globale Temperatur der Epoche schließen, aus der der Niederschlag stammt. Das antarktische oder grönländische Eis läßt sich also wie der Papierstreifen aus einem Registriergerät lesen. Da die Sauerstoff-18-Werte zudem mit dem Jahresgang schwanken, wenn auch nur um wenige Promille, können die Glaziologen die Jahresschichten im Eis wie Baumringe abzählen, indem sie Sommer- und Winterschnee unterscheiden, sogar wenn man die Schichten durch andere Methoden nicht festzustellen vermag.

Angewandt auf das Problem, die Herkunft des Eises festzustellen, deutet ein hohes Verhältnis von Sauerstoff-18 zu Sauerstoff-16 darauf hin, daß der Schnee im Sommer gefallen ist, während ein niedriges Verhältnis darauf hindeutet, daß es sich um Winterschnee handelt. Mit Untersuchungen an Eisproben aus Grönland und vom Blue Glacier im Olympic National Park, Washington, wurde die Sauerstoff-Isotopen-Methode bestätigt.

Damit war offenkundig geworden, daß die Analyse von Eisbohrkernen tatsächlich einen Beitrag zur Entschlüsselung der Klimageschichte liefern konnte. Dr. Roger Revelle, Ozeanograph und Mitglied des amerikanischen Ausschusses für das Internationale Geophysikalische Jahr, erläuterte diese Technik vor einem Untersuchungsausschuß des Repräsentantenhauses, als es um die Bewilligung der Mittel für die Antarktisforschung im Jahre 1957 ging: «Hier in den Gletschern hat man eine Art von Bibliothek über das, was in der Vergangenheit geschehen ist: fest verschlossen und tief gefroren. Es handelt sich hier um einen großen Eisschrank, in dem alle geophysikalischen Ereignisse der letzten Million Jahre aufbewahrt werden. Durch Bohrungen und Untersuchungen des Staubs und des Verhältnisses von Sauerstoff und Stickstoff sowie des Gehalts an Kohlendioxid sind wir vielleicht in der Lage, eine Vorstellung von dem zu erhalten, was in der Vergangenheit passiert ist. Es handelt sich hier um eine Art Aufzeichung.»[9]

Tatsächlich können heute aus den Daten der Eiskerne bereits viele Details zur Klimageschichte abgelesen werden:

- Temperaturen lassen sich aus den Isotopenverhältnissen rekonstruieren,
- Niederschlagsraten lassen sich aus Dickenmessungen der Jahresschichten ablesen,
- Atmosphärenzirkulation läßt sich durch Messungen von Partikelkonzentrationen erschließen, denn stärkere Winde führen dazu, daß sich mehr Material in Form von Staub im Eis ablagert,

- Sonnenaktivität läßt sich durch Messung spezieller Radionuklide verfolgen.[10]

Selbst große Naturkatastrophen sind im Eis festgehalten. Bei Bohrungen im grönländischen Eis wurde 320 km östlich von Thule in einer Tiefe von 31 m eine dünne Schicht vulkanischer Asche gefunden. Man zählte die Schichten und stellte 1912 als das Jahr der Ablagerung fest, als der schneebedeckte Mount Katmai auf der Alaska-Halbinsel ausbrach, dabei schätzungsweise 20 $km^3$ vulkanischer Asche in die Atmosphäre schleuderte, die Insel Kodiak mit einer 30 cm hohen Schicht Asche bedeckte und im 2400 km enfernten Vancouver Messing schwärzte.[11] Vulkanausbrüche führen zu einer Vermehrung von Schwefelsäuretröpfchen in der Stratosphäre, die sich dann in erhöhter Schwefelsäureabsetzung über den polaren Eisschilden zeigt. Der Ausbruch des indonesischen Vulkans Tambora im Jahre 1815 beispielsweise hinterließ deutliche Spuren von Schwefelsäure in den Eisdecken von Grönland und der Antarktis.

Die Atomtests in den Jahren 1954 bis 1962 auf der Nordhalbkugel führten zu klar umrissenen Schichten mit einem hohen Maß an radioaktivem Caesium ($^{137}Cs$) und Strontium ($^{90}Sr$). In der Antarktis treten diese Schichten ein bis zwei Jahre später auf als in Grönland, was zeigt, wie lange die Schadstoffe in der Atmosphäre von einer Halbkugel auf die andere wandern. Auch Spuren des Reaktorunfalls von Tschernobyl 1986 wurden bereits im Eis gefunden.

Grundannahme aller derzeitigen Klimamodelle ist, daß $CO_2$- und Wärmeanstieg eng zusammenhängen. Das haben Ergebnisse der französisch-sowjetischen Bohrung 1987 bestätigt. Dazu haben Forscher die im Eis eingeschlossenen Luftbläschen auf ihren Kohlendioxid-Gehalt hin untersucht und anschließend mit der Temperaturkurve, die sie aus der Sauerstoffisotopenbestimmung erhalten hatten, verglichen. Die Bohrungen zeigten, daß der Kohlendioxid-Gehalt im Laufe der Zeiten beträchtlich schwankte. So enthielt die Luft während der Eiszeiten etwa 190 bis 220 ppm (parts per million, tausendstel Promille) Kohlendioxid ($CO_2$). In den Warmzeiten stieg der $CO_2$-Gehalt der Atmosphäre auf 260 bis 280 ppm. Doch noch etwas konnten die Forscher in ihrem eisigen Archiv ablesen: Während der letzten 200 Jahre hat der Kohlendioxid-Anteil der Luft schneller zugenommen als je zuvor und erreicht inzwischen 345 ppm. Gegenwärtig steigt er jährlich um 0,3 %.

Damit war gezeigt, daß die Erhöhung der Durchschnittstemperatur mit dem Ansteigen der Treibhausgaskonzentration korreliert. Das beweist allerdings noch keinen ursächlichen Zusammenhang. Vielmehr ist weiterhin umstritten, ob die Treibhausgase den Temperaturanstieg oder der Temperaturanstieg die Konzentration der Treibhausgase verursachen. Es gilt zu berücksichtigen, daß auch externe Gründe – wie etwa die Änderung der Umlaufbahn der Erde um die Sonne – Klimaänderungen bewirken können.

Noch stärker vermehrt hat sich in relativ kurzer Zeit auch der Gehalt an Methan in der Luft, neben Kohlendioxid das zweite wichtige Treibhausgas. Methan kommt hauptsächlich im Erd-, Gruben-, Sumpf-, Bio- und Darmgas vor. In den letzten 10000 Jahren lag der Methangehalt der Atmosphäre nahezu konstant bei 0,7 ppm. In den vergangenen Jahrhunderten stieg er jedoch auf das Zweieinhalbfache und beträgt gegenwärtig rund 1,7 ppm. Tendenz: Weiter steigend mit einer Rate von ein bis eineinhalb Prozent im Jahr.

Während der Anstieg des Kohlendioxids vor allem auf die Nutzung fossiler Brennstoffe (Öl, Kohle, Gas) zurückgeführt wird, sind sich die Wissenschaftler noch nicht einig, woher das viele Methan kommt. Ein Drittel stamme aus fossilen Kohlenstoffquellen. Weitere Methanquellen sind Verdauungsgase von Rindern, Gärungsprozesse in Reisfeldern, Sümpfen und wahrscheinlich auch Müllkippen. Es gibt darüber hinaus auch die Vermutung, daß die Böden der arktischen Tundra aufgrund des globalen Temperaturanstiegs aufzutauen beginnen und das Sumpfgas Methan freisetzen. Sollte diese Vermutung zutreffen, könnte eine fatale Rückkopplung in Gang kommen, da Methan eine wesentlich höhere Treibhauswirkung hat als Kohlendioxid.

Nicht nur die Anteile von $CO_2$ und Methan in der Atmosphäre sind in der letzten Zeit gestiegen, sondern auch die anderer Stoffe. Die Eisbohrkerne zeigen, daß der Bleigehalt vier- bis zehnmal so hoch liegt wie vor 2000 Jahren. Der Bleigehalt in der Atmosphäre Grönlands wuchs von fast Null im 18. Jh. zu niedrigen Werten im 19. Jh. und zu Beginn des 20. Jh. an und stieg rapide im späteren 20. Jh. mit der Zunahme der Abgase bleihaltigen Benzins. Schwefel- und Nitratkonzentration haben sich im Schnee von Grönland in diesem Jahrhundert ebenfalls erhöht, wahrscheinlich aufgrund von Abgasen aus Fabrikschornsteinen. Man fand außerdem Spuren von Chlorkohlenwasserstoffen, DDT und PCB[12].

Die Analyse der Eisbohrkerne hat gezeigt, daß das Erdklima nie konstant gewesen ist. Mehr noch: Es hat innerhalb von Jahrzehnten dramatisch geschwankt. Die Bohrkerne dokumentieren aber auch, daß der Mensch gegenwärtig die Atmosphäre in einem Ausmaß beeinflußt, das den Schwankungen zwischen den Kalt- und Warmzeiten entspricht, wenn es sie nicht gar übertrifft. Es ist wahrscheinlich, daß sich die globale Durchschnittstemperatur durch die zunehmende Konzentraton der Treibhausgase Kohlendioxid und Methan erhöhen wird. Mit welchen konkreten Klimaänderungen und vor allem mit welchen Folgeerscheinungen die Erde zu rechnen hat, vermag die Wissenschaft nicht sicher zu prognostizieren.

## Anmerkungen

1 Lewis, Richard S.: Abenteuer Antarktis. München 1966, S. 155f.
2 Daraus wurde später das US Cold Regions Research and Engineering Laboratory.
3 Sullivan, Walter: Angriff auf das Unbekannte. Wien, Hannover, Bern 1962, S. 335.
4 Vgl.: Walton, D. W. H.: Antarctic Science. Cambridge, London, New York, New Rochelle, Melbourne, Sydney 1987, S. 155f.
5 Vgl.: Schwander, J.: Eisbohrkerne als Archiv für Klima- und Umweltvorgänge. In: Gletscher im ständigen Wandel. Zürich 1995, S. 68.
6 Vgl. ebd. und Neftel, Albrecht: Polare Eiskappen – Das kalte Archiv des Klimas. In: Hutter, K. (Hrsg): Dynamik umweltrelevanter Systeme. Berlin, Heidelberg, New York, London, Paris 1991 S. 86.
7 Die Analyse derartiger im Eis eingeschlossener Luftblasen wurde erstmals 1956 behandelt: Scholander, P. F., J. W. Kanwisher und D. C. Nutt: Gases in Icebergs. Science 123 (1956), S. 104–105.
8 Vgl.: Sorge, Ernst: Überwinterung in «Eismitte». In: Wegener, Else (Hrsg.): Alfred Wegeners letzte Grönlandfahrt. Leipzig 1932, S. 165–183.
9 Zitiert nach Lewis, Richard S., a. a. O., S. 159.
10 Vgl.: Schwander, J., a. a. O., S. 69f.
11 Zum Ereignis des Vulkanausbruchs vgl.: Griggs, Robert F.: Das Tal der zehntausend Dämpfe. Leipzig 1928, S. 17–41.
12 Abkürzung für Polychlorbiphenyle. PCB sind Verbindungen, die als Isolier- und Hydraulikflüssigkeiten verwendet werden. Die stark giftigen PCB zählen zu den Schadstoffen, die physiologisch nur sehr langsam abgebaut werden. Auf PCB sollen Schädigungen der Stoffwechselorgane und des Nervensystems zurückzuführen sein.

*Form und Farbe sind bizarr: Eiszapfen an einem Eisberg in der Nähe von Curverville Island vor der Antarktischen Halbinsel.*

*Wissenschaftler untersuchen Eis. Im Hintergrund das 1982 in Dienst gestellte Forschungsschiff Polarstern.*

*Am Alexanderplatz in Berlin warb jahrelang ein Pinguin mit überdimensionaler Eiswaffel für eine Eisdiele.*

*Dieses vereiste Schiff kommt aus dem Ostseeraum. Die Aufnahme enstand während des Eiswinters 1986 im Nord-Ostsee-Kanal unweit von Rendsburg. (Foto: G. Kahl)*

*Sommerliches Tauwetter hat diesen antarktischen Eisberg mit einem Vorhang aus Eiszapfen versehen.*

*Eisberge vor der grönländischen Westküste. Sonne, Wasser und Wind sind die Künstler, die sie formen.*

*Die Eisberge der Diskobucht zählen zu den schönsten der Erde*

So schön Eisberge für den unbefangenen Betrachter auch sein mögen, für die Schiffahrt können sie zu einer großen Gefahr werden.

# Glitzernde Giganten der Polarmeere

«Eisberg hart voraus», war die nichts Gutes verheißende Meldung, die der Matrose Frederick Fleet am 14. April 1912 gegen 23.40 Uhr vom Krähennest der *Titanic* den diensthabenden Offizieren auf der Brücke machte. Sekunden zuvor hatte er ihn auftauchen sehen, als dunkle, undefinierbare Masse. «Danke», war die lakonische Antwort des Sechsten Offiziers James Moody, der den Warnruf entgegengenommen hatte und der ihn sofort an den diensthabenden Ersten Offizier William Murdoch weitergab. Der hatte seinerseits den Eisberg inzwischen mit eigenen Augen erspäht und rannte zum Maschinentelegrafen, mit dem er dem Maschinenraum «Volle Fahrt zurück» signalisierte, um das mit rund 22 Knoten fahrende Schiff zu stoppen. Gleichzeitig gab er dem Mann am Ruder das Kommando: «Hart Backbord». Dem Matrosen Fleet im Ausguck erschienen die folgenden Sekunden wie Stunden; gebannt starrte er auf den immer näher kommenden Eisberg, bis der Bug endlich seitlich abdrehte. Einen Moment sah es so aus, als wäre die *Titanic* noch einmal glimpflich davon gekommen, dann passierte das Schiff an Steuerbordseite den Eisberg, und ein knirschendes Geräusch hallte durch die Stille der kalten Nacht.[1]

«Wie groß war der Eisberg, als Sie ihn zuerst sahen?» wurde Fleet später bei der Verhandlung über den Hergang des Unglücks von Senator William Smith, der den amerikanischen Untersuchungsausschuß leitete, gefragt. «Von Entfernungen und Größen habe ich keine Ahnung, Sir», war seine verblüffende Antwort, mit der er Smith fast aus der Fassung brachte. «War der Eisberg», fragte der Vorsitzende, mühsam um Selbstbeherrschung ringend, nach, «vielleicht so groß wie der Tisch, an dem ich sitze?» – «Eher so groß wie zwei von diesen Tischen«, war Fleets ebenso kurze wie unpräzise Antwort.[2]

Die tatsächliche Größe des Eisbergs, der der *Titanic* zum Verhängnis wurde, konnte nicht ermittelt werden, denn niemand konnte ihn später mehr genau beschreiben, und von den Passagieren hatte ihn wohl ohnehin kaum jemand gesehen. Auch wird es für immer ein Geheimnis bleiben, was im Ersten Offizier James Murdoch vorging, als der Eisberg an der Wand des Schiffes entlangkratzte und ein Eishagel aus winzigen Splittern und bis zu fußballgroßen Trümmern auf das Deck niederging.[3]

Das Eis hatte die *Titanic* drei Meter über dem Kiel in einem vollen Drittel ihrer Länge beschädigt, wenngleich vermutlich nicht als durchgehendes Leck, sondern als eine Kette aus Rissen und Beulen;[4] jedenfalls reichte der Schaden am Schiffskörper aus, das Schiff, und mit ihm mehr als 1500 Menschen, 2 Stunden und 40 Minuten später für immer in den eisigen Fluten versinken zu lassen.

Der Eisberg zog nach dem Zusammenprall weiter seinen Weg durch den Nordatlantik. Die 269 m lange *Titanic* war seinerzeit das modernste und größte Passagierschiff der Welt, das sich auf seiner Jungfernfahrt nach New York befand. Für diese Galafahrt waren 2206 Passagiere und Besatzungsmitglieder an Bord gegangen.

Es klingt nahezu unglaublich, aber auf dem Schiff schien zunächst niemand das Ausmaß der Katastophe begreifen zu wollen. Passagiere hoben Eisstückchen auf und bewarfen einander neckisch damit; ein Spaßvogel im Rauchsalon der zweiten Klasse fragte, ob er etwas Eis für seinen Drink haben könne.

Der Eisberg, der die *Titanic* aufschlitzte, wurde in der Unglücksnacht nicht fotografiert, aber in den Tagen danach wurden viele Eisberge auf Zelluloid gebannt in der Annahme, es könne derjenige sein, der den Untergang ausgelöst hatte. Eines dieser Fotos ging später um die Welt. Es war am Tage nach der Kollision der *Titanic* vom Chefsteward des deutschen Schiffes *Prinz Adalbert* gemacht worden und zeigte einen Eisberg, der einen grellen Streifen an seinem Sockel trug – vermutlich von der roten Farbe an der Wasserlinie der *Titanic*.[5]

Noch 1912 wurden Maßnahmen getroffen, die die Sicherheit an Bord erhöhen sollten; für alle Passagiere aller Schiffe mußte fortan Platz in Rettungsbooten zur Verfügung stehen. Die *Olympic*, das etwas kleinere Schwesterschiff der *Titanic*, wurde noch im gleichen Jahr umgerüstet: Die vielgerühmten wasserdichten Schotten, die die *Titanic* nicht vor dem

Untergang bewahren konnten, weil sie nur bis zur zweiten der sieben Etagen hinaufreichten, wurden nach oben durchgezogen, was die White Star Line in den Mittelpunkt ihrer Werbung für das mißtrauisch beäugte Schwesterschiff rückte.[6] In Wien sann der 31jährige mecklenburgische Physiker Alexander Behm, der in einer Fabrik für isolierende Baustoffe tätig war, unter dem Eindruck der *Titanic*-Katastrophe über Möglichkeiten nach, Eisberge durch Schall zu orten, und meldete noch 1912 das Echolot zum Patent an. Auch in der Öffentlichkeit löste die Havarie vor allem aufgrund des gewaltigen Verlusts an Menschenleben den Ruf nach Sicherheitsmaßnahmen gegen Eisberge auf Schiffahrtsstraßen aus, zumal das Gebiet, in dem die *Titanic* verunglückt war, durchaus als gefährlich bekannt war. Allein im Zeitraum von 1882 bis 1890 waren durch Eis bei den Neufundlandbänken 14 Passagierschiffe versenkt und etwa 40 weitere beschädigt worden.[7]

Eine knappe Woche nach dem Unglück der *Titanic* entsandte die US-Marine zwei kleine Kreuzer zu den Neufundlandbänken, nahe der Stelle, wo die *Titanic* gesunken war. Sie hatten den Auftrag, nach Eisbergen Ausschau zu halten, deren Positionen zu vermerken und an alle Schiffe auf See weiterzugeben. Vom 12. November 1913 bis 20. Januar 1914 tagte die Internationale Konferenz für Sicherheit des Lebens auf See in London. Es war die erste derartige Konferenz in der Geschichte der Seefahrt. Das vielleicht wichtigste Ergebnis war die Schaffung des Internationalen Eisdienstes (International Ice Patrol Service), der von Großbritannien, Frankreich, Deutschland, den Vereinigten Staaten, Belgien, Italien, den Niederlanden, Norwegen, Österreich, Ungarn, Kanada, Dänemark, Rußland und Schweden im Verhältnis der bestehenden Handelstonnage gemeinsam finanziert wurde. Verantwortlich für die neue Einrichtung zeichneten die Amerikaner; Präsident Wilson beauftragte am 17. Februar 1914 das Zollschiffahrtsamt, den neuen Dienst einzurichten. Ein Jahr später wurde die U. S. Coast Guard, die Küstenwache, als Zusammenschluß des Zollschiffs- und des Seerettungsdienstes geschaffen, zu deren Pflichten es fortan auch gehörte, die Schiffahrtswege auf dem Nordatlantik zu kontrollieren und Eiswarnungen durchzugeben, auf hoher See Wetterbeobachtungsstationen einzurichten und allgemein für die Sicherheit der Schiffahrt zu sorgen.

Seither haben Schiffe der amerikanischen Küstenwache jedes Jahr mit Ausnahme der Zeit des II. Weltkrieges im Dienst der internationalen Seeschiffahrt eine Zone von gut 950000 $km^2$ rund um die als «Eisberg-Straße» bekannten Neufundlandbänke beobachtet; darüber hinaus werden seit 1946 auch Flugzeuge zur Eisbergerkundung eingesetzt. Vom 52.

bis zum 42. nördlichen Breitengrad und vom 40. bis zum 50. westlichen Längengrad suchen sie nach Eisbergen, zählen und vermessen sie und verfolgen ihren Weg. Zweimal täglich veröffentlicht der Eisdienst per Funk über Stationen in den Vereinigten Staaten, Kanada und Europa seine neuesten Daten, um die Schiffahrt in jener Gegend zu warnen. Am 15. April jeden Jahres versenkt ein Schiff der Küstenwache auf 41°46′ N 50° 14′ W einen Kranz im Meer – am Grab jenes unseligen Schiffes, dessen Untergang den Eisdienst ins Leben gerufen hat.[8]

Die getroffenen Maßnahmen und die Arbeit der International Ice Patrol haben Früchte gezeigt. Lediglich eine Kollision – die zudem in das Kriegsjahr 1943 fiel, in dem die Ice Patrol ihren Dienst eingestellt hatte – führte noch zu einem Totalverlust. Weitere Berührungen mit Eisbergen liefen für die beteiligten Schiffe glimpflich ab: am 24. Juni 1946 ging zwar der portugiesische Schoner *Commandante Teneiro* verloren, doch die Besatzung wurde gerettet. Am 6. Juni 1948 kam der dänische Dampfer *Nevada* und am 24. Juni 1959 das kanadische Küstenmotorschiff *Lydia Marie* jeweils mit Schäden am Schiffskörper davon.[9]

In einem nicht zum Überwachungsbereich der Ice Patrol gehörenden Gebiet zeigte sich, daß das Schicksal der *Titanic* kein Einzelschicksal bleiben sollte. In der kleinen Holzkirche der westgrönländischen Ortschaft Qaqortoq (Julianehåb), hängt bis auf den heutigen Tag ein rotweißer Rettungsring, der von Blumen und Kränzen umrahmt ist. Die rote Farbe ist stellenweise abgeplatzt, aber deutlich ist auf dem oberen und unteren Rand die Beschriftung zu lesen: *Hans Hedtoft København*. Der Rettungsring ist das einzige Überbleibsel des Schiffes, das als Stolz der grönländischen Flotte galt.

Die *Hans Hedtoft* hatte gerade ihre Jungfernfahrt hinter sich und befand sich im Januar 1959 auf der Rückfahrt von Grönland nach Kopenhagen. Das 1958 gebaute Schiff, das mit 2875 BRT vermessen war, verfügte über die modernsten Einrichtungen, war speziell für die Arktis konstruiert, galt als unsinkbar und besaß in Kapitän P. L. Rasmussen einen Eisspezialisten, wie man ihn sich besser nicht hätte wünschen können. Vierzig Mann zählte die Besatzung, dazu kamen 55 Passagiere, die nach Kopenhagen wollten und unter denen sich führende Männer des grönländischen und dänischen Geistes- und Wirtschaftslebens befanden. Außerdem waren wichtige grönländische Staatsdokumente an Bord, die man im Reichsarchiv in Kopenhagen unterbringen wollte, wo man dafür Regalplatz in der Länge von 100 m reserviert hatte. Unter diesem Archivmaterial befanden sich erhalten gebliebene Dokumente aus dem Zeitraum von 1780–1958.

Der erste Funkspruch, der aufgefangen wurde, besagte, daß das Schiff 60 sm südlich Kap Farvel einen Eisberg gerammt hatte und daß der Maschinenraum voll Wasser laufe. Funker der kanadischen Luftwaffe fingen den Notruf auf: «Sinken langsam, brauchen Hilfe.»

Die dänischen Schiffe *Umanak* und *Teisten* versuchten zu Hilfe zu eilen, aber sie konnten wegen Eis und schlechten Wetters ebensowenig wie kanadische und amerikanische Rettungsflugzeuge die Unglücksstelle erreichen. Aufgrund der großen Entfernungen rechnete man mit 15 Stunden bis zum Eintreffen eines Schiffes auf der Position des Havaristen.

Der Unglücksstelle am nächsten war der deutsche Fischdampfer *Johannes Krüss*. Sein Kapitän, der später vom dänischen König mit dem Danebrog-Orden ausgezeichnete Albert Sierck, versuchte zu Hilfe zu kommen. Aber auch seine Bemühungen waren vergeblich. Schnee und Sturm sowie die unberechenbaren Eisverhältnisse ließen in jener Unglücksnacht kein Fahrzeug in die Nähe des sinkenden Schiffes vordringen. Tagelang suchte man fieberhaft das Gebiet nach etwaigen Überlebenden ab. Bis zum 4. Februar 1959 hatte man ein Gebiet von 9000 $km^2$ durchforscht. Ein Suchflugzeug sichtete ein Faß, ein Kutter zwei weitere, die offensichtlich von der *Hans Hedtoft* stammten. Sonst war nichts beobachtet worden. Bis zum 7. Februar führte man die Suche fort, dann setzte sich schließlich die traurige Gewißheit durch, daß aus den eisigen Fluten am Kap Farvel kein Mensch mehr lebend werde geborgen werden können. Wieder einmal war das Eis Herr über Technik und Geist des Menschen geworden.[10]

Während von der *Hans Hedtoft* nichts außer jenem an der isländischen Küste angespülten Rettungsring geblieben ist, wurde das Wrack der *Titanic* inzwischen geortet; es gab bereits 1914 erste, wenngleich utopische Pläne, das Schiff zu heben.[11] Doch erst im Sommer 1986 gelang es dem amerikanischen Ozeanographen Robert D. Ballard, mit dem Tauchboot *Alvin* das verunglückte Schiff zu erreichen und zu untersuchen; er kam zu der Erkenntnis: «Wir werden wohl nie genau erfahren, welchen Schaden der Eisberg an der Steuerbordseite des Vorschiffs der *Titanic* angerichtet hat. Dazu steckt ein zu großer Teil des Bugs zu tief im Boden.»[12]

Da Eisberge nicht nur eine Gefahr für die Schiffahrt darstellen, sondern auch die Einrichtungen der Öl-Industrie in der Arktis beschädigen können, hat man wiederholt versucht, ihren Kurs zu beeinflussen oder sie gar zu zerstören, bevor sie Unheil anrichten können. So hat der Internationale Eisdienst von Anfang an neben seiner Aufgabe, die Position von Eisbergen zu melden, diverse Möglichkeiten getestet, die Schiffsrouten vor den gefährlichen Hindernissen zu bewahren. Man erkannte, daß ein Eisberg schneller schmilzt, wenn man ihn zerkleinert. Aber Eisberge lösen sich noch immer nach dem Zeitplan der Natur auf und haben sich bisher allen Versuchen widersetzt, diesen Vorgang zu beschleunigen. «Zur Ablenkung und als eine Art Experiment feuerten wir ein Dutzend Sechspfünder auf einen Eisberg ab», hatte bereits 1914 der Kapitän eines in den Neufundlandbänken patroullierenden Kutters notiert, «aber ebensogut hätten wir auf den Felsen von Gibraltar zielen können.»

Seither wurden Eisberge bombardiert, beschossen und berußt, die Eispatrouille zündete Sprengladungen unter, auf und in Eisbergen, letzendlich wurden sogar Flammenwerfer eingesetzt, doch ohne Erfolg. «Wir haben im Laufe der Zeit alles erprobt», sagte A. D. Super, ehemals Kommandeur des Eisdienstes, «man kann die Eisberge weder sprengen noch auf andere Weise zerstören. Wir versuchten es, aber im besten Fall entstanden winzige Scharten.»[13] Einer Schätzung nach müßte man etwa 11 Mill. Liter Benzin verbrennen, um genügend Wärme zum Schmelzen eines 100000 t schweren – also eines mittelgroßen – Eisberges aufzubringen.[14]

Doch trotz der großen Gefahr, die von ihnen für die Schiffahrt ausgeht, gibt es für den Schiffsreisenden wohl kaum einen großartigeren Anblick als den eines auf dem Ozean treibenden Eisbergs. Die glitzernden Giganten sind Geschöpfe der Polarmeere, die ihren Ursprung in den Gletschern der Arktis oder der Antarktis haben. Vom Entstehungsort werden sie durch Wind-, mehr noch durch Meeresströmungen über erhebliche Strecken transportiert, bis sie letztlich schmelzen.

Bereits bei den frühen Polarfahrern hinterließen sie einen nachhaltigen Eindruck. Der Seemann Gerrit de Veer, der 1596 zusammen mit dem holländischen Entdecker Wilhelm Barents die Nordostpassage suchte, eine Schiffsroute von Europa zu den Gewürzregionen des Orients entlang der russischen Nordmeerküste, beschrieb Eisberge als «gewaltig aufgetürmte Massen, so groß wie Salzhügel, die man in Spanien antrifft».[15] Dem Marinearzt Isaac R. Hayes, der 1860 Eisberge bei Sonnenuntergang vor Grönland beobachtete, erschienen sie «gleich Gebilden aus lauter Flammen oder blankem Metall».[16] Leutnant Charles Wilkes, 1845 Leiter einer amerikanischen Forschungsexpedition, die auch ins Südpolarmeer führte, war von den Ausmaßen der Eisberge fasziniert. Er bewunderte ihre wie gemeißelt wirkenden Flanken und registrierte, wie jedes Geräusch an Bord, sogar menschliche Stimmen, von den massiven, schneeweißen Wänden zurückgeworfen wurden. Die Fahrt zwischen den riesigen Eisbergen hindurch hinterließ bei ihm einen unauslöschlichen Eindruck.

Auch Emil Racovitza, der 1898 an Bord der *Belgica* Adrien de Gerlache in die Antarktis begleitete, schwärmte: «Majestätisch schwimmen die Eisberge auf der See, weiß im Sonnenlicht und bläulich im Schatten. Um sie leuchtet das Meer grünlichblau wie Saphir, und rauschend dringt das Wasser in ihre bläulichen Grotten und kehrt silbrig schäumend zurück. Gleich Riesenschiffen in weißen Marmorhäfen liegen in Golfen und Buchten die auf dem Meeresgrund festgefrorenen Eisberge.»[17]

Den deutschen Naturforscher Georg Forster hingegen, der 1772 den englischen Kapitän James Cook auf der *Resolution* in die Antarktis begleitet hatte, beschlich angesichts der gewaltigen Eisberge, die das Schiff umgaben, das nackte Grauen: «Dies stellt einen großen und fürchterlichen Anblick dar. Es scheint, als ob wir diese Trümmer einer zerstörten Welt, oder, nach den Beschreibungen der Dichter, gewisse Gegenden der Hölle vor uns sähen, eine Ähnlichkeit, die uns um so mehr auffiel, weil von allen Seiten ein unablässiges Fluchen und Schwören um uns her ertönte.»[18]

Der amerikanische Naturforscher John Muir nannte 1880 Eisberge in Alaska «Dinge von unbeschreiblicher Schönheit, in denen die reinsten Töne des Lichts flirren und funkeln, herrlich und ohne Makel wie nichts sonst auf der Erde oder am Himmel».[19] Richard Byrd, damals Flieger bei der US-Marine, sprach 1928, als er erstmals den Südkontinent aufsuchte, von «Schlachtschiffen aus Eis, weit größer als sämtliche Flotten der Welt, die elend und ohne Hoffnung durch dunstiges Grau zogen»,[20] die er dennoch in seinen Expeditionsberichten immer wieder detailliert beschrieb: «Montag den 10. Dezember fuhren wir an vielen der langen und flachen Eisberge vorbei, die dem Südlichen Eismeer eigentümlich sind. Innerhalb weniger Stunden zählten wir fünfzig. Jeder zog den unvermeidlichen Schwanz von Brockeneis hinter sich her. Jeder seltene Sonnenstrahl ließ ein zauberhaftes Bild entstehen. Blaue Schatten furchten glitzernden Marmor. An den näheren Eiswänden unterschied man deutlich die Schichtlinien. Das Meer brüllte dumpf in den Eisgrotten und schleuderte Spritzer empor, wohl bis zur Höhe unseres Flaggenknopfs. Hier und da tauchte ein Eiswrack auf, ein gekenterter Tafelblock, der nun seine verrottete Wurzel himmelwärts streckte – der Beginn der Auflösung, die sich auf dem Weg in lauere Meere unaufhaltsam fortsetzt.»[21] Heutzutage gehört das Ausspähen des ersten Eisbergs auf Kreuzfahrtschiffen, die die Polarmeere besuchen, zu einem beliebten Zeitvertreib für die Passagiere. Meist winkt schließlich eine vom Kapitän oder der Reiseleitung gestiftete Flasche Sekt als Finderlohn.

Beim Eintritt in die hohen Breitengrade der Nord- und der Südhalbkugel begegnet das Eis dem Reisenden zunächst in Form kleiner Eisstücke, leichte Spielzeuge der Wellen. Doch bald werden die Bruchstücke größer, und schließlich taucht ein erster Eisberg in der Ferne auf, zuerst als einsamer Wanderer, doch dann wird ihre Zahl größer. In der Antarktis kann man erleben, daß sie schließlich wie weiße Tafeln den Horizont bedecken, so weit das Auge reicht. Sie wirken wie Wegweiser in eine andere Welt. «Als das Eis sich zeigte, wurde es an Bord lebendig»,[22] berichtete der Norweger Carsten Borchgrevink, der 1898 mit der *Southern Cross* Kurs auf die Antarktis genommen hatte, um als erster Mensch auf dem Kontinent des eisigen Südens zu überwintern. Bis auf den heutigen Tag bricht an Bord eines Schiffes, das sich auf seinen Spuren nach Süden wagt, eine seltsame Spannung aus, wenn der erste Eisberg mit seinen funkelnden Flanken vorbeitreibt. Hier, im Reich dieser eisigen Giganten, heißt es für die Besatzung auf der Brücke, noch größere Vorsicht walten zu lassen. Denn sichtbar ist von den weißen Schönheiten stets nur ihre sprichwörtliche Spitze. Da Gletschereis von geringerer Dichte als Meerwasser ist, schwimmt es; dabei liegen etwa sieben Achtel unter Wasser. Diese Angabe ist eine oft zitierte Faustregel. Exakt läßt sich das Verhältnis der Höhe des Eisberges über Wasser zu seiner Tiefe unter Wasser nicht angeben. Es kommt darauf an, wie stark das Eis im Gletscher gepreßt wurde, d. h. wieviel Luft es enthält.[23]

Eisberge sind Zufallsgebilde, ihre Form ist jeweils einmalig und dabei stetem Wandel im Alterungsprozeß unterworfen. Neben dem Formenreichtum beeindrucken Eisberge oft auch durch ihre Farbe: selten ist das ein reines Weiß. Einem merkwürdig klaren, intensiv grünen Eisberg begegnete das deutsche Forschungsschiff *Polarstern* in den achtziger Jahren auf einer seiner ersten Fahrten in das Südpolarmeer. Die Wissenschaftler machten nicht nur ein Foto, das bis heute immer wieder in Zeitschriften und Büchern publiziert wird, sondern nahmen auch eine Eisprobe, die sie umgehend untersuchten. «Die Analyse eines von uns abgetrennten Stückes zeigte, daß es glasklar und mit feinen Partikeln in Schichten durchsetzt war. Diese stammten eindeutig aus dem Sediment vom Kontinentalhang der Antarktis. Wir kamen damals zu dem Schluß, daß der grüne Eisberg durch Anfrieren von Meerwasser unter einem Schelfeis in Bodennähe entstanden ist.»[24] Genaueres allerdings konnten die Wissenschaftler damals über seine Herkunft und Entstehung nicht herausbekommen. Erst nachdem fünf Jahre später Glaziologen des Alfred-Wegener-Instituts für Polar- und Meeresforschung eine Bohrung auf dem über 200 m mächtigen Filchner-Ronne-Schelfeis durchführten, stießen sie in 153 m Tiefe auf Meereis. Mit bloßem Auge war an dem zutage geförderten Bohrkern der Übergang von Gletschereis zu Meereis zu sehen. Kentert nun ein Eisberg, der von einer solchen zweischichtigen Schelfeiskante abgebrochen ist, dann wird das ehemals an seiner Unterseite gelegene Meereis sichtbar.[25] Ungeklärt ist jedoch noch, wie die grüne Farbe zustande kommt. Sicher ist, daß sie auf keinen Fall auf grüne Algen zurückzuführen ist, wie zunächst angenommen worden war. Möglicherwiese kommt die grüne Farbe durch einen optischen Effekt zustande, bei dem eingeschlossene Partikeln (Sedimente) durch Lichtbrechung diese Farbe entstehen lassen. Das Eis selbst ist völlig durchsichtig, und ein faustgroßes Stück ist glasklar.

Aber auch «gewöhnliche» Eisberge nehmen beispielsweise im abendlichen Dämmerlicht zauberhafte, manchmal sogar warme braungoldene Farben an. Lee Koszlik, eine kanadische Künstlerin, die 1989 erstmals in der Antarktis arbeitete, war überrascht: «Ich hatte mir vorgestellt, farblose Bilder malen zu müssen, aber ich habe hier Farben gesehen, die schöner sind als im Orient.»[26] Auch die Fotografin Rebecca Lee aus Hongkong, die in den letzten Jahren chinesische Expeditionen in die Antarktis begleitet hat, läßt sich immer wieder von den Reflexionen des Lichtes, «das sich im Eis wie in Diamanten bricht», fesseln.[27]

Wissenschaftler hingegen stehen den glitzernden Giganten sachlicher gegenüber. Laut Definition der WMO-Eisnomenklatur ist ein Eisberg «ein massives Eisstück von sehr unterschiedlicher Gestalt, das mehr als 5 m über den Wasserspiegel herausragt und von einem Gletscher abgebrochen ist. Es schwimmt im Wasser oder sitzt auf dem Grund fest».[28]

Eisberge, die im Nordatlantik angetroffen werden, stammen fast ausschließlich von den riesigen Talgletschern Grönlands, die ihren Ursprung im Inlandeis dieser größten Insel der Erde haben.[29] Nur eine vergleichsweise geringe Zahl von Eisbergen im Nordatlantik wird von den Gletschern auf Inseln des östlichen kanadischen Archipels und auf Spitzbergen, Franz-Joseph-Land, Novaja Zemlja und Severnaja Zemlja produziert.[30]

Hans Egede, der dänische Grönlandapostel, schickte, als er 1721 mit dem Schiff in grönländischen Gewässern ankam, bei der ersten Begegnung mit Eisbergen ein Stoßgebet gen Himmel,[31] und Dr. Hinrich Johannes Rink, im 19. Jahrhundert dänischer Inspektor, lieferte eine der frühen Beschreibungen des Kalbens von Gletschern in der Uummannaq- und in der Diskobucht an der Westküste Grönlands.[32] Der englische Kapitän Frederick William Beechey, der 1825 Sir John Franklin auf dessen erster Erkundungsexpedition zur Auffindung der Nordwestpassage begleitete, hatte 1818 das Schauspiel eines kalbenden Grönlandgletschers aus respektvoller Entfernung beobachtet: «Das Stück, das sich gelöst hatte, verschwand zunächst völlig unter Wasser, und nichts war zu sehen außer einem heftigen Brodeln der See und hoch aufschießenden Gischtwolken, wie man sie am Fuße eines großen Katarakts beobachtet. Nach kurzer Zeit tauchte es auf, von Wasser triefend, und stieg immer höher, bis es volle 30 m über dem Meeresspiegel stand; dann schlingerte es schwerfällig umher, als wisse es nicht, in welche Richtung es kippen solle, schaukelte noch einige Minuten hin und her und kam daraufhin endlich zur Ruhe.»[33]

Etwa 12000–15000 Eisberge entstehen jedes Jahr durch Kalbung vom grönländischen Inlandeis.[34] Sie treiben mit der Strömung entlang der Westküste Grönlands nach Norden, kommen dann auf der westlichen Seite der Baffinbucht zurück und gelangen auf südlichem Kurs in den Nordatlantik. Ihre Überlebensrate ist allerdings sehr unterschiedlich. Dabei ist der wichtigste äußere Parameter für die Lebensdauer eines Eisbergs die ihn umgebende Wassertemperatur, andere Einflußgrößen sind Seegang sowie Form und Größe des Eisbergs.[35]

Große Eisberge können über 1 Mill. t wiegen. Das Gewicht eines mittelgroßen Eisbergs liegt bei 200000 t bis 300000 t. Der grönländische Eisbergtyp ist – da er von ins Meer hineinragenden Gletscherzungen abbricht – überwiegend von unregelmäßiger, häufig zerklüfteter Gestalt. In der Antarktis hingegen herrschen Tafeleisberge vor. Rund 13660 km – also mehr als ein Drittel – der gesamten, 30300 km langen Küstenlinie der Antarktis ist bedeckt von Inlandeis, das sich gletscherartig ins Meer vorschiebt und sogenannte Eisschelfe bildet. Mit Geschwindigkeiten zwischen einem und zweieinhalb Metern pro Tag wachsen sie weiter aufs Meer hinaus. Das Ross-Schelfeis ist an seiner Stirn 800 km breit und bildet an seiner Vorderkante ein Kliff von bis zu 50 m Höhe über dem Meeresspiegel. Die in Küstennähe auf dem Untergrund aufliegenden Schelfe reichen weit ins Meer hinaus und schwimmen auf. Ihre Fronten sind dem Einfluß von Brandung, Tidenhub und Strömungen ausgesetzt. Irgendwann ist der kritische Punkt erreicht, an dem sie den an ihnen nagenden Meereskräften nicht mehr standhalten. Beim Kalben der Eisschelfe brechen gewaltige Platten ab und stürzen als Eisberge ins Meer. Manche von ihnen sind so groß wie Schleswig-Holstein. Diese Tafeleisberge haben eine ebene Oberfläche, ihre Länge ist um mindestens das Fünffache größer als ihre Höhe. Bei einem kleineren Verhältnis der Länge zur Höhe spricht man von Blockeisbergen. Durch Auseinanderbrechen oder Erosion durch Wind und Wellen entstehen andere Formen wie Trog-, Gipfel- und Kuppeleisberge, die Mulden, spitze Gipfel oder – durch Schaukeln im Wasser – abgerundete Formen erhalten können.

Bis heute weiß niemand, wieviel Eis im Laufe eines Jahres auf diese Art den antarktischen Kontinent oder die grönländische Insel verläßt. Bevor die Auswertung von Satellitenfotos neue Hilfen gab, basierten Hochrechnungen der Wissenschaftler auf Stichproben in einzelnen Regionen.

1965 beispielsweise zählten sowjetische Polarforscher an einem 2730 km langen antarktischen Küstenabschnitt zwischen 44° und 168° O rund 31 000 Eisberge mit einem geschätzten Volumen von 4165 $km^3$. Nicht zuletzt von den Eigenschaften der Muttergletscher hängt ab, wie und vor allem wie oft sich Eisberge abspalten. Das vom Lambert-Gletscher gespeiste Amery-Schelfeis beispielsweise hat in den 30 Jahren zwischen 1950 und 1980 nur ein einziges Mal gekalbt. 1963 lösten sich dabei insgesamt 900 $km^3$ Eis ab.

In dem Augenblick, in dem Eisberge entstehen, beginnt ihr unaufhaltsamer Zerfallprozeß. Ihre Existenz ist bedroht, sobald sie im Meerwasser schwimmen. Es geschieht jedoch häufig, daß sie im Winter im Meereis einfrieren. Dann wird der Abschmelzprozeß zeitweilig aufgehalten. Aber selbst die größten unter ihnen werden auf der Südhalbkugel kaum älter als zehn Jahre. Die antarktischen Eisberge treiben parallel zur Küste den Meereströmungen folgend von Ost nach West. Messungen haben gezeigt, daß ein Eisberg zwischen elf und 13 km pro Tag zurücklegen kann, vorausgesetzt, es stellen sich ihm keine Hindernisse in den Weg: Strudel, die ihn im Kreise drehen, Untiefen, die ihn auflaufen lassen, oder Buchten, die ihn gefangen halten. «Die Eisberge ziehen eine eigenwillige Bahn durch das Polarmeer», beschrieb der Meteorologe Günter Skeib, der als erster deutscher Wissenschaftler nach dem Zweiten Weltkrieg in der Antarktis gearbeitet hat, einmal den Weg der weißen Giganten, «eigenwillig insofern, als sie sich um die Oberflächenströmung des Meeres wenig zu kümmern scheinen und oft gerade dem Winde entgegen treiben. Das ist bei ihrem großen Tiefgang verständlich. Von der Meeresoberfläche bis in 200 m Tiefe kann sich die Richtung der Meeresströmung stark verändern. Der Eisberg aber folgt der Richtung der größten Schubkräfte. Deshalb weicht seine Driftrichtung von der

Oberflächenströmung ab. Er hinterläßt eine deutliche Spur innerhalb des Scholleneises, in seinem ‹Kielwasser› bilden sich regelmäßig offene Wasserstellen.»[36] Insbesondere in Küstennähe können stellenweise zudem so große Ansammlungen von Tafeleisbergen auftreten, «daß dabei der Eindruck einer regelrechten ‹Eisstadt› entsteht, durch deren enge Straßen und Gassen sich das Schiff nur langsam und vorsichtig hindurchmanövriert. Diese Eisberganansammlungen entstehen hauptsächlich dann, wenn vor einer Küste mit starker ‹Eisbergproduktion› flache Meeresteile liegen, an deren Bänken und Schwellen die Eisberge mit ihrem Tiefgang von rund 200 m stranden. Sie liegen dann wie an einer Perlenkette aufgereiht längs einer unterseeischen Bank und lassen damit Rückschlüsse auf den Meeresgrund zu. Zuweilen verharren sie in dieser Lage jahrelang, bis die zerstörenden Kräfte ihre Gestalt so verändert haben, daß sie wieder flott werden und bei einem besonders starken Tidenhub der Meeresgezeiten abtreiben.»[37]

Von einem solchen auf Grund festliegenden Eisberg nahm 1911 der deutsche Expeditionsleiter Wilhelm Filchner an, daß er eine geeignete Basis für ein Forschungslager abgeben könnte. Innerhalb weniger Tage war eine Hütte aus dem von der Expedition eigens dafür mitgeführtem Holz gezimmert worden, als eine große Flutwelle den Eisberg in Bewegung versetzte und diese frühe deutsche Antarktisstation zerstörte, bevor sie überhaupt von den Wissenschaftlern bezogen werden konnte. Glücklicherweise kam niemand zu Schaden, Filchner selbst verließ als einer der letzten die Überreste seines Stationshauses: «In seinem Innern hatte ich einen Zettel angeschlagen und darauf das Ereignis der Springflut vermerkt unter der Angabe des Datums und der Position: 77° 45′ Süd, 34° 34′ West. Eisberge reisten oft sehr weit und ich wollte fahrende Seeleute nicht im Unklaren lassen. Vielleicht schwamm der Berg bis in die Zone der braven Westwinde und der Dampferlinien. Ein Holzhaus auf einem treibenden Eisberg würde bestimmt auffallen.»[38]

Auch im Nordatlantik wird der maximale Tiefgang von Eisbergen, die aus den grönländischen Fjorden in die offene See gelangen, durch die Tiefe der Fjordschwellen und der Küstengewässer bestimmt. Im Bereich der Baffinbucht, in die die meisten nördlichen Eisberge gelangen, beträgt sie 150–200 m. Allerdings gibt es nördlich der Diskobucht auch tiefere Stellen, so daß selbst extrem große Eisberge ihre Reise zu den Neufundlandbänken antreten können. Die bisher größte, zuverlässig bestimmte Höhe eines Eisbergs betrug 215 m. Er wurde im Juli 1960 während eines Erkundungsfluges der Ice Patrol in der Baffinbucht gesichtet.[39]

Wo immer der Muttergletscher eines Eisbergs auch liegt, in Grönland, Spitzbergen, Franz-Joseph-Land oder in der Antarktis: Das Eis eines Eisbergs unterscheidet sich in seiner Zusammensetzung und den physikalischen Eigenschaften natürlich nicht vom Eis seines Ursprungs, dessen Teil er ja war. Das Eis jedes Eisbergs hat sich als Gletschereis aus Schnee und – zu einem allerdings geringen Teil – aus Reif und Eisnebel gebildet, die mit wachsender Auflast zu Eis komprimiert wurden und im Verlauf der Jahrmillionen zu der gewaltigen Eiskalotte etwa des antarktischen Kontinents oder Grönlands anwuchsen. Doch diese Eisschilde sind nicht statisch. Wenn die Eiskristalle durch die stetige Zufuhr von oben unter Druck gesetzt werden, beginnt ihr Weg nicht nur nach unten, sondern auch nach außen, zum Rand des Kontinents.

Auf gigantischen Hauptrouten drängt das Eis den Gesetzen der Schwerkraft folgend vom Zentrum abwärts und erreicht nach Jahrtausenden die Küste, den Geburtsort der Eisberge. Besonders Tafeleisberge lassen den im Verlauf der Gletscherentstehung sich bildenden Schichtaufbau – ähnlich den Jahresringen der Bäume – aus mit der Tiefe zunehmend dichterem Eis vor allem an der Abbruchkante deutlich erkennen.[40]

Oft entdeckt man an den weiß-blau schimmernden Flanken der antarktischen Eisberge auch schmutzige grauschwarze Bänder. Bei näherer Betrachtung erweisen sie sich als Gesteinseinschlüsse, die der Gletscher, lange bevor er als Eisberg die Küste verließ, auf dem Festland in sich aufgenommen hat. Auf diese Weise gelangen erhebliche Schuttmassen nach Norden, die einen großen Teil der Meeresablagerungen vor dem antarktischen Kontinent durchsetzen. Die Meeresgeologen ziehen ihren Nutzen daraus, denn nur ein geringer Teil der Landoberfläche des antarktischen Festlandes ist sichtbar und dem Blick und dem Werkzeug des Wissenschaftlers zugänglich. Mit Hilfe von verschiedenen Geräten, die von Forschungsschiffen aus eingesetzt werden, sind diese Ablagerungen heute für Wissenschaftler relativ leicht erreichbar.

Bereits im Jahre 1832, während seiner Reise mit der *Beagle*, hatte ein Bootsmann dem Naturforscher Charles Darwin von einem Gestein tragenden Eisberg erzählt, den er einige Jahre zuvor während einer Fahrt zu den Südshetland-Inseln gesichtet habe. Schon zu Cooks Zeiten hatten Seeleute von ähnlichem berichtet. Darwin erörterte anläßlich seines Aufenthalts in den Fjorden Feuerlands die Problematik des Gesteinstransports durch Gletscher und Eisberge recht intensiv.[41] Da während seiner Reise ungewöhnlich viele Eisberge gesehen wurden, die bis zum 35. Breitengrad südlich des Äquators drifteten, überlegte der Wissenschaftler: «Wenn auch nur ein Eisberg Tausende oder gar Zehntausende Gesteinsteile mit sich führt, dann müssen auf dem Meeresboden der antarktischen See und an den Küsten ihrer Inseln Massen fremden Gesteins verteilt sein», und er folgerte, «das wären dann die Gegenstücke der ‹erratischen Blöcke› in der nördlichen Hemisphäre».[42] Doch Eisberge transportieren nicht nur Geröll und Gestein, sondern auch wesentlich feinere Teilchen. Forscher unserer Tage kamen zu dem Schluß: «Schmelzende Eisberge sind wohl in weiten Gebieten des Südpolarmeeres die wichtigste Quelle von Spurenmetallen, da sie den Staub von Jahrtausenden eingeschlossen haben.»[43]

Zu Beginn seines Wegs durch die Meere sind die Flanken des Eisriesen noch scharf und kantig. Im Laufe seiner Reise werden sie runder, weicher. Manchmal stoßen zwei Giganten zusammen, wobei gewaltige Eisbrocken abgesprengt werden. Im Südpolarmeer bezwingen Pinguine gelegentlich noch einmal als letzte Gäste die Eisbergruinen zu einer kurzen Rast, bevor sie sich wieder schwungvoll in die Fluten stürzen, um nach Fischen und Krill zu tauchen.

Gischtende Wellen fressen unaufhaltsam Bögen, Tore und Grotten in die Flanken der Giganten. So entstehen einmalige Formen, phantasievolle Gebilde, die den Betrachter nach immer neuen Vergleichen suchen lassen. Die Sonne brennt Kerben in ihre Oberfläche, das Meer wäscht diese Vertiefungen weiter aus.

Aber auch im Inneren des Eisbergs arbeiten unsichtbare Kräfte an seiner Zerstörung. Unvermittelt zerspringen Eisberge auf ihrer Drift oft in einzelne Stücke. John Muir schrieb Ende des 19. Jahrhunderts nach seinen Beobachtungen in Alaska: «Ein Eisberg, der plötzlich zerbirst, ist ein großartiger Anblick, besonders bei ruhigem Wasser, wenn man nichts mehr wahrnimmt außer vielleicht das träge Dahindriften der Gezeitenströmung. Das langanhaltende Dröhnen, wenn er auseinanderbricht, klingt unheimlich laut, hohe Wogen breiten sich nach allen Richtungen aus und dokumentieren, was sich ereignet hat, und Zehntausende seiner Nachbarn schaukeln und schwappen voll Mitgefühl und geben die Nachricht weiter.»[44] Ursache für ein derartiges Auseinanderbrechen sind Spalten und Risse, die nicht selten schon vor Jahrhunderten entstanden sind, als sich der Gletscher, dessen Teil sie einst waren, noch über den Felsuntergrund der Antarktis zum Meer vorschob.

Im Südpolarmeer treffen treibende Eisberge schließlich zwischen dem 60. und 50. südlichen Breitengrad auf die antarktische Konvergenz,[45] die die gesamte Antarktis umschließt. Hier ändern sie ihren Kurs und treiben nun nach Osten. Für die meisten Eisberge beginnt auf diesem 16000 km langen zirkumpolaren Kreis der letzte Teil der Reise.

Das Ende eines weißen Riesen beginnt mit einem Paukenschlag. Donnernd dreht sich der Koloß. Eine Zeitlang versucht er ein neues Gleichgewicht zu finden, doch unaufhaltsam geht der Schmelzprozeß weiter, wieder kippt der Eisberg. Längst hat er seine majestätische Würde verloren. Einige Male wiederholt sich das Schauspiel, bis schließlich der Ozean den letzten Rest aufgesogen hat und er seinen Weg im endlosen Kreislauf von Wasser, Eis und Schnee fortsetzt.

Im November 1956 schilderten Besatzungsmitglieder des amerikanischen Eisbrechers *Glacier* voller Begeisterung Reportern in Wellington (Neuseeland) die gewaltige Größe eines Eisbergs, den sie kurz zuvor auf ihrer Fahrt im Südpolarmeer gesichtet hatten: 108 km breit und 375 km lang, berichteten sie, war der weiße Gigant, der etwa 200 km westlich der dem Rossmeer vorgelagerten Scott-Insel trieb. Noch heute wird dieser Eisberg im Guinness-Buch der Rekorde als bislang größter Eisberg gehandelt. Er brach einen Rekord, der bis dahin von einem 180 km langen Eisberg gehalten wurde, der 1927 von dem norwegischen Walfänger *Odd I* gesichtet worden war.

Keine Eisbergsaison gleicht der anderen, lautet eine Erkenntis des amerikanischen Eisdienstes. Die Ursachen dafür sind in meteorologischen und hydrographischen Bedingungen am Entstehungsort und auf dem Driftweg zu suchen. Klaus Strübing, der Angaben des amerikanischen Eisdienstes ausgewertet hat, meint: «Man braucht nur einige Jahre in der Statistik zurückzugehen, um eindrucksvolle Beispiele für die extremen Schwankungen der jährlichen Eisbergraten zu finden. So war 1957 mit über 900 Eisbergen eines der schwersten Jahre dieses Jahrhunderts; Hunderte von ihnen kreuzten die Schiffahrtswege. Im folgenden Jahr trieb nur 1 Eisberg über 48° N hinweg, und 1959 wurden bereits wieder 689 gezählt. 1966 schmolz der südlichste Eisberg schon auf 48° 48′ N ab, im folgenden Jahr passierten 441 Eisberge den 48. Breitenkreis. In den nächsten vier Jahren (1968–1971) konnten insgesamt nur 447 Eisberge registriert werden. Diese Zahl wurde 1972 bereits im April überschritten; Anfang September endete dann mit 1587 Eisbergen die schwerste Saison dieses Jahrhunderts.»[46]

1986 hingegen gab es in der Antarktis überdurchschnittlich große Eisberge. Anfang 1986 begann das Larsen-Schelfeis zu kalben, es folgten gewaltige Abbrüche am Filchner-Schelfeis. Eisgiganten mit einer Oberfläche von insgesamt 20000 km$^2$ drifteten ins Weddellmeer. Im Oktober 1987 löste sich vom Ross-Schelfeis ein Brocken von der doppelten Größe des Saarlandes. Mit der gemächlichen Geschwindigkeit von etwa 100 m/h trieb er in Richtung Neuseeland auf das offene Meer hinaus. Im Schelfeis des Südkontinents hinterließ er eine gewaltige Lücke: Die Küste der Bay of Whales, auf der Richard Byrd 1928 sein erstes Basislager errichtet hatte, war von der Landkarte verschwunden.[47]

Berg 9 oder kurz B 9 – so nannten Glaziologen den 154 Kilometer breiten und etwa 250 m mächtigen Riesen – war allerdings vorerst der letzte in dieser Serie von großflächigen Abbrüchen. Angesichts dieser Dynamik äußerte Stanley Jacobs, Ozeanograph am Lamont-Doherty Geological Observatory der University of Columbia die Besorgnis, daß wenn das Eis weiter in solchen Raten abbreche, das Gleichgewicht der antarktischen Eisdecke bald ernsthaft aus den Fugen geraten werde. Allein durch B 9 war nach Schätzungen der Wissenschaftler mit einem Schlag mehr als die Hälfte des durchschnittlichen Jahreszuwachses an Eis verlorengegangen. Ein kluger Kopf berechnete, daß B 9 groß genug war, um – geschmolzen – jeden Erdbewohner für die nächsten zweitausend Jahre täglich mit zwei Glas Wasser zu versorgen.

Daß die Bewegung, in die das Eis am Rand der Antarktis geraten war, auf den globalen Trend zur Erwärmung der Erdatmosphäre oder die Auswirkungen der Ausdünnung der Ozonschicht in der Stratosphäre zurückgeht, mögen die Wissenschaftler bislang nicht bestätigen. Denn erst seit Satelliten detailreiche Bilder zur Erde funken, wird über Eisberge zuverlässig Buch geführt; man weiß also nicht, ob derartige Phänomene Ausnahmeerscheinungen sind oder nicht.

Das Bild des Südpolargebietes, das der Wetter- und Forschungssatellit ESSA 3 am 11. Oktober 1967 aufnahm, war eine ganz normale Routineangelegenheit. Die drei amerikanischen Forscher Little, McClain und Swithinbank ahnten an diesem Herbsttag nicht, daß dieses Foto sie mehr als ein Jahrzehnt lang begleiten würde. Im östlichen Teil des Weddellmeeres, auf etwa 12°W, zeigte die Aufnahme einen großen Eisberg, der etwa 55 km breit und 105 km lang war.

Wahrscheinlich handelte es sich bei ihm um die ehemalige Zunge des auf 1°W ins Meer vorstoßenden Trolltunga-Gletschers. Daher erhielt er den Namen Trolltunga-Eisberg. Seine Größe war nicht allzu imposant, zeigte das Foto doch einige Dutzend Kilometer neben ihm noch zwei Eisberge ähnlichen Kalibers, von denen der eine mehr als 130 km lang war. Interessant wurde der Trolltunga-Eisberg vielmehr deshalb, weil man die Geschichte seiner Drift praktisch von Anfang an verfolgte.

Zehn Jahre lang driftete er mit der Strömung westwärts entlang der eisbedeckten Küste des Weddellmeeres. Dabei legte er den 2000 sm langen Weg zur Nordspitze der Antarktischen Halbinsel zurück. Er bewegte sich mit einer mittleren Geschwindigkeit von 0,5 sm pro Tag.

Mehr als die Hälfte dieser Zeit, vom Winter 1969 bis zum Februar 1975, saß er dabei allerdings fest, gestrandet auf einer Untiefe vor dem Filchner-Schelfeis. Bei seiner Weiterdrift rempelte er aus dem Larsen-Schelfeis seinerseits einen Eisberg von 35 × 90 $km^2$ heraus und setzte dann, vor allem durch Abbruch auf eine Größe von 45 × 85 $km^2$ geschrumpft, seine Reise nach Norden fort. Im November 1977 erreichte er ostnordöstlich von Elephant Island offenes Wasser; im Februar 1978 näherte er sich Südgeorgien. Von dort drehte er in den Südatlantik ab, wo er bei Westwind Kurs auf Afrikas Südspitze nahm. Zuvor war er noch dem deutschen Forschungsschiff *Walther Herwig* begegnet, dessen Wissenschaftler seine Restgröße am 2. Mai 1978 mit 37 × 74 $km^2$ bestimmten und seine mittlere Höhe über der Wasserlinie mit 20 bis 30 m angaben.

Aufgrund der gemessenen Driftgeschwindigkeit von nunmehr etwa 6,5 sm pro Tag berechneten die Wissenschaftler, daß der Eisberg im Südwinter 1979 das Seegebiet von Südafrika erreichen würde. Doch es kam anders. Im Dezember 1978 zerbrach er nordöstlich der im Südatlantik liegenden Bouvet-Insel in mehrere kleine Teile, deren Volumen sich durch Abschmelzen rapide verringerte. Zuletzt beobachteten ihn Besatzungsmitglieder des Forschungsschiffes *Polarsirkel*.

Die Bahnverfolgung des Trolltunga-Eisbergs hat erstmals genaue Informationen über den Driftweg und die Driftgeschwindigkeiten, die Lebensdauer und die Abschmelzrate eines antarktischen Eisbergs vermittelt. Auch für die Schiffahrt dürfte diese Erkenntnis von Nutzen sein – und vielleicht auch dann, wenn das bereits viel diskutierte Projekt gewagt werden sollte, Eisberge als Wasservorräte in trockene Regionen der Erde zu schleppen.

Die Wassersituation in Saudi-Arabien sei außerordentlich kritisch, hatte Prinz Mohammed el-Feisal Anfang Oktober 1977 auf einer Pressekonferenz in Ames im US-Bundesstaat Iowa seinen aufmerksamen Zuhörern die Lage seines Landes geschildert und betont, es ginge nicht allein um die Gefahr einer Knappheit, sondern darum, daß seinem Land das Trinkwasser eines Tages ganz ausgehen könnte. Feisal, der seit Beginn der sechziger Jahre an Projekten zur Meerwasserentsalzung arbeitete, war überzeugt, daß Eisberge die unerschöpflichste und wirtschaftlichste Wasserquelle für küstennahe Trockengebiete der Erde sind. Weitverbreitete Zweifel wie auch verhohlener Spott unter den 200 Wissenschaftlern über die Eisbergnutzung konnten ihn von der Vision nicht abbringen, einen etwa 100 Mill. t schweren Eisberg aus der Antarktis vor die Küste Saudi-Arabiens schleppen zu lassen und sein von akutem Wassermangel bedrohtes Land mit antarktischem Frischwasser zu versorgen.

So abwegig ist die Vorstellung, Wasser vom weißen Kontinent zu holen, eigentlich nicht. Das Wasser, das in den Eisbergen antarktischen Ursprungs gebunden ist, entspricht einem Drittel der Wassermenge, die pro Jahr auf der Erde verbraucht wird. Mehr noch, dieses Wasser ist unvorstellbar sauber.

Die Idee, Wasser aus der Antarktis zu holen, ist auch nicht neu. Als Kapitän James Cook im 18. Jahrhundert mit zwei Segelschiffen zu einer Expedition in den Südpazifik aufbrach, nahm er beim Überqueren des südlichen Polarkreises rund 25 t Eisbergeis an Bord, um seine schwindenden Wasservorräte aufzufüllen. Viele Seefahrer nach ihm verdankten ihr Leben nur dem Umstand, daß sie noch rechtzeitig einem Eisberg begegneten und ihren Durst stillen konnten. Anfänge eines Eistransportes aus den Polargebieten lassen sich bereits nach der Mitte des 19. Jahrhunderts nachweisen. Ein Schiff brachte beispielsweise im Winter 1853/54 Gletschereis aus Alaska nach San Francisco.[48] Und zwischen 1890 und 1900, bevor die Kühlschrank-Ära begann, hatte man kleinere Eisberge aus der San-Rafael-Lagune in Chile zum 3900 km entfernten peruanischen Callao gebracht.[49]

Mitte der 1950er Jahre hatte der Ozeanograph John Isaacs von der Scripps Institution in La Jolla (Kalifornien) vorgeschlagen, antarktische Eisberge ins Schlepptau zu nehmen und nach Kalifornien zu bugsieren. In einem wissenschaftlichen Seminar rechnete er seinen staunenden Zuhörern vor, daß eine Flotte von sechs Hochseeschleppern etwa ein halbes Jahr benötigen würde, um einen 30 km langen Eisberg vom 65. südlichen Breitengrad ins dürstende Kalifornien zu schleppen. Jahrelang spukte fortan das «Eisberg-im-Schlepp-Schema» in den Köpfen technischer Phantasten.

Auch Wilford Weeks, Glaziologe vom U.S. Army Cold Regions Research and Engineering Laboratory in New Hampshire hielt das ganze für eine Schnapsidee. Aber «um die Sache ein für allemal auf Eis zu legen, beschlossen wir, eine technische Studie zu dem Vorschlag anzufertigen»,[50] erklärte er seine Motive, derartige Pläne gemeinsam mit seinem Kollegen William J. Campbell vom U. S. Geological Survey's Ice Dynamics Project an der Universität von Puget Sound in Tacoma endgültig zu widerlegen. Vom Ergebnis allerdings waren Weeks und Campbell dann einige Monate später selber verblüfft. Auch sie waren zu dem Schluß gekommen, daß der Eisberg-Schlepp technisch und wirtschaftlich Hand und Fuß habe. Und auf dem internationalen Symposium über die Hydrologie von Gletschern in Cambridge (England) erörterten sie im Jahre 1969 vor Fachkollegen aus aller Welt die Möglichkeiten, schwimmende Eisberge an die Küsten von Trockengebieten zu ziehen. Geradezu bestechend einfach gliederten sie den Problemkreis in vier Teilbereiche: das Ausfindigmachen der Eisberge, die Berechnung des Energieaufwandes, um die Eisberge dorthin zu bringen, wo Frischwasser gebraucht wird, ferner die Berechnung des Schmelzwasserverlustes während des Transportes sowie nicht zuletzt die Abschätzung der Wirtschaftlichkeit des Unternehmens. Dabei hatten die Wissenschaftler ein besonderes Augenmerk auf das Eis des Rossmeers gerichtet, das für den Transport an die trockene Küste Südamerikas im Bereich der Atacama-Wüste geeignet wäre, sowie das Eis des Amery-Schelfeises, das günstig zu Australien liegt. Ferner könnte das Eis des Filchner-Schelfeises an die Westküste Afrikas im Bereich der Namib-Wüste gebracht werden. Die beiden Wissenschaftler führten aus, daß es mit Hilfe von Satelliten-Aufnahmen gelingen könne, Eisberge in fast jeder gewünschten Form und Größe auszuwählen. Danach könnten dann Schlepper zu den entsprechenden Positionen fahren. Am Anfang müßte jedoch der Praxistest stehen. Reale Chancen sah Weeks vor allem für relativ nahe gelegene Ziele, also die Westküsten von Australien und Südamerika.

1972 veröffentlichten John Hult und Neill Ostrander von der Rand Corporation in Santa Monica (Kalifornien) eine weitere Studie, die noch vielversprechender klang. «Man müßte», so überlegten die Forscher, «gleich mehrere Eisberge zusammenkoppeln und auf einmal aus der Antarktis schleppen, durch Trossen miteinander verbunden wie ein Zug von Lastkähnen.»[51] Jeder der Eisberge würde etwa drei km lang, 1,5 km breit und 250 bis 300 m dick sein. Man müßte Anker an schweren Stahltrossen ins Eis einschmelzen oder eingraben und sie mit Hilfe der Trossen aneinanderketten. Für den Transport brauchte man nur einen Antriebsmechanismus wie etwa für den Flugzeugträger *Enterprise,* der mit Atomenergie betrieben wird. Es käme aber auch eine Flottille von Dieselschleppern in Betracht. Mit einer durchschnittlichen Reisegeschwindigkeit von 2 km/h könnte das Gespann schließlich die Küsten Kaliforniens erreichen, wo man die Eisberge durch riesige, vollautomatisch arbeitende Anlagen zerkleinern, wie Steinbrüche abbauen und an Land in Reservoiren schmelzen würde.

Hult und Ostrander waren von ihrem Projekt so überzeugt, daß sie bei der Rand Corporation kündigten und eine eigene Firma gründeten. Allerdings zeigte sich bald, daß sie in ihrer Planung weit übers Ziel hinausgeschossen waren. Sie speckten ihr Projekt ab und begnügten sich nunmehr damit, einen oder zwei Eisberge aus der Antarktis nach Kalifornien schleppen zu wollen. Die Regierung erachtete das Projekt zwar als wichtig, doch mit Finanzmitteln hielt sie sich zurück, und auch private Geldgeber zeigten sich zugeknöpft. Eine weitere wissenschaftliche Studie vergällte schließlich den Traum vom süßen Wasser und brachte die Problematik der Pläne auf den Punkt, indem sie erklärte, daß man für ein derartiges Projekt «die ungewöhnliche Kombination von viel Geld und großem Durst brauche.»[52]

Eben diese Voraussetzungen schien schließlich Prinz Mohammed el-Feisal mitzubringen. 1977 gründete er mit dem Startkapital von einer Million Dollar die Firma Iceberg Transportation Company International Ltd. Um seinen Vorstellungen Nachdruck zu verleihen, krönte er seine Ausführungen in Ames mit einer gewaltigen Show.

Per Hubschrauber ließ er in Alaska einen rund zwei Tonnen schweren Eisberg aussuchen, der zunächst nach Anchorage verschifft, in Styropor verpackt nach Minneapolis geflogen und mit dem Lastwagen nach Ames verfrachtet wurde, wo es sich der arabische Prinz nicht nehmen ließ, auf dem Campus der Iowa State University die zerkleinerten Eisstücke in Drinks den Konferenzteilnehmern persönlich zu kredenzen. Er beauftragte schließlich auch eine französische Ingenieurfirma, die ihrerseits den Rat des französischen Polarforschers Paul-Emile Victor einholte. Anders als Hult und Ostrander schlug Victor vor, das Projekt von vornherein mit nur einem Eisberg durchzuführen. Mit Hilfe eines Erdsatelliten sollte er ausgesucht und vom Hubschrauber aus auf seine Festigkeit überprüft werden; fünf Schlepper mit insgesamt 15000 PS sollten ihn schließlich nordwärts ziehen.

Die Verankerungen für die Trossen auf dem Eisberg sollten aufgeheizt werden, bis sie sich in die gewünschte Tiefe eingeschmolzen hätten. Beim Abkühlen würden sie unverrückbar festfrieren. Wärme sollte helfen, dem Eisberg eine Art Schiffsform zu verleihen. Ein erhitzter Draht sollte über das Eis gezogen werden und so unerwünschte Grate abschneiden.

Dabei sah man in der regelmäßigen tafelförmigen Gestalt der Eisberge der Antarktis einen erheblichen Vorteil gegenüber den weißen Giganten der Arktis, die zumeist unregelmäßig geformt sind. Auf ihrer monatelangen Reise sollte eine Kunststoffhülle den Eisberg vor allzu hohen Schmelzwasserverlusten bewahren. Ein Wulst würde das Abfließen des Schmelzwassers von der Oberfläche verhindern, das auf diese Weise eine Wärmeisolierschicht bilden würde.

An der Meerenge von Bab el-Mandeb sollte die Reise zu Ende sein. Das Nadelöhr der Meerenge ist mit seinen gerade 35 m nicht tief genug für einen 300 m mächtigen Eisberg, von dem etwa 260 m unter Wasser liegen. Der Plan sah vor, den Eisklotz hier in 40 m dicke Scheiben zu schneiden, die anschließend bis vor die saudi-arabische Hafenstadt Djidda geschleppt werden könnten, wo das Eis unter der sengenden Sonne nun endlich schmelzen dürfte. Das Wasser, das sich auf der Oberfläche des Eisberges gebildet hätte, sollte per Pipeline an Land gepumpt und dort auf Haushalte, Gärten und Industriebetriebe verteilt werden. Victor hatte berechnet, daß die weißen Riesen auf ihrem 8000 km langen Weg nicht mehr als 20 % ihrer Masse verlieren würden. Als er seinen Auftraggebern allerdings verkündete, daß noch etwa sechs Jahre intensiver Forschungsarbeit nötig wären, um das Projekt tatsächlich durchzuführen, war es um deren Geduld geschehen, und der Landwirtschaftsminister Abd er-Rachman esch-Scheik beeilte sich zu erklären, sein Land wolle sich lieber auf die bewährten Meerwasserentsalzungsanlagen verlassen.

Praktische Erfahrungen mit dem Schleppen von Eisbergen sind bis heute spärlich geblieben. Sie beschränken sich auf das «Umleiten» von Eisbergen aus dem Einzugsbereich von Offshore-Anlagen in der Arktis. In der Antarktis hatten zwei Schlepper 1984 einen relativ kleinen Eisberg von 300000 t, der die Einfahrt zur australischen Antarktisstation Mawson blockiert hatte, auf den Haken genommen und aus dem Weg geräumt. Das Unterfangen war allerdings mit ganz erheblichen Schwierigkeiten verbunden gewesen. Ein schwerer Sturm mit Windgeschwindigkeiten von 165 km/h ließ die Stahltrossen zwischen dem Eis und den Schiffen brechen und gab einen Vorgeschmack dessen, was hier auf die Experten zukommen könnte.

Die Auswahl der Eisberge per Satellit wäre noch der einfachste Teil. Doch dann begännen bereits die Probleme. Wenngleich kalte Meeresströmungen aus dem Süden den Transport zu den Trockengebieten in Süd- und Westaustralien, Chile sowie Süd- und Südwestafrika erleichtern würden, müßte doch eine bislang unvorstellbare Schlepparbeit geleistet werden. Solch ein mittelgroßer Mustereisberg wiegt 100 Mill. t. Manche Modelle gehen jedoch eher von einigen Milliarden t als Anfangsmasse aus; nur so rechne sich ein solches Unternehmen. Noch nicht schlüssig beantwortet ist auch die Frage, wie das Eis verarbeitet werden soll, wenn es am Bestimmungsort angelangt ist. Wegen seines Tiefgangs muß der Eisberg vor der Küste bleiben. Und Umweltschützer fragen sich bereits, wie die an warme Temperaturen gewöhnte Meeresfauna die «kalte Dusche» überstehen würde.

Angesichts der zahlreichen technischen Schwierigkeiten und der Ungewißheit, ob überhaupt ökonomisch sinnvolle Lösungen möglich sein werden, hat der Essener Ingenieur Dietrich Sobinger ein ganz anderes Konzept ausgearbeitet. Er will Eisberge in feste Plastikfolien – «etwa wie Lastwagenplanen» – einschweißen. In Säcken sollen sie schmelzen, während sie mit der Strömung ihrem Ziel entgegentreiben. So würde das kostbare Trinkwasser nicht in der Weite des Ozeans verschwinden. Und wenn die Säcke nur noch Wasser enthalten, werden sie an ihren Bestimmungsort geschleppt.

Damit wären viele Schwierigkeiten, die heute von der Eisberg-Nutzung abschrecken, mit einem Schlag aus dem Wege geschafft: Weil keine Schmelzwasserverluste auftreten, genügten relativ kleine Eisberge. Zeit spiele keine Rolle, und so könnten Strömungen einen guten Teil der Arbeit leisten, die sonst Schlepper übernehmen müßten. Zum Ziehen würden konventionelle Schlepper ausreichen, deren Aufgabe durch den strömungsgünstigen Wassersack erleichtert würde. Sobinger, der ein Ingenieurbüro für Abfalltechnik leitet, arbeitet seit Jahren an seinen Plänen, die von Eis-Experten positiv kommentiert werden.

Im Eiskanal der Hamburgischen Schiffbau-Versuchsanstalt wurden erste Experimente durchgeführt. Unter anderem wurde getestet, wie sich ein Eisblock beim Schmelzen im Plastikbeutel verhält. Überraschend zeigte sich, daß er nicht rollt, was die Hülle zerreißen würde, sondern zu einem schwimmstabilen schüsselförmigen Gebilde schmilzt, das allmählich kleiner wird.

1984 sorgte der Essener Ingenieur an Bord der *Polarstern* für Gesprächsstoff. Der Eisbergverpacker, wie er kurzerhand genannt wurde, verbrachte viele Stunden auf der Brücke des Forschungseisbrechers und führte sorgfältig Buch über die in Sicht kommenden Eisberge. Er schätzte und notierte jeweils die Größe und Höhe der vorbeiziehenden Giganten, suchte ihre Oberfläche genauestens mit dem Fernglas auf Unregelmäßigkeiten ab und zog einen Film nach dem anderen durch die Kamera. Vor technischen Schwiergkeiten hat er bislang nicht kapituliert, und Kritik steckt er weg, seit er einen unkonventionellen Ölbeseitigungskatamaran konstruiert hat.

An Bord der *Polarstern* gab es geteilte Meinungen über das geplante Vorhaben, ähnlich wie ein Jahr später auf dem Fischereischutzboot *Frithjof*, denn den Härtetest wollte Sobinger zunächst einmal mit grönländischem Eis bestehen. Auch hier stand er selbst bei schwerem Seegang auf der Brücke, preßte das Fernglas vor die Augen, machte unaufhörlich Notizen. «Antarktische Eisberge enthalten mehr Trinkwasser, als die Menschheit verbrauchen könnte», erklärte er, hatte er doch berechnet, daß «mindestens sechs Milliarden Menschen – mehr als heute auf der Erde leben – damit versorgt werden könnten.»[53]

In einem ersten Praxistest übte Sobinger zunächst einmal unter Ausnutzung der Strömung den Einpackvorgang an einem Ponton von 28 m Länge, 13 m Breite und 2,80 m Tiefgang mit einer eigens gefertigten Kunststoffolie, die er anschließend verschweißte, und vor Helgoland schleppte Sobinger einen 300-t-Sack voll Wasser; 1000 t sollten es bei einem zweiten Versuch werden. Ferner plante der Ingenieur, seine ausgeklügelte Verpackungstechnik an Eisschollen zu erproben. Am Ende wollte der Mann aus dem Ruhrgebiet einen Eisberg von ungefähr 300000 t einschweißen. Der Plan blieb Papier, Mitte der achtziger Jahre wurden die Fördermittel eingestellt.

Dabei hatten auch gerade seine Wirtschaftlichkeitsberechnungen so vielversprechend geklungen. Allein die Schleppleistung, die für den Wassersack benötigt wurde – das hatten die Versuche ergeben –, lag etwa ein Drittel niedriger als beim Schleppen eines entsprechenden Eisbergs. 9,88 DM errechnete Sobinger 1985 als Kosten für eine Tonne Antarktiswasser, und damit wäre das Verfahren wettbewerbsfähig gegenüber den Meerwasserentsalzungsanlagen. Wenn die arabischen Staaten in ihrer Trinkwasserversorgung künftig nicht ausschließlich von Meerwasserentsalzungsanlagen abhängig sein wollen, könnte das Projekt möglicherweise neuen Auftrieb erhalten.

Eines ist sicher: Mit dem Wasser selbst, das da monatelang auf See schwimmen soll, wird es keine Schwierigkeiten geben. Auf seiner Antarktisexpedition hatte Sobinger Eisproben gezogen und über einen Zeitraum von drei Monaten in gewebeverstärkten Plastikfolien im Salzwasser abgelagert. Anschließend attestierte der Rheinisch-Westfälische Technische Überwachungsverein den Proben beste Trinkwasserqualität. Für den menschlichen Genuß sollte man das Wasser lediglich mit einer Prise Salz anreichern.

Auch wenn derartige Projekte inzwischen erst einmal auf Eis gelegt wurden, halten Eisfachleute wie Heinz Kohnen vom Alfred-Wegener-Institut für Polar- und Meeresforschung in Bremerhaven die Nutzung der weißen Giganten als Trinkwasserreservoir für sinnvoll, und in der Hamburgischen Schiffbau-Versuchsanstalt ist man nach wie vor zur Kooperation mit den Arabern bereit.[54]

Neben friedlichen Nutzanwendungen von Eisbergen gab es aber auch andere Ideen, so ihre Verwendung als Kriegsschiffe. Der Erfinder Geoffrey Pyke machte sich zu Beginn des Zweiten Weltkrieges dahingehende Gedanken. Ihm war bekannt, daß Granateneinschläge Eisbergen praktisch nichts anhaben können, und da er erfahren hatte, daß Piloten in der Arktis große Eisschollen als Landebahnen genutzt hatten, verfolgte er schließlich die Idee, Flugzeugträger aus Eis zu bauen.

Kein geringerer als Winston Churchill ließ sich von der Idee begeistern, und Pyke zeichnete erste Entwürfe. Sein Konzept sah einen 610 m langen Rumpf mit einer Wasserverdrängung von 1,8 Mill. t vor, was etwa dem 26fachen des Passagierschiffes *Queen Elizabeth* entsprach. Die Wände sollten aus 15 m mächtigem «Pykrete» (einer Wortschöpfung aus Pyke's concrete «Pykes Beton») bestehen, einer gefrorenen Masse aus Wasser und Holzfasern, die widerstandfähiger war als natürliches Eis. In Kanada wurde ein 20 m langes Modell der *Habbakuk* gebaut. Es ließ sich jedoch absehen, daß um ein Schiff in der vorgesehenen Größe zu bauen, etwa 8000 Arbeiter 8 Monate lang allein damit beschäftigt sein würden, die rund 280000 für die Außenhaut benötigten Pykrete-Blöcke herzustellen. Die Herstellungskosten wurden mit 70 Mill. Dollar errechnet; somit wäre ein derartiges Eisbergschiff nicht kostengünstiger als ein herkömmlicher Flugzeugträger aus Stahl. Das Projekt *Habbakuk* wurde Ende 1943 zu den Akten gelegt.[55]

Hatte man lange Zeit angenommen, daß Tafeleisberge eine typische Erscheinung der Antarktis seien und auch nur dort vorkommen, mußte man kurz nach Ende des Zweiten Weltkriegs umdenken. Am 14. August 1946 entdeckte die Besatzung eines Flugzeugs vom Typ B 29 der amerikanischen Alaska-Wetterstaffel 485 km nördlich von Point Barrow auf 77° 45′ N 160° 15′ O eine merkwürdige Masse, die sie zunächst für eine Insel hielten. Beobachtungen ergaben allerdings, daß sich dieses Gebilde langsam durch das Treibeis des Nordpolarmeeres schob. Genauere Vermessungen ergaben, daß es sich um einen etwa 30 km langen und 25 km breiten Eisberg handelte. Seine Mächtigkeit wurde auf etwa 30 m geschätzt, entsprach damit zwar nur einem Zehntel der von Tafeleisbergen der Antarktis, doch ansonsten unterschied er sich nicht von ihnen. Im Juli 1950 entdeckte man weitere zwei «Eisinseln». Die Auswertung von Luftbildaufnahmen führte zu der überraschenden Erkenntnis, daß es noch weitaus mehr dieser Eisinseln gab, die phantasieloser Weise Targets («Ziele») genannt und durchnumeriert wurden: T1, T2 etc.[56] Diese Eisinseln bestehen aus Süßwassereis, das vom nordwestlich Grönlands gelegenen Ellesmere-Island-Schelfeis stammt. Sie sind bis 8 km breit und 15 km lang und ragen etwa 5 bis 8 m aus dem Wasser heraus. Sie drifteten mehr als 2 km pro Tag und vollendeten in etwa zehn Jahren eine Umkreisung des polaren Beckens im Uhrzeigersinn.[57] Auf Targets haben Russen, Kanadier und Amerikaner driftende wissenschaftliche Stationen errichtet.[58]

Die erste Insel, die für derartige Arbeiten genutzt wurde, war T3, die später den Namen Fletcher Ice Island erhielt. Sie war 6,5 km breit, 14,5 km lang, hatte eine Fläche von 44 km$^2$, war 30 m mächtig und überragte das Meeresniveau um etwa 5 m. Aufgrund verschiedener Messungen und Beobachtungen schätzten die Wissenschaftler, daß T3 sich bereits 1935 vom Ellesmere-Schelf gelöst hatte. Am 14. März 1952 landete der amerikanische Luftwaffenoberst Fletcher auf dieser Insel, als diese 120 km vom Nordpol entfernt war. Nach achtjähriger Drift geriet T3 1960 nördlich von Point Barrow auf Grund. Die Mitglieder der Forschungsstation wurden evakuiert. 1962 jedoch kam die Eisinsel in einem Orkan wieder frei und wurde erneut von Wissenschaftlern besetzt. 1980 wurden Peilsender auf T3 installiert, das zu diesem Zeitpunkt immerhin schon 45 Jahre alt war. T3 war insgesamt mehr als zwanzig Jahre lang als driftende Meßplattform benutzt worden.

Eine außerordentlich spektakuläre Drift führte auch ARLIS (Arctic Research Laboratory Ice Station) II aus. Das 1,3 km breite, 3,8 km lange und 12 bis 25 m mächtige Eisschelffragment wurde aus dem arktischen Becken in die Ostgrönland-Strömung getrieben, die es mit einer Geschwindigkeit von bis zu 40 km pro Tag nach Süden brachte. Im Mai 1965 wurde die Station aufgegeben, und im Juli 1965 passierten Bruchstücke der ehemaligen Eisinsel Kap Farvel an der Südspitze Grönlands.

Gelegentlich mußten allerdings Wissenschaftler ihre schwimmenden Forschungsstationen fluchtartig verlassen. Neben dem Auseinanderbrechen einer Eisscholle wurden Kollisionen mit zusammengepreßtem Meereis gefährlich, berichtet der Arktisforscher Pavel Gordijenko: «Wenn man die Informationen aus den Berichten und Logbüchern der Nordpol-Stationen über Zerfall und Aufschichtung von Eis einmal summiert, so zeigt sich, daß bis zum 1. März 1964 über mehr als 500 Fälle berichtet wurde, in denen das Eis eingebrochen ist oder aufgeschichtet wurde. 105 dieser Fälle haben sich unmittelbar in den Lagern zugetragen. Keine der Stationen, in welchem Gebiet sie auch trieb, konnte der Gefahr seitens dieses fürchterlichen Eiselementes entgehen. 60mal mußte das Lagerpersonal einzelne Zelte, Hütten, Pavillons u. ä. infolge eines drohenden neuen Verfalls oder einer Aufschichtung an einen neuen Platz verlegen. Manchmal mußte sogar das ganze Lager umgesiedelt werden, wie z. B. auf der Station Nordpol 8 im Jahre 1959/60 und 1962. Nur ein einziges Mal mußte das Stationsteam dem Eis ganz weichen und evakuiert werden. Das war Ende März 1961 auf der Station Nordpol 9, wo eine besonders starke Eisaufschichtung vor sich ging, die das ganze Feld erfaßte, auf dem das Lager stationiert war.»[59]

Zu den wissenschaftlichen Arbeiten auf derartigen Eisschollen gehörte das Ausloten des Meeresbodens, wodurch festgestellt wurde, daß der Boden des Nordpolarmeeres, den man sich als zusammenhängendes großes Becken vorgestellt hatte, in Wirklichkeit aus einem Geflecht von Senken und Schluchten, Tiefebenen und Hochflächen besteht.

Gelegentlich empfanden allerdings auch Wissenschaftler die weißen Riesen der Meere, wenn nicht als Bedrohung, so doch als Störung, wie der deutsche Polarforscher Alfred Wegener, der 1929 seine dritte Expedition nach Grönland unternahm: «So schön die Eisberge auch aussehen, so unbequem können sie als Nachbarn im Hafen oder auf der Fahrt werden. Sie kommen und gehen, und man kann froh sein, wenn sie einem nicht noch schnell einen Anker zerdrücken, wie es uns in Umanak geschah, die Trosse zerreißen oder sonst einen Schabernack spielen. Von besonderen Rüpeleien, wenn sie kalben oder sich wälzen, ganz abgesehen.»[60]

Doch es war auch Alfred Wegener, der das Bild im Meer schwimmender Eisberge zur Illustration einer der bedeutendsten geowissenschaftlichen Theorien des 20. Jahrhunderts heranzog. Als er 1912 die Drift der Kontinente und ihre Funktionsweise vorstellte, erinnerte er sich des Bildes der glitzernden Giganten im Polarmeer, denen er erstmals 1907 vor der grönländischen Küste begegnet war. In seinem neuen Bild der Erde betrachtete er die Kontinente als riesige Schollen, die sich auf der schweren ozeanischen Kruste bewegen: «Die leichteren Kontinentalmassen schwimmen hiernach gewissermaßen in der schweren Masse und sind dabei so eingestellt, daß Gleichgewicht des statischen Druckes herrscht, ähnlich wie bei einem Eisberg, der im Wasser schwimmt.»[61]

## Anmerkungen

1 Vgl.: Lynch, Donald: Titanic. München 1992, S. 85.
2 Vgl.: Schneider, Wolf: Mythos Titanic. Hamburg 1986, S. 34.
3 Vgl.: Bailey, Ronald H.: Gletscher. Amsterdam 1983, S. 94.
4 Schneider, Wolf, a. a. O., S. 35.
5 Ballard, Robert D.: Das Geheimnis der Titanic. Berlin, Frankfurt am Main 1987, S. 205.
6 Vgl.: Schneider, Wolf, a. a. O., S. 168.
7 Vgl.: Bailey, Ronald H., a. a. O.
8 Vgl.: Wade, Wyn Craig: Die Titanic. München 1983, S. 272.
9 Vgl.: Strübing, K.: Eisberge im Nordatlantik, 60 Jahre International Ice Patrol. Der Seewart 35 (1974) 1, S. 4.
10 Zum Hergang der Rettungsmaßnahmen vgl.: Barüske, Heinz: Grönland. Berlin 1977, S. 164.

11 Vgl.: Schneider, Wolf, a.a.O., S. 169.
12 Ballard, Robert D., a.a.O., S. 203.
13 Bailey, Ronald H., a.a.O., S. 98. 25 t des Sprengstoffs TNT wären notwendig, um einen Eisberg von 100000 t Masse in kleinere Stücke zu zerteilen, die allerdings immer noch eine Gefährung der Schiffahrt darstellen könnten. (Vgl. Strübing, K.: Eisberge im Nordatlantik, a.a.O., 3, S. 124.)
14 Vgl.: Strübing, K., a.a.O.
15 Zit. nach: Bailey, Ronald H., a.a.O., S. 85.
16 Zit. nach: ebd.
17 Racoviță, Emil: Dem Süden entgegen. Durch Patagonien zum Südpol. Bukarest o.J., S. 50.
18 Forster, Georg: Reise um die Welt. Frankfurt am Main 1967, S. 464.
19 Zit. nach: Bailey, Ronald H., a.a.O.
20 Zit. nach: ebd.
21 Byrd, Richard Evelyn: Flieger über dem Sechsten Erdteil. Leipzig 1931., S. 54.
22 Borchgrevink, Carsten: Das Festland am Südpol. Breslau 1905, S. 67.
23 «Das Verhältnis zwischen Überwasserteil und Unterwasserteil eines Eisbergs wird durch die Dichte des Gletschereises ($q_E$) und des Meerwassers ($q_N$) bestimmt. Für die grönländischen Eisberge werden Werte von 0,86 bis 0,90 $g/cm^3$ angegeben, für Meerwasser von 1,024 bis 1,027 $g/cm^3$. Nach dem Archimedischen Prinzip beträgt der Anteil (%)der Eisbergmasse unter Wasser = $q_E/q_N \times 100$. Danach befinden sich 84–88 % der Eisbergmasse unter der Wasserlinie. Anders ausgedrückt: Das Massenverhältnis zwischen Überwasser- und Unterwasserteil eines Eisbergs beträgt etwa 1 : 5 bis 1 : 7. Diese Angaben lassen sich jedoch nicht ohne weiteres auf das Verhältnis ‹Höhe des Überwasserteils: Eintauchtiefe› übertragen. Sie gelten im allgemeinen nur für Tafeleisberge. Alle anderen Typen haben aufgrund ihrer unregelmäßigen Gestalt ein geringeres Höhe/Tiefgang-Verhältnis. U-Boot-Messungen, die 1960 in der Labradorsee durchgeführt wurden, ergaben Verhältniswerte von 1 : 1,3 bis 1 : 4,2, im Mittel 1 : 2,4. In der Regel liegt das Höhe/Tiefgang-Verhältnis zwischen 1 : 2 bei pyramidenförmigen und 1 : 5 bei blockförmigen Eisbergen.» Strübing, K., a.a.O., S. 104f.
24 Dieckmann, Gerhard S. und Sepp Kipfstuhl: Unterwassereis und grüne Eisberge. In: Hempel, Irmtraut und Gotthilf: Biologie der Polarmeere. Jena 1995, S. 87f.
25 Vgl.: Dieckmann, a.a.O., S. 90. Wissenschaftler bezeichnen dieses spezielle Meereis auch als «marines Eis».
26 Persönliche Mitteilung.
27 Persönliche Mitteilung.
28 Zit. nach: Strübing, K., a.a.O., S. 103.
29 Vgl. ebd.
30 Vgl. ebd.
Eisberg-Klassifikation, von Klaus Strübing nach Unterlagen der Ice Patrol zusammengestellt. Strübing, K., a.a.O., S. 104:

| Größe | Höhe (in Metern) | Länge (in Metern) |
|---|---|---|
| Growler (Eisberghümpel/Growler) | < 1 | < 6 |
| Bergy Bit (Eisbergstück) | 1 – < 6 | 6 – < 15 |
| Small Iceberg (Kleiner Eisberg) | 6 – < 15 | 15 – < 61 |

| Größe | Höhe (in Metern) | Länge (in Metern) |
|---|---|---|
| Medium Iceberg (Mittelgroßer Eisberg) | 15 – < 46 | 61 – < 122 |
| Large Iceberg (großer Eisberg) | 46 – < 76 | 122 – < 213 |
| Very large Iceberg (sehr großer Eisberg) | ⩾ 76 | ⩾ 213 |

| Form | Beschreibung |
|---|---|
| Blocky | Eisberg mit flacher Oberfläche und steil abfallenden Seiten. Sehr massiv. Verhältnis zwischen Länge und Höhe kleiner als 5 : 1 |
| Drydock | Eisberg mit einem großen U-förmigen Ausschnitt. Der Ausschnitt ist durch Erosion entstanden, er reicht bis in das Wasser oder nahe der Wasserlinie. |
| Dome | Eisberg mit großer, abgerundeter und glatter Oberfläche. Massiver Eisbergtyp. |
| Pinnacled | Eisberg mit einer oder mehreren zentralgelegenen Spitzen oder von pyramidenförmiger Gestalt. |
| Tilted-Blocky | Ein seitwärts geneigter blockförmiger Eisberg, der von vorn oder hinten die Form eines Dreiecks hat. |
| Tabular | Eisberg mit flacher Oberfläche. Verhältnis zwischen Länge und Höhe größer als 5 : 1. |

31 Vgl.: Egede, Hans: Die Heiden im Eis. Stuttgart, Wien 1986, S. 44.

32 Vgl.: Engell, M. C.: Über die Entstehung der Eisberge. Zeitschrift für Gletscherkunde 5 (1910/11) 2, S. 129.

33 Zitiert nach: Bailey, Ronald H., S. 93.

34 Die Zahl der Eisberge läßt sich nur schätzen. Vgl.: «Durch das Kalben der Gletscher entstehen jährlich wahrscheinlich bis zu 50000 Eisberge mit einem Gesamtvolumen von 165 $km^3$». Strübing, K., a. a. O., S. 103.

35 Klaus Strübing hat nach Unterlagen der International Ice Patrol die mittlere Abschmelzdauer von Eisbergen zusammengestellt (Nach: Strübing, K., a. a. O., S. 112):

| Temperatur der Wasseroberfläche | Kleinere Eisberge Höhe: < 15 m Länge: < 60 m | Mittlere Eisberge 15 – < 45 m 60 – < 120 m | Große Eisberge ⩾ 45 m ⩾ 120 m |
|---|---|---|---|
| ℃ | Tage | Tage | Tage |
| 0,0 | 15 | 40 | 90 |
| 2,2 | 8 | 16 | 35 |
| 4,4 | 5 | 10 | 20 |

36 Skeib, Günter: Antarktika. Leipzig, Jena, Berlin 1966, S. 63.

37 Ebd.

38 Filchner, Wilhelm: Ein Forscherleben. Wiesbaden 1953, S. 122.

39 Strübing, K., a. a. O., S. 105.

40 Wadhams, Peter: Schlösser aus Eis. In: Ives, Jack D. und David Sugden (Hrsg.): Polarregionen. Hamburg 1994. S. 27.
41 Darwin, Charles: The Voyage of the Beagle. New York 1962, S. 243–253.
42 Zit. nach: Edwin Mickleburgh: Abenteuer Antarktis. Hamburg 1980, S. 2.
43 Lochte, Karin und Victor Smetacek: Was steuert die Produktivität des Planktons im Südpolarmeer? In: Hempel, Irmtraut und Gotthilf, a.a.O., S. 111.
44 Zit. nach: Bailey, Ronald H., a. a. O., S. 86.
45 Gebiet, in dem nordwärts strömendes antarktisches kaltes Oberflächenwasser auf südwärts fließendes warmes Oberflächenwasser trifft (konvergiert).
46 Strübing, K., a. a. O., S. 7.
47 Bereits ein Jahr zuvor war es zu einem spektakulären Abbruch am Filchner-Schelfeis gekommen. Das Eis riß die verlassene argentinische Station Belgrano und die russische Sommerstation Družnaja mit. Die argentinische Station wurde von der Regierung daraufhin aufgegeben. Družnaja hingegen sollte im Sommer 1986 wieder besetzt werden. Doch die sowjetischen Forscher verbrachten Anfang 1987 mehrere Wochen damit, ihre Station im Weddellmeer zu suchen. Sie fanden sie schließlich auf einem Eisberg, versteckt unter großen Schneewehen. Die riesige abgebrochene Eisplatte hatte sich inzwischen in drei große Eisberge geteilt. (Vgl.: Der Große Atlas der Ozeane. München 1990, S. 28f.)
48 Vgl.: Walton, D. W. H.: Antarctic Science. Cambridge, London, New York, New Rochelle, Melbourne, Sydney 1987, S. 149.
49 Vgl.: Marcinek, Joachim: Gletscher der Erde. Leipzig 1984, S. 25.
50 Zit. nach: Bailey, Ronald H., a. a. O., S, 101.
51 Zit. nach: Ebd.
52 Zit. nach: Ebd.
53 Persönl. Mitteilung.
54 Persönl. Mitteilung.
55 Vgl.: Bailey, Ronald H., a. a. O., S. 100.
56 Allein bis 1960 wurden 80 derartiger Eisinseln im Nordpolarmeer bekannt. Vgl.: Gierloff-Emden, Hans-Günter: Geographie des Meeres. Ozeane und Küsten. Teil 2. Berlin, New York 1979, S. 821.
57 T1 wurde über mehrere Jahre verfolgt. Es legte dabei 2250 km zurück und war nach fünfjähriger Drift im Nordpolarmeer wieder an jenem Punkt, wo es zuerst gesichtet worden war. Vgl.: Bailey, Ronald H, a. a. O., S. 89.
58 Vgl.: Gierloff-Emden, Hans-Günter, a. a. O., S 820f. Die Forschungsmethode der Drift auf einer Eisscholle wurde von den Sowjets vor dem Zweiten Weltkrieg entwickelt. 1937 wurden die Polarforscher I. D. Papanin, F. Širšov, E. Fedorov und E. Krenkel mit Flugzeugen auf einem mehr als 2 Jahre alten, 3 m mächtigen Eisscholle von 1,5 km × 2,5 km Größe abgesetzt. In 274 Tagen drifteten sie von ihrer Anfangsposition unweit des Nordpols bis zur grönländischen Ostküste und legten dabei etwa 2070 km zurück. Die durchschnittliche Driftgeschwindigkeit der Scholle, die den Namen *Severnyj Poljus 1* («Nordpol 1») trug, betrug 7,6 km pro Tag. Im Februar 1938 zerbrach sie, und die Expeditionsteilnehmer wurden vom Eisbrecher *Ermak* und einem U-Boot nördlich des Scoresby-Sundes aufgenommen. (Vgl. Gierloff-Emden, Hans-Günter, a. a. O., S. 820 und Papanin, Iwan D.: Das Leben auf einer Eisscholle. Berlin 1947.)
59 Gordijenko, Pavel: Die Polarforschung der Sowjetunion. Düsseldorf, Wien 1967, S. 126.
60 Wegener, Alfred: Mit Motorboot und Schlitten in Grönland. Bielefeld, Leipzig 1930, S. 5.
61 Wegener Alfred: Die Entstehung der Kontinente. Petermanns Geographische Mitteilungen 58 (1912), S. 188.

# Der weiße Tod

«Wer die Lawinen einigemal gesehen hat, wird bald von einer so großen Leidenschaft für ihre Beobachtung ergriffen, daß er sich an einem solchen Platze, wo er sich zu seiner Bequemlichkeit ein Feuer anmacht, gern für einen ganzen Tag festsetzt»,[1] schwärmte 1849 der aus Bremen stammende Johann Georg Kohl (1808–1878). Er war in der Hansestadt an der Weser Stadtbibliothekar, doch seine Liebe gehörte dem Reisen, und weite Fahrten führten ihn durch Europa. Kohl war ein sehr genauer Beobachter der Natur, und er beschrieb die Phänomene, die ihm unterwegs auffielen, detailliert in seinen Berichten. Im dritten Band seiner «Naturansichten aus den Alpen» berichtete er erstmals mit wissenschaftlicher Akribie über «Die Schneedecke in den Alpen» und schilderte die «zahlreichen Schneeschichten, bei deren Durchgrabung man die beständigen Wechsel der Nacht- und Tagestemperatur, sowie die verschiedenen wöchentlichen oder monatlichen Wetterveränderungen ebenso erkennen kann, wie in der Schichtung der Erdrinde die verschiedenen Perioden der urzeitlichen Zustände».[2] Der Bremer muß die Alpen nicht nur durchwandert, sondern sich so manche Unterbrechung gegönnt haben, um spezielle Beobachtungen oder Untersuchungen durchzuführen. Seine Erkenntnisse über den Schnee stellte er sogar in Zusammenhang mit der Lawinenbildung, indem er nach der Unterscheidung verschiedener Schneesorten schrieb: «Wir werden weiter unten sehen, daß es wichtig ist, diesen Unterschied aufzufassen, um die Entstehung verschiedener Arten von Lawinen zu begreifen.» Kohl gab sogar erste Hinweise zur praktischen Lawinenbeobachtung, dennoch wurden seine Arbeiten kaum beachtet. Von einem größeren Publikum gelesen wurde seinerzeit hingegen Friedrich von Tschudis 1853 verfaßtes «Tierleben der Alpenwelt», dem der Autor ein Kapitel über Lawinen beigefügt hatte.

Eine frühe, vielleicht sogar die erste Erwähnung von Lawinen überhaupt, findet sich in den «Geographika» des griechischen Geographen Strabon. Er beschrieb die Alpenpässe und schilderte die Schrecken «der bodenlosen Schluchten, in die man bei einem Fehltritt stürzt», den «Schwindel, der alle befällt, auch Lasttiere, wenn sie zu Fuß über die Pässe gehen», und er beendet seine Ausführungen: «Gegen solche Stellen gibt es kein Mittel, ebensowenig wie gegen die Eisschichten, die von den Bergen heruntergleiten – riesige Schichten, die ganzen Karawanen den Weg abschneiden und allesamt in den gähnenden Abgrund zu werfen vermögen. Denn zahlreich sind die Schichten, die übereinander liegen. Der Schnee wird Schicht um Schicht eisförmig, und die oberste löst sich von Zeit zu Zeit von der darunterliegenden, ehe sie von den Sonnenstrahlen geschmolzen wird.»[3] Strabon hat allerdings vor rund 2000 Jahren nicht nur Lawinen in den Alpen geschildert, sondern auch im Kaukasus. Er erzählt, daß dort Reisende Stangen mitführten, eine Art starrer Lawinenschnur, auch als Sonde geeignet, um Verschüttete zu suchen.

Weitere frühe Hinweise auf Lawinen stammen von römischen Schriftstellern. So berichtet Livius, daß Hannibal bei der Überwindung der Alpen im Jahre 218 v. Chr. große Verluste an Troß und Soldaten erlitten habe. Livius erwähnt zwar Lawinen nicht ausdrücklich, doch seine Schilderungen lassen entsprechende Schlüsse zu. Es ist nicht sicher, welchen Weg Hannibal nahm und welche Pässe er überquerte, aber es ist bekannt, daß er mit 38000 Mann Fußvolk, 8000 Reitern und 37 Elefanten auszog, jedoch bei der Überquerung der Alpen nahezu die Hälfte seines Heeres verlor. Der Vergil-Epigone Silius Italicus (25 bis 101 n. Chr.) hat das Ereignis in dem Epos «Punica» – in Anlehnung an Livius' Römische Geschichte – dramatisiert. Es heißt dort: «Als der Weg durch glitzernde, schneebedeckte Hänge unterbrochen wurde, zückte Hannibal die Lanze und durchstach prüfend das Eis. Losgelöster Schnee zog die Männer in den Abgrund, und Schnee, der von den hohen Gipfeln stürzte, verschlang die lebende Mannschaft.»[4]

Aus dem frühen Mittelalter besitzen wir neben den «Originum s(ive) Etymologiarum libri XX» des spanischen Bischofs Isidorus im 6. Jahrhundert, in dem das Wort Lawine in den vom Lateinischen abgeleiteten Formen «Lavina» und «Labina» verwendet wird, keine brauchbare Kunde von Lawinen. Bis heute sind sich übrigens Sprachforscher über die Herkunft des Wortes «Lawine» nicht ganz einig. Die Mehrzahl von ihnen allerdings stützt sich auf diese erste bekanntgewordene Erwähnung des Wortes. Sie sind der Meinung, daß das Wort Lawine seinen Ursprung im lateinischen labi «gleiten, herabgleiten» bzw. labes, labis «Fall, Sturz» hat; aus den Übergangsformen labina und lavina scheinen die meisten ähnlichen Bezeichnungen hervorgegangen zu sein: mittellateinisch lavanchia, lauina; französisch lavange, lavanche, avalange, avalanche; englisch avalanche; die deutschen Mundartformen Lahn, Lähne, Laui, Laue, Leue, Lauina, Leuine, Leuwine und das früher selten gebrauchte Löwinen für Lawinen. Über die rätoromanischen Formen lavina, lavigna, die Tessiner Form walanga sowie das althochdeutsche levina drang das Wort im 17. Jahrhundert in die deutsche Schriftsprache ein.[5] Andere Sprachhistoriker meinen, daß es sich vom althochdeutschen lao «lau» und dem mittelhochdeutschen lawen «lau» ableitet, womit durch Lau oder Laui eine durch Tauwetter ins Rutschen geratenen Schneemasse bezeichnet wird.

Vom 12. Jahrhundert an erwähnen verschiedene Überlieferungen Lawinenkatastrophen, die vor allem Rompilger, Reisende und Kriegsheere beim Übergang über die Alpenpässe heimgesucht haben. Im Dezember 1128 war Rudolf, der Abt von St. Trond bei Lüttich, auf dem Weg über den Großen St. Bernhard und berichtete von Schneetreiben und Lawinenniedergängen bei Aosta: «Hier blieben wir in den Klauen des Todes Tag und Nacht in weiterer Lebensgefahr. Das kleine Dorf war überfüllt von Pilgern. Von den schroffen Höhen fielen vielfach riesige Schneemassen, die alles auf ihrem Wege forttrugen, so daß diejenigen, die noch keine Unterkunft gefunden hatten, von den Massen weggewischt wurden und erstickten, während andere in den Häusern zu Krüppeln geschlagen wurden. In dieser andauernden Todesgefahr verbrachten wir mehrere Tage im Dorf.»[6] Nachdem im Mittelalter die Bergtäler der Alpen zunehmend besiedelt wurden, mehrten sich auch Berichte über weitere Lawinenunglücke. Seit Mitte des 15. Jahrhunderts sind vor allem Dokumente aus dem Kanton Graubünden erhalten. Eine der ersten Lawinen, die hier bekannt wurde, tötete 1440 in Davos elf Menschen; ein gewisser Martin Schlegel allerdings soll nach 24 Stunden noch lebend geborgen worden sein. Etwa zur gleichen Zeit zerstörten Lawinen auch in den französischen Westalpen zahlreiche Dörfer. In einigen Gebieten trauten sich die Bewohner im Winter kaum mehr aus ihren Häusern. Ein Text aus dem Jahre 1450 berichtet: «Im Weiler La Pouture d'Oron gab es so viele Lawinen, daß die ganze Ortschaft mitsamt den umliegenden Gehöften zerstört wurde. Die vierzehn oder fünfzehn Leute, die dort wohnten, wurden getötet, und jetzt lebt dort nur eine einzige Familie unter großen Schwierigkeiten. Ferner erzählt man sich, daß letztes Jahr, 1449, in der Nähe der Häuser von Rivier solche Lawinenmassen niedergingen, daß fast alle Wohnstätten zerstört wurden. Man glaubt, daß der ganze Weiler mitsamt seinen Einwohnern vernichtet worden wäre, hätten die Lawinen keine so große Menge Holz mitgeführt.»[7]

Die wohl erste nähere Beschreibung von Schneelawinen gab der Mönch Felix Faber (latinisiert aus Schmied) aus Zürich. Das Original seiner Reisebeschreibung, die nach zweifacher Alpenüberquerung 1483 und 1484 entstand, wurde in der Stadtbibliothek von Ulm gefunden: «In diesem Gebirgsgebiete sind mächtig hohe Bergspitzen, und im Winter, vor allem zur Zeit der Schneeschmelze, ist der Übergang sehr gefährlich, weil von den höheren Bergen die Schneemassen losbrechen und im Abstürzen zu ungeheuren Lawinen wachsen, die mit solcher Kraft und solchem Getöse zu Tal gehen, als würden die Berge mit Gewalt auseinandergerissen. Alles, was einer solchen Lawine in den Weg kommt, reißt sie mit sich fort; Felsen hebt sie aus ihrem Lager, entwurzelt Bäume und erfaßt Häuser, reißt sie mit sich fort und überschüttet manchmal ganze Orte.»[8]

Alle historisch überlieferten Verluste waren jedoch im Verhältnis zur Zahl der Lawinenopfer während des ersten Weltkrieges an der Alpenfront zwischen Österreich und Italien klein. Von dem österreichischen Skipionier und Lawinenspezialisten Mathias Zdarsky stammt die Formulierung: «Gefährlicher als der Italiener war das winterliche Gebirge.»[9] In den drei Kriegswintern 1915–1918 fielen etwa 40000 bis 60000 Soldaten durch Lawinen. Dabei kamen die Soldaten sowohl durch natürliche als auch durch von Granaten ausgelöste Lawinen um. Am 12./13. Dezember 1916 verloren nach ergiebigen Schneefällen allein auf der österreichischen Seite 6000 Soldaten ihr Leben.

Bei der Bergbevölkerung hatte sich über Jahrhunderte hinweg das Wissen über Schnee und Lawinen aufgrund von Beobachtungen und Erfahrungen angesammelt. Einen ersten Abriß der Lawinenkunde gab Johann Jakob Scheuchzer (1672–1733) in seiner 1706 publizierten «Naturgeschichte der Schweiz». Die Basis zur wissenschaftlichen Lawinenforschung legte im 19. Jahrhundert der Eidgenössische Oberforstinspektor Johann Coaz. Der begeisterte Alpinist, der als erster im Jahre 1850 den Piz Bernina bestiegen hatte, beschäftigte sich zunächst deshalb mit Lawinen, weil sie Waldbestände zerstörten. Er versuchte seine Kollegen für den Aufbau eines Lawinenbeobachtungsnetzes zu gewinnen; tatsächlich wurde wenig später das Eidgenössische Forstinspektorat ins

Leben gerufen, das diese Funktion übernahm. Seit 1878 wird in den Alpenkantonen eine Lawinenstatistik geführt. Coaz veröffentlichte 1881 das umfassende Werk «Die Lawinen der Schweizer Alpen» und 1887/88 eine Arbeit über Lawinenschäden in der Schweiz. Er wies darauf hin, daß in den Schweizer Alpen 9368 Lawinenzüge[10] bekannt sind, am stärksten gehäuft im weitverzweigten Gebiet der oberen Rheintäler. Bei seiner Übersicht waren nur Lawinenzüge berücksichtigt, die von Menschen bewohnte Gebiete oder Bauwerke bedrohen.[11] Doch Coaz kartierte nicht nur über Jahrzehnte akribisch Tausende von Lawinenzügen, er leitete auch Aufforstungen und konstruierte erste Stützverbauungen.

Seine Arbeiten trugen maßgeblich zur Gründung des heutigen Eidgenössischen Instituts für Schnee- und Lawinenforschung bei, dem 1931 die Gründung der Schweizerischen Schnee- und Lawinenforschungskommission vorausgegegangen war. 1934 begannen Forscher – insbesondere Robert Haeferli – in einer Schneehütte vor dem Meteorologisch-Physikalischen Observatorium in Davos-Dorf den Schnee als grundlegende Bedingung einer jeden Lawine systematisch zu untersuchen.

Weil sich jedoch der Winter in 1550 m Höhe für eingehendere Studien als zu kurz erwies, übersiedelte die «Schneeforschung», die Keimzelle der Lawinenforschung, im Herbst 1936 in eine Baracke neben der Bergstation der vier Jahre zuvor eröffneten Davos-Parsenn-Bahn, 2673 m über dem Meeresspiegel. 1942 entstand das Eidgenössische Institut für Schnee- und Lawinenforschung Weissfluhjoch/Davos mit 7 Mitarbeitern. 1944 konnten die Kältelaboratorien in Betrieb genommen werden. 1945 sah den Beginn der zivilen Lawinenwarnung sowie die Aufnahme hydrologischer und meteorologischer Schneeforschung. Seit 1945 sendet der Rundfunk in der Schweiz einen Vorhersage-Service, das Lawinenbulletin, in dem die Witterungs- und Wetterverhältnisse, soweit sie für das Entstehen von Lawinen wichtig sind, sowie Lawinenwarnungen für verschiedene Regionen bekanntgegeben werden. Rund 70 Beobachtungsstationen sind in Höhen von 1000–1800 m über die Alpen verstreut, einige liegen sogar bis 2500 m hoch. Diese Stationen werden von ausgebildeten Einheimischen verschiedener Berufe in Teilzeitarbeit betreut, sie übermitteln am frühen Morgen Berichte per Telefon oder per Telex an das Institut. Zwei- bis dreimal pro Woche werden Lawinenwarnungen im Radio und Fernsehen gesendet und in Zeitungen veröffentlicht.

Neben den Prognosen und Informationen für die Öffentlichkeit nimmt die Forschung im Institut einen breiten Raum ein, denn die

Vorgänge, die bei der Bildung von Lawinen eine Rolle spielen, sind recht kompliziert und bis heute noch nicht endgültig geklärt.

Wesentliche Einflüsse, die zur Bildung von Lawinen, also dem raschen Absturz von Schneemassen führen, sind Neuschnee sowie der jeweilige Zustand der Schneedecke. Von eher sekundärer Bedeutung sind Temperaturen, Gelände und Mächtigkeit der Gesamtschneehöhe.

Eine Schneedecke, die sich im Stadium des Kriechens oder Gleitens befindet, ruft gegenüber benachbarten Zonen mit anderen Ablagerungsbedingungen Spannungen hervor. Bei konvexem Geländeprofil entstehen in der steileren Hangzone Zugspannungen, gleichzeitig hat die Bewegung der Schneedecke auf der hangparallelen Unterlage einer älteren Schicht sowie an ihren Rändern gegenüber benachbarten Hangabschnitten Scherspannungen zur Folge. Zwar können an vielen Stellen eines Hanges die sich setzenden Schneedecken diesen Spannungen standhalten, wird die Spannung an anderen Stellen hingegen größer als die vorhandene Festigkeit, dann bricht die Schneedecke. Zuerst entsteht ein lokaler Riß, der sich jedoch mit hoher Geschwindigkeit fortsetzt und schnell benachbarte Zonen erfassen kann. Allerdings entsteht eine Lawine, also das Abgleiten einer größeren Schneetafel, nur, wenn der jeweilige Hang eine ausreichend starke Neigung aufweist und somit die Reibung der in Bewegung geratenen Schneemasse auf ihrer Unterlage überwunden werden kann.

Die Auslöser für den Bruch einer Schneedecke können vielfältiger Art sein: er kann durch Belastungen bei Schneezuwachs eintreten; durch Skifahrer oder durch abnehmende Festigkeit. Nicht selten werden Lawinen durch eine Störung hervorgerufen, die weit unten am Lawinenhang und sogar außerhalb der Lawinenfläche liegt.

Sie können auch durch lockeren Schnee entstehen. Neuschnee beispielsweise verliert durch die abbauende Metamorphose schnell die anfangs vorhandene Verzahnung der Kristalle, die dabei leicht in Bewegung geraten und eine Kettenreaktion auslösen. Bei nassen Frühjahrslawinen ist fast immer eine intensive oberflächliche Erwärmung oder Einstrahlung vorausgegangen, wodurch die Kornbindung innerhalb der Schneedecke allmählich gelöst wurde.

Aus verfestigten Schichten entstehende Lawinen heißen Schneebrettlawinen, aus unverfestigen Schneemassen punktförmig in Bewegung geratene Niedergänge werden Lockerschneelawinen genannt.

Auch das Gelände hat eine Bedeutung für das Entstehen von Lawinen. Ein Hang muß eine Mindestneigung aufweisen. Im allgemeinen liegen die Steilheiten der Anrißgebiete zwischen 28° und 45°, in flacheren Gebieten gibt es selten Anrisse, und auf steileren Hängen können sich in der Regel keine größeren Schneemassen ansammeln.

90 % aller Skifahrer, die in Lawinen verunglückt sind, gerieten in Schneemassen, die in östlicher oder nördlicher Richtung abfielen. Der Grund ist, daß an Schattenhängen der Aufbau der Schneedecke ungünstiger verläuft als an Süd- und Westhängen. Bei tieferen Temperaturen findet dort eine intensivere aufbauende Umwandlung statt, und es kann sich Oberflächenreif ausbilden. Ferner tragen vor allem die in den Alpen vorherrschenden Winde häufig zusätzliche Schneemengen an die Nord- und Osthänge.

Problematisch für die Lawinenbildung ist auch die Bodenbedeckung. Hänge mit Büschen und Sträuchern können bei geringen Schneemengen durch die Bodenrauhigkeit das Abgleiten der Schneedecke verhindern, auf der anderen Seite verhindern Äste eine günstige Setzung des Schnees.

Eine häufige Ursache für das Entstehen einer Lawine ist Neuschnee, denn jeder Schneezuwachs belastet die bereits vorhandene Schneedekke. Das Gewicht der neuen Schneedecke ist abhängig von der Menge des gefallenen Schnees und kann bei einem größeren Schneefall von etwa 50 cm auf einem Hang von beispielsweise 1 ha Fläche rund 500 t betragen.[12] Die Last der Neuschneedecke wird von der alten Schicht solange getragen, bis die Neuschneedecke eine gewisse Verfestigung erfahren hat. Je nach Schneemenge und Temperatur kann diese Übergangszeit einen bis mehrere Tage dauern.

Ein wichtiger «Baumeister» zahlreicher Lawinen ist der Wind. Mehr als die Hälfte aller Lawinen ist dem Einfluß des Windes zuzuschreiben. Vor allem Neuschnee wird vom Wind erfaßt und über Hänge und Ebenen getrieben. Erst in einem Windschattengebiet können sich die Schneekristalle ablagern. Derartige Gebiete sind gefährlich: einerseits liegen dort Schneemengen, die ein Mehrfaches des Niederschlages ausmachen, andererseits ist solch ein vom Wind gepackter Schnee unplastisch und spröde.

Bereits Ende des 19. Jahrhunderts wurden als wichtige Grundtypen der Lawinen die Staub-, Grund und Eislawine erkannt. Noch heute sind die Benennungen regional sehr unterschiedlich. Dennoch lassen sich nach der Form der Anrißzone Lockerschnee- und Schneebrettlawine, nach Lage der Gleitfläche Ober- und Bodenlawine, nach Wassergehalt trockene und Naßschneelawine, nach Sturzbahn Flächen- und Runsenlawine[13] sowie nach Bewegungstyp Staub- und Fließlawine unterschieden. Besonders verheerend wirken Staublawinen, die aus feinkörnigem, trockenem oder leicht feuchtem Schnee bestehen, da sie hohe Geschwindigkeiten erreichen und ihre 300 km/h schnelle Druckwelle (bis etwa 1 $t/m^2$) nicht nur Bäume umknicken, sondern sogar Häuser wegreißen kann.

Als «Geißel der Alpen» bezeichnete der Wissenschaftsjournalist Colin Fraser Mitte der sechziger Jahre die Lawinen. Trotz neuer Erkenntnisse und Warnsysteme haben Lawinen nichts von ihrer Gefährlichkeit eingebüßt. Weltweit werden pro Jahr etwa 250000 größere Lawinen gemeldet, in der Schweiz sind es allein 20000. Seit 1945 sind mehrere tausend Menschen durch Lawinen in den Alpen getötet worden. Dabei verzeichnet die Schweiz die meisten Lawinenunglücke der Welt: Von 1210 Lawinenopfern in den Alpen zwischen 1975 und 1986 (durchschnittlich 100 pro Jahr) waren 324 (über ein Viertel) Schweizer. Doch jedes Jahr werden auch aus anderen Gebieten der Erde wieder neue Lawinenunglücke bekannt, etwa aus dem Himalaja oder den Anden. In der Türkei kamen 1990/91 über 300 Menschen durch Lawinen ums Leben.

Eine Zunahme von Lawinenunfällen verzeichnen auch die Rocky Mountains. Die Gesamtzahl der Unfälle liegt unter der der Alpen, da die Rockies bislang als Wintersportgebiet noch nicht so populär sind. Etwa 100000 Lawinen gibt es jedes Jahr im bergigen Westen der USA. Eines der schlimmsten Lawinenunglücke in den Vereinigten Staaten ereignete sich im Jahre 1910, als zwei eingeschneite Eisenbahnzüge in der Kaskadenkette in eine Schlucht gefegt wurden und 96 Menschen starben.

Wer von einer Lawine erfaßt wird, hat nur geringe Überlebenschancen. Unfalluntersuchungen belegen, daß etwa 5 % der Verunglückten nicht mehr lebt, wenn die Lawine zum Stillstand kommt. 30 Minuten später lebt nur noch die Hälfte der Verschütteten, nach einer Stunde nur noch ein Drittel. Oft kann sich ein Verschütteter, der nur 20 oder 30 cm unter der Oberfläche liegt, nicht mehr aus eigener Kraft befreien. Bei der überwiegenden Zahl der in Lawinen verunglückten Wintersportler spielt Leichtsinn eine Rolle. Nach der Statistik lösen in 90 % aller Fälle Skifahrer selbst die Lawine aus, die ihnen zum Verhängnis wird, so beispielsweise der britische Thronfolger Prinz Charles und seine Begleiter, die 1988 bei Davos eine Schneebrettlawine auslösten, in der ein Läufer starb.

In früheren Zeiten waren Orte und Siedlungen auf natürliche Weise zumindest teilweise durch Wälder geschützt. Wer einst im sogenannten «Bannwald» – einem verbotenen Waldstück – Bäume schlug und erwischt wurde, mußte mit schweren Strafen rechnen. Doch seit man wider besseres Wissen immer mehr Bäume abholzt, um eine den Tourismus fördernde Infrastruktur bereitzustellen, haben die Lawinen im wahrsten Sinne des Wortes freie Bahn. Wald ist nach wie vor der beste Schutz vor ihnen, und so ist man heute bemüht, neue Wälder anzulegen, doch die Aufforstung an den Hängen ist schwierig.

In den letzten Jahrzehnten hat man versucht, den durch Abholzung angerichteten Schaden mit künstlichen Baumaßnahmen zu beheben. In der Schweiz setzten diese Bemühungen schon nach dem katastrophalen Winter 1950/51 ein. Hinzu kommt, daß immer mehr Menschen in die zuvor unbewohnte Bergwelt vorgedrungen sind und sich – oft entgegen aller Vernunft – in Lawinenzügen niedergelassen haben. Auch in den bayerischen Alpen wird jeder fünfte der rund 700 registrierten Lawinenstriche durch Schutzzäune oder Galerien gesichert, mit denen man beispielsweise Straßen überdacht. Ortschaften werden durch Wälle, Dämme oder Bremshöcker geschützt, d.h. kegelförmige Hindernisse von 2 bis 5 m Höhe aus Steinen oder Stahl, die in der Auslaufstrecke von Lawinen angelegt werden. An einigen Gebäuden, wie etwa der Kirche in Davos, bilden die Mauern einen Keil, der die Lawine wie ein Schiffsbug teilen soll. Ferner werden gefährlich erscheinende Schneemassen künstlich gestört und zum Abbruch zu einem bestimmten Zeitpunkt veranlaßt, etwa durch Kanonenbeschuß oder den Abwurf von Granaten aus Helikoptern, um größere Unglücke und Schäden bereits im Vorfeld zu vermeiden.

Einige Schweizer Gemeinden sind daher schwer bewaffnet: Allein in den Arsenalen von Davos lagert großkalibrige Munition im Wert von 45000 Franken zur Verteidigung gegen die Naturgewalten. In der gesamten Schweiz werden durchschnittlich jedes Jahr 100000 Lawinen künstlich ausgelöst.

## Anmerkungen

1 Zit. nach: Flaig, Walther: Lawinen. Wiesbaden 1955, S. 54.
2 Zit. nach: ebd., S. 55.
3 Zit. nach: Fraser, Colin: Lawinen – Geißel der Alpen. Rüschlikon-Zürich, Stuttgart, Wien 1968, S. 22.
4 Zit. nach: ebd., S. 23.
5 Vgl.: Marcinek, Joachim: Gletscher der Erde, Leipzig 1984, S. 43.
6 Zit. nach: Fraser, Colin, a.a.O., S. 23f.
7 Zit. nach: ebd., S. 25.

8 Zit. nach: Marcinek, Joachim, a.a.O.
9 Zit. nach: Flaig, Walther, a. a. O., S. 45.
10 Lawinen fallen immer wieder in denselben Bahnen, den Lawinenzügen oder -strichen.
11 Coaz' Beschreibung war noch detaillierter: Von den 9363 Lawinenzügen waren nach seinen Angaben 2958 Züge von Grundlawinen, 932 von Staublawinen und 5444 verschiedenster Art. In 5294 Zügen ging im Jahr mehr als eine Lawine nieder, in 2192 nur eine, bei 1283 war nur alle paar Jahre ein Niedergang zu beobachten. Im Frühjahr gab es mit 8435 die meisten Lawinen, gefolgt vom Winter mit 6744 und schließlich vom Herbst mit 2301. Insgesamt hatte Coaz für den Zeitraum 1887/88 17480 Lawinen gezählt. Vgl. Fraser, Colin, a. a. O., S. 62.
12 Vgl.: Schild, Melchior: Lawinen. Zürich 1972, S. 53.
13 Runse: Rinne an Berghängen mit Wildbach.

# Leben mit dem Eis – Kampf gegen die Kälte

«Für weibliche Besucher ist Chanel Nr. 5 völlig ausreichend, man benötigt keine Nachtkleidung»,[1] mit diesem Hinweis preist ein Werbeprospekt die Behaglichkeit im Eishotel von Jukkasjärvi in Nordschweden an, einen guten Schneeballwurf von Kiruna entfernt. Das amerikanische Magazin «Newsweek» war immerhin der Auffassung, daß die Hotelbar «In the Rocks» zu den 15 besten Bars der Welt gehört.

Der Reigen der Superlative läßt sich noch ergänzen. Das Eishotel ist nicht nur der größte Iglu der Welt, sondern auch der einzige, der von einem Architekten entworfen wurde, nämlich von Aimo Räisänen aus Göteborg. Entstanden ist das Konzept der eisigen Herberge aus der Idee von Pär Grandlund und dem Hotelfachmann Yngve Bergquist, die im Winter 1990–91 erstmals einen Iglu als kleine, 65 $m^2$ überspannende eisige Kunsthalle für Ausstellungszwecke errichteten. Bereits ein Jahr später war das Konzept verändert, nunmehr baute man das Eishotel, zu dem heute neben der Galerie ein Restaurant mit Eisbar und sogar eine Kirche gehören, in der bereits eine Reihe von Ehen geschlossen wurden. Selbst Taufen gehören für Pastor Jan-Erik Johannsen zum Alltag in der Eiskapelle.

Allerdings muß das auf der Welt einmalige Hotel alljährlich im November neu errichtet werden, da es jeden Sommer schmilzt. Die Bauzeit beträgt etwa 6 Wochen. Der Bau des überdimensionalen Iglus beginnt mit der Herstellung der Eisziegel aus Schnee und Wasser in speziellen stählernen Gußformen. Nach zwei Tagen sind sie verwendungsfähig. Das ganze Gebäude besteht aus insgesamt 2000 t Schnee und 1 000 t Eis, wobei letzteres auch für Fenster, die Eisbar und Eisskulpturen verwendet wird. Wände und Dach sind selbsttragend und erinnern an Gewölbe aus alten Zeiten. Das Schneehaus ist außerordentlich stabil und und hat umfangreichen Belastungstests standgehalten.

Die Temperatur im Innern ist nahezu konstant und letztlich davon abhängig, wie viele Menschen sich in ihm aufhalten. Jeder Gast produziert genausoviel Energie und Wärme wie eine Kerze, wissen die schwedischen Werbefachleute zu berichten. Bei einer Außentemperatur von –25 °C bis –20 °C variiert die Innentemperatur zwischen –5 °C und –7 °C. Die Gäste schlafen in Isolierschlafsäcken, die die Wärme bei einer Außentemperatur von bis zu –35 °C halten. Die Betten im Eishotel sind mit einer Unterlage aus Tannenzweigen und einem wärmenden Rentierfell ausgestattete Eisblöcke. Das Eishotel ist für 60 Gäste ausgelegt. Pro Saison kommt man bislang auf etwa 2000 Übernachtungen.

Vorbild und Anregung dieser touristischen Attraktion ist der Iglu der Inuit[2], jener Menschen, denen das ewige Eis der Arktis Heimat ist. Es liegt nahe, daß in einem Land, in dem Schnee und Eis vorherrschen, diese auch einen wichtigen Platz im Alltag der Menschen einnehmen. So wurde und wird Schnee zum Waschen benutzt oder zu Wasser geschmolzen. Die vielleicht wichtigste Nutzung des Schnees war bis weit ins zwanzigste Jahrhundert hinein seine Verwendung als Baustoff. Zwar kannten alle Inuit-Völker die isolierende Wirkung des Schnees, aber nicht alle haben ihn zum Hausbau genutzt. Das kuppelförmige Schneehaus war letztlich nur eines von verschiedenen gebräuchlichen Haustypen; Verwendung fanden daneben Wohnhäuser aus Holz, Steinen und Grassoden. Als stationäre Winterbehausung diente das Schneehaus hauptsächlich im zentralen Kanada; in Alaska und Grönland hingegen war ausreichend Treibholz und Moos für den Hausbau vorhanden. Hier nutzten lediglich wandernde Jäger, die vom Sturm überrascht wurden, eine schnell errichtete Schneehütte als Zuflucht,[3] die den Namen Illuvigait trug. Das Wort Iglu (grönl. illu) bedeutet nichts anderes als Haus.

Ob Kupfer-, Netsilik-, Iglulik-, Karibu- oder Quebec-Inuit, sie alle verwendeten das gleiche Bauprinzip, wenngleich es regionale Abweichungen hinsichtlich Form und Größe gab.[4] Ein Iglu war ein an Einfachheit und Perfektion nicht zu überbietendes Meisterwerk der Baukunst, es erforderte allerdings viel Geschick bei der Konstruktion. Es war eine «architektonische Erfindung, die dem römischen Bogen und den Moscheen der Moslems mindestens vier Jahrtausende vorausging».[5]

Zunächst wurde der Bauplatz ausgesucht. Dabei wurde eine Stelle gewählt, an dem ein einziger Sturm Schnee zusammengetragen hatte, damit eine gleichmäßige Schneedichte für die zu bauenden Wände gegeben war. Mit einem etwa 1 m langen Stab, einer Schneesonde, wurde die Festigkeit des Schnees geprüft, denn sie mußte überall gleich sein. «Wenn der Schnee nicht gut ist, wird auch die Hütte kein Meisterstück.»[6] Diese alte Erfahrung der Inuit notierte kein Geringerer als der Polarforscher Roald Amundsen, der 1903 bis 1906 mit dem kleinen Segelschiff *Gjöa* als erster die Nordwestpassage bezwang und der während zweier Überwinterungen in der kanadischen Arktis auf dieser Reise die Inuit genau beim Bau eines solchen Schneehauses beobachtete. «Schon dieses ‹Befühlen› des Schnees verlangt ein ungemein feines, durch jahrelange Übung und Erfahrung entwickeltes Gefühl. Wenn man mit einem Stock hineinsticht, kann natürlich jedermann leicht entscheiden, ob der Schnee hart oder weich ist; aber zu bestimmen, aus wieviel verschiedenen Lagen dieser Schnee besteht, das ist eine viel schwierigere Sache. Die Schneewehen bestehen nämlich meistens aus Schichten, die zu verschiedenen Zeiten und bei verschiednem Wetter zusammengeweht wurden und deshalb auch von verschiedener Beschaffenheit sind. In einer Wehe kann deshalb sowohl solcher Schnee sein, der bei einem Sturme fest zusammengebacken ist, als auch solcher, der bei stillem Wetter darauf gefallen ist und nur eine lose, als Baumaterial ungeeignete Schicht bildet. Auf dieser kann sich dann abermals eine fast ganz dichte Schneelage gebildet haben, und es gehört die ganze Erfahrung des Inuit dazu, solchen losen Schnee in der Mitte der Wehe zu entdecken. Das allerbeste ist, wenn zu oberst eine ungefähr fußhohe Lage losen Schnees liegt und darunter bis auf den Boden eine gleichmäßige Masse von der passenden Härte, die hoch genug für die nötigen Blöcke ist. Zu hart darf der Schnee nämlich auch nicht sein, weil dann während der Arbeit leicht Eisstücke davon abspringen.»[7]

War der Bauplatz gewählt, wurde in dem Umkreis, auf dem das Schneehaus errichtet werden sollte, die oberste Schicht Schnee weggeschaufelt. Dann wurden aus dem Boden die ersten Blöcke mit einem Schneemesser aus Karibugeweih oder aus Walroßelfenbein – in der neueren Zeit auch mit Klingen aus Metall[8] – aus dem Schnee herausgeschnitten.

Ein Schneehaus wurde aus Blöcken, die etwa 75 cm lang, 50 cm hoch und 20 cm breit waren, errichtet. Mit zwei parallelen, tiefen Einschnitten wurden Länge und Dicke der Blöcke festgelegt, die, wenn der erste schmale Block ausgehebelt war, an der Unterseite durch Einschnitte parallel zur Oberfläche gelöst wurden. Durch die so ausgehobene Baugrube war gleichzeitig der Boden des zukünftigen Hauses geschaffen.

Anschließend wurde die erste Reihe von Schneeblöcken in einem Kreis von etwa 2 m Innendurchmesser von einem in ihm stehenden Mann so aufgebaut, daß die Wand nach innen geneigt war. Von abgeschrägten Blöcken ausgehend mauerte der Inuit die Wand des Iglu als aufsteigende Spirale, wobei die Neigung nach innen bei abnehmendem Radius immer stärker wurde, so daß der Iglu seine typische Form erhielt. Jeder Block wurde mit dem Messer so vorbereitet, daß er möglichst genau an die bereits gesetzten paßte.

Geschickte Baumeister verliehen dadurch einerseits den einzelnen Blöcken Halt, andererseits wurde das Schneehaus dadurch gut abgedichtet. Besondere Übung erforderte der Zuschnitt des Schlußblocks, der auch Amundsen besonders fasziniert hatte: «Der Bau des Daches solch einer Schneehütte ist für den Uneingeweihten eine höchst verwickelte Sache. Wie viele Schneeblöcke sind mir bei dieser Arbeit auf den Kopf heruntergefallen! Die Schneewände müssen sich nämlich nach oben innen immer mehr verjüngen, und für den Außenstehenden sieht es genau aus, als hänge der letzte Block buchstäblich ohne jeglichen Halt oder irgendwelche Unterlage horizontal in der Luft. Dieser letzte Block, der das Dach in der Mitte abschließt, ist meistens von dreieckiger Form. Er muß zuerst zu dem Loch, das er später ausfüllen soll, förmlich hinausgespielt werden, damit er dann von außen wieder darauf zu sitzen kommt. Es sieht aus, als sei dies ein Ding der Unmöglichkeit, – aber der Inuit macht das Unmögliche möglich. Mit der einen Hand hält er den Block durch das Dachloch hinaus, und während er ihn über dem Dach hält, schneidet er ihn mit der anderen in die Form eines Keils. Wenn er ihn nun losläßt, paßt er in das Loch hinein, als sei er angegossen.»[9] Damit die kalten Winde nicht ins Innere dringen konnten, wurden die Ritzen zwischen den Blöcken mit dem Schnee, der zuvor vom Bauplatz entfernt worden war, zugestopft. Die Grundform des Iglus ist eine Halbkugel, deren Größe sich danach richtete, wie viele Menschen ihn wie lange als Unterkunft nutzen wollten.

Erst nach Fertigstellung der Halbkugel wurde von innen der tiefliegende Eingang herausgearbeitet, an den der Eingangstunnel angesetzt und mit einem Schneeblock verschlossen wurde.

So entstand eine Kälteschleuse, die vom Bauprinzip her möglicherweise der einer Eisbärenhöhle nachempfunden worden ist. Direkt über dem Eingang wurde ein Fenster herausgetrennt, dessen Öffnung man mit zusammengenähten, dünngeschabten Robbendärmen oder mit einem dünnen Stück aus klarsichtigem Eis verschloß. Für den Bau eines Schneehauses benötigte ein Inuit je nach Größe und Bauart 20 Minuten bis drei Stunden. Kleine improvisierte, weniger vollkommene Iglus werden gelegentlich noch heute auf Jagdausflügen errichtet.

Die Inneneinrichtung eines Iglus war einfach. Es gab eine erhöhte Schlafbank aus Schnee und an den Seitenwänden links und rechts kleine Sockel, die zusammen den größten Teil des Raumes einnahmen. Auf der Schlafbank sorgte zunächst eine Lage von Holz oder Heidekraut, dann mehrere Felle, vorzugsweise von Moschusochsen oder Eisbären, für eine ausreichende Isolierung. Die Schlafbank diente gleichzeitig als Sitzgelegenheit oder auch als Arbeitstisch. An den Wänden wurden die verschiedenen Gebrauchsgegenstände aufbewahrt: Frauenmesser, Fellschaber, Schneemesser oder Trinkgefäße. Auf dem Boden stapelte man Tierhäute. Auf einem der seitlichen Sockel standen eine oder mehrere Tranlampen, die bequem von der auf der hinteren Bank sitzenden Hausfrau gewartet werden konnten. Über der Lampe war das Trockengestell angebracht, an dem diverse Kleidungsstücke hingen. Neben dem Eingangsloch lagerte ein Teil des Vorrats: gefrorener Fisch und Robbenfleisch. «Übrigens kann man sich schwer eine Behausung denken, die für die Landesverhältnisse besser geeignet wäre als gerade das Schneehaus. Draußen kann ein Schneesturm von –50 °C brausen, ist die Specklampe angebrannt, so hat man es drinnen bei einer Temperatur ungefähr um den Gefrierpunkt herum warm und behaglich»,[10] beobachtete der dänische Archäologe Therkel Mathiassen, der den Polarforscher Knud Rasmussen 1921 auf dessen fünfter Thule-Expedition[11] begleitete.

Thermodynamisch war ein Iglu recht kompliziert. Er bot seinen Bewohnern Behaglichkeit, die sie sich vor allem durch ihre eigene Körperwärme verschafften. Die Wärme der Lampe und der Bewohner bewirkten im Innern auf der Schlafbank Temperaturen von 10° bis 12 °C, unter der Kuppel des Iglus sogar 15 °C, doch dann bestand die Gefahr, daß sich eine dünne Schicht Eis an der Innenwand bildete. Dieses Eis bot aufgrund seiner hohen Leitfähigkeit im Gegensatz zum Schnee, der mit kleinen Luftblasen durchsetzt ist, keinen Schutz mehr gegen die äußere Kälte.[12] Eine so hohe Temperatur konnte nur erzielt werden, wenn eine Innenverkleidung aus Karibufellen, etwa den Resten eines Sommerzeltes, verwendet wurde. Schneehäuser ohne diese Isolierschicht konnten auf längere Zeit nur Temperaturen bis zu 2 °C über dem Gefrierpunkt standhalten, ohne feucht zu werden, zu tropfen und sich letztlich mit einer kälteleitenden Eisschicht zu überziehen.

Schnee diente den Inuit nicht nur zum Bau von Häusern und diversen Möbeln, sondern im Freien auch zur Errichtung von «Gestellen» für ihre Vorräte an Fleisch, das vor allem vor den stets hungrigen Schlittenhunden zu sichern war. Ferner wurden aus Schnee auch Windzäune für Schlitten gebaut; wenn schlechtes Wetter einen Jäger am Atemloch einer Robbe überraschte, baute er sich einen Schutz aus Schneeblöcken.

Die Größe der Schneehäuser war sehr unterschiedlich. Weniger dauerhafte Iglus waren die kleinen, im Innern 2 m breiten und nur 1,5 m hohen Schneehäuser der Kupfer-Inuit, die auf dem Eis des Amundsengolfs im westlichen Bereich der Nordwestpassage Robben jagten. Die größeren Winterhäuser der zentralen Inuit[13], an die sich noch ein aus mehreren Kuppeln gebildeter Gang anschloß, waren bis zu 3 m hoch und hatten einen Durchmesser von 4,5 m. Kleinere Schneehäuser boten in der Regel einer einzelnen Familie Wohnraum. Oft wurden aber zwei oder gar drei Iglus nebeneinander gebaut. Einen solchen Baukomplex fand Therkel Mathiassen bei dem Inuit Aua auf der nördlich der Hudson Bay gelegenen Melville-Halbinsel: «Auas Haus ist ein Schneepalast, wie ich einen ähnlichen noch nicht gesehen habe. Er besteht aus zwei großen Häusern, die durch ein großes Gewölbe miteinander verbunden sind, in das man durch zwei große Vorräume gelangt. Das größere Haus mißt 51/2 Meter im Durchmesser, ist 3 Meter hoch und aus achtzig großen Schneeblöcken erbaut. In ihm wohnt Aua selbst mit seinen beiden erwachsenen Söhnen; der große, glänzendweiße Raum ist von drei Specklampen hell erleuchtet. In dem kleineren Haus wohnt Auas Schwestersohn Ouligtalik, der ‹Pelzgekleidete›. In weiteren drei Schneehäusern hausen andere Eskimofamilien, meist Verwandte von Aua.»[14]

Die Kupfer-Inuit im Norden Kanadas fügten ihren kleinen Schneehaussiedlungen gelegentlich noch ein Tanzhaus hinzu, das durch die Wohniglus erwärmt werden mußte. Ferner errichteten sie als Gemeinschaftsiglus zu festlichen Anlässen auch einzeln stehende, große Iglus mit einem Durchmesser bis zu 10 m, die bis zu 100 Personen beherbergen konnten.[15]

Das einzige Werkzeug, das zur Bearbeitung des Werkstoffes Schnee und für den Iglubau gebraucht wurde, war ein Messer. Daß Iglus schon in sehr frühen Zeiten gebaut wurden, konnten Archäologen indirekt durch diese Messer beweisen, denn sie haben in den Hinterlassenschaften der Dorsetkultur (1000 v. Chr. – 1300 n. Chr.) typische Schneemesser gefunden![16] Doch wann immer das erste Iglu errichtet wurde, für den Arktiskenner Wally Herbert besteht kein Zweifel, «daß der Erfinder des Iglus ein Genie war».[17]

In dem von den Inuit besiedelten Gebiet, das von Ostsibirien über Alaska und Kanada bis nach Grönland reicht, herrschen über den größten Teil des Jahres mittlere Lufttemperturen unter dem Gefrierpunkt. Schnee und Eis bestimmen das Leben in der Arktis; nirgendwo mußten sich Menschen an härtere Umweltbedingungen anpassen. Zwar nutzen die meisten Gruppen heute die Neuerungen des 20. Jahrhunderts, aber im Thule-Gebiet Nordwest-Grönlands hat sich die traditionelle Lebensweise bei den Polar-Inuit am längsten erhalten. Diese nördlichste Inuit-Gruppe kam erst 1818 in Kontakt mit Europäern.[18]

Im Gebiet der Polar-Inuit fegen selbst im Sommer Schneestürme über das Eis; im Winter sind Temperaturen bis –50° C keine Ausnahme. Dreieinhalb Monate liegt das Eis im Dunkel der Polarnacht. Es verwundert nicht, daß die Inuit für «Jahr» und «Winter» dasselbe Wort gebrauchen: ukiok.

Bis auf den heutigen Tag diktiert das Eis den Alltag der Polar-Inuit. Für ihren klimatisch unwirtlichen Lebensraum hat die Natur sie recht gut ausgestattet. Wie bei den anderen Inuit ist auch ihr Körper gedrungener und stämmiger als etwa der eines Mitteleuropäers, wodurch er ein günstigeres Verhältnis zwischen Volumen und Oberfläche besitzt, also weniger Wärme durch Abstrahlung verliert.[19] Über viele Generationen hinweg haben sich bei ihnen über exponierten Körperteilen – Wangen, Lidern, Händen und Füßen – Fettschichten gebildet, die ebenfalls den Wärmeverlust reduzieren. Außerdem entwickelt jeder Inuit im Laufe seines Lebens noch zusätzliche Abwehrkräfte gegen die extremen Witterungsbedingungen. Erwachsene haben ein ungewöhnlich dichtes Gefäßnetz in ihren Fingern und Zehen, das eine erhöhte Durchblutung bewirkt und dadurch besser vor Erfrierungen schützt. Das Gehör ist bei ihnen oft besser entwickelt als bei anderen Völkern. Untersuchungen eines dänischen Augenarztes, der das Sehvermögen der Polar-Inuit untersuchte, stellte fest, daß einige von ihnen sogar das kleinste Schriftbild auf der optischen Standard-Prüftabelle aus der doppelten Entfernung entziffern konnten, aus der sie normalerweise gelesen wird, was eine 200prozentige Sehkraft bedeutet.[20]

Bei der Suche nach einer Erklärung, weshalb die Inuit ihren immensen Energiebedarf ohne jegliche pflanzliche Nahrung decken können, kamen Wissenschaftler zu einem frappierenden Ergebnis. Wegen der extremen Kälte verbraucht ein Inuit-Jäger ein Drittel Kalorien mehr als ein Mitteleuropäer, also etwa 3600 Nahrungskalorien. Menschen anderer Völker decken einen so hohen Bedarf vor allem durch pflanzliche Kohlenhydrate in Form von Getreideerzeugnissen oder Kartoffeln, die im Körper rasch in Traubenzucker – Glukose – umgewandelt werden. Inuit hingegen ernähren sich fast ausschließlich vom Fleisch und Speck der Robben, die im wesentlichen aus Fett als potentem Kalorienlieferanten besteht. Als Anpassung an ihren Lebensraum können Inuit das gewöhnlich nicht so kalorienreiche Fleisch der Wildtiere in Traubenzucker umsetzen, wobei der Speck, den sie zusammen mit dem Fleisch essen, möglicherweise Katalysatorfunktion hat.[21]

Auch temperamentsmäßig haben sich die Polar-Inuit gut an ihre eisige Umwelt angepaßt. «Sie sind Stoiker von Natur», meint der Polarforscher Herbert, der 1969 als erster das Nordpolarmeer überquerte und in den siebziger und achtziger Jahren weitere Expeditionen in den hohen Norden unternahm, «die ihre Handlungen und Emotionen instinktiv einer strengen Disziplin unterwerfen. Obwohl sie schnell reagieren können, wenn es die Umstände erfordern, ist es beeindruckend, ihre Selbstdisziplin sogar in Augenblicken größter Gefahr zu beobachten, zum Beispiel mitten in einem Sturm auf dem brechenden Eis der See.»[22]

Ende Oktober beginnt in der hohen Arktis die Polarnacht, und die Temperaturen fallen. Für die Polar-Inuit ist jedoch nach Herberts Beobachtungen nicht das Verschwinden der Sonne das entscheidende Ereignis, sondern es ist «drei oder vier Tage später, meist in der letzten Oktoberwoche, der Augenblick, wenn die Eskimo morgens beim Aufwachen bemerken, daß die See um ihr Dorf herum wunderbar still geworden ist unter einer dünnen Eisdecke. Unter allen Ereignissen im arktischen Jahresablauf ist kaum eines, über das die Polareskimo sich mehr freuen, als über das Zufrieren der See.»[23] Es gibt keine Siedlung, deren Bewohner jetzt nicht mit Eispickeln und Harpunen zum Strand laufen, um die Haltbarkeit der Eisfläche zu testen. «Wenn sie sich überzeugt haben, daß das Eis dick genug ist, um ihr Gewicht zu tragen, weicht ihr angespannter Gesichtsausdruck breitem Lächeln, und plötzlich gebärden sich alle, jung und alt, wie Kinder, die vor Freude über die alljährliche Kapitulation der See lachen und hüpfen.»[24]

Das Zufrieren des Meeres bedeutet für die Polar-Inuit eine Ausweitung ihres Lebensraumes, denn wenn von Oktober bis Juni die Fjorde und Küstengebiete im Norden Grönlands von einer Eisdecke überzogen sind, dienen sie den Inuit als Verbindungswege zwischen den Siedlungen. Das Meer selbst, das ihnen als Nahrungsgrundlage dient, ist über Hunderte von Kilometern dicht von treibendem Eis bedeckt, auf dem sie Robben und Eisbären oft tagelang verfolgen. Einige Jäger legen mit dem Hundeschlitten im Jahr bis zu 8000 km auf dem Eis zurück.[25] Nicht selten sind sie auf dem Eis allein unterwegs, sich nur an den Gestirnen oder an der vom Wind bearbeiteten Schneeoberfläche orientierend und stets einige Tagesreisen von der nächsten menschlichen Behausung entfernt.

Auf solchen Jagdausflügen hängt das Leben des Jägers von seiner Fähigkeit ab, die Beschaffenheit des Eises richtig zu beurteilen, das stets Gefahrenquellen birgt. Selbst mitten im Winter, wenn es bis zu vier Meter dick wird, kann es von Meeresströmungen und starken Stürmen aufgebrochen werden, so daß Risse entstehen. Auch wenn das Meer bei Temperaturen, die bis –40 °C oder –50 °C absinken, schnell wieder zufriert, ist das neue Eis noch elastisch, und ein Jäger muß mit seinem Schlitten behutsam fahren, um keine Druckwellen auszulösen, die die Eisdecke in Schwingungen versetzen und reißen lassen könnten. Zu dieser Zeit, in der sich die Eisdecke gerade geschlossen hat, sind die Bedingungen für die Jagd auf die Bart- und die Ringelrobbe ideal.

Zwar werden beide Robbenarten das ganze Jahr über gejagt, doch die Fangmethoden wechseln je nach Jahreszeit. So stellen die Jäger, hinter Sichtschirmen aus weißem Leinen versteckt, sich auf dem Eis sonnenden Robben nach oder gehen, wenn das Eis getaut ist, im Sommer mit dem Boot auf die Jagd. Im Winter werden Netze ausgelegt, um die Robben unter dem Eis zu fangen. Doch am ergiebigsten ist es für den Jäger, den Robben an ihren Atemlöchern aufzulauern. Wie groß die Ausbeute jeweils ist, hängt nicht zuletzt von der Dicke der Eisdecke ab. Sie braucht zwar noch nicht fest genug für einen beladenen Schlitten zu sein, aber sie muß einen erwachsenen Jäger tragen. Unter günstigen Bedingungen kann ein Inuit in den ersten vier Tagen, bevor das Eis eine größere Tragkraft hat, bis zu 15 Ringelrobben erlegen und damit schon einen beträchtlichen Fleischvorrat für die kommende Monate anlegen, in denen ihn oft die Dunkelheit beim Jagen behindert. Knud Rasmussen erklärt, warum dünnes Eis größere Jagdbeute garantiert: «Wenn das Meereis sich schließt, kratzen die Seehunde mit ihren messerscharfen Klauen kleine Löcher, durch welche sie Atem holen. Solange das Eis dünn ist, ist es nicht schwer, einen Seehund durch das Atemloch zu harpunieren, das als eine kleine, dünne und gewölbte Eisglocke auf der ebenen Fläche zu sehen ist. Diese kleine Kuppel kommt teils dadurch zustande, daß der Seehund, bevor er atmet, mit seinem runden Kopfe gegen das dünne Eis stößt, teils auch dadurch, daß sein warmer Atem das Eis von unten her aushöhlt. Er pflegt und hütet mit großer Sorgfalt sein Atemloch, während das Eis langsam an Dicke nach unten zunimmt. Die kleine Kuppel oder Glocke oben bleibt auch weiterhin als ein luftgefüllter Raum zwischen Wasser, Eis und Schnee bestehen. Es dauert nicht lange, bis der Schnee sich über das Atemloch legt, aber die Wärme, die der Atem des Seehundes ausströmt, dringt durch den Schnee und bildet ein Loch. Durch dieses steht das Atemloch tief unten im Eis ständig mit der Luft in Verbindung, selbst wenn sich bisweilen eine dünne Lage Schnee darüber bildet.

Ist es nun leicht, mit einer Harpune den Seehund zu treffen, solange das Eis dünn ist, so wird es bedeutend schwieriger, wenn das Eis im Laufe des Winters eine Dicke von zwei bis drei Meter bekommt. Der Seehund hält sich sein Atemloch beständig offen: es geht nun wie ein Rohr durch das starke Eis nach oben, und zwar mit einem Durchmesser von sechzig bis siebzig Zentimetern; er hat also reichlich Platz, sich darin zu rühren. Jeder Seehund hat zahlreiche Atemlöcher, da er sich nur Nahrung verschaffen kann, wenn er in einem möglichst großen Umkreis bestimmt mit einem Atemloch rechnen kann.»[26]

Innerhalb weniger Tage wird das Eis so fest, daß die Polar-Inuit eine Belastungsprobe mit dem Schlitten nicht mehr länger aufschieben mögen. «Dies ist eine der seltenen Gelegenheiten, wo man einen Polareskimo ein wirklich unsinniges Risiko eingehen sieht, wenn er auf das noch brüchige Eis hinausfährt, das kaum zwölf Zentimeter dick ist und sich unter den 680 Kilogramm Gewicht von Schlitten und Fahrer 30 Zentimeter oder mehr durchbiegt. Ich persönlich habe niemanden gekannt, der bei einem solchen Akt des Leichtsinns sein Leben verloren hat, aber ich habe gesehen, wie ein Schlitten glatt durch das Eis brach und wie sein junger Fahrer, der sich an den senkrechten Stangen hinten am Schlitten festhielt, von seinem Hundegespann wieder aus dem Wasser gezogen wurde. Aber das Risiko ist gerade der größte Ansporn für die Jüngeren. Wie ihre Altersgenossen überall auf der Welt möchten sie nur zu gern ihren Mut beweisen und die allgemeine Aufmerksamkeit auf sich ziehen. Und nichts bewirkt größere Beachtung als der erste Schlitten, der auf das neue Eis hinausgleitet.»[27] Wenig später beginnt die Zeit der großen Schlittenfahrten und Jagdzüge; der Lebensraum der Inuit hat nunmehr seine größte Ausdehnung innerhalb des Jahreslaufs erfahren. «Gebt mir Winter, gebt mir Hunde, den Rest könnt ihr behalten», hatte der Polarforscher Knud Rasmussen das arktische Gefühl der Freiheit umschrieben, das er zu seiner eigenen Lebensmaxime machte.

Die auf der Jagd erlegten Tiere liefern den Inuit nicht nur Nahrung. Felle und Häute sind das Ausgangsmaterial zur Herstellung jener Kleidung, die ihnen das Leben auf dem Eis ermöglicht: Aus den Eisbärfellen beispielsweise stellen sie ihre Hosen her, die, selbst wenn sie vollständig ins Wasser getaucht werden, schon nach kurzer Zeit an der Luft wieder trocknen. Aus Robbenleder fertigen sie warme Stiefel, die bis zu den

Knien reichen. Sie sind doppelwandig, mit einer früher aus Moos, heute aus Watte bestehenden isolierenden Zwischenschicht.

Im Gegensatz zur Kleidung der Europäer hängen Hosen und Anoraks locker am Körper, so daß sich in den Innenräumen ein wärmedämmendes Luftpolster aufbauen kann. Kleinkinder werden von ihren Müttern direkt am Körper auf dem Rücken getragen, daher ist die Rückenpartie der Frauenanoraks besonders weit geschnitten.

Selbst wenn die Inuit auf ihren Jagdausflügen gelegentlich gern allein unterwegs waren, wissen sie, daß sie als Einzelwesen kaum überleben können. Der aus diesem Wissen resultierende Gemeinsinn ist noch heute zu beobachten, meint der Hamburger Journalist Christian Jungblut: «Bei allem Individualismus denken die Inuit an andere und geben stets einen Teil ihrer Beute ab.»[28]

Dem Leben in den hohen Breitengraden der Arktis haben sich vor allem auch Tiere angepaßt. Sie haben zahlreiche Strategien entwickelt, mit dem Eis und Schnee der Polargebiete umzugehen, wenn sie dem harten Regime des Winters nicht – wie etwa zahlreiche Vogelarten – dadurch entfliehen können, daß sie in wärmere Gebiete ziehen.

Zu den evolutionären Anpassungstrategien an das Eis in extremer arktischer Kälte gehören im Tierreich relativ große Körper[29] und eine rundliche Gestalt, wie sie beispielsweise der Schneehase aufweist, eine gute Wärmeisolierung, die durch das dichte Gefieder der Vögel, das dichte Fell der Karibus und Füchse und die dicke Speckschicht der Robben, Wale und Eisbären gegeben ist. Je weiter polwärts Tiere leben – diese Anpassung gilt übrigens auch für das Hochgebirge – nimmt die vergleichsweise Größe exponierter Körperteile, insbesondere der Extremitäten wie Schnabel oder Schwanz ab.[30] So beträgt die Ohrlänge bei einem mexikanischen Hasen 189% der Kopflänge, bei einem grönländischen sind es jedoch nur 96%. Die Flügel vieler Vögel sind schmaler und spitzer als bei weiter im Süden lebenden Arten; eine derartige Flügelgeometrie erhöht die Flugtüchtigkeit und steht im Zusammenhang mit besonders langen Zugwegen oder mit der Notwendigkeit, zur Nahrungssuche weite Strecken zurückzulegen. Während die Papageientaucher Helgolands eine Flügellänge von 155 mm haben, beträgt diese bei Artgenossen auf Spitzbergen im Mittel 199 mm.[31] Darüber hinaus gibt es bei einzelnen Tierarten zahlreiche weitere Anpassungen, so haben Säugetiere oft relativ große Füße, die die Fortbewegung im Schnee begünstigen, wie etwa Schneeschuhhasen und Luchse.

Es gibt sowohl in der Arktis als auch in der Antarktis jeweils eine Tierart, die den niedrigsten Temperaturen ausgesetzt ist, die es auf der

Erde gibt, und die daher der Kälte am besten angepaßt ist. Auf dem eisigen Südkontinent ist es der Kaiserpinguin (Aptenodytes forsteri), im hohen Norden der Eisbär (Ursus [Thalassarctos] maritimus),

Nanoq, wie der Eisbär in der Sprache der Inuit heißt, weist dabei eine recht umfangreiche Skala von «ausgeklügelten» Anpassungen auf. Einen besonderen Kälteschutzschirm hat die Natur ihm unter die Haut gelegt, in Form einer isolierenden Fettschicht, die über den Rücken und um den breiten Rumpf verteilt ist. Sie dient ihm nebenbei in nahrungsarmen Zeiten als Vorratssdepot und beim Schwimmen als zusätzlicher Auftriebskörper. «Diese Fettschicht isoliert den Bären so wirkungsvoll von Umwelteinflüssen, daß das Wasser in seinem Pelz gefrieren kann, während er es unter der Eiskruste wohlig warm hat»,[32] beobachtete der Arktisforscher Charles T. Feazel. Über der sieben bis bis zehn Zentimeter dicken Fettschicht liegt die schwarze Eisbärenhaut. Aus dieser Haut wachsen die fünf bis 15 cm langen, an der Rückseite der Beine sogar noch längeren, durchsichtigen Haare. Sie leiten das Sonnenlicht von außen auf die Haut, wo die Wärme vom Körper aufgenommen werden kann. Der Blick ins Elektronenmikroskop zeigt die komplizierte optische Bio-Technologie, die diesen Vorgang ermöglicht: jeder Haarschaft ist hohl. Die Innenwand dieses kapillaren Hohlraums ist angerauht. Wie die Oberfläche von verkratztem oder geschliffenen Glas erscheint das Haar weiß, weil das Licht, das durch die transparente Außenwand in den Hohlraum fällt, vielfach reflektiert und verteilt wird. Jedes einzelne Haar dient dem Bären als Lichtfalle, die wie eine Fiberglasfaser die Sonnenstrahlen, die bis zu seinem Außenhaar 150 Mill. Kilometer zurückgelegt haben, über die letzten Zentimeter auf seine Haut zu leiten. «Dieses Energie-Auffangsystem ist wirksamer als alles, was menschlicher Erfindungsgeist je zustande gebracht hat»,[33] schwärmt Feazel über den König der Arktis.

Wissenschaftler der Northeastern University in Boston haben herausgefunden, daß das Fell des Eisbären die erstaunliche Fähigkeit besitzt, 95 % der UV-Strahlen in Wärme umzuwandeln (zum Vergleich: ein gut funktionierendes Solarenergiesystem hat nur einen Wirkungsgrad von etwa 40%). Wahrscheinlich hilft die absorbierte Energie dem Bären, seine Körpertemperatur zu halten. Das Eisbärenhaar könnte nach Ansicht von Wissenschaftlern als Vorbild für die Entwicklung effektiverer Technologien zur Nutzung der Sonnenenergie dienen. Anders als Solarzellen, die zum Licht gedreht werden müssen, fangen die Haare des Eisbären das Licht außerdem aus jeder Richtung ein. Zudem dringt ultraviolettes Licht durch die Wolkendecke und und läßt daher Nanoqs Sonnenkollektoren auch an bedeckten Tagen funktionieren.

Richard Grojean, technischer Informatiker an der Northeastern University in Boston, hat diese Eigenschaft des Eisbärenfells ausgenutzt, um die Tiere mit Hilfe von UV-Filmen, die die kurzwelligen, für das menschliche Auge unsichtbaren Strahlen registrieren, für Populationsschätzungen zu fotografieren. Traditionelle Luftaufnahmen sind wenig hilfreich, da sich Eisbären vom weißen Untergrund kaum abheben, und auch ein Infrarotfilm, der die Wärmestrahlung warmblütiger Tiere sichtbar macht, verfehlt seine Wirkung, da sein Fell den Eisbären so gut isoliert, daß er kaum Wärme nach außen abgibt.[34]

Der kombinierte Schutz durch Fett und Fell ist so effektiv, daß ein Eisbär, solange er nicht zusätzlich dem Wind ausgesetzt ist, noch bei einer Lufttemperatur von –37 °C seine normale Körpertemperatur und Stoffwechselrate aufrecht erhalten kann.[35] So wirksam die Isolation gegen die Kälte ist, hält sie bei einem sehr aktiven Bären die Wärme auch unter der Haut, wodurch sich für ihn – sogar in der eisigen Arktis – leicht die Gefahr der Überhitzung ergibt. Er kann Wärme nur über die Gesichtspartie und die Pfoten abgeben, wobei letztere allerdings mit Fell umgeben sind, das ihm auf dem Eis Halt verleiht. Eisbären hecheln ähnlich wie Hunde, wenn ihnen zu warm ist.

Weitere physische Anpassungen an die Arktis sind die kurzen, pelzigen Ohren und der kurze Schwanz, der von vielen wärmenden Blutgefäßen durchzogen wird. Wichtig sind außerdem – die im Vergleich zu anderen Bären – kurzen, stämmigen Beine und die Größe des Körpers, die ihm eine für die Wärmekonservierung so entscheidende ideale Relation von Oberfläche zu Masse gibt.

Zu den Grundsätzen für alle Lebewesen in einer eisigen Umwelt gehört der möglichst sparsame Einsatz von Energiereserven, denn Nahrungsaufnahme und Energieverbrauch müssen sorgfältig im Gleichgewicht gehalten werden. Untersuchungen der Physiologie des Eisbären haben gezeigt, daß er mehr als doppelt soviel Energie verbraucht, um sich mit einer bestimmten Geschwindigkeit fortzubewegen, wie die meisten anderen Säugetiere. Dieser hohe Energieverbrauch ist möglicherweise eine Folge seines massiven Körperbaus. Die Herzfrequenz eines Bären ist beim Gehen dreimal so hoch wie in Ruhe. Es bereitet ihm also große Anstrengung, die Arktis zu durchwandern. Er gleicht diesen Energieverlust dadurch aus, daß er möglichst viel «herumliegt» und seiner Beute bewegunglos auflauert, wartend, bis eine Robbe in seine Nähe kommt.

Ein Eisbär baut sich seine isolierende Fettschicht auf, indem er die Fettschicht der Robben frißt, die diese schon im eisigen Wasser geschützt hat. Hat er diese Fettschicht verzehrt, läßt er den Rest des Kadavers oft liegen. Wissenschaftler haben herausgefunden, daß eine Robbe den Energiebedarf eines Eisbären für elf Tage deckt. Diese Vorratshaltung ist wichtig in einer Welt, in der der Zeitpunkt der nächsten Mahlzeit ungewiß ist und vom Jagdgeschick, der Drift der Eisschollen und der Wanderung der Robben unter dem Eis abhängt. So wog beispielsweise ein mageres, erwachsenes Eisbärenweibchen nach offensichtlich wochenlangem Hungern 97 kg, als es Ende November an der westlichen Hudson Bay gefangen wurde. Nach der Wurfzeit der Robben von April bis Juni hatte dasselbe Exemplar, als man es im August wieder einfing, ein Gewicht von 595 kg.[36]

Im Gegensatz zu anderen Bärenarten hält der Eisbär – wie übrigens auch alle anderen Tiere, die im Eis leben – keinen Winterschlaf; lediglich die trächtigen Weibchen ziehen sich zur Überwinterung, während der sie ihre Jungen zur Welt bringen, in eine Höhle zurück.[37]

Einheimische Jäger wie Wissenschaftler, die solche Höhlen genauer untersucht haben, sind zu der übereinstimmenden Ansicht gekommen, daß sie sich mit den Schneebehausungen der Inuit vergleichen lassen. Auch die Bärin ist bei der Anlage der Wohnung außerordentlich wählerisch und gräbt manchmal eine größere Zahl von «Testhöhlen» in den Schnee, bevor sie sich endgültig entscheidet.[38] Vom Eingang verläuft ein aufwärts führender Gang ins Innere der Höhle, der die eisige Luft nicht hereinläßt. Er dient als Kältefalle und ist vergleichbar mit den tiefliegenden Iglu-Eingängen. Der Ruheplatz der Bärin ähnelt den höher gelegenen Schlafstätten im Schneehaus. Der Körper der Eisbärin, die in der Höhle vier bis fünf Monate verbringt, ist die einzige Wärmequelle, dennoch wird es selten kälter als –1 °C.

Im Gegensatz zum Polarfuchs, den man häufig in der Nähe von Eisbären sehen kann, wechselt der Eisbär die Farbe des Fells nicht mit den Jahreszeiten. Da der Eisbär das ganze Jahr über im Eis jagt und er auch auf seinen sommerlichen Jagdzügen den Robben auf schwimmenden Eisschollen auflauert oder sich ihnen im Wasser zwischen den weißen Schollen annähert, ist seine helle Färbung auch in den Sommermonaten durchaus sinnvoll. Zudem ist nicht ausgeschlossen, daß die Farbe seines Fells auch seinen Wärmehaushalt positiv beeinflußt.[39]

Die Füße des Eisbären sind im Vergleich zum Körper wesentlich größer als die irgendeiner anderen Bärenart. Beim Schwimmen dienen sie als Paddel und bei der Fortbewegung auf dünnem Eis als Schneeschuhe. Wird das Eis jedoch allzu dünn, legt sich der Eisbär auf den

Bauch und spreizt die Beine von sich. Dabei verteilt er sein Gewicht auf eine größere Fläche, um nicht einzubrechen.[40]

Wie vermeidet es der Bär eigentlich, auf blankem Eis auszurutschen? Diese Frage warfen Wissenschaftler im Anschluß an eine Untersuchung über Unfallvorsorge in Großbritannien auf, bei der festgestellt worden war, daß das Ausrutschen beim Menschen der häufigste Grund für Verletzungen ist, derentwegen man einen Arzt aufsucht. Eine genauere Analyse der Fußsohlen des Eisbären ergab, daß sie etwa im Millimeterabstand mit kleinen Hautvorsprüngen (Papillae) übersät sind. Diese Vorsprünge verleihen den weichen dehnbaren Ballen des Eisbären die Struktur von grobem Schleifpapier. Unter der starken Vergrößerung des Elektronenmikroskops fanden die Wissenschaftler zudem kleine runde Vertiefungen an den Sohlen der Eisbärenfüße. Noch ist ihre Funktion nicht geklärt, aber ihre Ähnlichkeit mit den Saugnäpfen an den Sohlen von Basketballschuhen ist nicht zu übersehen. Auch sie tragen vermutlich ihren Teil dazu bei, daß eine barfüßige Bärentatze mit dem rauhen, aber biegsamen Ballen einen hervorragenden Halt auf grobem Eis und den bestmöglichen Halt auf blankem Eis bietet. Ein Bär setzt seine Tatzen zudem flach auf das Eis. So hat er guten Bodenkontakt und verringert zusätzlich die Wahrscheinlichkeit auszurutschen.[41]

Eisbären gehen mit einem schaufelartigen Gang, der ihr Körpergewicht gut auf dem Eis verteilt: ein großer Vorteil, wenn die gefrorene Schicht nur Zentimeter dick ist und einen Bären kaum tragen kann, ohne zu brechen. Eisbären scheinen darüber hinaus ihre Wege durch Eis und Schnee mit Bedacht zu wählen. Der russische Zoologe Uspenskij, der auf seinen Expeditionen wiederholt Treibeisfelder zu überwinden hatte, wußte dieses Verhalten des Eisbären stets zu schätzen: «Wenn wir dabei bald bis zum Gürtel im Schnee versanken, bald über rutschige, steile Eisflächen klettern mußten, hielten wir immer nach den Seiten Ausschau, ob wir nicht irgendwo eine Eisbärfährte entdeckten, die wenigstens streckenweise mit unserer Marschrichtung zusammenfiel, und versuchten immer, dem von einem solchen vierbeinigen Wanderer gebahnten Weg zu folgen. Er war stets der leichteste und bequemste.»[42]

Das Meereis, auf dem der Eisbär lebt und umherzieht, ist in ständiger Bewegung. Man hat berechnet, daß die Durchschnittsgeschwindigkeit der Drift bei etwa 5 km pro Tag liegt, gelegentlich kann sie sogar 15 km pro Tag erreichen. Da im größten Teil des Nordpolarmeeres das Eis im Uhrzeigersinn driftet und allmählich in die Grönlandsee hinausgetragen wird, befördert es auch Eisbären, die zudem ständig selber in

Bewegung sind. Treibeis hat sie sogar schon bis nach Südgrönland und Island gebracht.[43]

Ein kleineres, ebenfalls dem Leben im Eis außerordentlich gut angepaßtes Tier ist der Polar- oder Eisfuchs (Alopex lagopus), der Temperaturen bis –40 °C erträgt, ohne daß sich seine Stoffwechselrate erhöht. Auch er sichert sich das Überleben im Winter durch ein dichtes Haarkleid, das doppelt so dicht wirkt wie sein Sommerfell, und eine intensive Nahrungsaufnahme. Der Polarfuchs lebt in der Tundra von kleinen Nagetieren oder plündert Nester bodenbrütender Alke und Papageientaucher. Wird das Nahrungsangebot allerdings knapp, weicht er auf das Meereis aus und folgt gern Eisbären, um sich an den Überresten ihrer Beutetiere schadlos zu halten. Im Unterschied zum Eisbären besitzt er jedoch keine Fettschicht, die ihn beim Schwimmen im eisigen Wasser vor Auskühlung schützen könnte, so daß er jegliches Bad vermeidet, da auch sein Fell, wenn es einmal naß geworden ist, ihn nicht schützt. Dennoch wagt er sich auf schwimmenden Eisschollen weit auf das Meer hinaus. Löst sich jedoch seine Scholle aus ihrem Eisverband, kann er schnell zum einsamen Gefangenen seiner Eisinsel werden; niemand weiß, wieviele Tiere jährlich dadurch umkommen.[44]

Mit arktischen Schnee- und Eisbedingungen müssen sich im Winter auch Tiere auseinandersetzen, die nicht im Packeis, sondern in der angrenzenden Tundra leben. Auch sie legen dann ein helles Winterkleid an. Nirgendwo auf der Erde leben so viele weiße Vögel und Säugetiere wie in der Arktis. Schnee-Eule (Nyctea scandiaca), Elfenbeinmöwe (Pagophilia eburnea), Schneegans (Anser caerulescens), Moor- (Lagopus lagopus) und Alpenschneehuhn (Lagopus mutus) und einige andere Bewohner hoher Breiten haben, entweder das ganze Jahr über oder doch den größten Teil des Jahres, eine weiße oder fast weiße Gefieder- oder Fellfärbung. Die «polare Aufhellung» der Warmblüter ist eine allgemeine Gesetzmäßigkeit. Auch die etwa 1,20 m hohen Moschusochsen (Ovibos moschatus), neben dem Ren (Rangifer tarandus) die am weitesten nördlich lebenden Wiederkäuer, zeigen eine jahreszeitliche Änderung in der Fellfärbung, die allerdings dieser Gesetzmäßigkeit entgegenläuft: im Winter ist ihr dickes Haar nahezu schwarz, im Sommer dunkelbraun. Ihr dickes Winterfell speichert zudem ein dickes Luftpolster. Es ist festgestellt worden, daß in diesem Fellmantel bei einer Außentemperatur von –26 °C noch +2 °C herrschen. Die Isolierung ist jedoch nur bei trockener Kälte gegeben: Ist das Haarkleid bis zur Unterwolle durchnäßt, kann es eine lebensgefährliche Bedrohung für das Tier werden. Es ist vorgekommen, daß Moschusochsen, die sich offenbar mit nassem

Fell hingelegt hatten, vom Frost überrascht wurden, so daß ihre langen Haare am Boden festfroren und die Tiere sich nicht mehr befreien konnten.[45]

Im Gegensatz zum Ren, das nach Süden abwandert, sind Moschusochsen die einzigen Huftiere, die auch im strengsten Winter im hohen Norden bleiben. Ihre gespreizten Hufe geben ihnen auf Schnee guten Halt, und unter dem Schnee bietet sich ihnen eine Vorratskammer an arktischen Pflanzen, deren obere Teile in Eis und Frost erstarrt sind. Die Kälte verhindert ihre Zersetzung durch Pilze oder Bakterien, und die Schneedecke bewirkt, daß die Feuchtigkeit aus den gefrorenen Blättern nicht verdunstet. Die Moschusochsen brauchen diese Speisekammer also nur mit ihren scharfkantigen Hufen freizuscharren.[46] Um dabei jedoch nicht zuviel Energie zu verlieren, müssen sie Stellen aufsuchen, an denen die Schneedecke dünn ist, also in der Regel Flächen, die dem Wind stark ausgesetzt sind. Regenfälle mit anschließendem Frost können – abgesehen von der Durchnässung – für die Tiere gefährlich werden, da sie den Boden und damit die Nahrungsquelle für die Tiere mit einer festen Eiskruste versiegeln, die sie nicht mehr aufbrechen können.

Wie Pflanzen haben vor allem kleinere in der Tundra lebende Tiere keine Chance, der eisigen Kälte des Winters auszuweichen. Sie können nur versuchen, ihrem schädigenden Einfluß so weit wie möglich zu entgehen. Viele Vögel und Säuger nutzen daher die wärmeisolierende Eigenschaft der Schneedecke zu ihrem Schutz. So graben das Alpen- und das Moorschneehuhn mit ihren befiederten Füßen im Schnee nach Insekten, Samen und jungen Schößlingen und vergraben sich bei extrem schlechtem Wetter in Schneewehen. Acht Spitzmaus-, neun Wühlmaus- und drei Lemmingarten laufen in Gängen unter der winterlichen Eisdecke umher und haben gelernt, unter der isolierenden Schneeschicht, die im Winter ihre Behausungen in der Tundra bedeckt, zusätzlich Pflanzenmaterial als Nahrungsvorrat zu verstauen.

Den großen Moschusochsen hingegen bietet die baumlose Arktis wenig Schutz. Da sie ihre Nahrung vor allem dort finden, wo die heftigsten Stürme über die Tundra fegen, sind sie der Kälte ausgeliefert. Besonders leiden unter den Schneestürmen die Kälber, deren kurzes Fell noch nicht ausreichend isoliert. Sie werden von der Herde, die dann einen Kreis bildet, in die Mitte genommen; gleichzeitig rücken die Tiere eng zusammen, um sich gegenseitig zu wärmen.

Verhaltensmäßige Anpassungen an die rauhen Umweltbedingungen zeigt auch das Walroß (Odobaenus rosmarus), das vorwiegend in den

Treibeiszonen der Arktis lebt. Einen großen Teil des Tages halten sich die bis zu 1700 kg schweren Tiere im Wasser auf, um anschließend viele Stunden auf Eisschollen liegend zu verbringen. Vor allem ein junges Walroß könnte ohne das schutzgewährende Pflegeverhalten seiner Mutter nicht auf dem Eis überleben. Bei großer Kälte schützt sie ihr Neugeborenes, indem sie es zwischen die Vorderflossen unter ihre Brust nimmt. Sie läßt es nur allein, um im Meer nach Nahrung zu suchen.

Auch für andere Robbenarten, in der Arktis die Bartrobbe (Erignathus barbatus), die Bandrobbe (Phoca fasciata), die Sattelrobbe (Phoca [pagophilus] groenlandica) und in der Antarktis die Weddellrobbe (Leptonychotes weddelli), die Rossrobbe (Ommatophoca rossi), die Krabbenfresserrobbe (Lobodon carcinophagus) oder den Seeleoparden (Hydrurga leptonyx), ist das Eis die Kinderstube ihres Nachwuches.

Die Weddellrobbe ist die am polnächsten lebende Robbenart, sie verbringt ihr ganzes Leben auf oder unter dem Eis, das letztlich auch ihre Lebensdauer mitbestimmt. In den dunklen Wintermonaten verbringt sie die meiste Zeit unter dem Eis, doch sie muß sich mit den Zähnen und Flossen Löcher im Eis offen halten, durch die sie zum Atemholen auftauchen kann. Nach rund zehn Jahren sind ihre Zähne davon so stark abgenutzt, daß sie ihre Atemlöcher nur noch schwer offenhalten kann. «Weddellrobben sterben deshalb in der Regel nicht durch Räuber oder mangelnde Nahrung, sondern durch die Bedingungen des Eises. Es gibt nur wenige Tiere, die länger als 18 Jahre leben können. Zum Vergleich: Man hat Krabbenfresser gefunden, die 39 Jahre alt wurden.»[47]

Der Kaiserpinguin ist die polnächste und zugleich dem Leben im Eis am besten angepaßte Vogelart der Erde. Er lebt im Südpolarmeer, und die überwiegende Zahl der Tiere kommt niemals an Land.[48] Die Brutkolonien der Kaiserpinguine liegen auf dem Meereis, das sich im Winter um den antarktischen Kontinent legt. Wissenschaftler vermuten, das diese Brutplätze wärmer sind als das felsige Festland.

Eine besondere Rolle bei der Wärmeisolation aller Pinguinarten kommt den Federn zu, denn sie halten warme Luft in Körpernähe. Das Gefieder des Pinguins verbindet innen eine warme Daunenschicht mit glatten, wasserdichten Außenfedern. Diese überlappen einander wie Dachziegel. Die Federn der Pinguine sind nicht wie bei allen flugfähigen Vögeln auf bestimmte Bereiche der Haut, die Federfluren, beschränkt, sondern gleichmäßig in großer Dichte über den gesamten Körper verteilt. Ein Kaiserpinguin hat ein Dutzend Federn pro $cm^2$ Haut, 84 % seiner Wärmeisolation wird allein durch das Gefieder bewirkt. Die dunklen Rückenfedern der Pinguine sind etwas länger als die hellen Bauchfedern. Mit bis zu 4,2 cm besitzt der Kaiserpinguin die längsten Federn aller Pinguinarten. Das Deckgefieder der Kaiserpinguine ist absolut dicht, weder Wasser noch Wind dringen hindurch. Die Kaiserpinguine haben die Wärmeisolierung so gut entwickelt, daß nicht einmal auf ihrem Gefieder liegender Schnee schmilzt.

In seinem Brutverhalten scheint der Kaiserpinguin jedoch allen Vernunftregeln zu widersprechen. Das einzige Ei wird im antarktischen Winter, wenn die extremsten Umweltbedingungen, mit schweren Orkanen und Temperaturen bis zu –60 °C herrschen, ausgebrütet. Um diese Zeit zu überleben, haben die Pinguinmännchen spezielle Verhaltensweisen entwickelt. Fegt ein heftiger Schneesturm über die antarktische Eisfläche, rücken die in Kolonien brütenden, das Ei in einer Brutfalte auf den Füßen tragenden Vögel zusammen und trotzen gemeinsam dem Blizzard. So entsteht der «Schild», eine dicht gedrängte Massenbildung. Aus den Einzelwesen wird ein Überorganismus, der aus den gebeugten Rücken der Vögel eine derbe Haut formt. An diesem Zusammendrängen können bis zu 6000 Vögel beteiligt sein. Auf einem Quadratmeter schmiegen sich dann bis zu zehn Pinguine eng aneinander und zeigen ihrerseits den antarktischen Schneestürmen die «kalte Schulter». Dabei bewegt sich die Gruppe langsam, und kein Tier ist besonders lange der Kälte ausgesetzt; Pinguine, die an einer besonders «zugigen Ecke» stehen, versuchen erfolgreich, sich langsam weiter in das Innere der Gruppe zu schieben und zu drängeln. Ein einzelner Pinguin könnte diese Temperaturen nicht überleben. Er würde täglich 300 g Substanz verlieren, während er im «Schild» nur etwa 110 bis 160 g einbüßt, weil sich die der Kälte ausgesetzte Körperoberfläche in der Gruppe auf ein Sechstel reduziert. Die Körpertemperatur sinkt um 2 °C und bleibt konstant bei 36 °C.

Auch die anderen in der Antarktis lebenden Pinguinarten, der Adelie- (Pygoscelis adeliae), der Zügel- (Pygoscelis antarctica) und der Eselspinguin (Pygoscelis papua) weisen besondere Merkmale auf, die ihnen das Leben unter eisigen Bedingungen ermöglichen: Sie haben schmale oder kurze Schnäbel und keine unbefiederten Stellen im Gesicht. Beides sind Körperregionen, über die Wärme verloren gehen könnte. Überhaupt haben die polaren Pinguinarten im Verhältnis zur Körpergröße kleine Köpfe, im Gegensatz beispielsweise zu den Humboldt- und Galapagospinguinen, die weiter nördlich in wärmeren Regionen beheimatet sind.

Pinguinarten, die sich längere Zeit auf dem Eis aufhalten, haben an den Füßen eine extrem dicke Epidermis, die von einer Hornschicht überlagert ist. Zudem besitzen die Beine eine spezielle Blutversorgung. Im Gegensatz zu den befiederten Körperteilen sind die Füße nur sehr schwach durchblutet, die Hauttemperatur nimmt zehenwärts stark ab, so daß die Gefahr des Festfrierens auf dem Eis gebannt ist.[49]

Bei vielen polaren Tieren hat sich ein Wärmeaustausch-Mechanismus im Blutkreislauf gebildet. Die Venen, die abgekühltes Blut aus den Extremitäten, etwa den Flossen oder Füßen, zum Herzen zurückleiten, liegen in enger Nachbarschaft zu den Arterien, die warmes Blut aus dem Herzen enthalten. So wird das kalte venöse Blut «vorgewärmt» ehe es ins Herz zurückkehrt, und die innere Körperwärme wird auf Kosten der weniger lebenswichtigen Extremitäten erhalten.[50]

Das Meereis der Polargebiete dient nicht nur verschiedenen Vogelarten als Rast- und Brutplatz oder Säugetieren als Jagdrevier, weitaus mehr Organismen leben direkt im Eis oder an seiner Unterseite. Das Artenspektrum ist sogar relativ breit: es reicht von Bakterien über Algen bis zu wirbellosen Tieren. Besonders zahlreich vertreten sind winzige Pflanzen, sogenannte Kieselalgen oder Diatomeen, die einen wesentlichen Bestandteil des Nahrungsnetzes darstellen und durch ihr massenhaftes Auftreten das Eis an seiner Unterseite dunkelbraun färben und auch das Innere des Eises durchsetzen.[51]

Der erste, der die Braunfärbung des Meereises durch eingeschlossene Algen beschrieben hat, war der deutsche Forschungsreisende Christian Gottfried Ehrenberg, im Jahr 1841.[52] Wenig später berichtete Joseph Dalton Hooker[53], der den britischen Polarforscher James Clark Ross 1839–1843 auf dem Schiff *Erebus* ins Südpolarmeer begleitet hatte, von ähnlichen Beobachtungen. Dennoch widmeten Wissenschaftler ihnen bis in die sechziger Jahre unseres Jahrhunderts hinein keine allzugroße Aufmerksamkeit.[54]

Voraussetzung für das Leben im Meereis ist seine Porosität, die den Organismen einen Aufenthaltsplatz bietet. Diese Voraussetzung wird durch das im Seewasser gelöste Salz geschaffen. Meerwasser gefriert bei etwa –1,8 °C. Dabei bilden sich zunächst kleine Süßwassereiskristalle, die sich an der Oberfläche sammeln. Wind und Wellen komprimieren den Eisbrei, so daß schließlich das Pfannkucheneis entsteht, dessen tellerartige Platten einen Durchmesser von mehreren Zentimetern haben. Durch das weitere Auskristallisieren von Süßwassereis bleibt das restliche Salzwasser in kleinen Kanälchen zurück, die zunächst recht ungeordnet, dann aber mehr oder weniger senkrecht ohne allzugroße Verzweigungen verlaufen.[55] Dieses eisige Labyrinth – «am ehesten vergleichbar dem Lückensystem zwischen den Sandkörnchen am Meeresboden»,[56] wie der Kieler Polarforscher Michael Spindler schreibt – ist der Lebensraum einer sehr gut an ihn angepaßten Flora und Fauna.

Dominierend sind die Kieselalgen, von denen im arktischen Raum mehr als 300, im antarktischen mehr als 200 verschiedene Arten bekannt sind. Wissenschaftler haben mehrere hundert Millionen Zellen in einem Liter geschmolzenen Eises festgestellt.[57] Die Substanz ihrer Zellwände besteht überwiegend aus Kieselsäure, die bräunliche Färbung wird durch die Beimischung eines bestimmten Carotinoids hervorgerufen. Einige Arten können sich noch bei Temperaturen von –5,5 °C und einem Salzgehalt von 9,5 % vermehren. Unter günstigen Bedingungen können sie ihre Biomasse alle drei Tage verdoppeln – ein sehr bedeutsames Phänomen in eisbedeckten Gewässern.[58] Noch ist allerdings nicht geklärt, wie sie ihr Zellinneres vor dem Gefrieren schützen; denn die Bildung von Eiskristallen würde die Zelle sprengen, d.h. abtöten.

In Konzentrationen von bis zu einigen Millionen Zellen pro Liter geschmolzenen Meereises sind Dinoflaggellaten (Geißelalgen oder Panzergeißler) vertreten. Außerdem kommen Pilze und Bakterien im Meereis vor, letztere zersetzen organische Substanzen und abgestorbene Organismen. Hinsichtlich der Verbreitung der Arten zeigen die beiden Polargebiete allerdings erheblich Unterschiede. Von den bekannten 500 im Eis lebenden Diatomeen leben nur 50 im Eis sowohl des Nord- wie des Südpolarmeeres.

Kieselalgen, Dinoflagellaten und Bakterien bilden die Nahrungsgrundlage tierischer Konsumenten wie Geißeltierchen, Wimperntierchen oder Kammerlingen. Des weiteren leben neben diesen Einzellern jedoch auch höher organisierte Vielzeller im Meereis, wie Strudelwürmer, Rädertierchen, Fadenwürmer, Borstenwürmer, Ruderfußkrebse, Flohkrebse oder Nacktschnecken[59], die ihrerseits Fischen, Robben und anderen Tieren als Nahrung dienen.

Es war eine kleine Sensation, als man vor einigen Jahren mit Hilfe von Unterwasserkameras feststellte, daß Krill, der sich im Sommer dadurch ernährt, daß er mit seinen Extremitäten pflanzliches Plankton aus dem Meerwasser filtert, in den Wintermonaten mit seinen Schwimmbeinen Algen von der Unterseite des Meereises kratzt. Daß er dabei recht erfolgreich ist, zeigten Laborexperimente: Eine mit Eisalgen bewachsene Glasplatte im DIN A4-Format war binnen 20 Minuten leergefressen.[60]

Unter den Fischen, die sich ebenfalls von den im Meereis lebenden Tieren ernähren, ist Pagothenia borchgrevinki ein ausgezeichneter Kältespezialist. Er gehört zu den sogenannten Antarktisfischen, von denen heute etwa 300 Arten bekannt sind. Diese Antarktisfische sind der

Herausforderung durch ihren kalten Lebensraum auf besondere Weise begegnet: Sie produzieren spezielle Frostschutzmittel und gehen äußerst sparsam mit ihrer Energie um. Bereits James Clark Ross hatte auf seiner Expedition 1839 bis 1843 bei der Kerguelen-Insel einige Antarktisfische gefangen, und auch Nicolai Hansen, der Zoologe in Carsten Borchgrevinks Überwinterungsteam im Jahre 1899, der während der Expedition starb, hatte einige Exemplare gesammelt und beschrieben.

Normalerweise ist der Lebensraum dieser Fische mindestens zehn Monate im Jahr vom Meereis bedeckt, unter dem zusätzlich noch eine ein bis zwei Meter starke Schicht Plättcheneis liegt, das aus länglichen Kristallen besteht. An verschiedenen Stellen, wo das Wasser nicht tiefer als 30 m ist, bildet sich außerdem noch Grundeis. Dieses Eis ist für die Fische gefährlich, weil feinste Kristalle leicht über Kiemen und Körperdecke ins Innere des Fisches eindringen können und als Kristallisationskeime die unterkühlten Körpersäfte des Fisches erstarren lassen würden. Daß ihnen nun nicht buchstäblich das Blut in den Adern gefriert, verhindert ein in ihm gelöstes Frostschutzmittel aus Zucker- und Eiweißverbindungen.[61]

Doch nicht nur in den Eisgebieten der polaren Breitengrade, sondern auch auf den Gletschern der Hochgebirge gibt es ein Tierleben in ganzjährigem Eis und Schnee. Diese alpinen Regionen haben allerdings spezielle Charakteristika. Sie sind zusätzlich durch den geringen Sauerstoffgehalt der Luft, eine erhöhte UV-Strahlung und extreme Temperaturgegensätze zwischen Tag und Nacht belastet. Zu den Tieren, die in diesen schneebedeckten Gebieten eine erstaunliche Überlebensfähigkeit beweisen, gehören die Springschwänze, Insekten der Ordnung Collembola. Es sind primitive Lebewesen mit kleinen rundlichen Köpfen, einem segmentierten Körper und einem federnden «Schwanz», einer Sprunggabel.[62] Im Himalaja kriechen Springschwänze noch bei –10 °C umher.[63]

Noch vor anderthalb Jahrhunderten war allerdings lediglich eine Art bekannt, die Schneefelder auf Gletschern besiedelt. Sie wurde in der Schweiz entdeckt und erhielt den Namen Schneefloh (Isotoma nivalis). Es zeigte sich jedoch bald, daß seine Verwandten, die unter dem Namen Gletscherflöhe zusammengefaßt werden, auf den Schnee- und Eisfeldern der gesamten Nordhalbkugel sowie der Polargebiete zu finden sind.

Wenn also Anpassungen an das Eis umfangreich und verbreitet erscheinen, gibt es doch andererseits ganze Gruppen von Pflanzen und Tieren, bei denen keine Anpassungen an die Lebensbedingungen im Eis zu finden sind: Es gibt weder Amphibien (Frösche, Kröten und Salamander) noch Reptilien (Schlangen, Echsen und Schildkröten) im Eis.

## Anmerkungen

1 Das Eishotel. Jukkasjärvi 1995.
2 Der Ausdruck «Inuit» bedeutet «Menschen». Der Gebrauch des Wortes Eskimo ist verpönt. (In Kanada ist er zum Beispiel vollständig aus dem Sprachgebrauch der Medien und der Wissenschaft beseitigt worden). Zwar ist inzwischen widerlegt, daß es sich um ein Schimpfwort («Rohfleischfresser») handelt, mit dem die Algonquin-Indianer ihre nördlichen Nachbarn belegten – sie bezeichneten damit lediglich Menschen, die eine andere Sprache sprechen (ähnlich den «Barbaren» im antiken Griechenland) – aber 1977 beschloß die Zirkumpolare Konferenz der Inuit in Barrow (Alaska), das vermeintlich diskriminierende Wort Eskimo zu tilgen. An seiner Stelle wurde von der Konferenz die ursprünglich ostkanadische Bezeichnung «Inuit» (Einzahl Inuk) zum offiziellen Namen aller zirkumpolaren Jägervölker erklärt. (Vgl.: Sturtevant, William C. (Hrsg.): Handbook of North American Indians. Vol. 5. Arctic. Washington 1984, S.5–7). Diese Bezeichnung findet daher auch im vorliegenden Buch – mit Ausnahme der Zitate – Verwendung.
3 Vgl.: Tromnau, Gernot: Menschen im Eis. Duisburg 1988, S. 38.
4 Vgl.: Erpf, Hans (Hrsg.): Das große Buch der Eskimo. Oldenburg, Hamburg 1977, S. 66. Die Iglubewohner unter den Inuit machten insgesamt nur etwa 8% aus. (Vgl.: Burch, Ernest S. und Werner Formann: Die Eskimos. Luzern, Herrsching 1988, S. 45.)
5 Herbert, Wally: Eskimos. Esslingen 1984, S. 93.
6 Amundsen, Roald: Die Nordwest-Passage. München o. J., S. 260.
7 Ebd., S. 260f.
8 Die Netsilik, deren Hausbau Amundsen besonders eingehend beobachtete, benutzten bereits ein derartiges Metallmesser: «Es ist ein wahres Ungeheuer von einem Messer, und wenn man es nicht vorher gesehen hätte, könnte man ordentlich Angst bekommen. Die Klinge ist so groß wie eines unserer guten großen Schlachtermesser und besteht aus Eisen, das auch vom Süden heraufgekommen ist. Der Griff ist ungefähr dreißig Zentimeter lang und besteht aus Holz oder Bein.» Ebd., S. 262.
9 Ebd., S. 263f.
10 Mathiassen, Therkel: Mit Knud Rasmussen bei den amerikanischen Eskimos. Leipzig 1928, S. 49.
11 Die offizielle Bezeichnung dieser Expedition war «Dänische Ethnographische Expedition nach Arktisch-Nordamerika 1921/24». Außer Rasmussen und Mathiassen nahmen der Ethnograph und Geograph Kaj Birket-Smith, der wissenschaftliche Assistent Helge Bangstedt sowie Peter Freuchen an dieser Reise teil.
12 Erpf, Hans, a. a. O., S. 68.
13 Die Völkerkundler fassen die in Nordkanada lebenden Inuit-Völker als Zentrale Inuit zusammen. Vgl.: Sturtevant, William C. (Hrsg.), a. a. O., S. 391–396.
14 Mathiassen, Therkel, a. a. O., S. 33f.
15 Vgl.: Erpf, Hans, a. a. O., S. 69.
16 Vgl. ebd.
17 Herbert, Wally, a. a. O.

18 Auf der Suche nach der Nordwestpassage traf Kapitän John Ross am 8. August 1818 mit seinen beiden Schiffen *Isabell* und *Alexander* auf eine in der nördlichen Melville Bay lebende Gruppe der Polar-Inuit. (Vgl.: Bruemmer, Fred: Mein Leben mit den Inuit. München 1995, S. 30.)
19 Vgl.: Jungblut, Christian: Kulturen, die der Kälte trotzen. In: Arktis + Antarktis. GEO Wissen 1990, S. 148.
20 Herbert, Wally: Jäger des hohen Nordens. Amsterdam 1981, S. 18.
21 Jungblut, Christian, a. a. O.
22 Herbert, Wally, a. a. O.
23 Ebd., S. 42.
24 Ebd.
25 Ebd., S. 34.
26 Zit. nach: Tromnau, Gernot, a. a. O., S. 31.
27 Herbert, Wally, a. a. O., S. 48.
28 Jungblut, Christian, a. a. O.
29 Diese Gesetzmäßigkeit wurde 1847 von C. Bergmann formuliert (Bergmannsche Regel).
30 1877 von J. A. Allen formuliert (Allensche oder Proportionsregel).
31 Vgl.: Sedlag, Ulrich: Urania Tierreich. Tiergeographie. Leipzig, Jena, Berlin 1995, S. 48. Von C. A. Averill 1927 formulierte Averillsche oder Flügelschnittregel.
32 Feazel, Charles T.: Eisbären. München 1994, S. 42.
33 Ebd.
34 Vgl. Domico, Terry und Mark Newman: Die Bären der Welt. Braunschweig 1990, S. 86.
35 Stirling, Ian (Hrsg): Bären. Hamburg 1993. S. 98.
36 Ebd., S. 97.
37 Winterschlaf ist bei polaren Tieren unbekannt. In der Tundra wäre der Winterschlaf zu gefährlich, da die Temperaturen so tief sinken können, daß reglose Tiere in eine Kältestarre fallen würden; sie würden Stunden benötigen, um die normale Körpertemperatur wieder zu erreichen. Bei einem Anfgriff durch Raubtiere wären sie nicht imstande zu fliehen oder sich zu wehren.
38 Feazel, Charles T., a. a. O., S. 84.
39 Vgl.: Uspenski, Sawwa: Heimat der Eisbären. Leipzig, Moskau 1979, S. 82.
40 Stirling, Ian, a. a. O., S. 101.
41 Feazel, Charles T., a. a. O., S. 50.
42 Uspenski, Sawwa, a. a. O., S. 84.
43 Ebd., S. 82.
44 Ray, G. Carleton und M. G. McCormick-Ray: Knaurs Tierleben in Eis und Tundra. München 1982, S. 45.
45 Lebendige Wildnis. Tiere der Tundra und Polargebiete. Stuttgart 1994, S. 104.
46 Ebd., S. 103.
47 May, John: Das Greenpeace-Buch der Antarktis. Ravensburg 1988, S. 102.
48 Nur zwei Brutkolonien von Kaiserpinguinen an Land sind bis heute bekannt.
49 Vgl.: Sparks, John und Tony Soper: Penguins. London 1987, S. 19f.
50 Vgl.: Stonehouse, Bernard: Die Tiere der Polarregionen. In: Ives, Jack D. und David Sugden (Hrsg.): Polarregionen. Hamburg 1994, S. 87.
51 Vgl.: Spindler, Michael und Gerhard S. Dieckmann: Das Meereis als Lebensraum. In: Hempel, Gotthilf (Hrsg.): Biologie der Meere. Heidelberg 1991, S. 103.
52 Christian Gottfried Ehrenberg (1795–1876) wurde durch seine mikrogeologischen Studien über das kleinste Leben in den Meerestiefen zu einem Wegbereiter der deut-

schen Tiefseeforschung. Er hatte zahlreiche Reisen unternommen, u. a. mit Alexander von Humboldt 1829 nach Rußland. Eine umfassende Würdigung Ehrenbergs wurde 1969 von Gerhard Engelmann veröffentlicht. (Vgl.: Engelmann, Gerhard: Christian Gottfried Ehrenberg. Ein Wegbereiter der deutschen Tiefseeforschung. Deutsche Hydrographische Zeitschrift 22 (1969) 4, S. 145–157.)

53 J. D. Hooker ließ Christian Gottfried Ehrenberg nach seiner Antarktis-Expedition Probenmaterial zukommen. (Vgl.: Engelmann, Gerhard, a. a. O., S. 147.)

54 Vgl.: Spindler, Michael und Gerhard S. Dieckmann, a. a. O.

55 Vgl.: Spindler, Michael: Eislebensgemeinschaften im Nord- und Südpolarmeer: ein Vergleich. In: Hempel, Irmtraut und Gotthilf: Biologie der Polarmeere. Jena 1995, S. 79. Vgl. auch Kapitel «Schwimmende Pfannkuchen».

56 Spindler, Michael und Gerhard S. Dieckmann, a. a. O., S. 106.

57 Ebd.

58 Ray, G. Carleton und M. G. McCormick-Ray, a. a. O., S. 67.

59 Spindler, Michael und Gerhard S. Dieckmann, a. a. O., S. 104.

60 Ebd., S. 110.

61 Eastman, Joseph T. und Arthur L. DeVries : Die Antarktisfische. In: Hempel, Gotthilf (Hrsg.), a.a.O., S. 124f.

62 Vgl.: Ray, G. Carleton und M. G. McCormick-Ray, a. a. O., S. 105.

63 Sedlag, Ulrich, a. a. O., S. 132.

# Von der Axt zum Hammerkopf

Krachend schiebt sich der breite blaue Bug des deutschen Forschungseisbrechers *Polarstern* auf die schneebedeckte, weiße Fläche einer großen Eisscholle. Für Sekunden scheint selbst die Natur vor Spannung den Atem anzuhalten – dann birst das Eis unter dem Druck von 16000 Tonnen Stahl. Langsam – wie im Zeitlupentempo – sinkt der Rumpf in das Eis hinein. Und ebenso langsam bricht der Eispanzer auseinander, spaltet sich; öffnet sich, wie von Geisterhand dirigiert, dem Schiff eine schmale, schwarze Fahrrinne. Unter donnerndem Getöse bricht ein Eisstück an der Kante ab. Die türkisblaue Unterseite dreht sich nach oben. Licht bricht sich millionenfach gleißend, es ist der rötliche Schein der Mitternachtssonne. Minutenlang schrammt die *Polarstern* weiter durch die schmale Rinne. Dann stößt ihr Bug erneut auf Eis. Das Spiel beginnt von vorn. Unzählige Male noch wird es sich wiederholen. Ein Spiel, an das selbst eingefleischte Seeleute sich erst gewöhnen müssen.

Die *Polarstern* wurde 1982 als eisbrechendes Forschungsschiff in Dienst gestellt und galt über mehr als ein Jahrzehnt als modernstes Schiff seiner Art.

Zwar sind seit über 200 Jahren Schiffe im Südpolarmeer unterwegs, der erste Eisbrecher wurde dort allerdings erst 1946 während des Forschungsprojekts Operation Highjump der amerikanischen Marine gesichtet. Sämtliche Schiffe, die zuvor in antarktischen Gewässern erschienen waren, widerstanden nur passiv dem Eis, konnten es aber nicht aktiv, in einem dynamischen Fortbewegungsprozeß brechen.[1]

Moderne Forschungseisbrecher sind eine Weiterentwicklung üblicher Eisbrecher mit besonders hohen Anforderungen an Schiffskörper und Maschine. Diese Schiffe sind in den schwierigsten Seegebieten unterwegs, und die Eisfahrt in den Polarmeeren stellt ganz besondere Anforderungen an Schiff und Besatzung. Forschungsschiffe mit empfindlichen Meßanlagen müssen zudem ein gutes Seegangsverhalten und möglichst wenig Vibration aufweisen, so daß wissenschaftliche Untersuchungen weitgehend unbeeinträchtigt bleiben. «1 m dickes Eis mit 5 kn zügig durchfahren und mindestens 2 m dickes Festeis durch Rammen brechen. – Einsatzfähigkeit für wissenschaftliche Aufgaben bei Temperaturen bis –30° C. – Betriebsfähigkeit als Transporteinheit bis zu –50° C.»[2] Das waren nur einige der schiffbautechnischen Anforderungen, die die Wissenschaftler 1978 an den geplanten Forschungseisbrecher *Polarstern* stellten.

Doch nicht nur in der Forschungsschiffahrt werden Eisbrecher benötigt. Die zunehmende wirtschaftliche Bedeutung der Seewege im Norden Kanadas und Sibiriens, wo das Eis mehrere Monate im Jahr die Schiffahrt beeinträchtigt, hat die Anrainerstaaten veranlaßt, diesem Hindernis durch den Einsatz von Eisbrechern zu begegnen, und sie haben die Entwicklung von derartigen Spezialschiffen forciert betrieben. «Eisbrecher sind Spezialschiffe, die ihrer Form, Bauweise und Ausrüstung nach dazu geeignet sind, vereiste Schiffahrtswege für die Handelsschiffahrt offen zu halten. Die Größe dieser Fahrzeuge schwankt je nach Einsatzgebiet erheblich. Während für Flüsse und Kanäle mit Eisstärken von etwa 0,3 m kleinere Eisbrecher mit Leistungen zwischen 200 und 600 kW ausreichen, werden für Gebiete mit Eisstärken bis zu 1 m (Teile der Ostsee, St.-Lorenz-Strom, Große Seen) größere Schiffe mit Antriebsleistungen über 1500 kW bis 7500 kW benötigt»,[3] so definiert ein modernes Lexikon die Aufgaben dieser Spezialschiffe. Die typischen Merkmale eines Eisbrechers sind sein massiver Bug, die Form seines Rumpfes, das Antriebssystem und die Propeller.

Wenn heute der Einsatz derartiger Schiffe selbstverständlich scheint, so war in früheren Jahrhunderten die Fahrt für Schiffe im Eis nahezu unmöglich. Für hölzerne Segelschiffe war eine Fahrt im eisbedeckten Wasser zu riskant. Eine Ausnahme unter allen Schiffstypen bildeten lediglich die Walfangschiffe, die recht robust gebaut und gerade dafür konzipiert waren, den Walen bis in die hohen Breiten der Arktis zu folgen. «Schon die ersten Anfänge der Eisbildung zwingen die hölzernen Fahrzeuge, den schützenden Hafen aufzusuchen, da das junge Eis vermöge seiner Schärfe jedes Holzwerk beschädigt. Nehmen die Eisschollen an Stärke zu, so versagen zunächst die Raddampfer, deren Schaufeln zerschlagen oder doch verbogen werden, und schließlich auch die Schraubendampfer, sobald sie den Widerstand des Eises nicht mehr überwinden können. Dann ruht, wo das Eis sich selbst überlassen bleiben muß, die Schiffahrt, bis die warmen, den Beginn des Frühlings ankündenden Winde die Gewässer aus ihrer Erstarrung erlösen»,[4] beginnt eine im Jahre 1900 veröffentlichte Abhandlung über das Eisbrechwesen. Nur in Ausnahmefällen schuf man eine Fahrrinne: «Hatten vom Frost überraschte Schiffe zu ihrem Bestimmungs- oder sicheren Zufluchtsort oder zum offenen Fahrwasser nur noch kurze Strecken zu überwinden, so wurde, wenn es möglich war, das einfachste, aber eben nur in begrenztem Maße durchführbare Mittel des Eisbrechens angewendet, nämlich das Aufschlagen einer Fahrrinne mit Eisäxten»,[5] berichtet Alfred Berger in seinem Buch über die Geschichte der Stettiner Eisbrecher.

Bis weit ins 19. Jahrhundert hinein ruhten Hafen und Schiffahrt während der Winterpause, die als naturgegeben hingenommen wurde. In Hamburg, wie in vielen anderen Hafenstädten, deckten sich die Kaufleute im Herbst rechtzeitig mit den nötigen Waren ein. Die Schiffe wurden vor Anker gelegt oder an Pfählen festgemacht, und ihre Besatzungen musterten ab. Häfen waren im Winter «geschlossen», und auf den Eisflächen tummelten sich stattdessen Schlitten, die über provisorische Holzbrücken auf das Eis glitten. In Hamburg sah sich 1822 die «Polizey-Behörde» sogar genötigt, ein Reglement herauszugeben, in dessen Punkt 1 es hieß, daß ein Schlitten rechts fahren und gegebenenfalls rechts ausweichen müsse. Für Zuwiderhandlungen wurden hohe Strafen angedroht.

Die Schiffahrt hingegen nahm ihren Dienst erst wieder auf, wenn das Eis getaut war. Für die Küstenbewohner war der Winter eine schwierige Zeit; die Einschränkung der Seefahrt, des Handels und des Hafenbetriebes führte regelmäßig zu einem Anstieg der Arbeitslosenzahlen.

Mit Beginn der Industrialisierung wurde der Bedarf an Rohstoffen größer und umfangreicher, und die Reeder versuchten ihre Schiffe trotz Eisbildung immer länger im Einsatz zu lassen. Im Ostseebereich schlugen Küstenbewohner mit Äxten und Brechstangen Fahrrinnen in das Eis, um anschließend Schiffe von Hand oder mit Zugtieren in den Hafen zu treideln. Ein typisches Gerät im Kampf gegen das Eis war die Eissäge, sie wurde von zwei Männern bedient, die täglich eine Strecke von bis zu 80 m ins Eis zu schneiden vermochten. Hatte sich das Eis jedoch zu Preßeisrücken zusammengeschoben, versagte diese Methode.

1850 begann man bei schweren Eisverhältnissen auf Weichsel, Oder, Elbe, Weser und Rhein mit sogenannten Kanonenschlägen, also mit

Sprengstoff, eine Fahrrinne in das Eis zu treiben. In Hamburg wurden außerdem sogenannte Eisewer und Eiskähne eingesetzt, stark gebaute Fahrzeuge, von denen letztere im verbleibenden größeren Teil des Jahres normalerweise als Gemüsekähne und als Fährboote auf der Unterelbe fuhren. Für die Arbeiten im Eis wurden sie zusätzlich mit Brettern verkleidet und ihre Böden durch Holzleisten oder Blechstreifen geschützt. 8 bis 16 Mann fuhren auf einem solchen Eisewer, um Eisbrecharbeiten vorzunehmen.

All diese auf menschlicher oder tierischer Muskelkraft basierenden Anstrengungen reichten jedoch nicht aus, um die Schiffahrt im Eis aufrecht zu erhalten. So gab es bei einigen Schiffahrtsnationen im 19. Jahrhundert Überlegungen, dem Eis mit Maschinenkraft, mit der Entwicklung geeigneter Vortriebsmittel und mit Eisen und Stahl im Schiffbau zu begegnen.

Bereits im Jahre 1836 erhielt der russische Ingenieur K. A. Schilder das Patent auf ein Fahrzeug mit 132,5 kW Leistung, das mit einem Rad zum Zerschlagen des Eises ausgerüstet war.[6]

1837 kam in den USA auf dem Zufahrtsweg nach Philadelphia ein hölzernes Fahrzeug mit einer Länge von 53 m und einer Breite von 8 m zum Einsatz, dessen Schaufelräder verstärkt waren und unabhängig voneinander angetrieben wurden. Mit dem breiten Vorschiff konnte es sich auf das Eis schieben, um es unter seinem Gewicht zu brechen. Das *City Ice Boat No.1* – wie das Schiff hieß – verfügte über eine Maschinenleistung von 250 PS.[7]

1842 wurde in Niagara die *Chief Justice Robinson* gebaut. Der 50 m lange Seitenraddampfer, der einen Rammbug besaß, wurde auf den Großen Seen eingesetzt und war dort das erste eisbrechende Schiff.[8]

Von einem in den vierziger Jahren des 19. Jahrhunderts in Baltimore eingesetzten Eisbrecher sind sogar die exakten Daten bekannt: «Das 280 t verdrängende Schiff besaß zwei Hochdruckmaschinen von je 75 PS und konnte 8–10 Knoten laufen. ... Es durchschnitt Eisdecken von 3–5 Zoll mit Leichtigkeit, also 8–13 cm starkes Eis. Und bei wiederholtem Anlauf zerstörte es Eisdecken von 6 Zoll (=15,5 cm) und darüber.»[9]

Der Präsident des Königlichen Handelsamtes in Berlin, Freiherr von Rönne, versuchte 1844 nähere Informationen über diese amerikanischen Entwicklungen zu erhalten, um sie für den heimischen Schiffbau auszuwerten, und wandte sich an die preußischen Konsuln in New York und Baltimore. Über die Eisbrecher der Delaware-Bucht schrieb ihm der Konsul aus Baltimore: «Die Dampfschiffe haben ein von anderen Fahrzeugen abweichendes Vorderteil, Bug, welcher löffelartig konstruiert und mit dickem Eisen beschlagen, überhaupt sehr stark ist. Das Boot schneidet das Eis nicht entzwei, sondern es wird auf das Eis hinauf forciert und zerdrückt es durch seine Schwere; die Räder sind ebenfalls schwer und mit Eisen beschlagen, indem sie zugleich ihren Weg durch das Eis sich bahnen müssen. Sie haben zwei Maschinen, welches notwendig ist, um gelegentlich die eine Maschine vorwärts, die andere rückwärts arbeiten zu lassen.»[10] Und aus New York erfuhr von Rönne einiges über die Baukosten eines Eisbrechers. Insgesamt wurden sie mit 56000 Dollar angegeben, «wobei in der Aufteilung auf die Zimmerarbeiten 17000 Dollar, auf die Maschine 33000 Dollar, auf die Schmiedearbeiten 5000 Dollar und auf die Tischlerarbeiten 1000 Dollar entfielen.»[11] Diese Informationen leitete von Rönne zusammen mit technischen Details, zusätzlich sogar Schiffsmodellen, an die Stettiner Kaufmannschaft weiter, doch Stettin konnte sich zu jenem Zeitpunkt ebensowenig wie Hamburg zum Bau eines Eisbrechers entschließen. Man scheute die Kosten für ein Schiff, das ausschließlich zu diesem einen Zweck bestimmt sein sollte.

In Rußland ließ 1864 der Kronstädter Kaufmann Britnev seinen Schleppdampfer *Pajlot* zu einem selbständig das Eis aufbrechenden Schiff umbauen. Sein Ärger über die jährlichen finanziellen Verluste infolge des Zufrierens der Seeverbindung zwischen St. Petersburg und Kronstadt hatte ihn zu diesem Schritt bewegt.[12] 1868 stellte er sogar noch ein weiteres Schiff, die *Boj*, in Dienst. Britnevs Aktivitäten wurden zwar in den Nachbarhäfen verfolgt, hatten jedoch keinen Einfluß auf die weitere Entwicklung.

1851 wurde auf der Werft von Früchtenicht & Brock, der Vorgängerin der Vulcan-Werft, in Bredow bei Stettin ein nach amerikanischem Vorbild konzipierter hölzerner Raddampfer gebaut, der einen Eisenbeschlag am Bug erhielt. Der 30,3 m lange Eisbrechdampfer *Communication* versah anschließend im Rigaer Hafen seinen Dienst.

In Schweden wurde 1858 der eisgängige Dampfer *Polhem* in Dienst gestellt, der eingesetzt wurde, um im Winter die Verbindung nach Gotland aufrecht zu erhalten.[13]

Eine Eisbbrechmethode etwas eigenwilliger Art wurde Ende des 19. Jahrhunderts in der Flensburger Förde ersonnen, die den Einsatz eines Spezialschiffes umgehen sollte. Um 1894/95 hatte der Schiffbaumeister E. J. Weedermann einen Schiffs- oder Eisschuh erfunden («Weedermannscher Eisschuh»). Das war eine Eisschutzvorrichtung, die jedem Dampfer vorgelegt werden konnte. Mit Ketten und Balken wurde eine Verbindung zwischen Schuh und Schiff hergestellt. Immerhin liefen die Erprobungen so erfolgreich, daß sich die Flensburger Schiffbaugesellschaft zum Erwerb einer solchen Vorrichtung entschloß, um den Weg zur Werft offen zu halten. Im dänischen Aalborg hingegen experimentierte etwa zur gleichen Zeit ein gewisser G. Jensen mit der Konstruktion eines Eispfluges.

Keine der beiden Vorrichtungen fand jemals weite Verbreitung. Immer wieder stellte sich die Frage nach dem Bau eines Eisbrechers, vor allem in den Häfen an der Ostseeküste, die den Widrigkeiten des Winters besonders stark ausgesetzt waren, und in Hamburg, das im Winter mit der Elbe ebenfalls keine zuverlässige eisfreie Wasserstraße besaß. Auch wenn man sich in Hamburg mit dem Bau eines Eisbrechers lange schwertat, sollten die Ereignisse an der Elbe letztlich die Entwicklung dieser Spezialschiffe begünstigen und in Deutschland voranbringen.

Im Jahre 1845 legte ein Kapitän Spliedt dem Hamburger Senat den Entwurf eines Eisbrechers mit den Abmessungen 35,35 m Länge, 7,97 m Breite und 1,3 m Tiefgang vor. Es handelte sich um einen Mittelraddampfer, da man erkannt hatte, daß seitlich angeordnete Räder durch das Eis zu stark gefährdet sind. Das Schiff sollte allerdings nicht auf das Eis auflaufen, sondern mit einem schnabelartigen Vorbau unter das Eis greifen und es hochreißen. Der Baupreis war auf 120000 Mark veranschlagt. Doch da das Schiff entsprechend seiner Bauart ausschließlich für den Eisbrechdienst bestimmt und somit nicht für andere Zwecke verwendbar war, wurde der Bau verworfen. Zwei Jahre später versuchte Spliedt abermals sein Glück mit einem anderen Entwurf, der der ersten Version von 1845 ähnelte; auch dieses Projekt wurde abgelehnt.

Die Winter 1869/70 und 1870/71 brachten wieder starken Eisgang auf der Elbe und stellten damit die Hamburger erneut vor das Problem der Offenhaltung des Zufahrtsweges zum Hafen. Die Eisdecke war damals bis zu 50 cm stark, 53 Tage lang lag die Schiffahrt brach. Der Hamburger Handel erlitt dadurch erhebliche Verluste. Da bildete sich in der Kaufmannschaft ein «Comite für die Beseitigung künftiger Eissperren auf der Elbe». Ihm gehörten maßgebliche Vertreter des Hamburger Überseeverkehrs und der Hamburger Kaufleute an. An seiner Spitze stand der Reeder Adolf Godeffroy. Am 16. Februar 1871 erließ das Komitee einen Aufruf und wenig später eine Ausschreibung für den Bau eines Eisbrechers. 24 Entwürfe gingen schließlich ein. Sie hatten sehr unterschiedlichen Charakter, und es beweist sicherlich den Weitblick des Komitees, daß es sich für den Bau eines Dampfschiffes mit Schraubenantrieb entschied. Formgestaltung und Maschinenleistung stellten etwas völlig Neuartiges dar. Die Baukosten lagen mit 260000 Mark allerdings sehr hoch.

Urheber dieses Entwurfes war Carl Ferdinand Steinhaus, ein Hamburger Schiffbauingenieur, der in Deutschland bereits als Vorkämpfer für den Eisenschiffbau und als Fachautor auf dem Gebiet der Schiffbautechnik bekannt geworden war. Seine schiffbautechnischen Erfahrungen hatte er vor allem in den Niederlanden erworben.

Steinhaus' Konstruktionsgrundsätze sollten schließlich wegweisend im Eisbrecherbau werden, sie enthielten folgende Anforderungen:

- Möglichst geringe Schiffsabmessungen bei größtmöglicher Maschinenleistung.
- Ausfallende Spanten im Bereich der Schwimmwasserlinie. Diese Formgebung gewährleistet das Zerbrechen des Eises im Bereich der Außenhaut erfahrungsgemäß am besten.
- Ein möglichst runder Rumpfquerschnitt führt dazu, daß praktisch auf der ganzen Schiffslänge nur ein Punkt davon im Eise festgehalten werden kann und die Einkeilung weitmöglich vermieden wird.
- Hochziehen des Kieles bis zum Vorsteven zum Auflaufen auf das Eis.
- Geringe Anfangsstabilität zur Erzeugung von Eigenschlingerbewegungen, die beim etwaigen zeitweiligen Festkommen das «Freiwakkeln» vom Eis ermöglichen.
- Formgebung des Ruderblattes derart, daß bei Rückwärtslaufen des Eisbrechers die Oberkante des Ruderblattes möglichst tief unter Eisdecke und Treibeis liegt und keinem Eisdruck ausgesetzt wird.[14]

Realisiert wurde der Steinhaussche Entwurf von der Reiherstieg-Werft in Hamburg. Die Kosten in Höhe von 172000 Goldmark brachte das «Comite» auf, das auch als Reeder des so entstandenen *Eisbrecher I* eingetragen wurde. Die Geschichte dieses ersten Schraubeneisbrechers der Welt ist nie geschrieben worden. So weiß heute auch niemand mehr zu sagen, wann er den Namen *Eisfuchs* erhielt, unter dem er bis in die fünfziger Jahre des 20. Jahrhunderts im Hamburger Hafen zu sehen war.[15]

Nachdem sich dieser erste Eisbrecher 1875/76 im Eis bewährt hatte, kam *Eisbrecher II* 1877 für die Unterelbe in Fahrt. Für die Oberelbe wurde eine etwas kleine Ausführung, die *Hofe* gebaut, die erst 1986 durch einen Nachfolgebau gleichen Namens ersetzt wurde.

Die Entwicklungen im Hamburger Eisbrechwesen wurden interessiert verfolgt, und schon bald zog man anderenorts nach. In Lübeck wurde 1880 der Eisbrecher *Trave* in Dienst gestellt, in Königsberg kam 1895 die *Königsberg* in Fahrt, und in Bremen setzte man schließlich die *Donar* zum Eisaufbruch ein. Im häufig stark vereisten Hafen von Stettin absolvierte am 27. November 1888 die *Stettin (I)* ihre Probefahrt, nachdem am Tag zuvor bereits das Schwesterschiff *Swinemünde (I)* vom Stapel gelaufen war, am 24. Dezember 1889 folgte die *Berlin*.

1895 wurden bei der Eröffnung des Kaiser-Wilhelm-Kanals – des heutigen Nord-Ostsee- oder Kiel-Kanals – dort zwei Eisbrecher stationiert, um die künstliche Wasserstraße von Eis freizuhalten. Es handelte sich um die beiden Eisbrecher *Stuttgart* und *Darmstadt*, die je 250 PS Leistung hatten. Sie waren im Vorderschiff gegen ein Verbeulen der Platten mit einer starken Teakholzverkleidung von innen her versteift. Im Heck führten sie Wasserballast mit sich. Stationiert waren sie in Brunsbüttelhafen und Holtenau. Ihnen folgten später die 300 PS starken Dampfer *München* und *Berlin*. Bis in die 1980er Jahre war der in Stettin gebaute *Wal* im Kiel-Kanal im Einsatz, der heute in Bremerhaven als Museumsschiff vor Anker gegangen ist. Im Jahre 1895 gab es in Deutschland 34 Eisbrecher, von denen 7 allein im Hamburger Hafen ihren Dienst versahen.[16]

Auch im Ausland entwickelte sich das Eisbrechwesen. Norwegen folgte als erstes Land dem Hamburger Beispiel und gab 1877 in Malmö den Eisbrecher *Mjølner* in Auftrag, der dann im Oslofjord eingesetzt wurde. Ein Modell dieses Eisbrechers wurde auf der Weltausstellung in Paris gezeigt. In Dänemark wurden zunächst gepanzerte Schiffe der Kriegsmarine zum Eisaufbruch verwendet, aber 1882 wurde auf der Werft Burmeister & Wain in Kopenhagen der Eisbrecher *Stjerckodder* gebaut, und in Schweden kam 1882 der Eisbrecher *Isbrytaren* in Fahrt. In Finnland begründete die *Murtaja (I)* die Entwicklung des Eisbrecherwesens.

In Rußland waren Ende des 19. Jahrhunderts in den Ostseehäfen 9 Eisbrecher im Einsatz. 1896 nahm die *Truvor* ihren Dienst auf, die mit 1914 kW zu den damals leistungsstärksten Eisbrechern der Welt gehörte.[17]

In Nordamerika kam es schließlich zu einer technischen Neuentwicklung der Eisbrecher. Für den Fährdienst in der Meerenge von Mackinac zwischen St. Ignace und Mackinaw City wurde die eisbrechende Fähre *St. Ignace* gebaut. Das Schiff erhielt eine Bugschraube, deren Prinzip darauf beruht, daß die Sogwirkung einer rotierenden Schiffsschraube das Eis leichter brechen läßt. Das 1888 in Dienst gestellte Schiff erwies sich als sehr erfolgreich und fand auch im Ausland Beachtung. Da in Rußland Ende des 19. Jahrhunderts die Erschließung Sibiriens ins Auge gefaßt und 1891 mit dem Bau der Transsibirischen Eisenbahn begonnen worden war, interessierte man sich ganz besonders für die amerikanische Entwicklung, galt es doch, den im Winter vereisten Baikalsee zu

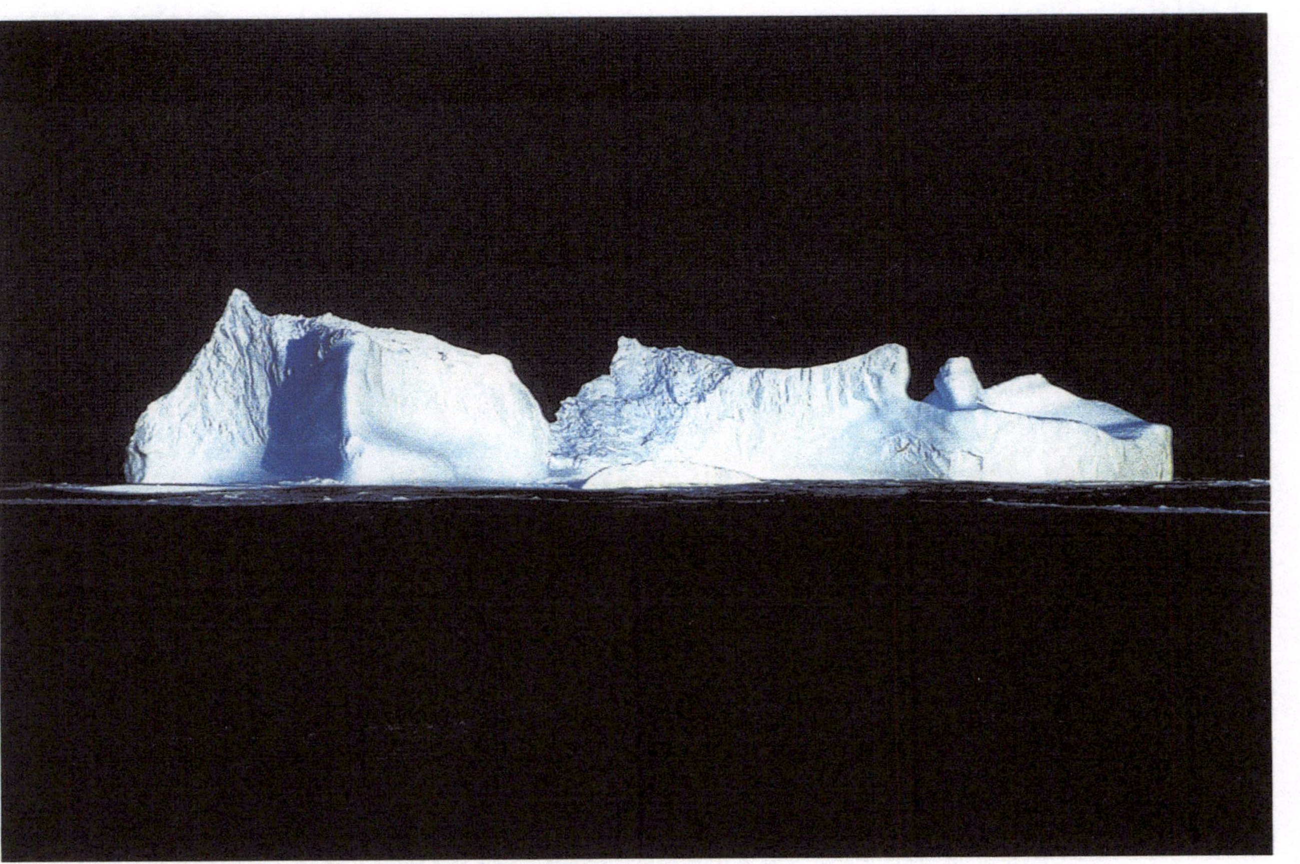

*Kunstwerke der Natur: Eisberge im Rossmeer im Licht der Mitternachtssonne.*

*Schwäne, Adler oder Schalen mit Meeresfrüchten sind auf Kreuzfahrtschiffen beliebte Motive für die eisige Buffetdekoration.*

*Das Eis des Sawyer-Gletschers (Alaska) zeigt sich in einem intensiven Blau.*

*Der Untergang des Expeditionsschiffes Hansa im Eis des Nordpolarmeeres. Die Hansa wurde 1870 vom Eis zerdrückt. Die Besatzung konnte sich auf eine Eisscholle retten, auf der sie über 200 Tage an der Küste Grönlands entlang trieb.*

*Ruhig treiben die glitzernden Giganten im Südpolarmeer.*

*Der Eisbär: ein perfekt an das Leben im Eis angepaßter Wanderer.*

*Der Hubbard-Gletscher am Ende der Yakutrat-Bucht in Alaska ist zwar nicht der größte, wohl aber der sich am schnellsten vorwärts bewegende Gletscher Nordamerikas.*

*Die Gletscherwelt Alaskas ist mittlerweile zu einer Touristenattraktion geworden. Tausende von Besuchern bewundern jeden Sommer die gewaltigen eisigen «Ströme», die von den Bergen hinab bis ins Meer fließen.*

überwinden. Um sich vor Ort zu unterrichten, wurde Admiral Stepan Osipovič Makarov (1848/49–1904) nach Amerika geschickt. Nach seiner Rückkehr wurden in England die beiden Eisenbahnfähren *Bajkal* und *Angara* in Auftrag gegeben, die 1900 den Fährdienst aufnahmen. Nachdem jedoch 1904 die Trans-Baikal-Bahn, das Anschlußstück am Südufer des Baikalsees, fertiggestellt war, war die Epoche dieses Fährdienstes bereits wieder beendet.[18]

Makarov hingegen war zu diesem Zeitpunkt bereits längst mit dem Gedanken an den Bau eines Polareisbrechers befaßt, der zur Erforschung des Nördlichen Seewegs vor der Sibirischen Küste (Nordostpassage) eingesetzt werden sollte. Da in Rußland keine geeignete Werft gefunden wurde, erging der Auftrag zum Bau eines derartigen Schiffes 1897 an die britische Werft Armstrong Whitworth & Co Ltd. in Newcastle. Am 29. Oktober 1898 lief die *Ermak (I)* vom Stapel. Auch dieses Schiff war mit einer Bugschraube ausgerüstet worden. Im Frühjahr 1899 fanden Probefahrten vor Reval (Tallinn) und im Finnischen Meerbusen statt, und wenig später brach das Schiff zu seiner ersten Arktisfahrt in die Gewässer nördlich von Spitzbergen auf. Es zeigte sich jedoch bald, daß das Schiff, das zwar den Anforderungen der Ostsee standgehalten hatte, für die arktische Eisfahrt ungeeignet war. Das Vorschiff war zu schwach, und auch die Bugschraube versagte ihren Dienst, sie klemmte im Eis fest und wurde dabei so stark deformiert, daß sie entfernt werden mußte. Lange Jahre versah das Schiff seinen Dienst in der Ostsee, bevor es in den dreißiger Jahren doch noch in der Arktisfahrt eingesetzt wurde.[19]

Trotz aller technischen Probleme hat die *Ermak* mit ihrer Größe und Antriebsleistung von rund 10000 PS dem Bau von Eisbrechern neue Maßstäbe gesetzt. Rußland gab während des Ersten Weltkriegs in England die beiden Polareisbrecher *Alexandr Nevskij* (8000 PS) und *Svjatigor* (10000 PS) in Auftrag. Letzterer wurde 1928 unter seinem neuen Namen *Krasin* weltberühmt, als er die Teilnehmer der mit dem Luftschiff *Italia* verunglückten Arktisexpedition Umberto Nobiles aus dem Eis rettete.

In Schweden wurde 1933 mit der *Ymer* (9000 PS) der erste diesel-elektrische Eisbrecher der Welt in Dienst gestellt. Die stärksten Eisbrecher, die bis 1945 gebaut wurden, liefen dann auf russischen Werften vom Stapel. Sie wurden allerdings weiter mit Dampfmaschinen angetrieben. Nachdem die holländische Werft P. Smith in Rotterdam für Finnland 1926 den Eisbrecher *Jääkaru* abgeliefert hatte, wurde 1939 in Helsinki mit der dieselelektrisch angetriebenen *Sisu* der erste Eisbrecher im eigenen Land gebaut. Es war zudem auch das erste Schiff seiner Art, das bei der

Wärtsilä-Werft vom Stapel lief, jener Werft, die zwanzig Jahre später zum international bedeutendsten Schiffbauunternehmen für Eisbrecher wurde.

Zwischen den beiden Weltkriegen nahm die Bedeutung der Luftfahrt zu, und auch in der Eisfahrt sollte die Luftaufklärung künftig eine Rolle spielen. Sowohl die russischen Großeisbrecher als auch die schwedische *Ymer* wurden für die Mitnahme bordeigener Flugzeuge ausgerüstet.

Auch Japan erhielt in jener Zeit seinen ersten Eisbrecher. Für die Eisfahrt in den winterlichen Gewässern der La-Pérouse-Straße setzte Japan eisbrechende Fähren ein. 1921 stellte die Marine mit der *Odomari* ihren ersten Eisbrecher in Dienst, der bis 1949 in Fahrt war. Für Forschungsarbeiten während des Internationalen Geophysikalischen Jahres 1957/58 wurde der Leuchtturmtender *Soya* umgerüstet, mit dem mehrere Fahrten ins Südpolarmeer durchgeführt wurden. Er erhielt 1965 mit der *Fuji* einen Nachfolger, der seinerseits 1983 durch die *Shirase* abgelöst wurde. Die *Shirase*, deren Hauptaufgabe die Versorgung der antarktischen Station Showa ist, wurde dafür eingerichtet, 1,5 m dickes Eis bei einer Geschwindigkeit von 3 kn zu brechen.

Die stärksten Eisbrecher in Deutschland waren in den dreißiger Jahren in pommerschen und ostpreußischen Häfen im Einsatz. Es waren die 1933 erbaute *Stettin* (1850 PS) und die *Ostpreußen* (2000 PS), die jedoch nicht an die Leistungsfähigkeit der russischen Großeisbrecher heranreichten. Erst die Kriegsmarine ließ schließlich vier stärkere Eisbrecher bauen, von denen die *Castor* mit 9600 PS der bis dahin stärkste deutsche Eisbrecher war.[20]

Am 25. Februar 1945 lief bei der Western Pipe & Steel Co. in San Pedro/Kalifornien die für die amerikanische Küstenwacht gebaute *Northwind* vom Stapel. Sie gehörte zu einer Gruppe von insgesamt 7 Eisbrechern der sogenannten Wind-Klasse, die zwischen 1942 und 1946 für die U. S. Coast Guard und die Marine gebaut wurden.[21] Die *Northwind* war dann der erste Eisbrecher, der Kurs auf die Antarktis nahm. Ihre Aufgabe war es, eine Reihe von Frachtschiffen und ein U-Boot zu begleiten. Dabei kam es bei der Konvoi-Fahrt im antarktischen Eis immer wieder zu problematischen Situationen, schrieb der amerikanische Journalist Walter Sullivan: «Der *Northwind* mit seinem weit ausladenden Rumpf hinterließ einen breiten Kanal im Eis, durch welchen die anderen Schiffe folgten und die Schollen zu beiden Seiten kaum streiften. Dies war ‹offenes› Packeis, aber unmerklich begann es ‹sich zu schließen›. Hinter jedem vorüberfahrenden Schiff drängten die Eisschollen wieder in den Kanal. Die Schiffe blieben so dicht hintereinander, als sie es eben wagten, aber trotzdem gerieten sie in das Gewirr der Eisschollen, und bei jedem Zusammenstoß mit einer Scholle durchlief ein Beben das ganze Schiff vom Bug bis zum Heck. ... Immer wieder stieß ein Schiff mit einer großen Eisscholle zusammen und blieb stehen. Das zwang auch die anderen Schiffe, zu halten, woraufhin das Treibeis in den Kanal zwischen die Schiffe eindrang und der ganze Geleitzug festsaß – alle Schiffe, außer dem *Northwind*, waren damit bewegungsunfähig. Dann löste sich der Eisbrecher von der Spitze der Kolonne, erkämpfte sich einen Weg zurück durch das Eis und setzte den Zug von neuem in Bewegung. Der *Northwind*-Kapitän Thomas ging dabei nach folgender Methode vor: er begab sich hinter das letzte der Schiffe, fuhr in kräftigem Tempo zunächst daran vorbei und dann rückwärts auf dessen Bug zu, um die Eisschollen unmittelbar davor zu zerbrechen. Auf diese Weise arbeitete er sich die ganze Kolonne entlang, und es gelang ihm, sämtliche Schiffe wieder flottzubekommen; aber diese Prozedur mußte so oft wiederholt werden, daß die Mittelgruppe nur langsam weiterkam. Außerdem erkannte man immer deutlicher, daß ein Unterseeboot im Packeis einem Fisch auf dem Trockenen glich.»[22]

1947 wurde in Kanada die Eisbrecherfähre *Abegweit* in Dienst gestellt, die erstmals mit zwei Bugpropellern ausgerüstet war. Diese technische Entwicklung wurde auch von der Wärtsilä-Werft aufgegriffen, als sie 1954 den diesel-elektischen Eisbrecher *Voima* für Finnland baute. Kanada, das nach dem Zweiten Weltkrieg seine nördlichen Territorien zu erschließen versuchte, begann eine eigene Eisbrecherflotte aufzubauen. In der Zeit zwischen 1953 und 1979 wurden dort sieben große Eisbrecher in Dienst gestellt. Zudem nahmen zwei Eisbrecher mit neuartigen Antrieben ihren Dienst auf: die *Louis St. Laurent* mit ölgefeuertem turbo-elektrischem Antrieb und die *Norman McLeod Rogers*, die neben dem diesel-elektrischen Antrieb über zwei Gasturbinen verfügte.[23]

Die Führungspostition im Eisbrecherbau erlangte jedoch nach dem Zweiten Weltkrieg Finnland, wobei Wärtsilä in Helsinki einen entscheidenden Anteil hatte. In den 25 Jahren zwischen 1954 und 1981 lieferte die Werft insgesamt 43 Eisbrecher ab. Hauptauftraggeber war die UdSSR, die 23 Einheiten abnahm. Schweden ließ ebenfalls dort bauen, und auch die Bundesrepublik bestellte auf dieser Werft einen Eisbrecher, die *Hanse*, für die Ostsee.[24]

1959 wurde der sowjetische Atomeisbrecher *Lenin* (39207 PS), das erste nukelar angetriebene Überwasserschiff, in Dienst gestellt, das über 15 Jahre lang der leistungsfähigste Eisbrecher der Welt war.

Er wurde schließlich übertroffen von der 1975 gebauten *Arktika* (75000 PS), der 1977 in Dienst gestellten *Sibir* und der *Rossija*, die 1985 in Fahrt kam.[25] Die *Arktika* erreichte am 19. August 1977 als erstes Überwasserschiff den Nordpol und realisierte damit den alten Traum Makarovs. Als erstes konventionell getriebenes Schiff erreichte übrigens der deutsche Forschungseisbrecher *Polarstern* in einem gemeinsamen Forschungsprogramm mit der schwedischen *Oden* 1991 ebenfalls den Pol. Die amerikanische *Polar Star*, die ebenfalls an der Expedition beteiligt war, blieb allerdings wegen eines Maschinenschadens auf der Strecke. Letztere hatte 1985 jedoch die erste Alleinumrundung des nordamerikanischen Kontinents absolviert. Die *Polar Star* und ihr Schwesterschiff *Polar Sea* waren bei ihrer Indienststellung mit einer Maschinenleistung von 44130 kW die stärksten konventionell angetriebenen Eisbrecher der Welt.

Seit den 1980er Jahren begann man die Bugformen von Eisbrechern zu verändern, um die Schiffe in der Eisfahrt effektiver zu machen.

- Die 1982 erbaute *Polarstern* hat einen konkaven, keilförmigen Bug, der durch eine nach innen gerichtete Spantenführung gekennzeichnet ist.
- Die 1979 für die Canadian Marine Drilling Ltd. in Dienst gestellte *Canmar Kigoriak* besitzt einen löffelförmigen Bug. Zudem befindet sich zwischen Bug und Mittelschiff eine spezielle Räumschulter. Dadurch wird das Eis weniger breit aufgebrochen. Auf den Fahrten des Schiffes konnte nachgewiesen werden, daß der durch den Bug erzeugte Widerstand beim Eisbrechen geringer ist als bei einem konventionellen Bug.
- Der Thyssen-Waas-Bug oder Hammerkopfbug mit dem pontonförmigen Vorschiff stellt die bislang letzte Stufe in der Entwicklung zur Minimierung des Widerstands beim Eisbrechen dar. Das Vorschiff läuft nicht mehr spitz zu, wie bei traditionellen Eisbrechern, sondern hat die Form eines Pontons, der an der Stirnseite seine größte Breite hat. «Der nach vorn ansteigende flache Boden bildet mit den Seitenwänden eine scharfe Schneidekante, die die Eisdecke seitlich abschert. Die Vorderkante der Eisscholle wird über die gesamte Bugbreite durch Biegebeanspruchung gebrochen. Eine Schneidekufe in der Längsachse des Pontons teilt die Eisscholle, deren beide Hälften im V-förmigen Bereich des Unterwasserschiffes zur Seite unter die Festeisdecke gedrückt werden.»[26] Der Hammerkopfbug wurde zunächst an dem deutschen Eisbrecher *Max Waldeck* erprobt. Im Sommer 1986 ließ die Sowjetunion die in subarktischen Gewässern fahrende *Mudjug* in Emden mit einem derartigen Bug versehen.

Nach ihren Einsatzgebieten lassen sich heute drei Arten von Eisbrechern unterscheiden, von denen die der ersten Gruppe die schwierigsten Eisverhältnisse zu bewältigen haben; dies sind Eisbrecher für

- Polarregionen,
- die Ostsee und
- Häfen, Flüsse und Kanäle.[27]

Als es nach dem Zweiten Weltkrieg galt, neue Techniken und Konzepte für Eisbrecher zu entwickeln, wurden umfangreiche Forschungsarbeiten und Testreihen notwendig, die nicht immer an im Einsatz befindlichen Schiffen durchgeführt werden konnten. Daraufhin entstanden in verschiedenen Ländern Forschungseinrichtungen, die sich speziell mit schiffbautechnischen Fragen beschäftigen. In Leningrad begannen 1955 Untersuchungen über das Verhalten von Schiffen im Eis. Für diese Arbeiten hatte man eigens ein Eisversuchsbecken von 13,5 m Länge und 2 m Breite gebaut. 1958 erhielt auch die Hamburgische Schiffbau-Versuchsanstalt (HSVA) einen 8 m langen und 1,8 m breiten Eistank. Doch schon bald reichten diese Anlagen nicht mehr aus, und größere Versuchsanlagen wurden gebaut. 1970 wurde bei der Wärtsilä-Werft in Helsinki ein Eistank von 39 m Länge und 4,8 m Breite in Betrieb genommen; zur gleichen Zeit nahm ein Eistank in Columbia/Maryland mit den Abmessungen 18 m Länge und 2,5 m Breite seine Arbeit auf. Zwei Jahre später erhielt auch die HSVA in Hamburg einen größeren, nun 30 m langen und 6 m breiten Eistank.[28]

Nicht nur an die Konstruktion der Schiffskörper und die Antriebsleistungen ihrer Maschinen, sondern auch an die Fähigkeiten der Nautiker werden in der Eisfahrt besondere Ansprüche gestellt. Beim Eisbrechen werden zwei Verfahren unterschieden: das Eisbrechen in kontinuierlicher Fahrt und das Ramm-Eisbrechen.

Bei kontinuierlicher Fahrt bahnt sich ein Schiff mit langsamer Fahrt eine Rinne durch bis zu 1,5 m dickes Eis. Dieses Verfahren funktioniert, wenn Eis eine relativ gleichförmige Decke bildet. Derartige Eisverhältnisse gibt es im Bottnischen und Finnischen Meerbusen, in einigen Bereichen der russischen und kanadischen Arktis oder auf den Großen Seen in Nordamerika.

Beim Ramm-Eisbrechen, das insbesondere im Meereis der Polargebiete nötig ist, schiebt sich das Schiff zunächst auf das Eis. Ist es soweit gebrochen, daß das Schiff wieder flach auf dem Wasser liegt, fährt es mehrere Schiffslängen zurück und nimmt Anlauf zu einem weiteren Rammstoß.

Sollte ein Eisbrecher sich festfahren, befreit er sich durch Krängen. Dabei wird Wasser oder Brennstoff in den Tanks abwechselnd von Backbord nach Steuerbord gepumpt und das Schiff dadurch zum Schaukeln gebracht. Die gleiche Wirkung läßt sich auch mit Trimmtanks in der Längsrichtung des Schiffes erzeugen. «Moderne Schiffe brauchen sich notfalls nicht mehr auf das Krängen zu verlassen», berichtete der amerikanische Marinehistoriker John D. Harborn, «dank einem patentrechtlich geschützten Luftblasensystem der finnischen Werft Wärtsilä. ... Zweck dieses Systems ist es, die Reibung zwischen Rumpf und Eis oder Schnee zu verringern. Dabei wird Druckluft durch eine Reihe von Düsen gepreßt, die in bestimmten Abständen in der Nähe des Schiffsbodens angebracht sind. Wenn nun Luftblasen an der Außenhaut des Schiffes aufsteigen, entsteht eine reißende Strömung aus Luft und Wasser, die eine Art Gleitfilm zwischen Rumpf und Eis bildet. Bei niedriger Geschwindigkeit, das heißt unter zwei Knoten, wird die Reibung dadurch um etwa die Hälfte verringert. Erhöht sich die Geschwindigkeit, ist das System nicht mehr so wirksam, vermindert aber selbst bei fünf Knoten die Reibung immerhin noch um 15 Prozent.»[29]

Zur Zeit der hölzernen Seegelschiffe war das eisbedeckte Meer eine gefährlichere Welt, als es heute von der modernen Brücke eines Eisbrechers mit stählernem Rumpf erscheint; doch bis heute ist kein Nautiker vom Eis jemals ganz unbeeindruckt, und die Fahrt durch das Eis erfordert stets besondere Umsicht und Erfahrung. Heinz Jonas, langjähriger Kapitän der *Polarstern,* verriet mir einmal: «Wichtig ist, daß wir nicht zu schnell in das Eis fahren, um das Schiff nicht zu beschädigen. Das Schiff hat zwar einen ausgezeichneten, starken Schiffskörper, aber trotzdem vermeidet man harte Stöße. Wir sind es gewöhnt, Hindernissen aus dem Wege zu gehen. Das Ungewöhnliche der Eisfahrt allerdings ist, und daran mußten wir uns alle erst gewöhnen, eine Scholle, wenn man nicht daran vorbeifahren kann, voll zu treffen. Denn vorne am Steven ist das Schiff am stärksten. Das hat uns zu Anfang eine ganz schöne Überwindung gekostet, aber inzwischen haben wir das auch gelernt.»

## Anmerkungen

1 Vgl.: Ostersehlte, Christian: Die Geschichte des Eisbrechwesens im Überblick. Deutsches Schiffahrtsarchiv 6, 1983, S. 111.

2 Angaben des Alfred-Wegener-Instituts für Polar- und Meeresforschung Bremerhaven.

3 Enzyklopädie Naturwissenschaft und Technik. München 1980, S. 990–92.

4 Görz M. und M. Buchheister: Das Eisbrechwesen im Deutschen Reich. Berlin 1900, S. 7.

5 Berger, Alfred: Die Stettiner Eisbrecher 1889–1939. Stettin 1939, S. 29.

6 Oesterle, Bernd: Eisbrecher aus aller Welt. Moers 1988, S. 8. Der Historiker Christian Ostersehlte verfolgt diesen Schiffstyp bis ins Jahr 1802 zurück, als ein Brite namens William Symington «das erste mit einem Eisbrecher (?) ausgerüstete Dampfschiff gebaut haben soll». Die Angabe entnahm Ostersehlte einem Artikel des «Zentralblatts der Bauverwaltung» aus dem Jahre 1913. Der Verfasser des Artikels «berief sich dabei auf den Autor Busch, der im ‹Almanach der Fortschritte› des Jahrgangs 1806 auf S. 523 darüber berichtet habe.» (Prager, Hans Georg und Christian Ostersehlte: Dampfeisbrecher Stettin. Lübeck 1986. S. 31.)

7 Ebd., S. 32.

8 Da es allerdings in der warmen Jahreszeit im Fracht- und Passagierverkehr auf dem Ontariosee unterwegs war, muß man es strenggenommen eher als eisbrechendes Handelsschiff einstufen. Ostersehlte, Christian, a. a. O.

9 Prager, Hans Georg und Christian Ostersehlte, a. a. O., S. 33.

10 Berger, Alfred, a. a. O., S. 34.

11 Ebd.

12 Vgl.: Oesterle, Bernd, a. a. O., S. 10.

13 Ostersehlte, Christian, a. a. O., S. 110.

14 Vgl.: Maasch, Otto: Das Eisbrechwesen im Hafen Hamburg und Elbegebiet, Hansa 87 (1950), S. 289.

15 Das Schiff wurde im Juli 1956 abgewrackt.

16 Oesterle, Bernd, a. a. O., S. 14.

17 Weitere Details zu den Schiffen vgl. ebd., S. 15.

18 Ostersehlte, Christian, a. a. O., S. 117.

19 Zur Geschichte dieses Schiffes vgl.: Oesterle, Bernd, a. a. O., S. 103–107.

20 Vgl.: Ostersehlte, Christian, a. a. O., S. 120. Das Schiff ging 1945 vor Warnemünde verloren, wurde 1951 gehoben und fuhr bis Ende der 1960er Jahre unter sowjetischer Flagge.

21 Als man in den fünfziger Jahren dazu überging, Hubschrauber in der Eisaufklärung zu verwenden, erhielten diese Schiffe zusätzlich ein Hubschrauberlandedeck.

22 Sullivan, Walter: Männer und Mächte am Südpol. Zürich o. J., S. 178f.

23 Vgl.: Ostersehlte, Christian a. a. O., S. 124.

24 Vgl. ebd., S. 122.

25 Vgl.: Brigham, Lawson W. (Hrsg): The Soviet Maritime Arctic. London 1991, S. 126–129.

26 Oesterle, Bernd, a. a. O., S. 48.

27 Wie andere Schiffe werden auch Eisbrecher klassifiziert. Unter Eisklasse versteht man die Einstufung der Schiffe nach ihrer Fähigkeit, vorher definierte Eisverhältnisse zu bewältigen. Diese Klassifikationen sind international nicht einheitlich. Zur Verdeutlichung sollen zwei Beispiele der kanadischen Norm dienen, die zehn Klassen (Arctic 1 bis 10), unterscheidet: «Ein Schiff der Arktik-Klasse 3 muß eine Geschwindigkeit von drei Knoten in 0,09 Meter dickem Eis halten, ein Schiff der Klasse 7 eine Geschwindigkeit von drei Knoten bei kontinuierlicher Fahrt durch 2,10 Meter dickes Eis.» Harborn, John D.: Moderne Eisbrecher. Spektrum der Wissenschaft 1984, 2, S. 25.

28 Kloppenburg, M. und J. Schwarz: Neue Wege in der Eisbrechtechnik. Jahrbuch der Schiffbautechnischen Gesellschaft 69 (1975), S. 192.

29 Harborn, John D., a. a. O., S. 24.

# Eis am Stiel

«Ice cream ... everybody likes ice cream.» Chris Barbers musikalische Liebeserklärung an Gefrorenes verleitete zwar die Teenager der fünfziger Jahre zu einem heißen Rock auf dem Parkett, doch ihren Appetit auf Eis steigerte sie seinerzeit nicht sonderlich. Erst in den letzten Jahren zeichnet sich auch bei uns der Trend zum verstärkten Genuß von Speiseeis ab. Immerhin 8,5 Liter haben die Deutschen 1994 pro Kopf konsumiert.

Doch Speiseeis ist keine Erfindung unserer Tage. Der Verzehr von Gefrorenem, wie man es bis zum Beginn des 20. Jahrhundert nannte, war bereits im Altertum bekannt. In China berichtet das bis ins 11. vorchristliche Jahrhundert zurückreichende kanonische Liederbuch «Shijing», daß Eis während der Sommermonate in speziellen Eiskellern aufbewahrt wurde.[1] Auch Marco Polo, der bedeutendste Asienreisende des Mittelalters, hatte auf seiner mehr als zwanzigjährigen Expedition erfahren, daß in China bereits 3000 Jahre vor unserer Zeitrechnung im Sommer Eis gegessen wurde. Während seiner Zeit im Gefängnis von Genua diktierte er 1298/99 einem französischen Mitgefangenen sein Reisetagebuch, in dem er ferner berichtet, daß ihm in China auch Speiseeisverkäufer in den Straßen begegnet seien.[2]

Von der «erquickenden Kälte des Schnees zur Zeit der Ernte»[3] berichtete König Salomon um 1000 v. Chr. Der griechische Dichter Simonides von Keos (556–468 v. Chr.) erbat eine kühlende Erfrischung mit den Worten: «Der Schnee, mit dem der flinke Boreas, der in Thracien aufsteigt, den Olympus bedeckt ... und wie ein weißer Gürtel piräisches Land umhüllt – von diesem Schnee lasse man auch mir einen Teil in den Becher füllen.»[4]

Der griechische Arzt und Begründer der wissenschaftlichen Heilkunde Hippokrates (um 460–375 v. Chr.) empfahl Gefrorenes, da es «die Säfte belebt und das Wohlbefinden hebt»,[5] und er verordnete sogar Eis als Medizin und als schmerzstillendes Mittel.

Der griechische Schriftsteller Xenophon (um 430–355 v. Chr.), der als «Schlachtenbummler» am Zug des jüngeren Kyros gegen den Perserkönig Artaxerxes II. teilgenommen hatte, führte nach dem Tod des Kyros 10000 griechische Sodaten heil von den Schlachtfeldern zurück ans Schwarze Meer, wobei er ihnen als Stärkung «Schnee mit Honig und Fruchtsäften»[6] geben ließ.

Auch Alexander der Große hatte den Reiz des Kühlen erkannt und setzte es als Mittel der «Truppenbetreuung» ein. Während der Belagerung der indischen Felsenstadt Aornos (Petra) ließ er etwa 30 Erdlöcher ausheben, die mit Baumzweigen und Erde abgedeckt wurden, in denen er Schnee und Eis der umliegenden Berge lagerte. An die Offiziere wurde eine Erfrischung aus Schnee und Wein oder – als Geschmacksvariante – aus Schnee, Milch, Fruchtsaft und Honig verteilt, um sie bei Laune zu halten.[7]

In Rom wurde Schnee als Basis für kalte Speisen und Getränke verwendet, berichtet das zehnbändige spätantike Kochbuch «De re coquinaria» unter Verweis auf den Gourmet Apicius, einen Zeitgenossen von Kaiser Augustus.[8]

Während Seneca (40–65 n. Chr.) mahnte, auf das Eisessen zu verzichten, um nicht «körperlich und geistig zu entkräften»,[9] ließ der römische Kaiser Nero (37–68 n. Chr.) Schnee eigens aus den Albaner Bergen und sogar aus den entfernt liegenden Alpen heranschaffen, um es mit Honig und Früchten zu vermischen und nach griechischer Manier mit Baumharz zu würzen. Lange Sklavenstafetten schafften das mit Blättern umwickelte Gletschereis und den Gipfelschnee in Holzbottichen herbei. Aus dieser Zeit stammen auch erste Berichte, die schildern, daß sogar Schalen und Gefäße aus Gletschereis geformt wurden.

Im Laufe der Jahre wurde es in Rom üblich, Schnee und Eis in Kellern zu lagern, um es das ganze Jahr über zur Verfügung zu haben. Es gehörte zum guten Ton, Freunden Gefrorenes zu kredenzen, und es gab in Rom sogar Läden, Thermophia genannt, die im Winter Heißgetränke und im Sommer Eisgetränke anboten.[10] Der Konsum von Gefrorenem war schließlich so verbreitet, daß Galen (130–199 n. Chr.), Arzt des Kaisers Marc Aurel, vor dem zu häufigen Genuß dieser Leckereien warnte.

Doch nicht nur im Süden Europas, sondern auch im Orient schätzte man die kalten Süßspeisen schon früh. Bereits um das Jahr 1000 soll der

Leibarzt des Kalifen Harun ar-Raschid empfohlen haben, die Räume des Palastes mit Schnee zu kühlen, und nach Angaben des Reisenden Nassiri-Chosrau erreichten um 1040 n. Chr. den Palast des Sultans von Kairo täglich 14 Kamelladungen mit Schnee aus Syrien. Die Lasten kamen via Gaza und wurden in der Küche des Sultans für kalte Getränke und Speisen verwendet. Doch wie unter den römischen gab es auch unter den arabischen Medizinern Vertreter, wie z. B. den Arzt Abu Mansur Mawaffak (um 975 n. Chr.), die den Verzehr von Eis und Schnee für gesundheitsschädlich hielten. Dennoch war Eis auch in Krankenhäusern Bestandteil der Mahlzeiten. Die Kulturhistorikerin Sigrid Hunke, die sich intensiv mit der arabischen Welt beschäftigt hat, berichtet sogar die überlieferte Geschichte, daß in Damaskus ein persischer Edelmann vortäuschte, krank zu sein, nur um im bekannten Nuri-Krankenhaus die leckeren Speisen einschließlich des Sorbets als Dessert schlemmen zu dürfen.[11] Noch heute erinnern Eisspezialitäten mit Namen arabischen Ursprungs, wie Cassata, Sorbet oder Scherbet an die Verbreitung von Speiseeis im damaligen arabischen Kulturraum.

Den ältesten Handel mit Natureis gab es möglicherweise in Konstantinopel. Bereits zu byzantinischen Zeiten (330–1453) wurden große Mengen Eis – etwa 1 500 Tonnen – aus der Umgebung von Brussa in Kleinasien herbeigeschafft.[12]

Ungesichert ist bis heute, wie das Eis letztlich nach Europa kam. Historiker halten zwei Möglichkeiten für wahrscheinlich: durch die Araber über Sizilien oder über Venedig, das schließlich damals wichtiger Umschlaghafen für den Orienthandel war. Offensichtlich jedenfalls ist die Kunst der Speiseeisbereitung in Italien in besonders begabte Hände gefallen, denn noch heute gilt Italien als klassisches Land des Speiseeises.

Für die weitere Verbreitung von Speiseeis in Europa wurde die Entdeckung wichtig, daß sich Wasser abkühlt, wenn bestimmte Stoffe wie beispielsweise Salpeter (Kaliumnitrat) in ihm gelöst werden. Die Verwendung von Eis statt Wasser verstärkte den Effekt. Beobachtungen dieser Tatsache, die künftig eine Speiseeis-Produktion mit nur geringem technischen Aufwand ermöglichte, reichen in das 16. Jahrhundert zurück: So hat der aus Apulien stammende Arzt Zimara, der 1525 bis 1532 in Padua wirkte, auf die kühlende Wirkung von Salpeter hingewiesen. Auch dem in Rom lebenden spanischen Arzt Villafranca war diese Reaktion aufgefallen, die er 1550 beschrieb.[13] In Catania wurde um 1530 erstmals Speiseeis hergestellt aus einer Mischung von Roheis und Salpeter.

Richtig hoffähig wurde Eis erst unter Katharina von Medici. Anläßlich der Hochzeit der dreizehnjährigen mit Heinrich II. im Jahre 1533 in Florenz wurde halbfestes Himbeer-, Zitronen- und Orangeneis gereicht. Kreiert hatte sie der Sizilianer Buentalentis, dessen Rezepte wie ein Staatsgeheimnis gehütet wurden und den Katharina mit an den französischen Hof nahm, wo er als «Faiseur d'eaux» (Hersteller von Eisspeisen und -getränken) sowie als «Limonadier» wirkte.[14]

Als 1625 Henrietta Maria, die Enkelin Katharinas von Medici, Charles I. von England heiratete, gehörten zu ihrem Gefolge die Köche und Eiskonditoren Gérard Tissain und De Mireo (oder De Marco). Damit war das Speiseeis über den Kanal nach England gelangt. Tissain drohte der König sogar die Todesstrafe an für den Fall, daß er seine Rezepte preisgäbe. Als Charles I. 1649 enthauptet wurde, ging Tissain nach Paris zurück. Sein beliebtestes Rezept verkaufte er an das Café Napolitaine, wo es als «Glace Napolitaine» sehr beliebt wurde.[15]

Das erste Eiscafé der Welt eröffnete der wahrscheinlich aus Palermo stammende Sizilianer Francesco Procopio dei Coltelli 1672 in Paris. Er war als Konditorlehrling in die französische Hauptstadt gekommen. Sein Café Procope (1702 hatte sein Inhaber den Namen François Procope angenommen) wurde berühmt, als in seiner Nähe die von Molière gegründete Comédie Française ansässig wurde und sich künftig im Café alles, was Rang und Namen hatte, traf. Über 100 verschiedenen Eissorten soll der Cafébesitzer bereits im Angebot gehabt haben, und der gewitzte Geschäftsmann bot seinen Kunden noch weiteren Luxus. Blond berichtete darüber in seiner Abhandlung «Der Mensch war immer schon genüßlich» folgendes: «So bot Procope jedem, der in sein Cafe eintreten wollte und zahlen konnte, etwas, das man nie anderswo bei den Großen und Reichen gesehen hatte. Die Frauen kamen zu ihm – natürlich in Begleitung –, angelockt von den Süßigkeiten und dem Luxus. Aber Procope hatte noch eine andere Idee: Er ließ die Neuigkeiten des Tages auf dem Rohr des Ofens anschlagen, der den Saal erwärmte».[16] Zu den Gästen dieses Cafés, das bis heute als bekanntes Pariser Restaurant besteht, zählten Rousseau, Diderot, Voltaire, Maupassant und André Gide, aber auch Napoléon Bonaparte war hier Besucher. 1792 machte das Haus Geschichte, als hier zum Sturm auf die Tuilerien aufgerufen wurde. Procope verkaufte schließlich seine Rezepturen an den Herzog von Chartreuse, der sie dem damals bekannten Koch Vatel übergeben hat.

Louis XIV., der den Pariser Limonadiers die Erlaubnis zur Speiseeisherstellung erteilte – wofür er allerdings eine Steuer erhob –, hatte die kühle Köstlichkeit während eines vom Prinz von Condé, in dessen Diensten Vatel stand, ausgerichteten Banketts kennengelernt. Zum Abschluß des Festessens hatte der Küchenchef (Vatel) jedem Gast in vergoldeten Bechern ein Dessert serviert, das einem gefärbten Osterei glich, jedoch zur Überraschung aller süß schmeckte und dabei kalt und fest wie Marmor war.[17]

Das Café Procope bekam in der Folgezeit schnell Konkurrenz: Der aus Florenz stammende Zuckerbäcker Veloni eröffnete unweit des Palais Royal sein Café. Es wurde jedoch erst unter seinem Nachfolger Tortoni erfolgreich, der übrigens auch als Erfinder von Eisbombe und Eispunsch gilt. 1676 schlossen sich die Pariser Speiseeisfabrikanten zu einer Innung zusammen, die bereits im Gründungsjahr etwa 250 Mitglieder aufwies.

Von Paris aus gelangte die Speiseeiskunst nach Deutschland. In Hamburg gründete der vor der französischen Revolution geflohene Vicomte Augustin Lanclot de Quatre Barbes 1799 den Alsterpavillon an der Binnenalster. Das noch heute bekannte, wenngleich mehrfach umgebaute Haus dürfte damit das vermutlich älteste Eiscafé Deutschlands sein.

Nicht nur in Frankreich, auch in Österreich sorgten die Italiener für die Verbreitung von Gefrorenem: 1602 brachte Bartolo Bensari sein «Acqua Bensari» an den Mann respektive die Frau, das er auf der Basis von Orangensaft bereitete.

Eisrezepte wurden auch schriftlich fixiert. 1598 gab Anna Weckerin in ihrem Kochbuch die Empfehlung «Ein Schnee zu machen», und in Wien publizierte 1701 die Herzogin zu Troppau und Jägerndorf ein Kochbuch, in dem sich ein Rezept für eine Art Erdbeer-Sorbet sowie für ein Pistazieneis befinden. Auch der 1697 in Wien gedruckte medizinische Ratgeber «Freywillig-Aufgesprungener Granat-Apffel des Christlichen Samaritans» preist das Eis nicht nur, sondern gibt zwei Rezepte zur Zubereitung von Gefrorenem an. In Paris erschienen 1727 die «Nouvelle Instruction pour les Confitures, les Liqueurs et les Fruits» und 1751 «Le cannameliste Français», die beide Vorschriften und Anleitungen zur Herstellung von Gefrorenem enthalten. In England ist das erste Eisrezept in Mrs. Raffle's «English Housekeeper» zu finden, das 1769 erschien.[18]

Mit historischen Fragen zur Problematik Speiseeis befaßte sich bereits 1716 Paul Jacob Marperger in seinem «Vollständigen Küch- und Keller-Dictionarium», und der schwedische Pharmazeut und Naturforscher Bent Bergius gab in seinem 1792 veröffentlichten Buch «Über die

Leckereyen» einen Überblick über die vielfältige Verwendung von Eis bei den verschiedenen Völkern.[19]

Immer wieder gab es Bemühungen, Eis noch «eisiger» zu machen. Der in Danzig geborene Physiker Daniel Gabriel Fahrenheit (1686–1736) stellte Überlegungen zur künstlichen Kälteerzeugung an, und sein französischer Kollege René-Antoine Réaumur (1682–1757) dachte darüber nach, wie sich Speiseeis noch cremiger, schmelziger, weicher einfrieren ließe. Er hielt darüber einen Vortrag vor der Akademie der Wissenschaften, und 1734 schrieb er über die Fruchteisherstellung: «Das Eis, das dazu bestimmt ist, uns bei Tisch serviert zu werden, darf nicht die Härte des Roheises besitzen, sondern wir wünschen es geschmeidig wie Schnee. Um ein gutes Fruchteis zu loben, nennen wir es ja eben wegen seiner Weichheit ‹Schnee›. Man weiß, daß die Flüssigkeit, welche die inneren Wände der Gefrierbüchse berührt, zuerst gefriert, da diese Wände eben der Stelle am nächsten sind, welche das Gefrieren bewirkt. Um nun ein wirklich geschmeidiges Eis zu erhalten, also ein wirkliches ‹Schnee-Eis›, muß die an den Wänden angefrorene Flüssigkeit mit einem Messer oder einem anderen Instrument von Zeit zu Zeit losgelöst werden. Je öfter man dies tut, um so kleiner werden die Gefrierstückchen sein und um so feiner wird das Fruchteis. Wenn das Gefrieren jedoch zu schnell vor sich geht, erhält man nur harte Eisbrocken, niemals aber eine delikate ‹Schnee-Glace›.»[20]

Goethes Mutter Aja hatte mit dem neumodischen Zeug überhaupt nichts im Sinn. Als der bei Goethes einquartierte französische Leutnant Graf Thornac den Goethe-Kindern Gefrorenes schickte, um sich für die freundliche Aufnahme erkenntlich zu zeigen, ließ sie es in den Ausguß schütten. «Wahrhaftes Eis», so zitierte der Geheimrat später seine Mutter in «Dichtung und Wahrheit», könne der Magen nicht vertragen. – Soweit Frau Goethe.

Um 1700 hatten Einwanderer die Kenntnis der Zubereitung und ihre Vorliebe für Gefrorenes nach Amerika mitgebracht. 1777 erschien eine erste Anzeige für «Ice Cream» in der «New York Gazette und Weekly Mercury».

Als größter Eisfan aller Zeiten galt der erste amerikanische Präsident George Washington. Auf seinem Gut Mount Vernon wurde Speiseeis in großer Menge hergestellt. 1790 soll er innerhalb von zwei Monaten 200 Dollar für Eis ausgegeben haben, eine damals unvorstellbar hohe Summe.

Doch auch in weiten Bevölkerungskreisen erfreute sich das Speiseeis in Amerika damals steigender Beliebtheit. 1794 erfand die amerikanische Hausfrau Nancy Johnson die erste kleine Eismaschine für Handbetrieb und Hausgebrauch. Sie bestand aus einem einfachen Holzkübel mit einem Loch im Boden und einer Kurbel am Deckel. Diese Vorrichtung bedeutete eine erhebliche Erleichterung der Eisherstellung.

Da der im Eis verwendete Honig oder der aus dem indisch-arabischen Raum importierte Zucker im 17. und 18. Jahrhundert zu den Luxuswaren gehörte, war das Speiseeis, dem er zugesetzt wurde, eine recht teure Angelegenheit in Europa, und sein Genuß war nur der reichen höfischen Gesellschaft möglich. Erst nachdem der Anbau von Zuckerrohr auf den Antillen und in Südamerika unter Einsatz großer Zahlen von Sklaven vorgenommen wurde, sank der Zuckerpreis.[21] Ein weiterer Preisverfall setzte mit dem Anbau der heimischen Zuckerrübe im 19. Jahrhundert ein.[22] Fortan wurde der Genuß von Eis in Europa auch breiten Bevölkerungskreisen möglich.

Aus Wien wurde 1790 berichtet: «Die sogenannten Limonadenhütten sind Zelte auf offenen Plätzen, welche in den Sommermonaten aufgeschlagen werden und wo man das Publikum mit Limonade, Mandelmilch, Gefrorenem aller Gattungen usw. bedient. ... Rings um diese Zelte steht eine Menge von Stühlen. Die schöne Welt kommt in den warmen Sommernächten schwarmweise zu diesen Erfrischungsplätzen. Man setzt sich in der trauten Dämmerung zusammen, schlürft seinen Becher Gefrorenes, scherzt, lacht, tändelt, liebelt und ruht von der Hitze des Tages, von der Last der Geschäfte oder von Ermüdungen angenehmerer Art. Das Glas Limonade kostet 7 Kreuzer, das Glas Mandelmilch 10, der Becher Gefrorenes zwischen 12 und 30 Kreuzer. Die Gattungen dieser letzten Erfrischung sind sehr mannigfaltig; man macht sie aus Pomeranzen, Limonen, Weichseln, Erdbeeren, Ribiseln, Pfirsichen, Ananas, Mandeln, aus Vanille, Schokolade usw.»[23]

Im berühmten Berliner Café Kranzler trafen sich auch Angehörige des preußischen Offizierskorps, über die ein spitzzüngiger Beobachter vermerkte: «Übrigens wird man bei Kranzler auch noch die politische Umsicht und den Eifer der Gardeleutnants anerkennen müssen. Denn wenn man dort an Sommertagen vorübergeht, so sieht man sie alle beschäftigt, Eis zu vertilgen. Man glaube jedoch nicht, daß die Leutnants dies nur tun, um sich zu erfrischen. Im Gegenteil, sie verbinden damit einen strategischen Zweck. Denn seit der großen Revue bei Kalisch hat das preußische Heer erkannt, daß zwischen ihm und den russischen Nachbarn nur eine sehr lockere, diplomatische Freiheit bestehen könne, und daß wohl einmal die Zeit kommen dürfte, wo es ihnen feindlich gegenübersteht. Um sich nun für diesen großen Zeitpunkt zu rüsten und dem Schicksal der Napoleonischen Armee zu entgehen, gewöhnen sich unsere Gardeleutnants bei Zeiten so sehr an das Eisessen, daß ihnen das russische und sibirische Eis unmöglich wird gefährlich werden und widerstehen können. Preussen ist also gegen Russen und Franzosen vollständig gesichert. Das wird man in der Konditorei bei Kranzler lernen.»[24]

Sicherlich haben schon damals die Eissorten Vanille und Schokolade auf den Speisekarten gestanden, die heute zu den Klassikern im Eissortiment gehören. Doch schon früh kamen auch raffiniertere Geschmacksrichtungen auf, die ebenfalls noch heute verbreitet sind. Bereits 1809 beschrieb Friedel in seinem Buch «Confiseur impérial ou l'art du Confiseur dévoilé aux gourmands» ein Pistazieneis, das seine grüne Farbe durch eine Spinatabkochung erhielt. Mitte des 19. Jahrhunderts wurden in Paris die ersten Eisbecher serviert, in Italien wurde Cassata und Gramolata angeboten, in Wien – wo anders? – ersann man Eiskaffee und Eisschokolade. Gefrorene Schlagsahne, mit zerkleinerten Makronen und Maraschino vermischt, geschichtet mit Erdbeereis und Schokolade: das Fürst-Pückler-Eis war erfunden. 1866 wurde auf einem Empfang der chinesischen Mission in Paris von deren Koch das Vorbild für unser heutiges Omelette surprise angeboten: Ein Omelette-Teig, der Ingwer-Eis umhüllte. Auguste Escoffier schließlich widmete anläßlich der Pariser Weltausstellung der in der französischen Metropole gastierenden australischen Sängerin Nellie Melba – mit bürgerlichem Namen Nellie Mitchell Armstrong – eine Eis-Création, die er Pfirsich Melba taufte. Eisbomben waren gegen Ende des 18. Jahrhunderts in Mode gekommen und erlebten wahre Triumphe am Hofe Napoleons, auf dem Wiener Kongreß und bei der Eröffnung des Suez-Kanals.

Die Geräte zur Eisproduktion waren mit der Zeit ebenfalls ausgeklügelter geworden. Dennoch blieb die Eisherstellung auf Haushalte oder Konditoreien beschränkt, in großem Rahmen war sie zu Beginn des 19. Jahrhunderts noch undenkbar.

Die Société d'Encouragement pour l'Industrie Nationale in Paris versuchte 1826 Wissenschaftler mit der Aussetzung eines Preises in Höhe von 2000 Franken zur Erfindung eines Verfahrens zur längeren Aufbewahrung von Eis zu animieren. Dabei ging es allerdings längst nicht mehr um die alleinige Herstellung von Speiseeis, sondern grundsätzlich auch um die Kühlung von Getränken und Lebensmitteln.

In Amerika begann schließlich 1851 die industrielle Produktion von Speiseeis. Der Milchhändler Jacob Fussel gründete in Pennsylvania eine Speiseeisfabrik, mit der er die überschüssigen Rahmbestände seiner

Milchproduktion in klingende Münze umsetzen wollte, was besser gelang, als er zunächst selber gedacht hatte. Denn was er sich nicht hatte träumen lassen, war, daß sich sein Produkt ungewöhnlich schnell großer Beliebtheit erfreute. 1856 richtete er eine weitere Fabrik in Washington, 1862 in Boston und 1864 in New York ein.

In den Vereinigten Staaten gab es zu dieser Zeit bereits einige Weiterentwicklungen auf dem Gebiet der Kältetechnik. 1834 hatte sich der Amerikaner J. Perkin die Idee patentieren lassen, einen leicht siedenden Stoff zur Kälteerzeugung zu verwenden und den verdampften Stoff wieder zu verflüssigen, um ihn anschließend erneut verdampfen zu lassen.[25] Da er jedoch mit Äther arbeitete, waren seine Maschinen nicht unbedingt sicher. Der Franzose Ferdinand Carré stellte 1867 seine Ammoniak-Eismaschine vor. In Europa war es schließlich Carl Linde, der den Einsatz von Ammoniak als Kühlmittel weiter entwickelte. 1876 baute er seine Kältemaschine, und 1895 entwickelte er ein Verfahren zur Verflüssigung von Gasen im Gegenstromapparat; nur zwei Jahre später wurde er für seine Verdienste geadelt. Seit 1903 gab es eine komplette Speiseeismaschine, die gleichzeitig kühlte und das Rühren zum Gefrieren der Eiszutaten besorgte. Nun konnte die Eis-Produktion in großem Maßstab beginnen. Tatsächlich entstand in der Folgezeit in vielen Ländern eine ganze Reihe von Eisfabriken.

Damit wurde Speiseeis auch für Arbeiterkreise erschwinglich und hielt Einzug in deren Küchenplan. Dabei zeigte sich allerdings in Deutschland ein deutliches Nord-Süd-Gefälle, wie die Historikerin Edith Luther herausgefunden hat: «Zuerst verbreitete es sich von Sachsen bis nach Holstein und Mecklenburg. In diesen zum Teil von Industrialisierung und Verstädterung geprägten Regionen ersetzte die Eiskrem traditionelle Nachspeisen wie Reisbrei und Pudding. In Süddeutschland und Österreich, wo man am Ende der Menüfolge gewöhnlich Kuchen und Gebäck reichte, setzte sich der festliche Eisnachtisch hingegen erst deutlich später durch.»[26]

Um 1900 wurden schließlich auch in Europa die ersten Heimeismaschinen angeboten. Sie nahmen der Hausfrau zwar erhebliche Handarbeit ab, aber sie hatten auch ihren Preis: «Die preiswertesten Maschinen kosteten 1892 neun Mark. Das entsprach etwa einem Zehntel eines damaligen Landschullehrer-Monatsgehaltes.»[27] Kurz darauf kamen auch die ersten elektrischen Eismaschinen auf den Markt.

Noch bevor man das Gefrorene mehr und mehr zu Hause zubereitete, konnte man es bei wandernden Eishändlern erstehen. Sie kamen zumeist aus Italien, vor allem Bewohner aus den Tälern Cadore und Forno di Zoldo der Provinz Belluno in den Dolomiten zogen nach Norden und waren bald in nahezu allen größeren deutschen Städten und in Österreich anzutreffen. «Um 1925 gab es in nahezu jeder mitteleuropäischen Stadt italienische Eisverkäufer», resümiert Edith Luther. Ein immer größer werdendes Hygienebewußtsein führte jedoch dazu, daß der Verkauf von Speiseeis durch Straßenhändler vielerorts verboten wurde. Diese sannen auf Abhilfe, indem sie kleine Läden anmieteten, in denen sie zur Sommerzeit Eis verkauften. Die ersten Eisdielen waren entstanden.

Die Amerikaner hatte der Eiskrem-Rausch zu Beginn der zwanziger Jahre ohnehin endgültig erfaßt. Hier bekamen dann die Eiskugeln schließlich Konkurrenz: Der Amerikaner Harry Bust aus Ohio erfand 1923 eine der beliebtesten Eisvarianten, das Eis am Stiel, und meldete es zum Patent an. Die Neuentwicklung aus Amerika hielt auch in Europa Einzug. 1926 berichtete in Deutschland die Zeitschrift für Eiskrem: «Die neueste Mode auf dem Rahmeismarkt ist die Herstellung von Rahmeislutschern, nach Art der vor kurzem in Hamburg aufgekommenen ‹Hamburger Klüten›. Man läßt das Eis um ein Stöckchen herumfrieren, entweder in Kugel- oder Zylinderform, und kann das Eis noch nachträglich mit Schokolade überziehen, wenn man das will.»[28]

Dennoch stieg in Europa der Speiseeiskonsum langsamer als jenseits des großen Teiches. Die wirtschaftlich schwierigen Jahre unmittelbar nach dem Ersten Weltkrieg ließen auch den Absatz von Speiseeis stagnieren. 1925 jedoch begann der Siegeszug der industriellen Speiseeisproduktion auch in Deutschland. Als großes Vorbild diente Amerika, das zu dieser Zeit schon über 100 Millionen Liter Speiseeis produzierte. In Deutschland nahmen die Rahmeiswerke Schlesien in Breslau als eine der ersten Eiskremfabriken ihre Produktion auf. Zu den Gründern der deutschen Eiskremindustrie gehörten außerdem die Firma Grönland in Berlin und die Firma Uhde in Hamburg, wie der Zeitschrift für Eiskrem zu entnehmen ist, die vom Verband der mitteleuropäischen Eiskremfabrikanten seit 1925 herausgegeben wurde. Zu diesem Wirtschaftsverband hatten sich trotz der allgemein herrschenden schlechten Wirtschaftslage im selben Jahr Eishersteller aus Deutschland, Österreich, der Schweiz und Holland zusammengeschlossen. Ihr erklärtes Ziel war es neben der Unterstützung beim Aufbau eigener Fabrikationsstätten, Speiseeis zu einem alltäglichen Nahrungsmittel für breite Bevölkerungskreise zu machen. Wappentier der Vereinigung wurde der Eisbär, der die Titelseite der Verbandszeitschrift zierte.

1933 trat in Deutschland die Speiseeisverordnung in Kraft, mit der erstmals Standards für die Herstellung der gefrorenen Köstlichkeiten gesetzt wurden. Ein Blick in die heute gültige Fassung der Verordnung zeigt, wie groß die Palette an verschiedenen Eissorten mittlerweile geworden ist und wie genau festgelegt ist, welche Zutaten im Eis enthalten sein müssen. Nicht weniger als sieben verschiedene Eissorten werden hier unterschieden und im Detail beschrieben. So darf das in den Sorten Eiskrem, Einfacheiskrem, Milchspeiseeis, Rahmeis und Kunsteis enthaltene Fett nur aus Milch bzw. Milcherzeugnissen stammen. Fruchteis darf sich nur Eis nennen, wenn es einen genügend großen Fruchtanteil enthält. Künstliche Aromen und Farbstoffe dürfen bei der Herstellung von Speiseeis – mit der Ausnahme von Kunstspeiseeis – nicht verwendet werden.

Auch die Mindestmengen der charaktergebenden Zutaten für die jeweiligen Eissorten sind genau vorgeschrieben. So muß zum Beispiel Rahmeis mindestens 60% Schlagsahne enthalten, Milchspeiseeis muß einen Milchanteil von mindestens 70 % haben und Eiskrem darf nicht weniger als 10 % Milchfett enthalten. Auch der Obstanteil beim Fruchteis wird in der Speiseeisverordnung im Detail geregelt: Mindestens 20 % frisches Obst, Fruchtfleisch oder Fruchtmark müssen enthalten sein.

In den dreißiger Jahren war die Produktion von Eis am Stiel auch in Deutschland ausgeweitet worden, doch in den ersten Jahren nach dem Zweiten Weltkrieg war Eis zunächst hierzulande wieder eine kulinarische Rarität. Der eigentliche Durchbruch der Speiseeisindustrie begann nach der Währungsreform von 1948. Nach der langen Zeit der Entbehrungen war der Verbraucher nun wieder in der Lage, sich etwas zu gönnen, und Eis essen gehörte zu den besonderen Freuden.

Aber auch Anfang der fünfziger Jahre waren die Deutschen vom heute gewohnten Eisgenuß zu Hause aufgrund fehlender Kühlmöglichkeiten noch weit entfernt. Noch war Amerika das klassische Land der Speiseeisherstellung, und mit zwanzig Litern Speiseeiskonsum im Jahre 1950 waren die Amerikaner die absoluten Weltmeister, während Deutschland am unteren Ende der internationalen Vergleichsskala lag. Beliebt in Deutschland war damals das mit Kunst- und Aromastoffen versetzte Kunsteis; Rahmeis und Cremeeis waren zu teuer. Zudem besaßen erst 5,3 % aller Haushalte einen Kühlschrank, so daß die mangelnden Vorratsmöglichkeiten als Hauptursache für den niedrigen Pro-Kopf-Verbrauch von 0,15 Litern, also gerade einmal 5 Eisbällchen pro Jahr, angesehen werden.[29]

Allerdings blühte zuerst das traditionelle Kiosk- und Straßengeschäft. Geliefert und verkauft wurde aus Thermosbehältern, die Kühlung erfolgte mit Trockeneis, außerdem zogen Verkäufer mit Thermosbehältern durch Fußballstadien und andere Freizeiteinrichtungen.

Mit der Verbreitung elektrischer Kühlanlagen und Kühlschränke wurden die technischen Voraussetzungen für den nun rasch wachsenden Absatz von industriell hergestelltem Speiseeis geschaffen. Der endgültige Durchbruch gelang der Branche im Jahre 1955 mit der Entwicklung eines Rundeisgefrierers, der Stieleis und Sandwichprodukte in einem Produktionsgang abfüllte, gefror und verpackte. Was zuvor 25 Mitarbeiter an einem Tag erreichten, schaffte diese Maschine nun in einer Stunde: 5000 bis 7000 Portionen Eis am Stiel. Mit dem Einsatz derartiger Rundgefrierer schließlich begann die eigentliche Stieleis-Ära. Heutzutage produziert eine solche moderne Maschine ca. 30000 Stück Stieleis pro Stunde. Davon verzehrten die Bundesbürger 1994 über 700 Mill. Stück.

Stieleis ist heute aber nur eine Angebotsform aus der breiten Palette der deutschen Markeneishersteller. Der Verbraucher kann sich aus etwa 1500 Produkten in über 50 verschiedenen Geschmacksrichtungen sein Lieblingseis aussuchen. Insgesamt betrug der Pro-Kopf-Verbrauch im Jahre 1994 rund 8,5 Liter Eis. Im Vergleich dazu waren es 1960 erst 1,6 Liter. Was sich jedoch seit Beginn der Speiseeisproduktion nicht geändert hat, sind die Lieblingsgeschmacksrichtungen der Deutschen: Vanille und Schokolade standen in Deutschland an der Spitze der Präferenzen, gefolgt von Mandel, Mokka, Himbeer, Nuß, Pistazie, Orange, Zitrone und Erdbeer. Vanille, Schokolade und Erdbeer sind hier bis heute die gefragtesten Sorten.

Zwischen 1950 und 1955 entstanden viele neue Eisdielen. Nach Meinung von Edith Luther waren sie es, die letztlich zur Beliebtheit des Speiseeises entschieden beitrugen: «Mit ihren farbigen Kunststoffmöbeln, den bunten resopalbeschichteten Tischen und Stahlrohrstühlen strahlten viele dieser Eisdielen eine Modernität aus, die sich radikal vom Kaffeehausmuff vergangener Jahrzehnte abhob.»[30]

Zudem erfreuten sich kulinarische Spezialitäten, die dem Fernweh Rechnung trugen, besonderer Beliebtheit. Viele, die in den Sommerwochen mit Borgward, DKW oder Käfer über die Alpen nach Süden gerollt waren, träumten in den Eisdielen bei einer Coppa Cardinale oder Melba Venezia von vergangenen Urlaubstagen an sonnigen Adriastränden.

Um 1960 tauchte eine neue Eissorte auf, das Softeis, das in kleinen Automaten, die zumeist unter einem Sonnenschirm vor der Ladentür standen, bereitgehalten wurde. Es wird wie Eiskrem im «Freezer» (Kühlgerät) hergestellt, allerdings nicht gehärtet, und ist zum sofortigen Verzehr bestimmt.

Gegenwärtig gilt Eis – das ergab eine Umfrage im Auftrag der deutschen Markeneishersteller, als ideale kühle Erfrischung für heiße Tage. Fast 31 % der Befragten halten Speiseeis für das typische Symbol des Sommers.

Aus dem Eiskonsum-Verhalten in Skandinavien leiten die deutschen Markeneishersteller ab, daß der Pro-Kopf-Verbrauch von 8,5 Litern Speiseeis in der Bundesrepublik noch keine Sättigung des Marktes bedeutet. In Dänemark liegt die entsprechende Zahl bei knapp 10 Litern und in Schweden sogar bei fast 14 Litern.

Mit einer Reihe von Umfragen, die von verschiedenen Instituten in den letzten Jahren durchgeführt wurden, haben die Markeneishersteller die Eiskonsum-Gewohnheiten in Deutschland zu erkunden versucht, sicherlich nicht zuletzt, um neue Marktnischen für ihre kühlen Produkte zu finden. Dabei sind einige durchaus interessante Verhaltensweisen offenkundig geworden.

Fast selbstverständlich erscheint zunächst, daß bei Kindern Eis mit großem Abstand die Nummer Eins unter den Süßigkeiten ist, wie 1995 eine bundesweite repräsentative Befragung des Münchner Instituts für Jugendforschung ergab. Erst mit Abstand folgen Cola und Schokolade, sie wurden im Vergleich zum Eis nur halb so oft genannt.

Dabei bevorzugen Kinder die gleichen Geschmacksrichtungen wie Erwachsene. An der Spitze der Beliebtheitsskala liegt Vanilleeis, gefolgt von Schokoladen- und Erdbeereis. Erdbeereis ist allerdings unter den Kindern ein klein wenig «Männersache» – es wurde von 51 % der Jungen bei der Zusammenstellung der Idealportion gewählt, aber nur von 42 % der Mädchen.

Je älter das Kind ist, desto größer scheint sein Appetit auf Eis zu sein. Könnten Kinder frei wählen, dann bestünde die ideale Portion bei den Teenies (12–14jährige) durchschnittlich aus 4,5 Kugeln, die 6–8jährigen wären statistisch gesehen mit 3,9 Kugeln zufrieden – aber es gibt auch Eisfans, die sich bis zu 9 Kugeln und mehr wünschen. Beim gemeinsamen Einkauf mit den Eltern bestimmen fast zwei Drittel der Kinder, welches Eis gekauft wird. Nur bei knapp 8 % der Kinder geben die Eltern noch den Ton an. Das Taschengeldkonto wird von vielen Kindern nur gering belastet, denn Eltern zeigen sich beim Eiskauf sehr spendabel. 60 % der Kinder brauchen nur selten ins eigene Portemonnaie zu greifen, um in den Genuß der kühlen Köstlichkeit zu kommen.

Auch Prominente läßt der Eisgenuß nicht kalt: Eine Umfrage der Informations-Centrale Eiskrem in Bonn ergab 1995, daß Vertreter des Showgeschäftes wie Paul Kuhn und Heinz Schenk Erdbeereis bevorzugen, Fuchsberger oder Hans Joachim Kulenkampf Vanille-Eis favorisieren. Heidi Kabel bevorzugt Schokoladeneis, ihr Kollege Günter Pfitzmann Zitroneneis. Der Schauspieler Eddie Arendt schätzt Stracciatella-Eis und Chris Howland Vanille- und Pistazieneis.

Stieleis war in Deutschland, anders als in den USA, lange Zeit eine Stilfrage. Ein Herr war anno 1929 oder selbst noch 1959 mit einem Stieleis unterm Schnurrbart unvorstellbar. Hier hat ein Umdenken eingesetzt, ergab ebenfalls eine Umfrage der Informations-Centrale Eiskrem. Für 55 % der Befragten sind Männer mit einem Stieleis in der Hand heute nichts Ungewöhnliches mehr. Dieser Trend ist besonders in den neuen Bundesländern zu beobachten. 32 % der Befragten schätzen Männer, die Eis essen, als unkompliziert ein. Insgesamt kann der Verkauf von Stieleis ein stetiges Wachstum verzeichnen. 1992 beispielsweise gingen 833 Mill. Stück Eis am Stiel in Deutschland über den Ladentisch.

«Eis läßt Herzen schmelzen» – das war das Ergebnis einer Emnid-Umfrage des Jahres 1992. Ob Ost oder West, ob Männer oder Frauen, 62 % der Bundesbürger halten eine Einladung zum Eis für die beste Idee, um bei einer jungen Dame um ein Rendezvous zu bitten. Ein Flirt beim Eis wurde bei den meisten Befragten als erfolgversprechender eingeschätzt als ein Kinobesuch oder ein Glas Sekt an der Bar.

Dennoch wird in Deutschland das meiste Eis nach wie vor zu Hause verzehrt. 257 Mill. Liter Speiseeis wurden 1994 in Haushaltspackungen gekauft. Ob zu Hause oder unterwegs, Vanille-, Erdbeer- und Schokoladeneis – die klassischen Eissorten – rangieren unter den etwa 50 zur Auswahl stehenden Eis-Geschmacksrichtungen an der Spitze der Beliebtheitsskala. Auch bei der Eismenge sind sich die Verbraucher recht einig: drei bis vier Kugeln gehören zu einer ordentlichen Portion.

Selbst wenn Speiseeis als Symbol für den Sommer gilt, hat sich in den letzten Jahren beim Verbraucher verstärkt eine Abkehr von der bloßen Erfrischung in der wärmeren Jahreszeit zum Verzehr auch in kühleren Monaten gezeigt. Im Winter 1969/70 (gerechnet von Oktober bis Februar) wurden 10 % des Jahresumsatzes von 1969 verkauft – im Winter 1982/83 lag der Anteil bereits bei 20 %.[31] Bevorzugt werden nach den Unterlagen der Hersteller jetzt die «sahnigen, ‹nussigen› Speiseeissorten, die den Genußeffekt betonen, während im Sommer zumeist der Erfrischungscharakter von Eis im Vordergrund steht».[32] Die meisten Markeneishersteller – dies ergab eine interne Umfrage – haben ihr Sortiment seit Beginn der 90er Jahre durch Artikel erweitert, die besonders auf die Herbst- und Wintermonate ausgerichtet sind und zu denen Eisspezialitäten mit Zimt, Apfel, Pflaume und Likören gehören.

Doch ob Eis im Sommer oder Winter genossen wird, medizinische Untersuchungen in den 60er Jahren haben ergeben, daß Speiseeis mit einer Ausgangstemperatur von –12 °C bereits in der Mundhöhle auf mindestens +8 °C bis +10 °C erwärmt wird. Zudem lösen beim Eisverzehr Kältereize in der Mundhöhle Schutzreflexe aus, die verhindern, daß sofort geschluckt wird. Nach dem Verzehr von Speiseeis betragen die Temperaturen in der Eingangsnähe des Magens 20 °C und am Magenausgang 30 °C.[33]

Waren Mediziner im alten Rom und im Orient einst noch skeptisch gegenüber dem Genuß von Speiseeis, so gilt es heute als gesundes Nahrungsmittel, dessen Gehalt an wichtigen Mineralstoffen und Vitaminen vor allem durch die bei der Herstellung verwendeten Milchprodukte bestimmt wird. In unserer «gewichtsbewußten Zeit» sei noch gesagt, daß Speiseeis mit seinen unterschiedlichen Sorten und Erzeugnissen im Vergleich zu vielen anderen Desserts bei gleicher Menge oft erheblich weniger Energie («Kalorien») liefert und sein Gehalt an Eiweiß vielfach höher ist.[34]

## Anmerkungen

1 Vgl.: Timm, Fritz: Speiseeis. Grundlagen und Fortschritte der Lebensmitteluntersuchung und Lebensmitteltechnologie. Band 19. Berlin, Hamburg 1985, S. 15 und Legge, James (Hrsg.): The Chinese Classics. Band 4. The She King. Hongkong 1871, ND Taipei 1991, 1, 15, 1, 8 (S. 232): «Im zweiten Monat schlagen sie mit rhythmischen Schlägen das Eis, und im dritten Monat bringen sie es in die Eishäuser, die sie im vierten Monat öffnen.»

2 Vgl.: Prell, Heidemarie: Vom Gipfelschnee zur fröhlichen Eiszeit. Nürnberg 1987, S. 12.

3 Sprüche 25, 13.

4 Zitiert nach: Prell, Heidemarie, a. a. O., S. 9.

5 Zitiert nach: ebd.

6 Zitiert nach: ebd.

7 Vgl.: Prell, Heidemarie, a. a. O., S. 10 und Timm, Fritz, S. 13.

8 Timm, Fritz, a.a.O., Timm irrt bei der Datierung und Autorschaft des Kochbuchs.

9 Prell, Heidemarie, a. a. O., S. 10.

10 Hyde, K. A. und J. Rothwell: Ice Cream. Edinburgh, London 1973, S. 1.

11 Hunke, Sigrid: Allahs Sonne über dem Abendland. Unser arabisches Erbe. Frankfurt am Main 1976, S. 109.

12 Prell, Heidemarie, a. a. O., S. 12.

13 Timm, Fritz, a. a. O., S. 14.

14 Prell, Heidemarie, a. a. O., S. 15.

15 Vgl.: Hyde, K. A. und J. Rothwell, a. a. O., S. 2f.

16 Zitiert nach: Prell, Heidemarie, a. a. O., S. 19.

17 Vgl.: Hyde, K.A. und J. Rothwell, a. a. O., S. 3.

18 Ebd.

19 Bergius schrieb u. a.: «Bey heißer Witterung und in kalten Klimaten ist das Trinken des kalten Wassers mit einer besonders lieblichen Empfindung verknüpft, und deswegen pflegen die reichen Türken, Perser und anderen Asiaten ihre Getränke mit Eis zu kühlen, welches sie sich mit großer Mühe und Kosten verschaffen. Eben dies geschieht in verschiedenen Ländern des südlichen Europa, in Spanien und Italien. In dem letzteren Lande wird ein ausserordentlicher Luxus mit dem Eise getrieben. Die vornehmen Römer essen keine Melonen oder andere Früchte, wenn sie nicht vorher in Schnee oder Eiskellern gelegen haben. Auch die Russen pflegen eine Menge von Eis in Kellern für den Sommer aufzubewahren, um damit ihren Meth abzukühlen. Man erzählt sogar von den Kamtschadalen, daß sie nicht allein im Sommer sehr gern Eis und Schnee essen, sondern daß sie mitten im Winter den Schnee mit den Händen von der Erde aufraffen und mit großer Begierde verschlucken; ja daß sie gar des Nachts große Wassergeschirre mit Eis und Schnee angefüllt neben ihren Lagern stehen haben, um auch zur Nachtzeit kalt trinken zu können. Es ist merkwürdig genug, daß selbst die Bewohner der kältesten Länder so gerne gefrorene Dinge essen und trinken, wie man das auch bey den Grönländern, Samojeden und Lappen bemerkt. Der Jakuten Confect besteht in gefrornen Fischen und gefrornen Beeren. So wenig wir uns jetzt darüber wundern, wenn Leute vom Stande gefrorne Säfte im Sommer gern geniessen, ebenso wenig dürfen wir uns darüber wundern, daß vor etlichen hundert Jahren der Geschmack an gefrornen Wurzeln bey uns so allgemein war, und die königlichen Prinzessinnen selbst ein ausserordentliches Behagen darin fanden. In Andalusien bewillkommt man einen jeden Fremden mit dem sogenannten refresco oder einem Glase Wasser, worin Eis und Zuckergebackenes gemischt ist. Ramazzini berichtet, daß, wenn in Italien wenig Schnee fällt, die epidemischen Krankheiten weit allgemeiner und gefährlicher sind, weil es alsdann an dieser Erquickung fehlt. Man verwahrt daher das Eis sehr sorgfältig in eigens dazu eingerichteten Kellern, wo dem geschmolzenen Eise ein Abzug verstattet wird: in demselben kann es öfters halbe Jahre liegen, ohne nur den achten Teil seines Gewichtes zu verlieren. Man bedeckt es mit einer dicken Lage von Stroh und Spreu. In Venedig kann man keine Eiskeller einrichten. Man bringt deswegen des Nachts ganze Fuhren Schnee vom festen Lande und hat eigene Kaffeehäuser angelegt, um dies Bedürfniß der Einwohner zu befriedigen; da die Vornehmen sowohl als die arbeitenden Venetianer sich sehr elend fühlen würden, wenn sie ihre Getränke und ihren Wein nicht abkühlen können. Nach Addisons Zeugniß soll der Verkauf des Schnees in Livorno allein über 60000 Thaler eintragen. Man hat auch bemerkt, daß in Messina die jährliche Sterblichkeit sich um tausend Menschen verringert hat, seitdem der Genuß des Schnees eingeführt worden ist. Man hohlt ihn vom Berge Aetna, und Brydone versichert, daß dadurch nicht allein der Durst gelöscht und die Hitze gemäßigt werde, sondern daß man auch eine besondere Stärkung des Magens verspüre. Auch in Ungarn und in der Wallachey hat der geringste Bauer seine Eisgrube. – In Konstantinopel macht man alles Scherbet aus Schnee und Eis. Heberer von Bretten mußte selbst an solchen 18 Klaftern tiefen Eisgruben arbeiten, und beschreibt die Art, wie diese Keller angelegt waren. Das Eis wird sehr theuer bezahlt, und ein einzelner Privatmann kann für 80000 Ducaten verkaufen. In Persien und jetzt auch in China ist, trotz dem Geschmack an warmen Theewasser, der Genuß dieses Eises allgemein. In Lima kommt eine große Menge Eis von den umliegenden Bergen, und der Pächter des dortigen Eishandels bezahlt dafür jährlich 80000 Reichsthaler.» Zitiert nach: Prell, Heidemarie, a. a. O., S. 28f.

20 Ebd., S. 31.

21 Vgl.: Luther, Edith: Die Wahl der Waffeln. In: Unter Null. Kunsteis, Kälte und Kultur. München 1991, S. 294 sowie Mintz, Sidney W.: Die süße Macht. Kulturgeschichte des Zuckers. Frankfurt am Main, New York 1987, S. 63.
22 Vgl.: Mintz, Sidney W., a. a. O., S. 43.
23 Pezzl, J.: Skizze von Wien. Hrsg, von G. Gugitz und A. Schlosser, Graz 1923. Zit. nach: Luther, Edith, a. a. O., S. 293.
24 Zit. nach: ebd., S. 294.
25 Prell, Heidemarie, a. a. O., S. 18.
26 Luther, Edith, a. a. O., S. 296.
27 Ebd.
28 Zeitschrift für Eiskrem, 2 (1926), 1, S. 3. Zit. nach:ebd., S. 303.
29 Pressemitteilung der Informations-Centrale Eiskrem der deutschen Markeneishersteller, Bonn, 31. Juli 1995.
30 Luther, Edith, a. a. O., S. 306.
31 Vgl.: Timm, Fritz, a. a. O., S. 59
32 Pressemitteilung der Informations-Centrale Eiskrem der deutschen Markeneishersteller, Bonn, 25. Oktober 1994.
33 Timm, Fritz, a. a. O., S. 65.
34 Vgl.: ebd., S. 63.

# Kunsteis und Tiefkühlkost

«Während die Mittel zur Erzeugung von Wärme zum Theil uralt sind und die Menschheit sich aus den rohesten Zuständen erst entwickeln konnte nach dem sie Methoden kennen gelernt hatte, Feuer zu erzeugen, ist es erst der neuesten Zeit gelungen, in größerem Maße und zu industriellen Zwecken Abkühlungsmittel herzustellen. In der That ist auch das Bedürfniß nach solchen erst von einer gewissen Kulturstufe an ein zwingendes und selbst unsere vor 150 Jahren lebenden Vorfahren würden sicherlich nicht geglaubt haben, wenn ihnen gesagt worden wäre, daß dereinst ein großartiger Handel mit Eis getrieben würde, und daß man verschiedenartige Maschinen zur Eisbereitung in Thätigkeit sehen würde.»[1] So äußerte sich 1880 das «Das neue Universum», das Jahrbuch für die «reifere Jugend», über die künstliche Herstellung von Eis. Zehn Jahre zuvor hatte der Professor für Maschinenbau Carl Linde in München seine Gedanken zur Theorie der Kältemaschinen in der Abhandlung «Über die Wärmeentziehung bei niedrigen Temperaturen durch mechanische Mittel» niedergeschrieben und begonnen, seine Ideen in die Praxis umzusetzen. 1877 legte er in seiner ersten Patentschrift ein Arbeitsprinzip für Kältemaschinen fest, das noch heute Gültigkeit hat: Ein unter Druck befindliches, flüssiges Kältemittel wird in einem Regelventil entspannt und tritt in den «Verdampfer» ein, wo es in den gasförmigen Zustand übergeht. Die dazu notwendige Energie (Wärme) wird dem im Kühlschrank oder in der Kühltruhe lagernden Kühlgut entzogen. Ein mechanisch angetriebener Kompressor saugt den Dampf ab und verdichtet ihn, so daß das Kühlmittel wieder flüssig wird. Die dabei entstehende Wärme wird an die Außenluft oder an Wasser abgegeben. Das flüssige Kältemittel wird entspannt wieder in den Verdampfer eingeleitet, der Kreislauf beginnt erneut.[2]

«Den ersten Anstoß», so berichtet Linde in seinen Memoiren, «gab ein Preisausschreiben für eine Kühlanlage zum Auskristallisieren von Paraffin. Es erfaßte mich sofort der Gedanke, daß hier eine noch ungeklärte Aufgabe der mechanischen Wärmelehre vorliege.»[3] Zwar gab es bereits vorher Überlegungen auf diesem Gebiet, doch es war Lindes Verdienst, die Grundlagen für eine Theorie der Kältemaschinen formuliert zu haben: «Zunächst handelte es sich darum festzustellen, 1. welches Verhältnis zwischen entzogener Wärmemenge (Kälteproduktion) und aufgewendeter Energie als naturgesetzlich höchst erreichbare zu betrachten, 2. welcher Arbeitsgang zur Erreichung solcher Höchstleistung auszuführen sei, und 3. wie sich die verschiedenen Kältemaschinen hierzu verhalten.»[4]

Während Linde an seiner Maschine arbeitete, wurde allerorten noch in erster Linie Natureis zum Kühlen und Haltbarmachen von Speisen und Getränken verwendet. Es stand allerdings nicht ständig in ausreichendem Maße zur Verfügung, berichtete die damals sehr populäre Zeitschrift «Die Gartenlaube» im Jahre 1898: «Der letzte milde Winter hat nur vereinzelt in Deutschland sogenanntes Natureis erzeugt. Infolgedessen und da die Eismaschinen den Bedarf nicht decken können, haben sich die großen Eisverbraucher auswärts umsehen müssen: nicht weniger als 906211 Doppelzentner Eis wurden allein im ersten Viertel des laufenden Jahres eingeführt. Der Hauptlieferant von Natureis ist Norwegen, woher etwa die Hälfte des eingeführten Eises stammt. Ein gutes Drittel entfällt auf Österreich-Ungarn, dessen Hochgebirge, die Karpathen, die Tiroler, Kärntener, Salzburger Alpen mächtige Eislager haben. ... Die Eisenbahnen haben dem Bedürfnis nach Natureis dadurch Rechnung getragen, daß sie eigens für diese Transporte billige Frachtsätze einführten.»[5]

Eis wurde nicht nur für die Lagerung oder den Transport von verderblichen Lebensmitteln wie Fleisch, Obst und Gemüse benötigt, sondern es wurde in nicht unerheblichem Umfang auch von Bierbrauereien verbraucht.[6] In großem Stil wurde Eis zunächst jedoch in Amerika abgebaut. Sigfried Giedeon, der 1948 seine berühmt gewordene «Geschichte der Mechanisierung» verfaßte, sah den Hintergrund dafür in den natürlichen klimatischen Gegebenheiten dieses Landes: «Das feucht-heiße Klima des von nördlichen Völkern bewohnten Amerika hat seit jeher das Bedürfnis nach Eis und kalten Getränken geweckt. Es ist nicht zufällig, daß ice cream schließlich ein Nationalgericht geworden ist.»[7] Bereits

Isaac Weld, ein Brite, der Ende des 18. Jahrhunderts durch Amerika reiste, war über das warme Klima erstaunt gewesen und hatte registriert, «daß im Sommer das Fleisch binnen eines Tages verdirbt. Geflügel sollte erst rund vier Stunden vor dem Verzehr geschlachtet werden, und Milch wurde ein bis zwei Stunden nach dem Melken sauer.»[8]

So gab es in Amerika schon relativ früh Bestrebungen, Lebensmittel zu konservieren. Weit verbreitet war der Bau von sogenannten Eishäusern, und auch von George Washington ist bekannt, daß er auf seinem Gut Mount Vernon ein solches besaß. Ursprünglich legte man Eishäuser unter der Erde an und deckte ihren Zugang ab. Erst im frühen 19. Jahrhundert wurden dann auch oberirdisch gelegene Eishäuser gebaut.

Das Eis, mit dem in den Eishäusern gekühlt wurde, gewann man aus Seen und Flußläufen an der Ostküste. «Das Schneiden und Lagern von Eis in großen Mengen für den Export und für inländischen Bedarf ist 1872 eine rein amerikanische Angelegenheit. Man begann damit vor siebzig Jahren, und dieses Unternehmen hat sich aus kleinen Anfängen zu einem großen Geschäftszweig entwickelt, der tausende von Menschen beschäftigt, und mit einem Kapital in Millionenhöhe. Neben den großen Depots (Portland, Maine und Boston) ... besitzt jede Stadt ihre lokalen Firmen, die das Eis liefern, das schon lange kein Luxus mehr ist, sondern in fast jeder Familie gebraucht wird», konstatierte 1872 eine Abhandlung über die Wirtschaft Amerikas.[9] Dem britischen Tourismusfachmann Thomas Cook, der in eben jenem Jahr seine erste Weltreise mit einer Reisegesellschaft machte, imponierte in New York insbesondere, daß auf jedem Tisch Flaschen mit Eiswasser standen. Die Eisgewinnung nahm schließlich einen solchen Umfang an, daß Eis auch ins Ausland exportiert wurde: «Die erste Schiffsladung Eis wurde 1799 von New York nach Charleston abgelassen. Sechs Jahre später verfrachtete der Bostoner Kaufmann Frederic Tudor auf dem Schiff *Tuscany* die erste Sendung nach Martinique/Westindien und begann ab 1833 auch nach Ostindien zu exportieren. Um 1850 bildete sich dann die Wenham-Sea-Company und 1860 betrug der Eisexport der Union bereits 21/2 Millionen Metercentner.»[10] Tudor förderte schließlich auch den Bau von Eislagerhäusern in Havanna, Charleston und New Orleans, und 1833 brachten die legendären Klipper, auf denen in dreiwandigen Eiskammern etwa 30000 Tonnen Eis gestaut waren, Natureis sogar nach Kalkutta, wo die britischen Kolonialherren der Kühlung harrten.[11] Die Kapitäne dieser Schiffe mußten sehr see-erfahren sein, jede Fahrt war ein Wettlauf mit der Zeit, schließlich verringerte sich die Ladung naturgemäß; mit bis zu 30 Prozent Ladungsverlust mußte ohnehin gerechnet werden. Der Historiker Giedion sieht im Eisabbau und -handel einen für die amerikanische Wirtschaft beispielhaften Vorgang: «Aus einem an sich wertlosen Material, wie natürlichem Eis, eine Exportindustrie aufzubauen, ist typisch für den Unternehmungsgeist des damaligen Amerika. Wie man Mechanismen erfand, um Baumstrünke auszureißen, so wurde die Eisgewinnung in den amerikanischen Seen in ihre Elemente zerlegt und wurden Instrumente erfunden, die die Handarbeit möglichst erleichterten und reduzierten.»[12]

Der Prozeß des Eisabbaus wurde in Phasen unterteilt, wobei jede einzelne eine möglichst weitgehende Mechanisierung erfuhr, für die die unterschiedlichsten Geräte entwickelt wurden: Eishobel, Eissägen, Eispflüge, Eishaken und Eismeißel. In Amerika entstand sogar ein eigenständiger Produktionszweig für Werkzeuge der Eisverarbeitung. Eines der größten Unternehmen dieser Art war die Knickerbocker Ice Company in Philadelphia, die schließlich mehr als 60 unterschiedliche Geräte zur Eisgewinnung im Sortiment hatte: «Die ‹Eispflüge› hatten mit Zähnen besetzte Pflugscharen, die wie eine Säge in das Eis schnitten und eine tiefe Furche hinterließen. Wir erinnern an die erstaunliche erfinderische Tätigkeit dieser Zeit, die neue Formen des Pfluges schuf, während McCormick seinen Ernter verbesserte und dessen Schneidgerät mit haifischartigen Zähnen versah. Zangen, Kratz-, Hobel- und Zerkleinerungswerkzeuge verschiedenster Art, sowie Förderbänder zum Transport des Eises von der Gewinnungsstelle zum Eishaus vervollständigten die Instrumente der Eisgewinnung.»[13]

Bereits 1825 entwickelte der Amerikaner Nathaniel J. Wyeth einen Eispflug, der von Pferden gezogen wurde. Der Einsatz von Pferden erleichterte zwar die Eisgewinnung, war aber auch nicht unproblematisch. Immer wieder kam es trotz eisgängiger Hufeisen zu Unfällen, und ein nicht zu vernachlässigendes Problem verursachten die Pferdeäpfel, die die Qualität und Reinheit des Eises beeinträchtigten. Da auf den amerikanischen Seen gelegentlich über 100 Tiere gleichzeitig eingesetzt wurden, war einiges zu beseitigen.[14] Ab 1900 wurden, soweit es möglich war, Dampfmaschinen bei der Eisgewinnung eingesetzt.

Auch in Deutschland wurde Eis gewonnen, wobei die Abbaumethoden denen der Amerikaner ähnelten: Zunächst wurde die Eisfläche vom Schnee geräumt, dann ritzten von Pferden gezogene Pflüge im Abstand von etwa einem Meter Furchen in das Eis, das in strengen Wintern bis zu 40 cm stark sein konnte. Anschließend wurde in Querrichtung gepflügt, so daß die gesamte Eisfläche in ein Raster aufgeteilt war. Anschließend wurden die einzelnen Blöcke mit Eishaken und -stangen herausgebrochen. Auf diese Weise ergaben sich annähend gleich große Eisblöcke, die sich gut stapeln ließen.

Natureis war zu einem kostbaren Gut geworden, und bald stellte sich die Frage nach Eigentumsrechten. Das Eis der masurischen Seen beispielsweise durfte nur nach Rücksprache mit der Staatskasse gewonnen werden, in anderen Gebieten wurde das eingelagerte Eis besteuert.[15]

Ende des 19. Jahrhunderts bestimmten Eislagerhäuser die Uferansichten vieler Flußläufe und Kanäle. In München säumten sie weite Bereiche des Nymphenburger Kanals, in Nürnberg gab es am Dutzendteich Eishäuser, und in Berlin besaßen die Norddeutschen Eiswerke insgesamt 9 Lagerhäuser von je 6500 $m^2$ Fläche, in denen 60000 $m^3$ Eis gelagert wurden.[16]

«Zeit ist Geld» war bereits damals oberstes Gebot in der Natureishandelsbranche in Europa wie in Amerika, denn schnell konnte das Wetter umschlagen und Tauwetter einsetzen. Die Eisgewinnung war eine sehr harte und anstrengende Arbeit, über die der Amerikaner George W. Walter berichtete: «Zurückblickend kann ich an den Eisernten nichts Romantisches entdecken. Es war lediglich eine verdammt kalte, harte Arbeit, die nötig war, um Milch und andere Nahrungsmittel während der heißen Sommertage schützen zu können. ... Es gibt diese Eisernten nicht mehr, doch es ist etwas, was niemand vermißt.»[17]

Der Verbrauch an Natureis war im 19. Jahrhundert enorm gewachsen. Allein in New York stieg er von zwölftausend Tonnen im Jahre 1843 auf eine Million Tonnen im Jahre 1879. Aber auch in Deutschland und Europa stieg die Nachfrage nach Natureis ständig: «Vor allem sei vorausgeschickt, daß alles Eis, welches z.B. in den Häusern, Straßen und Geschäften Berlins jahraus, jahrein verkauft wird, fast ausnahmslos Natureis ist. Es fehlt zwar nicht an großartigen Maschinenanlagen zur Herstellung künstlichen Eises, aber für gewöhnlich ist dasselbe zu teuer, um einen starken Konsum zu erzeugen; nur nach ungewöhnlich milden Wintern, wenn das aufgespeicherte Eis der Seen vorzeitig zu Ende geht, greift man notgedrungen zu dem Kunsteis.»[18] Allerdings ist zu vermuten, daß das Eisangebot durchaus nicht immer vom feinsten war: «Auf der drübigen Seite der Grube befand sich eine große Ziegelei mit rauchenden Schornsteinen. Erst holten sie die Erde heraus, um daraus Ziegel herzustellen, und dann füllten sie das Loch mit Erde wieder auf - Jurgis und Ona schien das eine findige Lösung, bezeichnend für ein unternehmungsfreudiges Land wie Amerika. Ein kleines Stück dahinter war eine weitere riesige Grube ausgehoben, aber noch nicht wieder zugeschüttet. Darin stand den ganzen Sommer über Wasser, das aus dem umliegenden Müllboden kam und das in der Sonne als stinkende Brühe vor sich hinfaulte, und wenn es im Winter dann gefror, schnitt jemand dieses Eis zu Stangen und verkaufte die an die Leute in der Stadt.»[19]

Als preisgünstige Alternative zum heimischen Eisabbau bot sich an, Eis aus Ländern mit langer Frostperiode zu importieren, zum Beispiel aus Norwegen, wo in unmittelbarer Nähe des Oslofjordes eine Reihe von Seen liegen, die im Winter ein gutes Eisreservoir darstellten. Von den Verladestellen in Kristiania (Oslo), Kragerø und Drøbak gab es gute Schiffahrtsverbindungen nach Deutschland, Holland und England. 1822 fuhr der erste norwegische Segler mit Eisladung die Themse hinauf, in England war insbesondere der Eisbedarf für die Fischindustrie groß. Aber Eis wurde von Norwegen aus sogar bis nach Südafrika verschifft.[20] Die Eissegler waren schnelle Schiffe und in der Regel an ihrem guten Zustand zu erkennen. Der Eistransport gehörte zu den letzten großen Verwendungsmöglichkeiten für hölzerne Segelschiffe, da auf den Dampfschiffen, die zwar schneller waren, sich leicht Rost von den metallenen Schiffswänden im Eis absetzte und dessen Qualität minderte.

Ein weiterer wichtiger Abnehmer von norwegischem Eis war Frankreich, das sich nur zu einem kleinen Teil aus den eigenen Eisbeständen der Alpenregionen versorgte. Der um 1900 betriebene Abbau eines Gletschers bei Chamonix mußte allerdings nach Einspruch gegen «diese Schädigung nationalen Erbes» aufgegeben werden.[21] Schließlich zählten noch Österreich und die Schweiz zu den Verbrauchern von norwegischem Eis.

Während der Eishandel zwischen Norwegen und den Abnehmern in Frankreich, England, Österreich und der Schweiz weitgehend kontinuierlich verlief, war der Handel mit Deutschland deutlich Schwankungen unterzogen. Hier gab es vier Höhepunkte des norwegischen Eisimports; sie lagen in den warmen Wintern der Jahre 1883-1885, 1897-1900, 1905-1907 und 1909-1912. Der Nürnberger Kulturhistoriker Hans-Christian Täubrich hat aus der Zeitschrift für die gesamte Eis- und Kälteindustrie einmal die Bewegungen auf dem Eismarkt der Jahre 1912/13 zusammengestellt, beginnend mit dem Dezember 1912: «‹Unser Eismarkt ist während des verflossenen Monats ganz leblos gewesen. Für prompte Lieferung lag kein Bedarf vor, mit Ausnahmen von kleinen Seglerladungen für Fischereizwecke. ... Das Eis, welches sich im Oktober und November gebildet hatte, war morsch und war es ein Glück, daß Tauwetter voriger Woche einsetzte und die schlechte Qualität wieder zu Wasser werden ließ.›

Januar 1913: ‹Von deutscher Seite liefen in voriger Woche recht viele Anfragen ein, ohne daß Geschäfte daraus resultierten, da inzwischen der Winter dort kräftiger einsetzte als hier.›

Februar 1913 : ‹Die Eisernte ist jetzt in vollem Gange. Unser Markt ist fest, dazu kommt, daß Deutschland in diesem Jahr kaum genügend Eis geerntet hat, um seinen Bedarf zu decken, so daß mit einem Export dahin gerechnet werden muß. ... Die Nachfrage nach prompten Ladungen, also Verladungen von den Teichen direkt ins Schiff ist auch recht lebhaft zum Preise von Kr. 2,25 bis Kr. 2,50 pro Reg.-t.›

Mai 1913: ‹Der Export von den Teichen hat naturgemäß aufgehört und der eigentliche Export für den Sommerbedarf tritt erst nächsten Monat ein. Trotzdem ist unser Markt sehr fest, denn wie bereits berichtet, haben Kragerö und Skiensfjord nur wenig und dünnes Eis geerntet, so daß die Exporteure in diesem Jahr fast ausschließlich auf den Christiania-Fjord angewiesen sind.›

Juni 1913: ‹Unser Eismarkt ist andauernd ruhig und vor Eintreten wärmerer Witterung ist an eine Belebung desselben nicht zu denken. Trotzdem versuchen sich die Exporteure mit Geboten und haben sich bereits bis zu Kr. 8 p. Registerton Dampfer verstiegen, ohne daß daraus Geschäfte resultiert haben.›

Juli 1913: ‹Die in diesem Monat vorherrschende kühle Witterung in England hat den Absatz von Natureis sehr behindert und ist unser Markt infolgedessen sehr flau.›

August 1913: ‹... so daß der Export dahin sich lebhafter gestalten konnte. Auch hat es den Anschein, als ob das Natureis mehr und mehr von dem Kunsteis verdrängt wird, denn der Export von norwegischem Eis wird nach England von Jahr zu Jahr weniger.›

September 1913 (Bericht aus Leipzig): ‹Die Hoffnung auf Hebung des Geschäfts, zu denen verschiedene größere Veranstaltungen (Deutsches Turnfest, Internationale Baufach-Ausstellung) berechtigten, wurden durch die Ungunst der Witterung zuschanden gemacht. Die verhältnismäßig knappe Eisernte des Winters machte sich daher nicht fühlbar, und um so weniger, als im Sommer eine neue Eisfabrik ihren Betrieb eröffnete. Das Publikum gewöhnt sich mehr und mehr an die Verwendung von Kunsteis, das allerdings auch in unserer Stadt in bester Beschaffenheit und in völlig ausreichender Menge angeboten wird.›

Oktober 1913: ‹Die Witterung ist im verflossenen Monat vorwiegend milde und schön gewesen. Die Folge davon war ein größerer Bedarf an Natureis sowohl in England als auch in Frankreich, doch handelte es sich hier um Abnahme bereits kontrahierter Ladungen. Neue Aufträge sind immer noch recht spärlich. Die Bestände sind allerdings jetzt beinahe ganz zusammengeschmolzen, so daß bei andauernd milder Witterung eine Aufbesserung des Marktes wahrscheinlich wird.›»[22]

In den zitierten Berichten klingt bereits an: Die Zeit des Natureishandels ging zu Ende, Kunsteis setzte sich mehr und mehr durch und übernahm nach dem Ersten Weltkrieg dessen Rolle.

An der Entwicklung von Techniken und Maschinen zur Herstellung von Kunsteis und künstlicher Kälte waren viele Menschen in verschiedenen Ländern beteiligt, die z. T. recht unterschiedliche Konzepte entwarfen. Zu den Grundgedanken gehörte die Überlegung der mechanischen Kälteerzeugung: Eine Flüssigkeit mit tiefem Siedepunkt wird abwechselnd verdampft und wieder verflüssigt. Im Augenblick des Verdampfens entzieht sie der Umgebung Wärme, d. h. sie erzeugt Kälte. Bereits 1823 hatte Michael Faraday mit Ammoniakgas experimentiert, das er in einem U-förmigen Rohr durch Erhitzen erzeugte und das am anderen Ende kondensierte. Überließ er das Ammoniak sich selber, verflüchtigte es sich erneut, wobei es eine intensive Kälte erzeugte. An eine Verwertung seiner Erfindung hatte Faraday allerdings niemals gedacht.

Für Giedion ist der amerikanische Erfinder Oliver Evans zumindest gedanklich der Vater der modernen Kälteerzeugung. Er ging von folgender Beobachtung aus: «Wenn ein offenes Glas mit Äther gefüllt und unter Vakuum ins Wasser gesetzt wird, wird der Äther rasch aufkochen und dem Wasser seine latente Hitze entnehmen, bis es friert.»[23] Evans hatte auch genaue Vorstellungen von einem sinnvollen Einsatz seiner Entdeckung: Er wollte die Trinkwasserreservoirs amerikanischer Städte kühlen. Dazu schlug er vor, eine von einer Dampfmaschine getriebene Vakuumpumpe zu konstruieren, die den Äther verflüchtigt und dem umgebenden Wasser Hitze entzieht. Eine zweite Pumpe sollte den Äther in einem in Wasser eingetauchten Gefäß komprimieren, worauf er sich wieder in Dampf verwandeln sollte. Es gelang zwar dem Engländer John Leslie 1811, Äther mit Hilfe einer Vakuumpumpe zu verdampfen, doch generell waren die Vorstellungen und Ideen von Oliver Evans verfrüht, seine Pläne blieben Papier.

Um 1840 ersann der Arzt John Gorrie eine Anlage zur Luftkühlung, mit der er seinen fiebernden Patienten in den warmen Krankenhausräumen Linderung verschaffen wollte. Die Lokalzeitung seiner Heimatstadt Apalachicola schilderte das von ihm entwickelte Verfahren: «Durch einen wirksamen Kompressor drückte er atmosphärische Luft zusammen, kühlte dieselbe durch einen Wasserstrahl, liess die gekühlte

Luft hierauf expandieren, wobei dieselbe sich weiter abkühlte und zur Temperierung in einen Raum geleitet werden konnte.»[24] Gorrie erhielt zwar 1851 für seine Entwicklung das amerikanische Patent, doch der allgemeine Durchbruch war auch ihm nicht beschieden.

Erfolgreicher war schließlich der Franzose Ferdinand Carré, der seine Kältemaschine auf dem Prinzip der Absorption entwickelte und kondensierbare Dämpfe zur Kälteerzeugung nutzte. Seine Eismaschine, die Tausende von Pfund Eis produzieren konnte, war 1862 für die Besucher der Londoner Weltausstellung eine große Attraktion. Carré baute nicht nur die erste erfolgreiche kommerziell verwendbare Eismaschine, sondern er ersann auch einen Vorläufer des Haushaltskühlschranks, der auf der Verwendung von Ammoniak als Gefriermittel beruhte. Doch noch waren die Geräte sehr groß und vor allem kompliziert in der Bedienung. In die Reihe der Pioniere der Kältetechnik gehören neben Jacob Perkins, James Harrison, A. C. Kirk und F. Windhausen noch John Leslie und Charles Tellier; zum Durchbruch sollte ihr jedoch schließlich Carl Linde verhelfen.

Ein wesentlicher Schwachpunkt in Carrés Maschine war die Abdichtung der beweglichen Pumpenteile gegen ein Austreten des Kältemittels, wodurch der Leistungsgrad der Maschine gemindert und Störungen und damit Kosten verursacht wurden. Nichts war jedoch bei der Kühlung weniger erwünscht als eine Unterbrechung. Zudem ist der Umgang mit einigen Kältemitteln, z. B. schwefliger Säure, Chlormethyl oder Kohlensäure, nicht unbedenklich, Undichtigkeiten im Kühlmittelsystem gefährdeten somit auch die Gesundheit des Betriebspersonals. Der Abschaffung dieses Übels galt Lindes Hauptaugenmerk, als er begann, sich mit Kältetechnik zu befassen. Gefördert wurde er in seiner Arbeit in nicht unerheblichem Maße von der Brauindustrie. So boten Gabriel Sedlmayr, Direktor der Münchner Spatenbrauerei, August Deiglmayr von den Anton Dreherschen Brauereien in Wien und auch Heinrich Buz, Direktor der Maschinenfabrik Augsburg, Linde an, Entwicklungskosten zu übernehmen. Bereits 1873 konnte die erste, von der Maschinenfabrik Augsburg gebaute Maschine in der Spatenbrauerei München aufgestellt werden; 1875 wurde eine zweite Maschine an die Brauerei abgeliefert. Vorrangige Aufgabe war für Linde die Konstruktion einer zuverlässig dichtenden sogenannten Stopfbüchse. Er löste das Problem letztlich, indem er wegen des niedrigen Gefrierpunktes Glyzerin als Sperre gegen das Austreten von Ammoniak verwendete. Bereits 1876 entwarf er eine dritte Maschine mit weiteren Verbesserungen. Das erste Exemplar dieser Serie wurde 1877 in der Dreherschen Brauerei in

Triest installiert, wo sie bis 1908 in Betrieb war. Lindes Kältemaschinen erwarben schnell den Ruf großer Qualität und Zuverlässigkeit, hoher Energieausnutzung und Betriebssicherheit. Künftig waren die Brauereien in der Lage, das ganze Jahr über Bier zu brauen. Linde selber gab schließlich seine akademische Laufbahn auf und wurde Direktor der 1879 gegründeten Gesellschaft für Linde's Eismaschinen AG in Wiesbaden. Mitarbeiter dieses Unternehmens und gleichzeitig Repräsentant in Paris wurde übrigens 1880 Rudolf Diesel. Als Linde 1890 die Leitung der Gesellschaft abgab und in den Aufsichtsrat wechselte, waren weltweit mehr als 1000 seiner Maschinen in Betrieb, davon rund 2/3 in Brauereien.

Angesichts ständig steigender Bevölkerungszahlen in den Industrieländern ergaben sich im 19. Jahrhundert gravierende Probleme in der Lebensmittelversorgung; schließlich schien gegen Ende des Jahrhunderts jedes Mittel recht zu sein, um Engpässe zu beseitigen. Ernährungswissenschaftler und Techniker sannen auf Möglichkeiten, Transporte verderblicher Waren in großem Stil aus Ländern zu ermöglichen, in denen Bodenbewirtschaftung und Arbeit billig waren, wie in Australien oder Südamerika. Doch um Lebensmittel aus diesen Gebieten heranzuschaffen, waren ausgeklügelte Transportsysteme erforderlich, die nahtlose Kühlketten einschlossen.

Führend in der Entwicklung derartiger Kühlketten wurden die Amerikaner. Die Einrichtung von ununterbrochen ineinandergreifenen Kühlsystemen war hier in den Jahren zwischen 1860 und 1890 sogar im eigenen Land wichtig, da die Fleischversorgung Amerikas im wesentlichen zentral von den Schlachthöfen Chicago, Kansas und Cincinnati ausging. 1867 wurde das erste Patent für einen Eisenbahnkühlwagen ausgefertigt, 1910 verfügten die amerikanischen Eisenbahnen über 150000 Kühlwagen, und es gab Hunderte von Eisstationen an den Bahnlinien.[25]

Schwieriger gestalteten sich zunächst die Versuche, Fleisch über den Ozean zu transportieren. 1876 unternahm der Franzose Charles Tellier den Versuch, auf einem Schiff, der *Frigorifique,* Fleisch von Rouen nach Buenos Aires (!) zu transportieren. Doch das Fleisch kam verdorben an. Erst ein zweiter Versuch 1877/78 mit der *Paraguay* war erfolgreich. «An Bord befinden sich 80 t Hammelfleisch, ein anderer Chronist spricht von 5500 Schafen. Der Transport von Südamerika nach Europa wird ein voller Erfolg. Ein Jahr später trifft auch die erste Schiffsladung mit Fleisch aus Australien in London ein. In den nächsten Jahren werden ganze Flotten von Kühlschiffen zwischen Australien, Neuseeland, Südamerika und Europa pendeln. Die Kälte als natürliches Mittel zur Frischhaltung von Lebensmitteln beginnt ihren Siegeszug»,[26] fassen Erwin Hilck und Rudolf Auf dem Hövel in der «Geschichte der deutschen Tiefkühlwirtschaft» die weitere Entwicklung zusammen. Vor allem Großbritannien mit den Hafenstädten Liverpool, Glasgow und London wurde zum wichtigsten Fleischimporteur in Europa. 1912 waren bereits 239 Kühlschiffe unterwegs, und allein im Londoner Hafengebiet standen 28 «Kühlklötze».

Auch Früchte oder Gemüsesorten konnten durch den Einsatz von Kühltechniken profitabel von Kontinent zu Kontinent verschifft werden. Erstmals wurde 1871 im amerikanischen Boston eine größere Ladung leicht verderblicher Bananenstauden gelöscht, die ein Segelschiff aus der Karibik mitgebracht hatte. Die Früchte fanden raschen Absatz, und man begann eine kommerzielle Bananenverfrachtung ins Auge zu fassen. Jutta Tschoeke, Mitarbeiterein am Centrum Industriekultur Nürnberg, schreibt über den Siegeszug der Banane: «Bereits 1885 wurde eine Fruchtgesellschaft gegründet, die spätere berühmt-berüchtigte ‹United Fruit Company›. Über den amerikanischen Kontinent breitete sich ein straff organisiertes Netz mit zahllosen Vertriebsstellen aus. Kühlzüge brachten die Bananen an nahezu jeden erdenklichen Ort. Die Methode des Billigangebots durch Einrichtung der ‹Five and Ten Cent Stores› verhalf der Banane zu einem einzigartigen Siegeszug.»[27] Gleichzeitig entstanden in Kuba, Jamaika und der Dominikanischen Republik Bananenplantagen; Eisenbahnlinien wurden in den Urwald geschlagen. «Mit der Organisation von Hafenanlagen und Eisenbahnnetzen entstanden zugleich die sogenannten Bananenrepubliken Guatemala, San Salvador, Honduras, Nicaragua, Costa Rica und Panama. Hier spielen sich nach wie vor zwei Drittel des Weltbananenhandels ab.»[28]

Ein Vorteil dieser Frucht ist, daß sie ganzjährig geerntet werden kann; nichtsdestoweniger reifen die Bananen erst auf ihrem Weg zum Bestimmungshafen. 1914 verfügte die United Fruit Company bereits über 70 eigens für den Bananentransport konzipierte Kühlschiffe. Die spezielle Einrichtung der Laderäume mit Kühlvorrichtungen schloß eine andere Verwendungsmöglichkeit von vornherein aus. Der weiße Anstrich verringerte die Hitzebildung im Schiff bei der Tropenfahrt, und die schlanke Form machte die Schiffe schnell.

In Europa wurde wiederum England zunächst Haupteinfuhrland für exotische Früchte, zu denen bemerkenswerterweise bis kurz nach der Jahrhundertwende auch Äpfel zählten. Aber auch hier eroberte sich die

Banane schnell ihre Position: von 1902 bis 1914 wurden eigens 57 Bananenfrachter neu in Dienst gestellt.

1902 erreichte die erste Partie von 12 Bananenstauden Bremen, einen deutschen Hafen. Allerdings konnte die erste Lieferung der von den kanarischen Inseln stammenden Früchte nur schwer verkauft werden, da sie sowohl den Händlern als auch ihren Kunden fremd waren. Doch letztlich fand die Banane auch hier Zuspruch. Hamburg und Bremen wurden die deutschen Haupteinfuhrhäfen.

Der Schiffahrtshistoriker Arnold Kludas schreibt in der Geschichte der deutschen Kühlschiffe: «Deutschlands erster ‹Bananendampfer›, wie man die Kühlschiffe früher gern nannte, entstand 1903 bei Blohm & Voss: die Hamburg-Amerika-Linie ließ ihren damals neun Jahre alten Fracht- und Passagierdampfer *Sibiria* entsprechend umbauen und setzte das Schiff im Atlas-Dienst zwischen New York und Westindien/Mittelamerika ein. Schwesterschiff *Sarnia* war im März 1912 das erste Kühlschiff, das eine Ladung Jamaica-Bananen in Hamburg löschte. Und im Oktober 1912 kam der erste deutsche Kühlschiffneubau in Fahrt, die *Karl Schurz* der Hapag. 1914 folgte dann Laeisz mit den Neubauten *Pungo* und *Pionier*, die wegen des Ersten Weltkrieges nicht mehr in den vorgesehenen Dienst eingestellt werden konnten. Zwischen den Kriegen hatte Laeisz jahrelang das Monopol in der deutschen Kühlschiffahrt, ehe in den späten 30er Jahren auch andere Gesellschaften in Hamburg und Bremen Kühlschiffstonnage in Dienst stellten.»[29] 1911 kamen 745000 Bananenstauden aus Südamerika nach Deutschland, 1913 waren es bereits 2258800, und bald wurden die Bananen nach Gewicht klassifiziert: 1937 betrug der Bananenimport nach Deutschland 146800 Tonnen, 1973 waren es 700000 Tonnen.[30]

Wurden die von Carl Linde und seinen Zeitgenossen konstruierten Kältemaschinen in erster Linie zur Herstellung von Kunsteis sowie zur Kühlung von Räumen genutzt, so nahm in der zweiten Hälfte des 19. Jahrhunderts eine weitere Entwicklung ihren Anfang. Da sich eine längerfristige Frischhaltung weder durch Natur- oder Kunsteis noch durch gekühlte Räume erzielen läßt, sann man über andere Verfahren nach, Temperaturen so weit abzusenken, daß man z. B. Fleisch gefrieren kann. Das war die entscheidende Frage, die u. a. französische Kältefachleute beschäftigte, die sich mit dem Problem des überseeischen Fleischimports befaßten. Aber auch in anderen Ländern wurde über die Konservierung von Lebensmitteln auf dem «kalten Wege» nachgedacht.

In Dänemark stellte sich der Fischexporteur A. J. A. Ottensen eine ähnliche Frage. Schließlich ist Fisch aufgrund seines hohen Eiweißgehalts ein leicht verderbliches Nahrungsmittel. Insbesondere ergaben sich beim Export Probleme, denn auch mit noch so viel Eis läßt sich Fisch nur eine begrenzte Zeit frisch halten. Ottensen griff auf die bekannte Methode zurück, durch eine Mischung von Schnee und Salz tiefe Temperaturen zu erreichen und zum Gefrieren von Fischen zu nutzen. Die Einführung von Kühlmaschinen erleichterte den Vorgang insofern, als lediglich eine Lösung aus Wasser und Salz hergestellt werden mußte, die mit Hilfe der Maschine gekühlt wurde. Die Fische wurden dann in diese gekühlte Sole getaucht. Das Problem war jedoch, daß sie dabei Salz aufnahmen und ungenießbar wurden. Nach einer Reihe von Versuchsreihen fand Ottensen allerdings heraus, daß eine Kochsalzlösung einen ihrer jeweiligen Konzentration entsprechenden Gefrierpunkt hat, bei dem nicht Salz, sondern Eis ausgeschieden wird. Fisch, der in eine derartige Lösung getaucht wird, nimmt kein Salz, sondern Wasser (Kälte) auf. Um Fisch schnell zu gefrieren, wählte Ottensen für die Sole einen Salzgehalt von 28,9 %, deren Gefrierpunkt bei –21,2° C liegt. Damit war er in der Lage, Fische auf eine Kerntemperatur von –20° C zu bringen und tiefzugefrieren. Dieses Verfahren meldete er 1911 zum Patent an.[31]

Rudolf Plank, Professor für Technische Thermodynamik und Direktor des Maschinenlaboratoriums in Danzig, analysierte dieses Verfahren wenig später wissenschaftlich unter der Fragestellung, wie und ob sich das plötzliche Gefrieren auf die Zellgewebe auswirkt. Schließlich war allgemein bekannt, daß erfrorenes Obst und Gemüse nicht mehr schmecken. Plank fand heraus, daß tiefe Temperaturen, schockartig eingesetzt, auf das Gefriergut keinen negativen Einfluß haben und daß es seinen Ausgangszustand sozusagen beibehält. Den Beweis erbrachte er mit einem recht bekannt gewordenen Experiment: Er legte einen ausgewachsenen Karpfen in ein auf –20°C heruntergekühltes Solebad. Innerhalb weniger Minuten war der Fisch wie leblos erstarrt. In lauwarmen Wasser taute er jedoch wieder auf und schwamm umher. Die tiefe Temperatur hatte keine Veränderungen in seinen Zellstrukturen hervorgerufen, und es war auch kein Salz eingedrungen, sonst hätte der Fisch den Versuch nicht überlebt.

Letztlich hat sich dieses Gefrierverfahren jedoch nicht durchgesetzt, es wurde von einer anderen Entwicklung abgelöst. Der amerikanische Fischereibiologe Clarence Birdseye hatte 1915 während eines Winteraufenthaltes in Labrador beobachtet, daß Fisch- und Rentierfleisch bei den arktischen Temperaturen der hohen Breitengrade in kürzester Zeit stocksteif gefror und daß es beim Auftauen so frisch war wie in dem Moment, als das Tier getötet wurde. Diese Beobachtung reizte ihn zum

Experimentieren. 1922 legte er Nahrungsmittel zwischen Metallplatten und tauchte sie in gekühlte Sole. Der Vorteil dieses Systems war, daß das Gefriergut nicht mit der Sole in Kontakt kam. Daher ließen sich dabei auch andere Lösungen mit einem tieferen Gefrierpunkt als Kochsalz verwenden, deren direkter Kontakt mit dem Gefriergut schädlich gewesen wäre. So konnte der Gefrierpunkt auf nahezu –40° C herabgesetzt werden. Ferner ließ sich mit dieser Methode außer Fisch und Fleisch auch Obst und Gemüse tiefgefrieren. 1925 ließ sich Birdseye das Verfahren patentieren und sann fortan darüber nach, Lebensmittel in haushaltsgerechten Packungsgrößen auf den Markt zu bringen. Rudolf Plank, der 1937 von einer Amerikareise zurückkehrte, berichtete, daß die quick frozen foods wahre Triumphe feierten. Die Gesamtproduktion sei auf nahezu 170000 t angestiegen, davon entfielen rund 110000 t auf Obst und Gemüse, 42000 t auf Fisch, 16000 t auf Geflügel und auf Fleisch 2000 t.[32]

Parallel zu dieser Entwicklung lief die Einführung von Haushaltskühlschränken und -kühltruhen, mit denen jedermann in den Städten Fleisch oder Nahrungsmittel auf Vorrat halten konnte. 1945 waren die Souterrains luxuriöser Appartmenthäuser in New York mit Tiefkühlräumen mit Schließfächern für die Mieter eingerichtet.[33] Im gleichen Jahr wurden in New York die ersten «Frozen Food Centers» eingerichtet, die gefrorene Ware in Kühltruhen anboten, aus denen sich jeder Kunde selber bedienen konnte. Die Zahl der Kühlschränke in den Haushalten stieg ständig. 1923 gab es 20000 Kühlschränke in den Vereinigten Staaten, 1933 waren es bereits 850000, 1936 zwei Millionen, 1941 dreieinhalb Millionen.[34] Auto und Kühlschrank wurden Symbole des American way of life. Bereits 1926 hatte die Fließbandproduktion von Kühlschränken begonnen, und 1932 wurden sie auch in die Kataloge von Versandhäusern aufgenommen. Im Deutschland der dreißiger Jahre war der Kühlschrank in der häuslichen Küche allerdings noch ein Luxusgegenstand.

Bereits 1908 hatte Rudolf Plank den Begriff der Kühlkette als Beschreibung des nahtlosen Transport empfindlicher Güter eingeführt. Mit der «Kühlkette für Gefrierfleisch, Seefische und exotische Früchte entstand eine exakt aufeinander abgestimmte Organisation, die die Nahrungsmittel auf dem Weg von weit entfernten Fanggründen, Plantagen und Farmen über Schlachthöfe, Lagerhäuser, Kühlschiffe, Kühlzüge bis in die Läden und später bis in die Supermärkte hinein fest in ihren kalten Griff nahm»,[35] charakterisiert Jutta Tschoeke die Entwicklung.

In Deutschland förderten den Aufbau derartiger Kühlketten in besonderer Weise die Produkte Butter und Ei. Wichtigster Eierlieferant für

Deutschland war um die Jahrhundertwende Rußland. Vor dem ersten Weltkrieg importierte Deutschland aus dem Zarenreich jährlich insgesamt etwa 2,4 Milliarden Eier. Allein in Berlin wurden damals täglich mehr als 1,7 Millionen Eier gegessen. Auch Butter kam zum großen Teil aus Rußland, vor allem Sibirien galt zeitweise als «Butterfaß» Europas. Bereits 1899 rollten Sonderzüge mit diesen Produkten in Richtung Westen, deren Waggons mit Eis gekühlt wurden. An der Strecke gab es in Abständen von etwa 170 km Eislager, an denen Frischeis aufgefüllt werden konnte. Bedeutendster Butterumschlagplatz Europas war vor dem Ersten Weltkrieg das lettische Windau (Ventspils). Hier waren 1907 Lager- und Verladeanlagen errichtet worden, die als modernste Europas galten, in nur sechs Stunden konnten 50 Waggons entleert werden. «Aus verkaufstechnischen Gründen hielt man beide Produkte bis zur Weihnachtszeit zurück, weil dann höhere Preise erzielt werden konnten. Nun wurde die Ware auf zahllose Butterdampfer verladen, die skandinavische, englische und deutsche Häfen anliefen.»[36]

In den folgenden Jahren und Jahrzehnten wurden die Kühlketten ständig weiter ausgebaut. Neben Schiff und Bahn wurden das Flugzeug und der Kühltransport auf der Straße in das System integriert. Bereits 1949 wurde durch den Zusammenschluß europäischer Bahngesellschaften die Interfrigo gegründet, die heute in einem grenzübergreifenden Netz eine große Anzahl von Kühlwaggons bereithält, die je nach Ladegut mit Wassereis, Trockeneis oder Luft gekühlt werden können.

Konnten die Amerikaner bereits in den vierziger Jahren in die Tiefkühltruhen der Lebensmittelgeschäfte greifen, so wurde 1957 schließlich auch in Deutschland der erste Selbstbedienungsladen, und zwar durch den Kaufmann Herbert Ecklöh in Oggersheim eröffnet.[37] Erstaunlicherweise erhielt der ambulante Handel, der seit der Jahrhundertwende bedeutungslos geworden war, nicht zuletzt durch Tiefkühlprodukte neuen Aufschwung. Ein in der Nähe von Düsseldorf ansässiger Molkereifachmann hatte seit Beginn der siebziger Jahre begonnen, mit Tiefkühlfahrzeugen Privathaushalte zu beliefern. 1987 konnte der Nürnberger Wissenschaftler für Marketing Ludwig Berekoven feststellen, daß Mitte der achtziger Jahre nicht weniger als 25 % des gesamten Tiefkühlgeschäftes über diese Vertriebsschiene abgewickelt wurden.[38]

Doch längst spielen Kunsteis und künstliche Kälte auch in vielen anderen Bereichen eine Rolle. Aus den warmen Erdregionen sind Klimaanlagen nicht mehr wegzudenken, auch in Deutschland haben sie in Büro- oder Fabrikgebäuden – und in Autos – Einzug gehalten.

Carl Linde hatte 1882 in Frankfurt am Main die erste Kunsteisbahn Deutschlands gebaut[39], und heute sorgen in vielen Städten Kältemaschinen dafür, daß Schlittschuhläufer auch bei hohen Außentemperaturen ihre Bahnen ziehen können.

Gelegentlich werden Kältetechnikern allerdings auch ungewöhnliche Aufgaben gestellt. So wurde beispielsweise von der Firma Linde in einem zoologischen Garten eine Kälteanlage installiert, mit deren Hilfe Steinplatten in einem Pinguingehege auf niedrigen Temperaturen gehalten werden sollten. Die gekühlten Platten helfen den kleinen Frackträgern, sommerliche Wärmegrade unserer Breiten besser zu ertragen.

Zu ihren bislang kuriosesten Aufträgen zählt dieselbe Firma die Kühlung eines präparierten Riesenwals, der auf eine Wanderschau gehen sollte; man fürchtete, die Speckmasse des Tieres könnte in der sommerlichen Wärme zerfließen. Daraufhin wurde im Innern des Wals eine Kälteanlage installiert. Nach Vorgabe der Auftraggeber sollte der gekühlte Wal eine «Lebenserwartung» von einem Jahr haben, aber noch nach zehn Jahren reiste das Schauobjekt durch die Lande.

## Anmerkungen

1 Das neue Universum. Stuttgart 1880. ND München o. J., S. 236.
2 Vgl.: Linde-Festschrift 1979, S. 14.
3 Linde, Carl: Aus meinem Leben und von meiner Arbeit. ND Düsseldorf 1984, S. 35.
4 Ebd., S. 37.
5 Die Gartenlaube 1898, S. 500.
6 Die Drehersche Brauerei in Klein Schwechat bei Wien hatte eigens für die Redaktion des «Neuen Universum» 1880 folgende Rechnung aufgemacht: «Die Fabrik braute vom 1. Januar 1867 bis zum 1. Januar 1868: 483 150 Wiener Eimer Bier und lagerte ein 515,600 Ctr. Eis. Im allgemeinen also 1 Ctr. Eis für 1 Eimer (56,6 Liter). Bei einer lang anhaltenden Kälte von 2 Monaten kann dieses Quantum mit einem Aufwand von 7 Kr. östr. (14 Pfg.) für 1 Ctr. zugeführt werden; bei kurzer Kälte steigen die Kosten auf 10-12 Kr., wozu noch 1 Kr. für das Einwerfen in die Gruben kommt. In milden Wintern wird das Eis zum Theil aus der Steiermark beschafft; da die Kälte im Jahre 1869 spät einfiel, so wurden dorther 26 000 Ctr. Eis bezogen, in Wagen von 200 Ctr.» Das neue Universum, a. a. O.
7 Giedion, Sigfried: Die Herrschaft der Mechanisierung. Frankfurt am Main 1982, S. 644.
8 Weld, Isaac: Travel through the United States. London 1800, zit. nach ebd., a. a. O.
9 The Great Industries of the United States. Hartford 1872. S. 156, zit. nach: Giedion, Sigfried, a. a. O., S. 646.
10 Habs, Robert und L. Rosner (Hrsg): Appetit Lexikon. Wien 1894, S. 145.
11 Vgl. Giedion, Sigfried, a. a. O.
12 Ebd.
13 Ebd.

14 Vgl.: Täubrich, Hans-Christian: Eisbericht. In: Unter Null. Kunsteis, Kälte und Kultur. München 1991, S. 54.
15 Ebd., S. 57.
16 Vgl. ebd.
17 Jones, Joseph C.: America's Icemen. An Illustrative History of the United States Natural Ice Industry 1665-1925. Humble/Texas 1984, S. 25.
18 Die Gartenlaube 1896, S. 796, zit. nach: Täubrich, Hans-Christian, a.a.O., S. 62.
19 Sinclair, Upton: Der Dschungel. Hamburg 1985, S. 43.
20 Vgl.: Hilck, Erwin und Rudolf Auf dem Hövel: Jenseits von minus Null. Köln 1979, S. 12.
21 Vgl.: Täubrich, Hans-Christian, a.a.O., S. 64.
22 Vgl. ebd., S. 65-67.
23 Evans, Oliver: The Young Millwright and Miller's Guide. Philadelphia 1795, S. 136. Zit. nach: Giedion, Sigfried, a.a.O., S. 648.
24 Hård, Mikael: Überall zu warm. Vorbilder und Leitbilder der Kältetechnik. In: Unter Null, a.a.O., S. 70.
25 Vgl.: Dienel, Hans-Liudger: Eis mit Stil. Die Eigenarten deutscher und amerikanischer Kühltechnik. In: Unter Null, a.a.O., S. 109f. Neben der Konzentration in der Fleischversorgung gab es in den USA diese Tendenz auch für andere Lebensmittel: «1919 kamen knapp sechzig Prozent der amerikanischen Butter aus Wisconsin, ähnliches galt auch für Käse. Seit der Jahrhundertwende entwickelte sich dann im Zusammenhang mit der Obsterzeugung der Kühltransport von Früchten und Gemüse zum größten amerikanischen Kälteverbraucher. In riesigen Monokulturen wurden in Kalifornien und Florida Pfirsiche angebaut, Erdbeeren in Carolina und so weiter. Der Versand im Kühlwaggon machte es möglich. Die Zahl der Eiswerke stieg dementsprechend zwischen 1879 und 1919 von knapp vierzig auf über 2800, die der Kühllagerhäuser im gleichen Zeitraum von null auf über tausend.» Ebd., S. 110.
26 Hilck, Erwin und Rudolf Auf dem Hövel, a.a.O., S. 13.
27 Tschoeke, Jutta: Frostige Glieder. Aspekte der Kühlkette. In: Unter Null, a.a.O., S. 131.
28 Ebd., S. 132.
29 Kludas, Arnold und Ralf Witthohn: Die deutschen Kühlschiffe. Herford 1981, S. 7.
30 Tschoeke, Jutta, a.a.O., S. 133.
31 Vgl.: Hilck, Erwin und Rudolf Auf dem Hövel, a.a.O., S. 14.
32 Vgl. ebd., S. 29.
33 Vgl.: Giedion, Sigfried, a.a.O., S. 653.
34 Vgl. ebd., S. 651.
35 Tschoeke, Jutta, a.a.O., S. 129f.
36 Ebd., S. 138f.
37 Vgl.: Hellmann, Ulrich: Künstliche Kälte. Die Geschichte der Kühlung im Haushalt. Berlin 1990, S. 121.
38 Berekoven, Ludwig: Geschichte des Deutschen Einzelhandels. Frankfurt am Main 1987, S. 145
39 Die erste Kunsteisbahn, das Glaciarium, war am 7. Januar 1876 in London eröffnet worden. Weitere Halleneisbahnen entstanden in Manchester (1877), Southport (1879) und im New Yorker Madison Square Garden (1879). Vgl. Täubrich, Hans-Christian: Kunstwelten. Eispaläste, Freiluftbahnen und die Mode am Rande. In: Unter Null, a.a.O., S. 184f. Matthias Hampe führt weitere Eispaläste in europäischen Städten an: «Brüssel (1896), Lyon (1900), Nizza (1906), Glasgow (1907), Warschau (1912), Antwerpen (1913), Madrid (1922) und Mailand (1923). In Nordamerika existierten 1915 bereits 25 Eishallen. 1904 eröffnete man in Adelaide, 1906 in Melbourne (Australien) und 1911 sogar in Johannesburg (Südafrika) Eispaläste.» Hampe, Matthias: Stilwandel im Eiskunstlauf. Frankfurt am Main 1994, S. 54.

# Der weiße Rausch oder heiße Kufen

Der Polarforscher Fridtjof Nansen, der Grönland auf Skiern durchquerte und damit diesem Sportgerät in Europa zu seiner anhaltenden Popularität verhalf, vertrat die Ansicht, daß, wenn es einer Sportart zukäme, den Titel Königin aller Sportarten zu tragen, dies der Skilauf wäre.

Tatsächlich hat unter den Wintersportdisziplinen gerade der Skilauf eine in die Millionen gehende Anhängerschaft gefunden, die sich alljährlich, wenn der erste Schnee gefallen ist, in langen Autokolonnen in die Wintersportzentren der Mittel- oder Hochgebirge quält. «Kein anderes Sportgerät hat einen solchen beispiellosen Aufstieg vom Behelf armer Steinzeitjäger zur modernen gesellschaftlichen und wirtschaftlichen Weltmacht mitgemacht, wie der Schneeschuh, kein anderes hat einen solchen Siegeszug aufzuweisen, von einem kleinen Teil Europas aus über die ganze zivilisierte Welt, und dies innerhalb der Zeitspanne eines einzigen Menschenlebens», faßt Erwin Mehl, der zu Beginn der sechziger Jahre eine Weltgeschichte des Skifahrens[1] publiziert hat, zusammen. Bereits damals hatte in den Alpen die Zahl der Winterurlauber die der Sommerurlauber überrundet. «Über glattgehobeltes Schneeparkett hinabzugleiten ist die häufigste, populärste Art geworden, mit den Alpen umzugehen»,[2] schrieb der Hamburger Journalist Wolf Schneider 1989. Er spielt darauf an, daß die große Begeisterung vieler Menschen für den Skisport in nur wenigen Jahrzehnten auch zu umfassenden Veränderungen von Naturlandschaften geführt hat. Regionen, die einst als abgelegene, unwegsame Schneewüsten galten, genießen heute den Ruf von Schneeparadiesen, nicht unbedingt zum Vorteil der jeweiligen Landschaft. «Was sich ... seit den fünfziger Jahren in den Alpen abgespielt hat, ist eine Explosion des Tourismus und der Siegeszug eines Sports, der in Europa vielleicht auf Erden ohne Beispiel ist. Nauders in Tirol konnte 1923 seinen ersten Wintergast begrüßen, zählte im Winter 1950/51 schon 6700 Übernachtungen und im Winter 1981/82 sechzigmal so viel. Österreich besaß 1960 immerhin 503 Bahnen und Lifte; 1983 waren es 3500, die 450 Millionen Beförderungen registrierten – 28mal soviel wie zweiundzwanzig Jahre zuvor; dazu 20000 Kilometer präparierte Pisten, 10000 Kilometer Langlaufloipen und 8300 Skilehrer.»[3]

Ski, Schlitten oder Schlittschuh in ihren verschiedenen Varianten, die heute ihren Platz als Sportgeräte gefunden haben und zum Vergnügen genutzt werden, hatten ursprünglich rein praktische Funktionen.

So haben die ausgefeilten Stahl- oder Kunststoffskier von heute ihre Vorgänger in einfachsten Geräten, deren Urform ein Hilfsmittel zur Überwindung unwegsamer Strecken im Winter war.

Das Einsinken in den Schnee erschwerte unseren prähistorischen Vorfahren die Jagd oder machte sie sogar ganz unmöglich. Um nicht aufgrund eingeschränkter Bewegungsfreiheit verhungern zu müssen, waren die Menschen gezwungen, Geräte zu ersinnen, mit denen sie sich auf Schneeflächen leichter und schneller fortbewegen konnten.

Vielleicht hat sie die Beobachtung von Tieren dabei inspiriert, des Eisbären beispielsweise, der sich mit seinen breiten Tatzen auf dem Schnee vorwärtsschiebt, des Schneehasen, der im Vergleich zum Feldhasen an den Hinterläufen eine vergrößerte Trittfläche hat, damit er nicht im Schnee einsinkt, oder des kanadischen Schneeschuhkaninchens, das im Herbst an den Hinterläufen sogar bis zu 17 cm lange Haarbüschel bekommt, die es im Frühjahr wieder verliert. Möglicherweise brachten derartige natürliche Vorbilder Menschen einst auf die Idee, ihren Füßen eine größere Aufstellfläche zu verleihen, sie somit auf Schneeschuhe zu stellen. Es läßt sich heute nicht mehr rekonstruieren, wie diese ersten Schneeschuhe ausgesehen haben mögen, ebenso ist bei den Wissenschaftlern umstritten, wo ihre Geburtsstätte liegen mag. Bei der Suche nach der Herkunft des heutigen Skis, mit dem der Läufer über den Schnee gleitet, ist bislang auch die Frage ungeklärt, ob er sich direkt aus dem Tretschneeschuh oder als Sonderentwicklung aus der Schlittenkufe, wenn nicht gar aus dem Sumpfschuh entwickelt habe. Letzterer wurde von Völkern in Sumpfgegenden verwendet und könnte von dort aus seinen Weg in die schneereicheren Regionen genommen haben. Ungelöst ist bislang auch das Problem, ob der Ski an einem Ort entwickelt wurde, von wo aus er sich ausgebreitet hat, oder ob er an verschiedenen Stellen unabhängig voneinander entstand.

Eine Reihe von Historikern vermutet die Herkunft der Skier im nördlichen China, in Nordkorea oder in der Mongolei. Fridtjof Nansen mutmaßte, daß der Schneeschuh im Altai-Gebirge in Innerasien seinen Ursprung hat. Er versuchte auch, die Geschichte der Skier durch Sprachvergleich zu ergründen. Durch den Bibliothekar A. M. Andersen ließ er Bezeichnungen für den Schneeschuh in nordeuropäischen und nordasiatischen Sprachen zusammenstellen. Dabei zeigte es sich, daß selbst Völker, die weit voneinander entfernt wohnten, ähnliche oder sogar gleiche Bezeichnungen verwendeten. Daraus folgerte Nansen, daß sie diese aus ihrer gemeinsamen Urheimat mitgebracht hatten.

Darüber hinaus vertrat er die Auffassung, daß der Wechsel vom Tretschneeschuh zum Gleitschneeschuh nicht allzugroß gewesen sein kann. Seiner Ansicht nach konnte man einen hölzernen Tretschneeschuh mit Fell überziehen und hatte so einen Ski hergestellt. Nansen hat seine Überlegungen durch einen «Stammbaum der Schneeschuhentwicklung» illustriert:

**Runde Holzplatten («Trittlinge»)**

| | |
|---|---|
| Ovale (fellbekleidete) Platten | Weidenplatten |
| Tungusische Schneeschuhe | Schneereifen |
| Fellüberzogene Onder[4] | Kanadische Schneereifen |
| Glatte Gleitschi (ohne Fell) | |

Das deutsche Wort Ski ist eine Entlehung des gleichbedeutenden norwegischen Wortes ski, das bereits im Altnordischen als skidh «Ski, Scheit» existierte. Eine Theorie, die besagt, daß das Wort Ski lautmalerisch mit dem Rauschen des Skis auf dem Neuschnee zusammenhängt, erscheint abwegig.

Die älteste heute bekannte Abbildung eines Skiläufers wurde vor 2000 bis 3000 Jahren auf der Insel Rødøy in Nordnorwegen in einen Felsen geritzt. Neueren Datums sind Felszeichnungen, die am Ladogasee gefunden wurden. Sie sind etwa um 500 v. Chr. entstanden. Im Schwedischen Museum in Stockholm wird ein Ski aufbewahrt, den Archäologen 1921 bei Ausgrabungen in einem Torfmoor bei Hoting in Schweden gefunden haben. Der Ski ist aus Fichtenholz, 110 cm lang und etwa 16 cm breit, sein Alter wird auf ca. 4500 Jahre geschätzt; er gilt als ältester erhaltener Ski. Auch aus der Bronzezeit und aus der Eisenzeit sind in Mooren konservierte Skier bis heute erhalten geblieben. Es wurden sogar mit Runen oder Tierzeichen verzierte Skier gefunden.

Antike griechische, römische und chinesische Geschichtsschreiber erwähnen in ihren Chroniken die Schneeschuhe und ihre Verwendung, zuerst bei der Jagd, später auch auf Kriegszügen. Zu den ältesten schriftlich überlieferten Zeugnissen über den Skilauf gehören Berichte aus China. In den chinesischen Annalen aus der Tang-Dynastie ist, wie der deutsche Sinologe Wilhelm Schott in seiner Abhandlung «Die ächten Kirgisen» 1865 nachgewiesen hat, die Rede vom Schneeschuhlauf bei Nachbarvölkern der Chinesen. Für den wahrscheinlich einst auf Kamtschatka beheimateten Stamm der Liu-Kuei sind sogar die exakten Maßangaben vorhanden, die denen der Moorfunde in Europa entsprechen: «Sie binden an die Füße Bretter von 6 Zoll (15 cm) Breite und 7 Schuh (2,10 m) Länge und jagen so das Wild auf dem Eise.»[5] Als «Holzpferd» wird der Schneeschuh in einer von Schott angeführten Erdbeschreibung aus der gleichen Zeit erwähnt. Es heißt dort von dem mittelasiatischen Gebirgsstamm der Pa-si-mi: «Sie bedienen sich auf der Jagd eines Schuhes, der ‹Holzpferd› heißt. Dieser gleicht einem Schlitten. Der Vorderteil ist aufgebogen. Die Unterseite überzieht man mit Pferdefell so, daß die Haarspitzen rückwärts laufen. Fährt der Jäger mit solchen Brettern an den Füßen den Hang hinunter, so überholt er einen fliehenden Hirsch. Läuft er in der Ebene, so führt er dabei einen langen Stock, den er von Zeit zu Zeit in den Schnee stößt, um sich wie in einem Kahn vorwärts zu schnellen. So gelingt es ihm ebenfalls, verfolgte Tiere einzuholen. Derselbe Stock dient ihm als Stütze, wenn Abhänge zu ersteigen sind.»[6]

Auch frühe mongolische und türkische Völker kannten den Skilauf bereits. So ist überliefert, daß die Shi-weih, ein mongolischer Volksstamm, auf Holz geritten sind und sich dabei schnell vorwärts bewegt haben.

Zu den ersten europäischen Berichterstattern gehört der Geschichtsschreiber Xenophon (ca. 430 – ca. 355), der in der «Anabasis» beschreibt, daß im Winter 401/400 v. Chr. im tiefverschneiten Armenien die Einheimischen den griechischen Söldnern empfahlen, «daß sie die Hufe der Pferde und Lasttiere beim Marsch durch Schnee mit Säcken umhüllen müßten. Denn ohne diese Säcke sanken sie bis zum Bauche ein.»[7] Die Skihistoriker Striebler und Kerler vermuten, daß auch Menschen derartige Säcke (Schneereifen, Schneeschuhe?) benutzten. Aus der gleichen Zeit (400 v. Chr.) stammt der Bericht eines Griechen über eine skythische Jagd, den der römische Dichter Vergil in seinem Lehrgedicht über den Landbau, «Georgica», eingearbeitet hat: «Das Land liegt entstellt von

Schneewällen und dickem Eis, das sich sieben Ellen hoch türmt. ... Immer bläst eiskalt der Nordweststurm. ... Plötzlich schießen im strömenden Fluß Schollen zusammen, und schon trägt die Woge auf ihrem Rücken eisenbeschlagene Räder und lädt, nachdem sie erst Schiff trug, nun geräumige Wagen ein. Häufig zerspringen Gefäße von Erz, selbst die Kleider am Leib erstarren, man zerhackt sonst flüssigen Wein mit Äxten, ganze Weiher sind tief hinab in Eis verwandelt, und am zottigen Bart hängt starrend ein Zapfen. Ebenso fallen indes die Flocken im ganzen Luftraum, ... in dichtgedrängtem Rudel frieren die Hirsche starr unter der unerklärlichen Last, und kaum ragen die Enden ihrer Geweihe heraus. Man jagt sie nicht, indem man Hunde auf sie hetzt, erschreckt auch die ängstlichen Flüchter nicht mit Netzen oder roten Federn, die Angst erregen, nein, wenn sie vergeblich die Brust gegen den Schneewall vor sich stemmen, stößt man sie aus der Nähe mit dem Eisen nieder.»[8] Diese Passage in Vergils Bericht gilt als erstes dichterisches Zeugnis für die Schneeschuhjagd, selbst wenn er die Schneeschuhe nicht erwähnt, doch ohne sie wäre den Jägern im Schnee kein Vorwärtskommen möglich gewesen.

Der griechische Geograph Strabon (63 v. Chr. – 20 n. Chr.) erwähnt Schneereifen, die mit Fellen bespannt waren und die von Völkern an den Südhängen des Kaukasus, also an der schneereicheren Seite des Gebirges, verwendet wurden: Man band sich Platten aus ungegerbten genagelten Ochsenhäuten unter die Füße.

Arrian, der zur Zeit des römischen Kaisers Trajan (98 bis 117 n. Chr.) berichtete, beschrieb 500 Jahre nach Xenophon die Verwendung von Schneereifen im Bergland Armenien. Dort war ein römisches Heer in einen Schneesturm geraten, der jedes Weiterkommen verhinderte. Der Feldherr Bruttios bat die Bevölkerung um Hilfe: «Bruttios befahl, weil der Schnee 17 Fuß (51/2) Meter tief lag, den mit den Tücken des Winters vertrauten Bewohnern, vor dem Heer einherzugehen. Sie banden sich runde Weidengeflechte unter die Füße.»[9] Nachdem die römischen Soldaten es ihnen nachgemacht hatten, konnten sie den Marsch fortsetzen.

Um 550 n. Chr. verfaßte der oströmische Geschichtsschreiber Prokop eine umfangreiche Darstellung des Gotenkriegs – die Felix Dahn später als Grundlage seines «Kampfes um Rom» diente –, in der er auch die «Skridhiphinnoi» erwähnte. Das altnordische «skridha a skidhum» (Schreiten auf Skiern) heißt Ski fahren, und mit den Skridfinnen waren die skifahrenden Samen gemeint.

Der Langobarde Paulus Warenfridus Diaconus (720 – 790 n. Chr.), der eine Geschichte seines Volkes verfaßt hat, berichtet ebenfalls über die Skridfinnen: «Sie gleiten auf einem Holz, das krumm wie ein Bogen ist. Sie ereilen in Sprüngen das Wild, wobei sie bogenförmig gekrümmte Hölzer verwenden.»[10] Auch bei den Langobarden wurden Skier zur schnelleren Fortbewegung bei der Jagd verwendet.

Ferner werden die skifahrenden Nordländer von Saxo Grammaticus (um 1200 n. Chr.) im Vorwort seiner sechzehn Bücher umfassenden Geschichte Dänemarks erwähnt: «Östlich dieser Länder (Schweden und Norwegen) wohnen die Skridfinnen. Dieses Volk benützt ungewöhnliche Beförderungsmittel (inusitata vehicula). Mit deren Hilfe besteigen sie im Eifer der Jagd sonst (infolge des Schnees) unzugängliche Berge und gelangen mit schlangenartig angelegten Spuren, wohin sie wollen. Es ist ihnen kein Fels zu hoch, als daß sie nicht durch geschickt angelegte Kehren seine Spitze erreichen.»[11] Da in Dänemark relativ wenig Schnee fällt, hinterließ der Skilauf bei dem Dänen Saxo Grammaticus einen nachhaltigen Eindruck.

Doch die Samen hatten nicht nur als gute Skifahrer einen Ruf, sie galten auch als geschäftstüchtige Händler. So heißt es in einem Schriftstück aus der Zeit um 1250: «‹Es sieht nach Schneewetter aus, Knaben›, sagten die Finnen (= Lappen). Sie hatten nämlich Onder (Fellschi) zu verkaufen.»[12]

Olaus Magnus, der schwedische Bischof von Uppsala, stützte sich zum Teil auf Saxo Grammaticus, als er seine «Historia de gentibus septentrionalibus» (Geschichte der Nordvölker) schrieb, die 1555 in Rom erschien und 1673 von dem Straßburger Gelehrten Johannes Scheffer ins Deutsche übertragen wurde: «Die Lappen benutzten Skier jetzt nicht mehr nur zur Jagd, sondern für Wettkämpfe und Abfahrtsläufe. Die Skier sind lange Hölzer ... vorne zugespitzt, über sich in eine Krümme gezogen, wie ein Bogen. Das eine Brett ist einen Schuh länger als das andere, je nach Größe der Männer oder Weiber. Dieselben Hölzer sind unterzogen mit dem Haarfell eines jungen Rens. Damit können sie über schneebedeckte Berge und Täler schnell laufen und beherrschen windungsreich die Abfahrt.»[13] Untersuchungen ergaben später, daß lediglich der kürzere, der Abstoßski, auf der Unterseite einen Fellstreifen hatte, der Gleitski hingegen nicht. Dem italienischen Illustrator der Übersetzung, die in Frankfurt am Main unter dem Titel «Lapponia» erschien, waren Skier unbekannt. So sind die auf seinen Holzschnitten dargestellten Skier recht merkwürdig ausgefallen: Er stellte sie als eine Art Schnabelschuhe dar, die nach vorn in eine etwa einen Meter lange aufgebogene Spitze auslaufen. Diese Darstellung hielt sich jedoch lange, und selbst Tizian ließ sich 1664 von ihr inspirieren.

Die ersten Nachrichten vom Skilauf in Finnland sind im finnischen Nationalepos «Kalevala» enthalten. In dieser Sammlung karelischer Volkslieder, die der finnische Ethnologe und Mediziner Elias Lönnrot edierte, wird in der ersten Ausgabe von 1835 («Altes Kalevala») das fahrerische Können des deutschen Hansekaufmannes Wilhelm Lüdcke aus Visby auf Gotland gepriesen. «Einmal stieß er mit dem Stoßski – schon entschwand er in der Ferne, stieße sich fort zum zweiten Male, nichts mehr war von ihm zu hören.»[14] Heute, ein paar hundert Jahre später, gilt Lüdcke bei den Skihistorikern aufgrund dieser Schilderung als erster deutscher Skifahrer!

Aus Mitteleuropa erreicht uns mit einer Ausnahme während der frühen Neuzeit keine Nachricht über den Skilauf: 1689 verfaßte der Landeshauptmann Johann Weichard Valvasor eine vierbändige «Ehre des Herzogtums Krain», in der er auf den Ski- und Schneeschuhlauf in Slovenien eingeht. Diese Quelle bleibt für gut 150 Jahre das einzige Zeugnis über den mitteleuropäischen Skilauf. Es ist kaum zu glauben, daß in den Alpen, die heute zu den Skigebieten par excellence gehören, der Skilauf offenkundig so gut wie unbekannt war. So klagte 1731 Pfarrer Matthäus Merian in einer Predigt in Basel: «Durch die Menge des Schnees werden die Wege und Straßen unbrauchbar und gefährlich gemacht, so daß viele Reisende umkommen und verloren gehen. Weiters wurde durch allzuviel Schnee, auf den gemeinhin harter Frost und Kälte erfolgte, allerhand Gewerb gestockt und verhindert und also Handel und Wandel versperrt, daß es Kummer und Angst und Mangel gibt.»[15]

Schon in antiken Quellen wird der Gebrauch von Schneeschuhen anläßlich kriegerischer Ereignisse erwähnt (Xenophon, Arrian). Seit dem Mittelalter gibt es Hinweise auf ihre systematische militärische Verwendung. Der bereits erwähnte Saxo Grammaticus schildert, wie die Finnmarker auf Schneeschuhen die gut bewaffneten Soldaten des dänischen Königs Ragnar Lodbrok, der sein Winterlager im Bereich des Weißen Meeres hatte, besiegten.

In Nordeuropa wurden bei kriegerischen Auseinandersetzungen im Winter in der Regel Schneeschuhläufer eingesetzt. So schlugen im Jahre 1590 nur 600 Finnen das russische Heer, wobei dieser sensationelle Erfolg ihnen nur durch die Verwendung von Schneeschuhen möglich geworden war. In der Nacht vor der Entscheidung war so viel Neuschnee gefallen, daß die finnischen Schneeschuhläufer die sich mühsam durch den lockeren Schnee kämpfenden Russen überrumpeln konnten.

Ein noch heute bestehendes Königshaus verdankt nicht zuletzt Skiläufern seine Existenz. Im Jahre 1520 unterdrückten die Dänen unter ihrem König Christian II. im Blutbad von Stockholm einen Aufstand der Schweden gegen die Fremdherrschaft. Der Adelige Gustav Eriksson entkam und suchte zunächst vergeblich Beistand bei den Bauern von Mora. Es blieb ihm nichts übrig, als die Flucht vor den dänischen Häschern über das verschneite Gebirge nach Westen anzutreten. Als jedoch – man schrieb inzwischen das Jahr 1521 – die Stimmung der Bauern umschlug, sandten sie unverzüglich ihre zwei schnellsten Skiläufer aus, um ihn zur Umkehr zu bewegen. Das gelang ihnen nach fast 90 km Verfolgungsjagd. Mit Hilfe der Bauern gelang es Eriksson übrigens später, die Dänen zu vertreiben. Seine Landsleute wählten ihn 1523 zum schwedischen König Gustav Wasa. Zur Erinnerung an dieses Ereignis wird seit 1922 der berühmte Wasalauf auf der Strecke von Mora nach Sälen durchgeführt, der heute zu den berühmtesten Skiveranstaltungen der Welt gehört.

In Rußland kann der Skilauf auf eine 4000jährige Tradition zurückblicken. Reste von karelischen Wandmalereien zeigen an Höhlenwänden Menschen auf Skiern, deren Treiben allerdings für uns nicht mit Sicherheit gedeutet werden kann. Archäologen mutmaßen, daß es sich um Krieger oder um Jäger handeln könnte; sogar den Gebrauch eines skistockähnlichen Geräts bezeugen prähistorische Felszeichnungen. Der erste namentlich bekannte Skiläufer Rußlands war der Kiever Großfürst Vladimir I. Monomach (1053 – 1125).[16]

Die detailliertesten Informationen über die Verwendung von Schneeschuhen im mittelalterlichen Rußland enthält der 1549 von Siegmund Freiherr von Herberstein geschriebene Bericht «Rerum Moscoviticarum commentarii». Er berichtet dort im Zusammenhang mit einer Winterreise durch das Gebiet Perm auch über Skifahrer mit sehr kurzen Brettern, mit Backenbindung und langen Stöcken. Herberstein gibt ausführliche Details zu den Schneeschuhen: «Sie sind etwa eine Hand breit und sechs Spannen lang (etwa 1,30 m bis 1,40 m). In der Mitte haben sie überhöhte Ränder, in die man den Fuß hineinsetzt, ... in den Rändern sind Löcher, damit man den Ski anbinden kann.»[17]

Weitere Angaben macht Alexander Guagnini, ein Italiener in polnischen Diensten, der gegen 1580 in seinen Beschreibungen der Länder westlich des Urals berichtet, daß Schneeschuhe in den meisten Gegenden Rußlands üblich seien und daß sie den jagenden Menschen auf Schnee einen erheblichen Vorteil bieten. «Sie gleiten schnell dahin, daß ihnen die Pferde auf keine Weise folgen können. Sie überqueren Hügel und Mulden leicht und jagen daher Tiere aller Art.»[18]

Der Übergang vom zweckorientierten Skilauf zum Sport vollzog sich in Norwegen. Vor allem in der Landschaft Telemarken war der Ski seit 1800 bei den dortigen Bergbauern nicht mehr ausschließlich ein Hilfsmittel, das die Fortbewegung im verschneiten südnorwegischen Terrain erleichterte. Bereits im ersten Drittel des 19. Jahrhunderts gab es dort an Sonntagen Skiveranstaltungen, bei denen sogar erste Sprungversuche unternommen wurden. Aus dem Jahre 1808 wurde eine Sprungweite von 9,50 m bekannt, die ein Leutnant Olav Rye erreicht hatte. Eine Initiative des Generals Bierch führte schließlich zum ersten Langlaufwettbewerb für Teilnehmer aus der Zivilbevölkerung: 1843 fand in Tromsø der erste ernsthafte Wettkampf statt, bei dem im 5-km Langlauf der damals 16jährige spätere Minister J. W. Steen den zweiten Platz belegte.

1861 wurde in Kristiansand die erste Ski-Ausstellung eröffnet. 1877 wurde in Oslo (damals Kristiania) ein Skiverein gegründet, die Keimzelle des norwegischen Wintersports. Auf dem Gebiet der Organisation des Skilaufs hatten aber inzwischen andere den Norwegern den Rang abgelaufen. Mitte des 19. Jahrhunderts hatte der Skisport bereits den Äquator überschritten: Den Ruhm, der erste Skiverein der Welt zu sein, konnte der 1861 in der Goldgräbersiedlung Kiandra in den australischen Alpen gegründete Skiklub verbuchen. Nach zwei europäischen Gründungen folgte 1867 der älteste amerikanische Skiverein, der Alturas Snow Shoe Club in Kalifornien.

Wichtig für die Entwicklung des Skifahrens in einer breiten Öffentlichkeit wurde die Grönland-Durchquerung Fridtjof Nansens im Jahre 1888. Ein Jahr zuvor kündigte die deutsche Zeitschrift «Über Land und Meer» das Unternehmen mit dem folgenden Hinweis an: «Unter Leitung des bekannten norwegischen Athleten Nansen wird sich in diesem Frühjahr eine Polarexpedition nach Grönland begeben, womöglich auf Schlittschuhen den Nordpol zu erreichen.»[19] Die geographischen Vorstellungen waren dabei ebenso vage wie die vom verwendeten Gerät.

Angeregt durch einen Vorstoß zweier Samen, die 1883 im Rahmen der Grönland-Expedition des Schweden Nordenskjöld auf Skiern 460 km weit ins Innere Grönlands vorgedrungen waren, hatte Nansen seinen Plan gefaßt. Die beiden Samen hatten diese Strecke, die sie bis in eine Höhe von 1947 m auf das Inlandeis führte, innerhalb von 57 Stunden zurückgelegt.[20]

Als Nansen mit seiner Idee an die Öffentlichkeit trat, war er in seiner Heimat längst kein Unbekannter mehr, hatte er sich doch bereits auf einigen Wintersportveranstaltungen einen Namen gemacht, bevor er sein großes Abenteuer startete. Zwei der drei Begleiter, die Nansen für seine eigene Expedition auswählte, stammten wiederum aus Samland. Zu ihrer umfangreichen Ausrüstung gehörten insgesamt neun Paar Ski.[21] Nach Rückkehr von seiner erfolgreichen Durchquerung schrieb er den Reisebericht «Auf Schneeschuhen durch Grönland». Eindringlich schilderte er die Brauchbarkeit der damals noch recht umstrittenen Schneeschuhe.

Der vielfach übersetzte Bericht wurde zu einem der meistgelesenen Bücher seiner Zeit. Mit dem Werk gelangte die Idee des Skifahrens von Norwegen nach Mitteleuropa, wo Nansen bis heute als geistiger Vater des Skilaufens gilt.

Schon bald zeigte sich allerdings, daß die in den flachen, weiten Landschaften Norwegens praktizierte Skilauftechnik sich nur bedingt in den alpinen Bereich mit seinen steilen Hängen und hohen Pässen übertragen ließ. So entwickelte sich hier sehr bald eine eigene Form des Skisports. Das erste Paar Skier übrigens, das in der Schweiz auftauchte, war auf Umwegen in das Alpenland gekommen. Es läßt sich bis zu einem Mann namens Giocondo Dotta aus Airolo zurückverfolgen. Er war nach Kalifornien ausgewandert, wo er das Skifahren von einem Norweger erlernt hatte, den er beim Goldschürfen getroffen hatte. Nach seiner Rückkehr ließ er sich von einem einheimischen Schreiner ein Paar Skier anfertigen, so wie er sie in Kalifornien gesehen hatte.

In der Schweiz entwickelte sich zunächst das Skibergsteigen. Von Nansens Buch inspiriert, unternahm Christoph Iselin mit dem Deutschen Wilhelm Paulcke die ersten bedeutenden Skitouren durch die Schweizer Alpen. Im Jahre 1897 durchquerte er mit Freunden auf Skiern das Berner Oberland und erklomm die Jungfrau bis zu einer Höhe von 3750 m.

1904 wurde der Mont Blanc (4807 m) von drei Schweizer Bergsteigern und einem deutschen Touristen zum erstenmal per Ski bezwungen.

Auch in den deutschen Mittelgebirgen setzte sich das Skilaufen Ende des 19. Jahrhunderts langsam durch. Im Harz waren es vor allem Förster, die die Vorteile des Skilaufes für sich entdeckten. Als erster ließ sich ein Oberförster Arthur Ulrichs in Braunlage Skier fertigen. Er war auf die Idee zu ihrer Verwendung gekommen, als er 1883 den Auftrag erhalten hatte, nach einem ungewöhlich schweren Schneesturm die Schäden in seinem Revier festzustellen.

Im Jahr darauf erstiegen als erste im Abstand von einigen Tagen ein Norweger und zwei Engländer den 1142 m hohen Brocken, bevor es ihnen die Einheimischen nachmachten.

Im niederschlagsreichen Dezember 1886 bestanden die Skier im Harz einen erneuten Praxistest. Nachdem durch heftige Schneefälle die Wege und Straßen kaum mehr passierbar waren, übernahm der Geologiestudent von Hähnlein aus Ballenstedt auf Schneeschuhen die Postzustellung. Im gleichen Winter versorgte Förster Heucken aus Braunlage das Wild in seinem Revier auf Skiern und rettete es so vor dem Verhungern.

Allerdings schlug sich die Liebe zum Skilauf im Harz auch im Anwachsen der Kleinkriminalität nieder, wie das zuständige Forstamt meldete: «Es mehren sich überall die Holzdiebstähle, ganz augenscheinlich, um sich aus dem Holz Skier anfertigen zu können.» Fortschrittlich gab man sich im Schulunterricht: Im Winter 1897 wurde in der Braunlager Volksschule Skiunterricht statt Turnen erteilt.

In den 80er Jahren hielt der Skilauf auch in Bayern Einzug. 1890 wurde der 1790 m hohe Heimgarten als erster bayerischer Alpengipfel mit Schneeschuhen bestiegen, und in München zog Wilhelm Paulcke – noch als Schüler – Spuren im Englischen Garten.

In Thüringen stellte sich 1884 die erste Dame auf die Bretter: Eine Frau Holland – Pächterin eines Gasthauses in Oberhof – bediente sich der Skier, immer wenn die Herren nicht da waren, die sie bei ihr zur Aufbewahrung untergestellt hatten.

Um 1890 erschienen in diversen Zeitschriften auch erste Artikel über Skilauf; er wurde nicht nur Tagesgespräch, sondern fand auch Anhänger, die 1891 in München den ersten deutschen Skiclub gründeten. Anders als in Skandinavien zog in Deutschland das Militär nach: Von keinem geringeren als General von Hindenburg, dem damaligen Chef der Heeresleitung und späteren Reichspräsidenten, stammte 1892 eine Verfügung, aufgrund derer die Absolventen aller Kadettenanstalten, Kriegsschulen sowie einige Jägerbataillone mit Skiern ausgerüstet wurden.

Um die Jahrhundertwende liegen auch die Anfänge der Wintersportzentren. 1897 gelang es dem französischen Alpenort Chamonix, erste Urlauber für den Wintersport zu begeistern, in St. Moritz stellte man bereits seit 1880 Wintergästen ein abwechslungsreiches Programm auf Schnee und Eis zusammen: Rodeln, Eislauf und Curling.

In St. Moritz war in der zweiten Hälfte des 19. Jahrhunderts die Idee des Winterurlaubs geboren worden. Im September 1864 hatte eine Gruppe von Engländern in der Engadiner Stube des Kulm-Hotels von Johann Brutt gesessen, als der clevere Wirt seinen Gästen vorschlug, die sonnige schneereiche Winterzeit einmal auf seine Kosten in seinem

Hotel zu verleben. Die Briten nahmen an und verbrachten tatsächlich den ersten Winterurlaub in dem Schweizer Ort. Ihre Erfahrungen wurden 1865 in der Londoner Presse publiziert und sprachen sich schnell herum: «Wir waren weit entfernt, unter Kälte zu leiden. Die Sonnenbestrahlung ist dort teilweise so stark, daß Sonnenschirme unentbehrlich sind. Die Sonne, der blaue Himmmel und die Klarheit der Atmosphäre setzten uns in Erstaunen.» Die Zahl der Wintersportfreunde stieg so schnell, daß 1907 ein französischer Arzt die Entwicklung des Wintertourismus besorgt analysierte. Er verglich die Fremdenlisten der Riviera mit denen der schweizerischen Winterkurorte, überprüfte Namen und stellte fest: 70 % der Stammkundschaft des Mittelmeeres tauchten nun in den Gästelisten der Schweiz auf. Mit spitzer Feder wurde errechnet, daß durch diese Entwicklung der Riviera monatlich 15 Millionen Franken entzogen würden. In der Gazette medicale erschien noch im gleichen Jahr der Artikel «Wintersport eine Gefahr für die Riviera», in dem es hieß: «Wenn der unglaubliche Wohlstand der schweizerischen Wintersportstationen nicht eine Gefahr für unsere französischen Kurorte an der Riviera bedeuten würde, wäre es nicht nötig, den Ursachen näherzutreten. Seit mehreren Jahren kommen unsere üblichen Gäste nicht mehr zu uns. Von Dezember bis Februar hat sich etwas verändert, die Saison setzt immer später ein, und Quantität und Qualität der Kundschaft sind nicht mehr wie früher. In der Schweiz hingegen, wo man vor 15 Jahren im Januar höchsten 2500 Gäste zählte, sind jetzt mehr als 30000 im gleichen Monat. Schlittschuhe, Ski, Schlitten, Toboggans, Bobsleighs ziehen die Fremden an und unter ihnen besonders die sportfreudigen Engländer. Die Schweiz war schon vorher als einzigartiges Land sommerlicher Ferienmöglichkeiten bekannt. Nun gestatten diese winterlichen Vergnügungen der Schweiz auch eine winterliche Erwerbsmöglichkeit, die ebenso unerwartet gekommen ist, wie sie glänzend ausfiel. Zu den einzigen Winterstationen Davos und Leysin, die uns bisher bekannt waren, kommt nun eine ganze Anzahl blühender Kurorte. Der Zustrom der Reisenden ist so stark, daß die Bahnen Extrazüge einschalten mußten, und zwar während der Dauer des ganzen Winters. ... In weniger als fünf Jahren haben Ski, Schlitten und Toboggan eine Unmenge von Liebhabern und Fachleuten gefunden, die sich damit abgeben.»[22]

Bereits 1890 versuchte sich auch Gerhart Hauptmann auf Skiern: «Ich verfiel schließlich selbständig auf das Skilaufen und bat zwei dänische Freundinnen, mir Schneeschuhe zuzusenden. Die weisen Väter vom Stammtisch in Schreiberhau rieten dringend ab. Sie meinten, die Schneeverhältnisse im Riesengebirge seien für den Sport ungeeignet. Ich ließ mich indes nicht erschrecken und bewies bald als Einzelner im Gebirge unter Hohn und Spott das Gegenteil.»[23] Kurz zuvor hatte allerdings Sir Arthur Conan Doyle, der geistige Vater des Sherlock Holmes, festgestellt: «Die Skier sind die bockbeinigsten Dinger der Welt. An einem Tag geht alles glatt, an einem anderen bei gleichem Schnee und Wetter, will dir nichts gelingen.»[24]

1895 gab es erste Auskünfte über die Schneelage in Wintersportorten, die jedoch gelegentlich wohl ein Bild zeichneten, das «weißer» als die Realität war. In einer Zeitungsnotiz jener Zeit hieß es: «Die Berichterstatter sind aufgefordert worden, sich absoluter Objektivität zu befleißigen. Da an den vergangenen Feiertagen verschiedentlich festgestellt worden ist, daß einzelne Berichte mit den tatsächlichen Verhältnissen nicht übereinstimmten, hat der Fremdenverkehrs-Verein mitgeteilt, daß, sobald die Unzuverlässigkeit einer Angabe festgestellt wurde, die Berichte des Betreffenden Ortes nicht mehr angenommen werden.»[25]

Die Urlauber hingegen waren zufrieden, die Zahl der Wintergäste stieg beharrlich. Als sich Hermann Hesse 1930 in Davos aufhielt, empfand er die Art, wie dort Wintersport betrieben wurde, als flott und imponierend. Die Schlittschuhbahnen erschienen ihm groß und glashart, das Land war seiner Meinung nach für Skitouren wie geschaffen, und die Schlittschuhbahnen hielt er für die besten, die er je gesehen hatte.

Ähnlich wie Ende des 19. Jahrhunderts erhielt der Skisport in den zwanziger Jahren einen weiteren Popularitätsschub durch die Filme des Regisseurs und Filmemachers Dr. Arnold Fanck. Von Beruf Geologe, verstand er es, seine Begeisterung für die weiße Welt der Berge und den jungen Skisport auf ein großes Kinopublikum zu übertragen. In der wirtschaftlich schwierigen Zeit verstand er es, seine Zuschauer aus der traurigen Lage in den Städten zumindest für ein paar Kinostunden hinaus in eine Welt voller Lebensfreude, Übermut und Sonnenschein zu versetzen. 1913 hatte er den ersten Hochgebirgsfilm der Kinogeschichte, «Eine Ersteigung des Monte Rosa mit Filmkamera und Skiern», gedreht, dem 1919/20 der Skifilm «Das Wunder des Schneeschuhs» folgte. «Fuchsjagd im Engadin», «Der Berg des Schicksals», «Der heilige Berg», «Der große Sprung», «Die weiße Hölle am Piz Palü», «Der weiße Rausch» – das alles waren große Kinoerfolge, die seinerzeit bei Hunderttausenden den Wunsch weckten, einmal selber auf Skiern zu stehen.

Aus dem einfachen Holzski, wie ihn noch Nansen verwendete, sind heute Geräte aus Metall und Kunststoff geworden, die in Spitzenausführungen mehrere hundert Mark kosten. Dazu hat sich der Skisport in die unterschiedlichsten Disziplinen aufgefächert, von denen jede ihren eigenen Ski verlangt. Ob es sich um den elastischen Langlaufski handelt, den Loipenski für Skiwandern im welligen Gelände der Mittelgebirge, den Pistenski für Abfahrts- oder Slalomläufe oder den Sprungski, mit dem Skiflieger heute über 100 m weit springen, jeder von ihnen weist eine spezielle Fertigungstechnik auf.

Neben dem Ski ist in den letzten Jahren ein neues Sportgerät auf den Schneepisten aufgetaucht: das Snowboard. Es blickt nicht nur auf eine eigenständige und eigenwillige Entwicklung zurück, sondern erfreut sich wachsender Beliebtheit vor allem bei jüngeren Wintersportfreunden.

Die Geschichte begann, als Mitte der 60er Jahre der in Muskegon (Michigan) lebende Sherman Poppen über ein Wintersportgerät für seine Kinder nachdachte und dabei die Bretter der Wellenreiter vor Augen hatte. Er montierte zwei Skier zusammen, mit denen sich der Nachwuchs amüsierte. Sie bevorzugten, sich schräg auf das Brett zu stellen, was Poppen auf die Idee brachte, anstelle der Ski die breiteren Wasserski zu verwenden: der «Snurfer» war entstanden. Poppen ließ ihn sich patentieren. Bald wurden die neuen Bretter en gros hergestellt, und 1966/67 erreichten die Verkaufszahlen 100000 Stück. 1968 erhielt der damals 14jährige Jake Carpenter einen Snurfer. Er arbeitete an Verbesserungen und gründete 1977 eine eigene Firma in Vermont, die sich jedoch mit dem Absatz schwer tat. Ein dritter im Bunde der Snowboard-Pioniere ist Dimitrij Milovich, begeisterter Wellenreiter, der 1969/70 eine Polyester-Planke entwarf, die er sich 1972 patentieren ließ. Der amerikanische Skateboardweltmeister Tom Sims gewann schließlich auch den ersten Wettkampf im Snowboard-Fahren, der 1981 in Colorado ausgetragen wurde. Zu Beginn der 80er Jahre schwappte die Welle der Snowboard-Begeisterung schließlich auch nach Europa über.

Jose Fernandez war der erste Europäer, der in einem Snowboard-Rennen den amerikanischen Sportlern die Stirn bot. 1986 wurde im italienischen Livigno das erste Snowboard-Camp in Europa durchgeführt. Ein Jahr später fanden in Livigno und St. Moritz die ersten Weltmeisterschaften in dieser Sportart in Europa statt. 1987 wurde die International Snowboard Association (ISA) in Leben gerufen, die es sich zur Aufgabe gemacht hat, diesen Sport international zu entwickeln.[26]

Noch schneller als über die Schneepiste flitzen Sportler über die Eisbahn. Ein Rennbob erreicht heute Spitzengeschwindigkeiten von 150 km/h. Das Prinzip der Raserei ist einfach: Durch die Reibung der

Kufen auf Schnee oder Eis entsteht Wärme, das Eis schmilzt an der Kontaktstelle, und das dabei entstehende Wasser dient dem Schlitten als Schmiermittel, auf dem er über das Eis gleitet. Doch ob Bob, Rennrodel oder Kinderschlitten – als Sportgerät ist der Schlitten wie alle Wintersportgeräte relativ jung.

Vor der Erfindung des Rades wurden Lasten oder Beutetiere zu ihrem Bestimmungsort geschleift. Irgendwann muß jemand erkannt haben, daß das Schleppen auf Kufen, d.h. mit einem Schlitten, leichter geht. Gebogene Knochenkufen aus der Steinzeit und Schriftzeichen aus Mesopotamien, die auf den Gebrauch von Schlitten hinweisen, können wohl als die ältesten Zeugen dieser Transport- und Fortbewegungsart angesehen werden. Belegt ist zudem, daß im alten Ägypten die gewaltigen Steinquadern für den Bau der Pyramiden auf diese Art transportiert wurden. Der bereits erwähnte griechische Geograph Strabon hatte neben der Verwendung von Skiern bei den Völkern des Kaukasus den Gebrauch des Schlittens registriert und beschrieben, wie sie im Winter schneebedeckte Hänge mit ihren Lasten auf Tierhäuten liegend heruntergleitten.

Rund hundert Jahre später berichtet Plutarch von der ungeheuren Dreistigkeit der Kimbern gegenüber den Römern, die für ihre Gegner nichts als Verachtung und Hohn übrig hatten und, um ihnen ihren tollkühnen Mut vor Augen zu führen, wenn es schneite, ohne Obergewand herumliefen und furchtlos durch Eis und tiefen Schnee kletterten. Sie setzten sich sogar auf ihre flachen Schilde und sausten damit in die Tiefe.

Die ältesten heute noch erhaltenen Schlitten wurden 1908 in der Landschaft Slagen am Oslofjord zusammen mit dem Osebergschiff geborgen. Mit diesem Schiff war eine nordische Fürstin begraben worden; für ihre Reise ins Jenseits hatten ihre Angehörigen ihr zahlreiche Gebrauchsgegenstände mitgegeben. Im Rumpf dieses Drachenschiffes fand man drei Prunkschlitten mit schlanken Kufen und hohem Aufbau sowie einen Arbeitsschlitten, solide und zweckmäßig gebaut, die in ihrer Form den heutigen Modellen schon sehr nahe kamen. Sie beweisen, daß die Wikinger bereits im 9. Jahrhundert Schlitten benutzten.

Anders als etwa der Wagen, blieb der Schlitten in seiner technischen Struktur von Anfang an unverändert: Ein auf zwei Kufen montiertes Gestell. Gegenüber dem Wagen brachte er auf Schnee Vorteile; und so blieb er nur in Gebieten im Gebrauch, die den Winter kennen.

Später trat er auch an die Stelle des Reisewagens nur in Ländern mit langem Winter, wie in Rußland oder Skandinavien. In Mitteleuropa waren Reisen im Winter lange Zeit eine große Seltenheit. Reiseschlitten mit einem geschlossenen Kasten zum Schutz gegen schlechtes Wetter gab es hier nicht.

Dafür wurde der Schlitten mehr und mehr zum aufwendig gestalteten Luxusgefährt für das Freizeitvergnügen. Hirsche, Bären, Löwen und Schwäne wurden auf Kufen gestellt, bis es 1452 dem Kardinal Johann Capistrano in Nürnberg zu bunt wurde und er Schlitten als Machwerke des Teufels verurteilte. Er forderte dazu auf, sie zu vernichten. Tatsächlich wurden daraufhin 72 Schlitten zusammengetragen und verbrannt.

Doch die Bevölkerung wollte auf das Schlittenfahren nicht verzichten und kümmerte sich kaum um die Einwände des Klerus, jedenfalls wurde das Schlittenfahren immer populärer. Der Meistersinger von Nürnberg, Hans Sachs, kann in seinem «Gespräch zwischen dem Sommer und dem Winter» die Freuden des Schlittenfahrens in die Waagschale des Winters legen, denen der Sommer erst einmal Gleichwertiges entgegensetzen müsse.

War Schlittenfahren in Bürgerkreisen ein großer Spaß, so entwickelte sich an Fürstenhöfen ein regelrechter Schlittenkult. Die Schlitten wurden aufwendiger, prächtiger, größer. Deutschland wurde das Zentrum für den Bau von Prunkschlitten. Der französische Reisende Chapuzeau, der sich im Jahre 1669 in Sachsen aufhielt, berichtete, die Schlittenfahrten am Dresdner Hof hätten etwas Königliches. Er beschrieb mehr als zehntausend Taler teure Schlitten mit einer ungeheuren Anzahl silberner Glöckchen am Zaumzeug des Pferdes. Es gab Schlitten, die Triumphwagen, Muscheln, Sirenen, Dephine, Löwen oder Adler darstellten. Gewöhnlich wurden die Fahrten bei Fackellicht veranstaltet. Chapuzeau schwärmte von den Veranstaltungen in Dresden, an denen oft fünfzig bis sechzig Schlitten teilnahmen. Das Schlittenfahren war schließlich so beliebt, daß August der Starke 1721, um eine geplante Schlittenfahrt nicht absagen zu müssen, keine Kosten und Mühen scheute. Von mehr als 100 Bauern ließ er gut zweitausend Fuder Schnee von außerhalb nach Sachsen schaffen.

Auch in Wien setzte sich das Vergnügen des Schlittenfahrens schließlich durch. Es wurde selbst in den Tagen des Wiener Kongresses praktiziert. In diplomatischer Mission war auch Karl Varnhagen von Ense in der österreichischen Metropole, begleitet von seiner Frau. Die für gewöhnlich sehr kritische, durch ihren Berliner literarischen Salon berühmt gewordene Rahel Varnhagen war von dem bunten Treiben sehr beeindruckt. Nachdem sie wieder einmal einen ganzen Tag mit dem Perspektiv vor Augen den Ereignissen zugesehen hatte, schrieb sie am

23. Januar 1815 in einem Brief an Berliner Freunde: «Gestern Mittag war dann endlich die große Schlittenfahrt: mir glaubt, und keiner Zeitung. Himmlische, kommode halbe Wagen, nicht nach der neuen schlechten Mode, die – nichts destoweniger, sondern destomehr – sehr elegant aussahen, auf sehr guten Schlittengestellen; übermäßig beharnischte Pferde mit entsetzlich beglockten Decken, verguldet und versilbert nach Lust! Und kaiserlich, ungefähr bei jedem sechs reichlich galonierte Bedienten mit dreieckigen Hüten, die Vorreiter sein sollten: nicht knallten. In jedem ein Herr und eine Dame. Die Damen mit allerlei kouleurten Pelzen und Hüten; aber alle von einer fraiseuse, also beinahe gleich. ... Lady Castlereagh, nicht hübsch, nicht jung, aber kolossal – in gelb mit einem rasenden Schal darüber.»[27]

Doch bei Ausfahrten im Schlitten sollte es nicht bleiben. Schlittenspiele wurden ersonnen. Das beliebteste wurde schließlich das Ringelstechen: Die Dame nahm im Schlittenkasten mit einem Speer in der Hand Platz. Der Kavalier, den sie in der Regel selbst ausgewählt hatte, saß rittlings auf der Sitzpritsche hinter der Dame, von wo aus er den einspännigen Schlitten lenkte. Gefahren wurde im gestreckten Trab oder Galopp. Das Ziel bildete ein über zwei Stangen gespanntes Seil mit einem Ring oder Kranz, den die Dame mit eingelegter Lanze aufspießen mußte.

Mitunter wurden Schlittenfahrten zu einem närrischen Fest. In seiner «Geschichte des Grotesk-Komischen» beschreibt der Kulturhistoriker Karl Friedrich Flögel 1789 eine Schlittenmaskerade besonderer Art, die an einem Abend am Hofe Peters des Großen stattfand. Der russiche Zar stellte mit seinem Schlitten eine reichlich verrückte Parade vor: «Der erste Schlitten, der Bacchusschlitten, wurde vom Hofnarr Witschai geführt, der in ein Bärenfell eingehüllt war. Demgemäß wurde der Schlitten auch von sechs jungen Bären gezogen. Als Vorspann des anschließenden Mohrenschlittens dienten sechs Schweine. Das Glanzstück des Zuges war die darauffolgende friesische Fregatte des Kaisers auf Schlittenkufen. Sechzehn Pferde mußten das Ungetüm ziehen. Die Fregatte, welche der Zar in der Uniform eines Seekapitäns selbst kommandierte, muß von gewaltigen Ausmaßen gewesen sein, denn sie trug drei Masten mit Segeln und zugehörigem Tauwerk. Dann standen auf ihr 32 Kanonen, von denen jedoch die meisten Attrappen und nur acht aus Metall waren.»[28]

Doch diese Maskerade bildete selbst in Rußland die Ausnahme. Gerade hier hat der Schlitten im Alltag eine größere Rolle gespielt als anderswo. Im langen kalten Winter bot er die einzige Chance zu reisen.

Und noch im 20. Jahrhundert verwenden Dichter häufig das Bild der Troika, des von drei Pferden gezogenen Schlittens.

Im 19. Jahrhundert kamen die Schlitten allmählich aus der Mode. Ein Fürst allerdings wollte die Erinnerung an vergangene Zeiten unbedingt wieder heraufbeschwören: König Ludwig II. von Bayern. Der überspannte Monarch ließ nicht nur märchenhafte Schlösser, sondern auch Wagen und Schlitten von phantastischer Pracht erbauen. Die Schlitten benutzte er lieber als seine Wagen. Franz Seitz, der die Kutschen und Schlitten entwarf, hatte es oft schwer mit dem Landesherrn. Mal war ihm der Gesamteindruck nicht würdig genug, ein anderes Mal waren ihm wichtige Details – etwa die durch eine elektrische Lampe erleuchtete Krone über seinem Sitz – nicht dekorativ genug plaziert.

Ob es die frierenden Kavaliere beim Ringelstechen waren oder der eher nüchterne Geist des 19. Jahrhunderts, die dem Schlitten ein Ende bereiteten, läßt sich heute nicht mehr mit Sicherheit klären. Auf jeden Fall landeten die prunkvollen barocken Karossen über kurz oder lang in den Remisen der Schlösser und Burgen, wo sie, vergessen von der Welt, verrotteten.

Als Verkehrsmittel ist der Schlitten in den Eis- und Schneegebieten des eurasischen und amerikanischen Raumes allerdings bis heute gebräuchlich, denn von keinem anderen Transportmittel konnte er bis heute an Nützlichkeit, Elastizität und Sicherheit übertroffen werden. Das moderne Snowmobile, das heute aus der Arktis nicht mehr wegzudenkende Kettenfahrzeug, macht da keine Ausnahme, es ist zwar schneller als ein Hundeschlitten, dafür aber auch anfällig gegen Kälte und scharfkantiges Eis.

Die Vorläufer des Hundeschlittens, so glauben Ethnologen, waren gefrorene Eisbären- und Elchfelle. Vor allem die Netsilik-Inuit und die Bewohner Alaskas sollen ihr Hab und Gut in prähistorischer Zeit auf diese Art über das Eis gezogen haben.[29] Schließlich war der Gebrauch von Wasserfahrzeugen nahezu acht Monate im Jahr nicht möglich. Da es kaum lockeren und tiefen Schnee gab, kannten die Inuit im Gegensatz zu den Indianern keine Schneeschuhe. Wichtigstes Transport- und Fortbewegungsmittel war der Hundeschlitten. Es gab allerdings regionale Konstruktionsunterschiede, schließlich richtete sich seine Herstellung nach den verfügbaren Rohmaterialien. So bestanden die Schlitten der auf der Baffin-Insel beheimateten Inuit aus Treibholz, sie hatten 1,5 bis 4,5 m lange, 0,5 m bis 1 m weit auseinanderstehende Kufen, die vorn hochgebogen und hinten senkrecht abgeschnitten und durch Querstäbe aus Holz oder Geweih miteinander verbunden waren. Hier wie auch in

Grönland waren hinten senkrechte Stangen bzw. ein Karibuschädel mit seinem Geweih angebracht. Um das Holz zu schonen und den Kufen eine bessere Gleitfähigkeit zu verleihen, waren sie mit einer Auflage aus Walroßelfenbein oder Geweih versehen. Die Kufen bestanden aus mehreren Teilen, sie wurden entweder aneinandergebunden oder mit Geweihnieten versehen. Die Querstreben wurden durch Lederriemen mit den Kufen verbunden.

Problematisch war der Schlittenbau für die Netsilik-Inuit, in deren Siedlungsgebiet kein Treibholz vorkam. So entwickelten sie eine besonders eigentümliche Methode: Sie fertigten ihre Schlitten aus Robbenfellen. Dazu wurde ein unbrauchbar gewordenes Sommerzelt zerschnitten, aufgerollt und durch ein Eisloch in Flußwasser getaucht. Nachdem es gut durchgeweicht war, wurden die Bahnen zunächst wieder ausgerollt. Gefrorene Fische, die hintereinandergelegt in die Fellbahnen eingewickelt wurden, bildeten somit die Kufen. Als Querverbindungen dienten Karibugeweihstücke, die durch Lederriemen mit den Kufen verbunden waren, oder Querspanten aus Fell mit «eingelegtem» gefrorenem Fisch oder Fleischstreifen, die gleichzeitig als Notproviant dienten. Um eine gute Gleitfähigkeit der Kufen auf dem Eis zu erzielen, wurde eine Schicht aus zerstampftem Moos, Schnee und Wasser aufgetragen. War diese Masse an der Kufe festgefroren, wurde sie mit einem Messer glattgeschnitten. Da sich im Frühjahr die dünne Eisschicht unter den Kufen schnell verbrauchte, schnitt man dünne Eisschichten aus Süßwassereis zu und leimte sie mit nassem Schnee unter die Kufen.[30]

Ob die Inuit für ihre Schlitten Vorbilder hatten, ist ungeklärt. Gezogen wurden sie von Hundegespannen oder auch von Rentieren. Regional wurde dabei auf einheitliche Spurweite der Schlitten geachtet, damit jeder die ausgefahrenen Bahnen benutzen konnte. Unterschiede gab es bei der Gespannart. Im Westen der Arktis wurde das Tandemgespann bevorzugt, in Grönland hingegen das Fächergespann. Beim Tandemgespann laufen die Hunde hintereinander an beiden Seiten einer langen Leine, beim Fächergespann läuft jeder Hund an seiner eigenen Leine, die ganze Meute etwa auf gleicher Höhe. Jedes System hat Vor- und Nachteile, das Fächergespann eignet sich besonders für die Fahrt über weite Eisflächen. In den letzten Jahren haben sich Hundeschlittenrennen in vielen nordischen Ländern zu einem beliebten Sport entwickelt. Das Iditarodrennen, das durch Alaska führt, gehört sicher nicht nur zu den berühmtesten, sondern auch zu den längsten der Welt. Es erinnert an eine große Rettungsaktion in den zwanziger Jahren. Im Jahre 1925 drohte sich in Nome eine Diphterie-Epidemie auszubreiten, einige Kinder waren schon gestorben. Das rettende Serum mußte aus Anchorage, Fairbanks und Seattle besorgt werden. Flugzeuge konnten aufgrund der Wetterbedingungen nicht genutzt werden. Die Eisenbahngesellschaft sorgte für den Transport bis Nenana. Von dort aus mußten die restlichen 1000 km in einer Schlittenstaffette zurückgelegt werden. Bill Shannon übernahm in Nenana die 300000 Serum-Einheiten und eröffnete die Staffel. Am 2. Februar 1925 um sechs Uhr morgens, nach 127 Stunden und 30 Minuten, traf das Serum in Nome ein. Zwanzig «mushers» (Hundeschlittenführer) hatten sich mit ihren Gespannen Tag und Nacht abgewechselt. Neunzehn von ihnen hatten im Mittel Strecken über 80 km zurückgelegt, einer, Leonhard Seppala, der berühmteste Hundeschlittenführer Alaskas, sogar über fünfhundert.[31]

Bis heute werden Schlitten von Polarexpeditionen genutzt, und noch immer werden diese Expeditionsschlitten weiterentwickelt. Noch leichter, noch tragfähiger, ist die Devise. Als der Schweizer Robert Peroni 1982 seine Durchquerung Grönlands plante, fand er sich zunächst am Konstruktionsbrett wieder: «Ich entwerfe verschiedene Schlittenmodelle, endlich glaube ich, die beste Lösung zu Papier gebracht zu haben. Die Eiskufen sollen 15 Millimeter hoch und zehn Millimeter breit sein, so garantieren sie die besten Gleiteigenschaften auf hartem Wassereis. Die Haupt- oder Schneekufen in Halbrohrform dagegen sollen zwölf Zentimeter breit und elf Zentimeter hoch sein. Auch werden sie die Schlittenwanne so tragen, daß sie noch dann bewegt werden kann, wenn sie dem Schnee aufliegt. Bleibt noch die Wahl des Werkstoffs. Skandinavier lassen ihre Pulkas, ihre Wannenschlitten, aus Glasfiber, PVC und Hölzern herstellen. In Grönland wird vorwiegend Holz verwandt, die Gleitschiene unter den Kufen hat einen Kunststoffbelag. Auf dem Papier konstruiere ich verschiedene Prototypen, die aber alle den gestellten Anforderungen nicht gerecht werden, bis mir ein Freund und Fachmann endlich Titanmetall empfiehlt. Ich gebe das Modell in Auftrag, es soll bei einer Testexpedition erprobt werden, und verwerfe es wieder, weil es einfach zu teuer wäre.»[32] Bereits Fridtjof Nansen hatte sich Ende des 19. Jahrhunderts vor seinen Expeditionen Gedanken über die Konstruktion von Schlitten gemacht. Sie sollten so leicht sein, daß sie problemlos von einem Mann gezogen werden konnten, und sie sollten sich elastisch den Eisverhältnissen anpassen. Der Nansen-Schlitten hat bis heute Pionierfunktion, meint Peroni: «Es mag lächerlich anmuten im Jahrzehnt der technisch unbegrenzten Möglichkeiten, aber immer wieder greife ich zu den Berichten Fridtjof Nansens, die mir, wie kaum irgendwelche anderen Unterlagen auch ausgezeichnet weiterhelfen.»[33]

Peroni war zu seiner erfolgreichen Grönland-Durchquerung 1983 im Smalle-Fjord in Ostgrönland aufgebrochen. Ein wenig weiter südlich, in Daneborg, ist die berühmteste Schlittenpatrouille der Welt beheimatet: die Sirius-Patrouille, deren Hundeschlittengespanne jedes Jahr für Grenzschutz und Polizei viele Tausend Kilometer an der lebensfeindlichen ostgrönländischen Küste zurücklegen. Neil Armstrong und Edwin Aldrin, die 1969 als erste Menschen den Mond betraten, führten auf ihrer einsamen Mission das Abzeichen jener «Patrouille der Einsamkeit» mit sich: das Emblem eines Schlittenhundes vor dem Hundsstern Sirius.

In Longyearbyen, dem Verwaltungssitz Spitzbergens, steht im Freigelände des kleinen Regionalmuseums der eher an einen Metallkäfig erinnernde Schlitten einer spanischen Expedition, die in den 80er Jahren des 19. Jahrhunderts mit dem Motorrad zum Nordpol vordringen wollte. Bereits 100 m hinter dem Flughafen beendeten sie seinerzeit ihr Abenteuer. Über den merkwürdigen Schlitten lacht man auf der Insel noch heute. Er war offenbar für den geplanten Zweck nicht geeignet. Wenn also zwar nicht in Spanien, so hat der Schlitten doch in den schneereichen, unwegsamen Alpenländern vor allem im bäuerlichen Bereich Bedeutung gehabt. Für den Transport von Heu und Holz wird er sogar bis heute verwendet. Besonders der Holztransport auf den unwegsamen Gefällstrecken galt jedoch als äußerst gefährlich und forderte vom Schlittenfahrer höchstes Können und großen Mut. Wenn ein Schlitten mit fünf Baumstämmen beladen außer Kontrolle geriet, konnte ihn nichts mehr aufhalten. So mancher Holzfäller geriet dabei unter die Kufen und wurde von seinem eigenen Schlitten zweigeteilt.

Den Bauernschlitten entdeckten englische Touristen Ende des 19. Jahrhunderts für ihre Zwecke. Weil es in London nun einmal nicht schneit, zog es sie in die winterliche Schweiz. Ihr Hauptvergnügen in der weißen Pracht war natürlich neben dem Skilaufen das Rodeln auf den Schlitten der einheimischen Bergbauern. Auf den recht schmucklosen Gleitern genoß man den Reiz der winterlichen Landschaft. Aus diesen ersten Abfahrten entwickelte sich ein Boom. Bis in die 50er Jahre war Rodeln hier fast genauso attraktiv wie Skifahren – und genauso unfallträchtig. Hermann Hesse ließ sich von den Gefahren nicht beirren, er rodelte 1930 in Davos. Er beschrieb die Fahrt auf dem gut gebahnten und genügend steilen Weg als rasch und flott, ohne daß sie ihn übermäßig anstrengte, und er fuhr, auf dem Schlitten zurückgelehnt, beinahe flach auf dem Rücken liegend, durch Wald und an schönen Ausblicken vorbei. Er genoß die Fahrt, auf der ihm vom Schlitten aufgerissene Schneestaubwolken kalt und prickelnd übers Gesicht stoben.

Noch vor Beginn des 20. Jahrhunderts entwickelte sich der Schlitten mehr und mehr zum Sportgerät. Auch erste Infrastrukturmaßnahmen wurden getätigt. 1879 wurden in Davos zwei Schlittenbahnen gebaut. 1883 fand auf der Straße von Wolfgang nach Klosters das erste Wettschlitterln statt. 1892 wurde der erste deutsche Rodelklub in Braunlage gegründet. Seit 1964 ist Rodeln auch Olympische Disziplin. An Innsbruck erinnern sich Rodler heute übrigens als an die «Lötlampenolympiade», da vor dem Start die Kufen noch fleißig angeheizt wurden, ein Vorgehen, das heute streng verboten ist. Parallel zur Geschichte des Rodelns nahm der Bobsport in St. Moritz seinen Lauf. In der Dorfschmiede von Meister Matthey bastelte 1888 der Amerikaner Townsend aus zwei Schlitten einen zusammen. Der vordere Schlitten, auf einer Drehachse montiert, wurde durch zwei Seile gelenkt. Am hinteren, auf dem die Fahrer saßen, diente eine Art Egge als Bremse. Auf der abschüssigen Straße von St. Moritz nach Celerina wurde das kuriose Vehikel erprobt. Townsend nannte es «bobsleigh». Daraus wurde im Deutschen kurz Bob. Noch in den zwanziger Jahren fuhr die Besatzung bäuchlings bergab; laut Reglement gehörten auch zwei Damen zum Team. Rennordnung und Geräte haben sich seit der Pionierzeit des Bobsports gewandelt. Die Frauen sind verbannt, und Techniker tüftelten seitdem immer neue Verbesserungen für den seit 1924 olympischen Sport aus. Im Windkanal wurde geforscht nach den besten aerodynamischen Konstruktionen für die Blechbüchsen, wie die Zweier- und Viererbobs von den Athleten genannt werden. Techniker suchten nach der gleitfähigsten Metallegierung für die Kufen. Der amerikanische Verband engagierte in den achtziger Jahren NASA-Ingenieure und steckte fast drei Millionen Mark in die Entwicklung eines superschnellen Schlittens. In der Bundesrepublik stylte Stardesigner Luigi Colani 1985 für den Deutschen Bob- und Schlittenverband ein 50000 Mark teures Gefährt, und in der DDR stellten hochrangige Physiker ihre Erkenntnisse in den Dienst des Bobsports. Einzeln aufgehängte, hydraulisch gefederte Kufen waren ihr Beitrag zu noch mehr Tempo im Eiskanal.

Nur noch im weitesten Sinne zu den Schlitten gehören die Segelschlitten oder Eisyachten, mit denen Eissegler über die gefrorenen Gewässer sausen. Es ist eine Sportart, die vor allem auf den im Winter zugefrorenen Bereichen der Ostsee Verbreitung gefunden hat. «Eissegeln packt die Menschen von verschiedenen Seiten. Es hat die Geschwindigkeit des Bobs für sich, und es verbindet damit das Erlebnis der Landschaft in einer Form, die den meisten Menschen völlig fremd ist. Uns reizt es, das Gerät zu meistern, den natürlichen Schwierigkeiten von

Eis, Wind und Wetter zu begegnen»,[34] faßt der Eissegler M. J. Tidick seine Erfahrungen mit dieser Sportart zusammen.

Seit gut einhundert Jahren stehen Wintersportler auf den schmalen Kufen ihrer Schlittschuhe, um im Eisschnellauf, Eiskunstlauf oder Eishockey auf dem blanken Eis um Ansehen, Ruhm und Ehre in harten Wettbewerben zu kämpfen – als Ausgleich für heiße Trainingsstunden auf kaltem Eis. Doch die Lust, sich aufs Glatteis zu begeben, ist älter. Funde geschliffener Knochen aus der Stein- und Bronzezeit zeugen von erstaunlich frühen Überlegungen, durch Unterschnallen derartiger Hilfsmittel die Auflagefläche der Füße zu verkleinern, den Reibungskoeffizienten zu verringern und so das Verhältnis von Aufwand und Leistung zu optimieren. Die ältesten erhaltenen Schlittschuhe bestehen aus Pferde- und Rentierknochen. Archäologen datieren sie in die Jungsteinzeit, d.h. in die Zeit zwischen 4000 und 1750 v. Chr.

Populär wurde das Schlittschuhlaufen zunächst im 16. und 17. Jahrhundert bei unseren Nachbarn in Holland. Hier wurden die zugefrorenen Kanäle und Grachten im Winter zu wichtigen Verkehrswegen. In Holland wurde auch der erste Rekord im Eislauf gemeldet: Am 19. Dezember 1676 sollen die vier flinken Schlittschuhläufer Claas Aris Caiskooper, Maindert Arents, Jacob Blaci und Jacob Buur an einem Tag die 11 niederländischen Städte Haarlem, Amsterdam, Weesp, Muiden, Naarden, Monnickendam, Edam, Purmerend, Hoorn, Enkhuizen und Alkmaar besucht haben. 16 Stunden benötigten sie für ihren Spurt. Sportlich zeigten sich auch schon früh die Schotten. Sie gründeten 1742 in Edinburgh den ersten Eislaufclub. Bedingung für die Aufnahme war das Laufen eines geschlossenen Kreises und der Sprung über drei Hüte. In England erschien 1772 das erste Eislaufbuch, «A Treatise of Skating» von Robert Jones. Die Schutzpatronin des Eissports allerdings stammt wiederum aus den Niederlanden. Die 1380 in Schiedam geborene Lydwina verunglückte beim Eislauf über einen zugefrorenen Kanal so schwer, daß sie von ihrem 16. Lebensjahr an ans Bett gefesselt war. 1616 erfolgte ihre Seligsprechung. Von der Beliebtheit des Eislaufs in Holland erzählen auch die zahlreichen Bilder, die holländische und flämische Maler hinterlassen haben. Pieter Bruegel der Ältere ist sicher der bekannteste unter ihnen. Auf seiner «Winterlandschaft mit Eisläufern» zeigt er eine Dorfidylle im Schnee, die von einem zugefrorenen Flüßchen durchzogen wird. Auf seiner Darstellung üben sich bäuerliche Gestalten im Eisstockschießen, Kinder lassen Kreisel auf dem Eis tanzen, und Männer versuchen sich im Figurenlauf. Illustrationen des Nürnberger Malers und Kupferstechers Johann Adam Klein für das 1825 erschienene Eislaufbuch von Christian Sigmund Zindel zeugen auch bei uns vom bunten Treiben auf eisigem Parkett. Nicht unerheblich haben die begeisterten Schilderungen berühmter Dichter zur Verbreitung des Eislaufs beigetragen. Das Verdienst, den Schlittschuh als erster deutscher Dichter für die Poesie erschlossen zu haben, gebührt dem lebensfrohen, wortgewaltigen Hamburger Ratsherrn Barthold Hinrich Brockes (1680–1747), der eine Zeitlang Amtman in Ritzebüttel (Cuxhaven) an der Elbmündung gewesen war und die damals bekannte und vielgelesene Gedichtsammlung «Irdisches Vergnügen in Gott» veröffentlicht hatte, in der er sich u. a. für die Winterlust, «wenn man auf Schlittschuhen rennet», begeistert hatte. Entdeckt hatte er sein Faible auf der während der Wintermonate zugefrorenen Alster. Hier vertrieben sich die zu dieser Jahreszeit beschäftigungslosen Fischer und Seeleute die Zeit. Um 1800 verwandelte sich die Alster zu einem wahren Vergnügungsort: Eisläufer flitzten über die zugefrorenen Gewässer, und die Alster verwandelte sich in einen Jahrmarkt mit Buden für heiße Getränke und gebratene Würste, Hamburg galt als eine der Hauptstädte des Wintervergnügens.

Insbesondere Friedrich Gottlieb Klopstock hat in seinen um 1771 entstandenen Oden eine Hymne auf den von ihm geliebten Eislauf geschrieben und ihn populär gemacht. Erstmals hatte er 1750 in Zürich diesen Sport ausgeübt. Noch als 50jähriger gab er Eislaufunterricht, er galt in Hamburg als eleganter Läufer, der Wandsbecker Bothe Matthias Claudius hingegen als der schnellste unter den Dichterläufern. Als Klopstock schließlich, weit über 70 Jahre alt, das Eislaufen aufgeben mußte, grollte er: «Also muß ich auf immer, Kristall der Ströme, dich meiden? Darf nie wieder am Fuß schwingen die Flügel des Stahls?»[35] Klopstock lief nicht nur gern auf dem Eis, sondern er rührte im Freundeskreis auch kräftig die Werbetrommel für dieses Vergnügen, dem auch Goethe zusprach: «Besonders aber tat sich bei eintretendem Winter eine neue Welt vor uns auf, indem ich mich zum Schlittschuhfahren, welches ich nie versucht hatte, rasch entschloß und es in kurzer Zeit durch Übung, Nachdenken und Beharrlichkeit so weit brachte, als nötig ist, um eine frohe und belebte Eisbahn mit zu genießen, ohne sich gerade auszeichnen zu wollen.»[36] Bis zu seinem 51. Lebensjahr hat Goethe auf dem Eis gestanden. Allerdings wurde in Weimar seine Leidenschaft für das Schlittschuhlaufen nicht bedingungslos geteilt, wie ein Bericht des Pagen Karl von Lyncker am Hofe Augusts von Weimar beweist: «Die Schüler mußten in vollem Schlittschuhfahren Äpfel mit bloßem Degen aufspießen und über Stangen springen. Da wir aber oft auf das Eis fielen und uns mitunter leicht beschädigten, wollten unsere Eltern diese Belustigungen nicht immer gut heißen. Alle dergleichen Dinge gab man hauptsächlich Goethen die Schuld.»[37] Der Geheimrat ließ sich nicht beirren und verschenkte sogar Schlittschuhe an Minister oder an die Damen des Hofes und prägte letztlich auch den Begriff Schlittschuh. Mit Klopstock, der auf der Bezeichnung Schrittschuh bestanden hatte, ereiferte er sich über die Wortwahl. Goethe berichtet von dieser Unterhaltung: «Wir sprachen nämlich auf gut Oberdeutsch von Schlittschuhen, welches er durchaus nicht wollte gelten lassen. Denn das Wort komme keinesweges von Schlitten, als wenn man auf kleinen Kufen dahin führe, sondern von Schreiten, indem man, den homerischen Göttern gleich, auf diesen geflügelten Sohlen über das zum Boden gewordene Meer hinschritte.»[38]

Goethes Schlittschuh setzte sich durch, wie wir heute wissen. Im Pionierland Holland wurde der hölzerne, mit Metallkufen versehene Schlittschuh erfunden. In Deutschland wurden Schlittschuhe vor allem in Remscheid und im Bergischen Land gefertigt. Die erste Erwähnung dieses Handwerks stammt dort aus dem Jahr 1650. Von 1880 bis zum Ersten Weltkrieg galt die Region als Schlittschuhschmiede der Welt. Der Grund ist einfach: Hier im Zentrum der deutschen Eisenverarbeitung waren die erforderlichen Rohmaterialien vorhanden, es gab gute Handelswege, Wasserkraft und Holz als Energiequellen. Schon zuvor hatten die Remscheider umfangreiche Erfahrungen im Schmieden von Sensen und Sicheln gewonnen. Zunächst wurden hier Holzschlittschuhe hergestellt, sogenannte Holländer. So richtig in Mode kam der Schlittschuhlauf in Deutschland Mitte des 19. Jahrhunderts, ausgelöst nicht zuletzt durch den amerikanischen Eiskunstläufer Jackson Haines (1840–1879), eine Art Boris Becker auf dem Eis, der in einer Reihe von europäischen Städten auftrat, mit seinen Figuren beeindruckte und bald Nachahmer fand. Um 1880 wurden die ersten künstlichen Eisbahnen eröffnet, die Unabhängigkeit von den Launen des Winters boten. Die Nachfrage nach den schnellen Gleitern stieg, der die Hersteller mit serienmäßiger, industrieller Produktion begegneten. Auf dem begrenzten Raum der Kunsteisbahnen war das einfache Geradeaus-Laufen nicht mehr möglich; das Laufen von Figuren begann sich einzubürgern, doch dafür reichten die einfachen Holzschlittschuhe, deren Riemen leicht rutschten, nicht mehr aus. Die Ansprüche stiegen; stabile, fest am Fuß sitzende Schlittschuhe wurden vom Kunden gewünscht und in Remscheid produziert, wo bis zum Zweiten Weltkrieg der größte Schlittschuh-Hersteller der Welt ansässig war. Um die Jahrhundertwende hatte er eine

Belegschaft von dreihundert Arbeitern, die bei starker Nachfrage sogar kurzfristig auf bis zu 1200 Personen anwuchs.[39] In Zeiten der Hochkonjunktur verließen an einem zehnstündigen Arbeitstag bis zu zweitausend Schlittschuhpaare verschiedenster Modelle die Fabrik. Remscheider Schlittschuhe fanden schließlich auch in den frostreichen Regionen Osteuropas, in Skandinavien, in Kanada und den USA Absatz. Sogar nach China und in den Libanon wurden sie exportiert. Zwischen 2 und 3 Millionen Paar Schlittschuhe wurden um die Jahrhundertwende in den Remscheider Produktionsstätten gefertigt. 1914 wurde die marktbeherrschende Stellung der Remscheider durch die Auswirkungen des Ersten Weltkriegs erschüttert, und in den zwanziger Jahren trat Konkurrenz in Schweden, Kanada, England und der Tschechoslowakei auf den Plan, zu der sich nach dem Zweiten Weltkrieg Japan gesellte. 1951 gab es in Remscheid nur noch sechs Hersteller. Mit maßgeschneiderten Spezialanfertigungen für große Eisstars versuchte man sich noch eine Zeitlang über Wasser zu halten,[40] aber 1988 schloß in Remscheid die letzte Schlittschuhfabrik ihre Tore. Doch woher die Schlittschuhe heute auch stammen mögen und welche technischen Raffinessen sie gegenüber den ersten Modellen aufweisen, noch immer gilt wohl ein Rat unverändert, den bereits Christian Siegmund Zindel 1825 allen denjenigen mitgab, die sich erstmals mit Schlittschuhen aufs Eis wagen: «Der Anfänger suche mit seinem erfahrenen Freund, mehr einen entlegenen Ort, als das besuchteste Centrum der Eisbahn, wo der Anblick geübter Läufer im Vergleich mit seinen Erstlings-Versuchen mehr niederschlagend als ermuthigend und Spott nicht angenehm oder fördernd ist.» [41]

Eiskunstlauf, Eisschnellauf und Eistanz sind heute die Dispziplinen, zu denen jeweils Schlittschuhe besonderer Fertigung benötigt werden, ebenso wie für das Eishockeyspiel. Erste eishockeyähnliche Schlagspiele auf dem Eis sind von den Indianern im nördlichen Nordamerika überliefert. Das erste Eishockeyspiel mit einem Puck fand 1860 in Kingston Harbour (Ontario, Kanada) statt, seit 1879 gibt es feste Regeln. In Europa wurde das erste Spiel 1894 in Paris ausgetragen, das erste Spiel in Deutschland fand 1897 in Berlin statt. Seit 1912 gibt es Deutsche Meisterschaften, seit 1920 Weltmeisterschaften, und im gleichen Jahr wurde Eishockey olympische Disziplin.

Wettkampf und Gesellschaftsspiel zugleich ist heute das Eisstockschießen, das auf eine lange Tradition zurückblicken kann: Es gibt zahlreiche Hinweise, daß es schon vor dem Dreißigjährigen Krieg in Bayern, Tirol, Kärnten und der Steiermark bekannt war; und in Skandinavien soll es sogar in ähnlicher Form bereits im 13. oder 14. Jahrhundert gespielt worden sein.[42] Ein dem Eisboßeln ähnliches Spiel war in Island schon vor 500 Jahren bekannt.

Daß der menschlichen Phantasie keine Grenzen gesetzt sind, weitere Vergnügungen oder sportliche Betätigungen und Wettkämpfe auf dem Eis zu ersinnen, zeigt die Entwicklung des Eisspeedway, bei dem heute mit speziellen Motorrädern auf Eisbahnen Rennen ausgetragen werden.

## Anmerkungen

1 Mehl, Erwin: Grundriß der Weltgeschichte des Schifahrens. Schorndorf 1964. Neben Mehl haben diesem Kapitel folgende Übersichten zugrunde gelegen: Stiebler, Christof und Richard Kerler: Ski. München 1968; Obholzer, Anton: Geschichte des Skis und des Skistocks. Schorndorf 1974; Polednik, Heinz: Weltwunder Skisport. Wels 1969; Gamma, Karl: Das Ski-Handbuch. München 1982; Maegerlein, Heinz: Faszination Ski. München 1980.

2 Schneider, Wolf: Die Alpen. Wildnis – Almrausch – Rummelplatz. Hamburg 1989, S. 288.

3 Ebd., S. 291f.

4 Onder: Sonderform des europäischen Fellski, ein Verwandter des asiatischen Skis (Vgl. auch: Polednik, Heinz, a.a.O., S. 274f.)

5 Zit. nach: Mehl, Erwin, a. a. O., S. 62.

6 Zit. nach: ebd., S. 62f.

7 Xenophon: Anabasis, IV, 5, 36.

8 Vergil (P. Vergilius Maro): Georgica. Üs. Otto Schönberger. Stuttgart 1994, 3. Buch, Vers 354–370.

9 Zit. nach: Striebler, Christof und Richard Kerler, a. a. O., S. 16.

10 Zit. nach: ebd., S. 17.

11 Zit. nach: Mehl, Erwin, a. a. O., S. 66.

12 Zit. nach: ebd., S. 67.

13 Zit. nach: Striebler, Christof und Richard Kerler, a. a. O., S. 19.

14 Zit. nach: Maegerlein, Heinz, a. a. O., S. 19.

15 Zit. nach: Striebler, Christof und Richard Kerler, a. a. O.,S. 20.

16 Stoffel, Hans Peter: Studien zur Geschichte der russischen Skisportterminologie. Bern, Frankfurt am Main 1975, S. 34f.

17 Zit. nach: Maegerlein, Heinz, a. a. O.

18 Zit. nach: ebd.

19 Zit. nach: Polednik, Heinz, a. a. O., S. 36.

20 Vgl. ebd.: «Diese Leistung war übrigens, u.a. auch von Nansen, angezweifelt worden. Nordenskjöld überzeugte jedoch die Zweifler auf eine Weise, die auch vom Sportlichen her interessant ist. Kurzerhand stiftetet er für den Sieger eines Wettlaufs, der über rund 220 Kilometer gehen sollte, einen Betrag von 500 Schwedenkronen. Das Rennen ging 1884 in Jokkmokk (Lappland) in Szene. Sechzehn Teilnehmer traten an, um den für die materiellen Verhältnisse der Lappen außerordentlich hohen Preis zu erringen. Sieger wurde der 37jährige Lappe Lars Tuorda, der die über zweimal 110 Kilometer führende Strecke in 21 Stunden und 22 Minuten zurücklegte. Er erreichte also einen Durchschnitt

von 10,2 Stundenkilometern. Fünf weitere Teilnehmer blieben ebenfalls unter 23 Stunden.»

21 Nansen hat seinem Reisebericht eine genaue Beschreibung der Skier vorangestellt: «Zwei waren von Eichenholz, während die übrigen von Birkenholz gefertigt waren. Die Eichenski hatten eine Länge von 2,30 m. Die Breite betrug vorn bei der Biegung 9,2 cm, von der Mitte bis nach hinten dagegen 8 cm. Auf der Oberfläche der Ski lief der Länge nach sowohl vor wie hinter der Fußplatte eine Leiste entlang, wodurch sie die nötige Steifheit erhielten, ohne dadurch zu dick oder zu schwer zu werden. An den oberen Seitenrändern waren sie ein Stück vor und hinter dem Zehenriemen ein wenig eingeschnitten, so daß dieser nicht zu sehr vorstand und die Fahrt hinderte. Auf der unteren Fläche hatten sie drei schmale Längsrillen. Ungefähr dieselbe Form und dieselben Dimensionen hatten auch die sieben paar Birkenski. Durch Unachtsamkeit des Verfertigers wurden sie indessen ein wenig schmäler in der Biegung, indem sie hier dieselbe Breite hatten, wie weiter hinten zu. Infolgedessen tragen die Vorderenden der Ski nicht so gut über den Schnee, wirken mehr wie ein Schneepflug und erschweren den Gang. Leider erhielten wir die Ski so kurz vor unserer Abreise, daß uns keine Zeit blieb, neue anfertigen zu lassen. Diese Birkenski waren auf der unteren Fläche mit ganz dünnen Stahlplatten belegt, die unter dem Fuße eine Öffnung hatten (88 cm lang und 5,3 cm breit), in welche ein Stück Fell von einem Elentierfuße eingefügt war. Ich hatte diese Stahlplatten an den Ski befestigen lassen, weil ich viel feuchten und körnigen Schnee zu finden erwartete, auf dem gewöhnliche hölzerne Ski nicht gleiten. Durch Einfügen des Felles wollte ich bewirken, daß die Ski trotz der glatten Stahlschienen nicht zurückglitten.» (Nansen, Fridtjof: Auf Schneeschuhen durch Grönland. Berlin 1951, S. 44f.)

22 Zit. nach: Polednik, Heinz, a. a. O., S. 133.

23 Zit. nach: Maegerlein, Heinz, a. a. O., S. 26.

24 Zit. nach: Polednik, Heinz, a. a. O., S. 51.

25 Zit. nach: Maegerlein, Heinz, a. a. O.

26 Zur Entwicklung des Snowboards vgl: Weiss, Christof: Snowboarding Know how. München 1995, S. 11ff.

27 Kemp, Friedhelm (Hrsg.): Rahel Varnhagen und ihre Zeit. München 1968, S. 70.

28 Flögel, Karl Friedrich: Geschichte des Grotesk-Komischen. Leipzig 1862. ND Dortmund 1978, S. 334.

29 Vgl.: Jeier, S. Thomas: Die Eskimos. München 1979, S. 104.

30 Vgl.: Erpf, Hans (Hrsg.): Das große Buch der Eskimo. Kultur und Leben eines Volkes am Rande des Nordpols. Oldenburg, Hamburg 1977, S.64.

31 Als er 89jährig 1967 in Seattle starb, konnte er auf 400 000 km zurückblicken, die er mit dem Hundeschlitten zurückgelegt hatte.

32 Peroni, Robert: Der weiße Horizont. Berlin 1987, S. 13f.

33 Ebd., S. 14.

34 Tidick, M. J.: Schneller als der Wind. Berlin, Bielefeld 1972, S. 7.

35 Klopstock, Friedrich Gottlieb: Winterfreuden.

36 Goethe, Johann Wolfgang von: Dichtung und Wahrheit.

37 Zit. nach: Gassner, August: Goethe als Eisläufer. Bern 1990, S.47f.

38 Zit. nach: Balmes, Hans Jürgen: Die Dichter auf dem Eise. München 1986, S.40.

39 Vgl.: Friedrich, Dorothea: Stillstand und Bewegung. Traumtänze(r) auf dem Eis. In: Unter Null. Kunsteis, Kälte und Kultur. München 1991. S. 179.

40 Vgl. ebd., S. 180 Der moderne Eiskunstlaufschlittschuh besteht aus poliertem und verchromten Edelstahl. Die Kufe (Laufschiene) ist 3–4 mm breit. Sie ist vorne aufgebo-

gen und mit sägeartigen Zähnen zum Abstoß bei Sprüngen und Figuren versehen. Die Kufe ist hohlgeschliffen und verjüngt sich nach hinten leicht. Der Kufenschliff variiert leicht, je nachdem ob der Schlittschuh für Kür- oder Pflichtfiguren oder im Eistanz getragen wird. Die Schlittschuhe sind fest mit dem wadenhohen Eislaufstiefel verbunden. (Vgl.: Meyers kleines Lexikon Sport, S. 139.

41 Zindel, Christian Siegmund: Der Eislauf oder das Schrittschuhfahren. Nürnberg 1825. ND Hanau 1980, S. 48.

42 Vgl. Maegerlein, Heinz: Faszination Eissport. München 1986, S. 282.

# Auf Eis gelegt

«Es ist, als sei er nur bewußtlos.»[1] Owen Beattie war überrascht, als er den schlanken Körper des 20jährigen John Torrington aus seinem Grab hob und ihm der Kopf des jungen Mannes auf die Schulter rollte.

In den Jahren 1845–48 war der britische Kaptitän Sir John Franklin beim Versuch, die Nordwestpassage zu durchfahren, mit den Besatzungen seiner beiden Schiffe umgekommen und galt seither als verschollen. Über 40 Suchexpeditionen hatten Mitte des 19. Jahrhunderts versucht, Spuren der Vermißten zu entdecken, aber bis heute ist ungeklärt, welches Schicksal die Expedition letztlich ereilt hat. Lediglich auf Beechy Island im kanadischen Lancaster Sound wurden die Gräber dreier Seeleute entdeckt, die von ihren Gefährten dort 1846 bestattet worden waren. Bereits 1850 hatte eine Suchexpedition sie dort aufgespürt. Es handelte sich um den Maat John Torrington, den Vollmatrosen John Hartnell und den Seemann William Braine, die im arktischen Permafrost der kleinen Insel ihre letzte Ruhestätte gefunden hatten.

Im Juni 1981 hatte der amerikanische Anthropologe Beattie auf King William Island vier Skelette entdeckt: Es handelte sich um die Überreste dreier Inuit und eines Europäers, der als Mitglied der Franklin-Expedition identifiziert wurde. Eine anschließende Spurenelemente-Analyse im Labor ergab, daß die Höhe des Bleianteils, den man in den Knochen des Seemanns feststellte, erheblich höher lag als bei den drei Inuitskeletten. «Wenn sich dieser enorm hohe Bleigehalt während der Expedition in seinem Körper angesammelt hatte, so mußte dies zu einer Bleivergiftung geführt haben», überlegte Beattie, «die Folgen einer Bleivergiftung beim Menschen sind gut bekannt. Sie umfassen eine Reihe physikalischer und neurologischer Auffälligkeiten, die einzeln oder kombiniert auftreten können.»[2] Die Entdeckung ließ Beattie nach den Ursachen des erhöhten Bleigehalts fragen. Sein Verdacht richtete sich schließlich auf die damals verwendete Technik der Nahrungsmittelkonservierung in mit Blei verlöteten Weißblechdosen, wie die Franklin-Expedition sie benutzt hatte. Zusätzliche Quellen konnten mit Bleifolie ausgekleidete Dosen mit Schokolade oder Tee gewesen sein. Beattie kam zu der Überzeugung, daß die Auswirkungen der Bleivergiftung in Kombination mit schweren Folgen von Skorbut für viele Expeditionsteilnehmer zum Tode geführt hätten. Er beschloß, seine Annahme zu überprüfen, berichtet sein Mitarbeiter John Geiger; «seine Gedanken konzentrierten sich auf den einzigen bekannten Ort, an dem verstorbene Expeditionsteilnehmer von ihren Schiffskameraden in der gefrorenen Erde beigesetzt worden waren.»[3]

Beattie fragte sich, «was es für die Forschung bedeuten würde, wenn diese Körper – im Eis gefroren – bis heute erhalten geblieben wären. Würden sie Aufschluß darüber geben können, ob seine Theorie richtig oder falsch war?»[4] Schließlich hatten mumifizierte Körper, wie z.B. die Leichen der Pharaonen, schon zuvor Wissenschaftlern Erkenntnisse über das Leben früherer Zeiten gegeben. Sie sind eine Art Zeitkonserve der Geschichte des Menschen. Beattie waren tatsächlich weitere Fälle bekannt, in denen das Eis menschliche Körper erhalten hatte, so «z.B. Charles Francis Hall, der 1871 starb und dessen vollständig erhaltene Leiche 1968 im ewigen Eis Grönlands freigelegt wurde».[5]

Die arktischen Temperaturen auf Beechey Island boten jedenfalls die Chance, daß das Eis die Körper der Seeleute der Franklin-Expedition konserviert hatte. Beattie beantragte von den kanadischen Behörden die Genehmigung zur Exhumierung der drei Gräber, und im Sommer 1984 reiste er mit einem kleinen Kollegenteam auf die arktische Insel.

Am 12. August begannen sie das Grab John Torringtons zu öffnen: «Zwei Tage lang mußten sich die Forscher durch fast 1,5 m Permafrost hindurchkämpfen, bis sie einen ersten Blick in die Vergangenheit tun konnten. An der tiefsten Stelle der Ausgrabung legte Walt Kowal, nachdem er sorgfältig eine dünnen Schneeschicht am Fußende des Grabes entfernt hatte, eine kleine Fläche durchsichtigen Eises frei. Unter dieser Eishülle konnte er einen dunkelblauen Stoff erkennen.»[6]

Schließlich stießen sie beim Graben im Permafrost auf Torringtons Sarg, dessen Deckel mit viereckigen Nägeln befestigt war. «Als schließlich sämtliche Nägel durchtrennt und das Eis, das den Deckel noch immer von innen festhielt, aufgetaut war, ergriff Beattie ihn am unteren Teil, hob ihn langsam hoch und deckte den schattenhaften Inhalt des

Sarges auf, der sich als ein zum Teil durchsichtiger Eisblock entpuppte. Durch seine gefrorenen Blasen, Risse und glatten Stellen sah man etwas hindurchschimmern, aber je näher sie herangingen, um es zu betrachten, um so undeutlicher wurde es. Dieser Eisblock stellte das bisher größte Hindernis für sie dar. Sie waren bis auf Zentimeter an den Körper herangekommen, um nun vor einer anscheinend unüberwindlichen Barriere zu stehen.»[7] Mit Wasser, das sie auf einem Campingkocher erwärmten, tauten sie den Eisblock auf langsam. «Es sollte nicht mehr lange dauern, bis sie in das Gesicht dieses Mannes aus einer längst Geschichte gewordenen Zeit blicken sollten», kommentierte John Geiger, der später den Bericht über die Arbeiten auf Beechey Island schrieb. Torrington wurde schließlich auf den Boden neben seinem Grab gebettet. «Dort lag er, frei unter dem arktischen Himmel, den er 138 Jahre zuvor zuletzt erblickt hatte.»[8]

Beattie und seine Kollegen untersuchten den vom Permafrost hervorragend konservierten Körper Torringtons und entnahmen ihm Gewebeproben. Das Eis der Arktis, das dem Lebenden zum Verhängnis wurde, hatte dafür gesorgt, daß es Wissenschaftlern möglich wurde, die näheren Umstände des offensichtlichen Scheiterns der Expedition zu untersuchen und zur Klärung des Fiaskos beizutragen. Die Laboranalye von gefrorenen Gewebe-, Haar- und Knochenproben aller drei auf Beechey Island bestatteten Seeleute zeigten die gleichen hohen Bleiwerte. Durch eine Reihe spezieller Tests schloß Beattie aus, daß es vor der Fahrt bzw. nach dem Tod zu den Bleikonzentrationen in ihren Körpern gekommen war. Die Untersuchungen erhärteten Beatties Annahme, daß eine langsame Bleivergiftung zum Untergang der Franklin-Expedition beigetragen hatte.

So wie Kälte und Eis die Mitglieder der Franklin-Expedition konserviert hatte, wünschen sich heute Menschen ebenfalls aufbewahrt zu werden, um nach Jahrzehnten oder Jahrhunderten in einer besseren Zukunft ins Leben zurückzukehren. Gegenwärtig lagern in Phoenix/Arizona bereits 28 Personen in einem Tiefkühlbad aus flüssigem Stickstoff und warten darauf, eines Tages aus ihrem eisigen «Schlaf» wiedererweckt zu werden. Untergebracht sind sie in sogenannten Dewars, etwa 3 m hohen Thermosflaschen, in denen eine Temperatur von –196°C herrscht. Ihr Lager befindet sich in den Räumen der Tiefkühlstiftung Alcor, die weltweit derzeit etwa 400 Mitglieder hat. Das von Alcor entwickelte Verfahren, das dem Tod seine Endgültigkeit nehmen soll, wird wissenschaftlich verbrämt kryische Suspension[9] genannt.

Anstelle einer Bestattung erfahren die Alcor-Mitglieder nach ihrem Ableben eine aufwendige Sonderbehandlung. Geboten wird ihnen Konservierung und Aufbewahrung des ganzen Körpers für 120000 Dollar oder für 50000 Dollar lediglich die Erhaltung des Kopfes, je nach Weltanschauung oder Geldbeutel. Wer außerhalb der USA den Alcor-Service in Anspruch nehmen will, muß einen Zuschlag von 10000 Dollar auf den Tisch blättern.[10]

Eile ist nach dem letzten Atemzug eines Aspiranten für den Kälteschlaf in jedem Fall geboten, denn ungefähr zehn Minuten nachdem die Durchblutung des Gehirns aussetzt, treten chemische Reaktionen auf, von denen die Zellen geschädigt werden. Wann der Verfall irreversibel wird, ist umstritten.

Zu den ersten Maßnahmen, mit der die Konservierung eingeleitet wird, gehört der Ersatz des Blutes durch Viaspan, eine Lösung, die in der Medizin zur Konservierung von Spenderorganen für Transplantationen benutzt wird. Übliche Organspenden wie Herz und Nieren halten sich in ihr 18 bis 24 Stunden frisch. Nach rund vier Stunden ist der Flüssigkeitsaustausch beendet. Danach kann der Transport nach Phoenix vorgenommen werden, wo sofort nach Ankunft bei Alcor das eingepumpte Organkonservierungsmittel in einer fünfstündigen Perfusion durch das Frostschutzmittel Glycerin ersetzt wird. Körper oder Kopf – je nach vorheriger Absprache – wird schließlich in eine Plastikplane gewickelt und in ein Silikonöl-Trockeneisbad getaucht. In den folgenden 36 Stunden wird das Präparat auf –97° C abgekühlt, anschließend in einen Plastikschlafsack gehüllt und Zentimeter für Zentimeter in ein Stickstoff-Bad gesenkt. Nach zwei Wochen ist die Endlagertemperatur erreicht. Der Patient kann auf seine Zukunft warten, in der die Medizin möglicherweise bessere Heilungschancen für Krankheiten wie Krebs oder Aids anbieten kann. In seinem Körper wird – wie bei der 1991 entdeckten Gletscherleiche «Ötzi» – keinerlei Veränderung mehr stattfinden.

Science-Fiction oder nicht, Tatsache ist, daß Eis und Kälte in der Medizin eine nicht unerhebliche Rolle spielen und daß die Kryobiologie in den letzten Jahren durchaus eine Reihe von Erfolgen aufweisen konnte. So ist die Kältekonservierung von Blut, Zellmaterial und Samen heute eine Standardprozedur. «Ganze Herden von Zuchtrindern werden, in Form von tiefgekühlten Embryonen, im Handgepäck zwischen den Kontinenten transporiert», kommentierte das Nachrichtenmagazin Spiegel im Frühjahr 1995 den Entwicklungsstand.

Das erste Retortenbaby wurde 1978 in England geboren und erhielt den Namen Louise Brown.[11] Heute leben Tausende von gesunden Menschen auf der Erde, die in kleinen Glasschalen gezeugt wurden. Gleichzeitig lagern gegenwärtig in Hunderten von Kältebänken Zehntausende eingefrorener Embryonen, die jederzeit zwecks Austragung aufgetaut werden können. Damit verbundene soziale oder ethische Probleme lassen sich angesichts des folgenden Falls nur ahnen: «Im Sommer 1984 wurde ein wohlhabendes Ehepaar bei einem Flugzeugabsturz getötet, das in einer australischen Spezialklinik zwei tiefgefrorene Retortenembryos hinterließ. Die drei Jahre zuvor versuchte Befruchtung außerhalb des menschlichen Körpers war zwar gelungen, der eingepflanzte Embryo jedoch abgestorben. Da bei der Zeugung im Reagenzglas gleichzeitig viele Eizellen befruchtet worden waren, entwickelten sich daraus mehrere Embryos. Diese waren der Mutter damals nicht alle zugleich eingepflanzt worden, um das Risiko einer unerwünschten Mehrlingsgeburt möglichst gering zu halten. Die ‹übrigen› Embryos hatte man tiefgefroren. Bei dieser Technik, der sogenannten Kryokonservierung, wird die Entwicklung des Embryos durch die Tieftemperaturen (weitestgehend) unterbrochen. Er kann zu einem späteren Zeitpunkt entweder dem Spenderpaar ‹zurückgegeben› oder auch einer ‹Leihmutter› in den Uterus eingepflanzt werden. Im Falle des verunglückten Ehepaares sollten die Ärzte nun klären, ob sie die tiefgefrorenen Erben eines beträchtlichen Vermögens zum Leben erwecken sollten oder nicht. Eine eigens dafür einberufene Kommission entschied positiv. Allerdings mißlang der Versuch im Falle der Millionenerben, da die Kryokonservierung von Embryos damals noch wenig ausgereift war.»[12]

Wenig erfolgreich waren bislang Experimente, die das Einfrieren ausgewachsener Tiere zum Ziel hatten; und in der Humanmedizin ist bislang nur das Einfrieren einiger Organe – Haut, Augenhornhaut, Blut oder Teilen der Bauchspeicheldrüse – gelungen. Bei größeren Organen treten Probleme auf. Nieren beispielsweise können für Transplantationszwecke maximal zwei bis drei Tage eisgekühlt – wenngleich nicht gefroren – aufbewahrt werden. Biologisch bislang ungelöstes Grundproblem ist, daß die Zellen durch Bildung der Eiskristalle zerstört werden.

Damit nun die Alcor-Utopie von der Wiedererweckung aus dem Kälteschlaf Wirklichkeit werden kann, so folgert Gundolf S. Freyermuth aus deren Konzept, «müssen zwei ‹Techniken der Unsterblichkeit› (weiter)entwickelt werden: Genmanipulation und Nanotechnologie.»[13] Auch wenn die jüngsten Fortschritte auf beiden Gebieten vielversprechend sind, wie man bei Alcor glaubt, scheint die Ansicht von Arthur C. Rowe, des ehemaligen Direktors des kryobiologischen Rot-Kreuz-Labors in New York, eher einleuchtend: «Der Glaube, Kryonik könne jemanden wiederbeleben, der eingefroren wurde, ist so ziemlich dasselbe wie die Idee, aus einem Hamburger wieder eine Kuh zu machen.»[14]

Der Traum, den eigenen Tod zu überleben – wie es die Kryoniker verheißen –, ist allerdings keine Vision des ausgehenden 20. Jahrhunderts. «Ich wünschte, man könnte eine Methode zur Konservierung ertrunkener Personen entwickeln, so daß sie später wieder zum Leben erweckt werden könnten», schrieb bereits 1773 Benjamin Franklin, «ich selbst würde mich am liebsten in einem Faß Madeirawein aufbewahren lassen.»[15]

Die Vorgeschichte der Kryonik begann 1877, als es dem Schweizer Rasul Picet und dem Franzosen Louis P. Caillectet unabhängig voneinander gelang, Sauerstoff zu verflüssigen; wenig später wurde auch die Verflüssigung von Stickstoff möglich. Ende der vierziger Jahre des 20. Jahrhunderts wurden am National Institute for Medical Research in London erste erfolgreiche Kryopräservationen unternommen, die sich jedoch noch auf die Einlagerung von Gewebeproben und Sperma in Glycerol beschränkten. Seit den alkoholischen Konservierungsideen Franklins waren fast 200 Jahre vergangen, als der amerikanische Physiker Robert T. W. Ettinger 1964 propagierte: «Wir müssen nur dafür sorgen, daß unsere Körper nach unserem Tod in entsprechenden Kühltruhen abgelagert werden, bis eine Zeit gekommen ist, in der die Wissenschaft uns helfen kann. Was immer uns heute tötet, sei es das Alter oder eine Krankheit, und auch wenn die Gefriertechniken zu Zeit unseres Todes noch sehr primitiv sein sollten, früher oder später werden unsere Freunde in der Zukunft der Aufgabe gewachsen sein, uns wiederzubeleben und zu heilen.»[16]

Der am 12. Januar 1967 an Krebs gestorbene kalifornische Psychologe James Bedford war der erste, der die Idee – jedenfalls den ersten Schritt – in die Praxis umsetzte und der heute eiskalt auf die Zukunft wartet. Landläufiger Kommentar seiner Zeitgenossen war: «Der wird sich wundern, wenn er tot bleibt.»[17]

## Anmerkungen

1 Beattie, Owen und John Geiger: Der eisige Schlaf. Köln 1989, S. 107.
2 Ebd., S. 83f.
3 Ebd., S. 85.
4 Ebd., S. 86.

5 Ebd. Außerdem waren in Grönland bereits 1972 die von Dauerfrost und trockenem Bergwind mumifizierten Körper von sechs Inuit-Frauen und zwei Kindern in der Uummannaqbucht an der grönländischen Westküste gefunden worden. Drei dieser um 1475 im Dorf Qilakitsoq gestorbenen Grönländer liegen heute in Glasvitrinen im Landesmuseum in Nuuk. Aufsehen erregte auch 1991 die Nachricht vom Fund einer, wie sich heraustellte, etwa 5200 Jahre alten Gletscherleiche in den Ötztaler Alpen, deren Untersuchung neue Einblicke in das Leben der Steinzeit vermittelte. Vgl.: Spindler, Konrad: Der Mann im Eis. Neue sensationelle Erkenntnisse über die Mumie aus den Ötztaler Alpen. München 1993 und Barfield, Lawrence, Ebba Koller, Andreas Lippert: Der Zeuge aus dem Gletscher. Das Rätsel der frühen Alpen-Europäer. Wien 1992. Rätsel gab den Wissenschaftlern auch die aus dem Eis der peruanischen Anden im September 1995 geborgene, tiefgefrorene Mumie eines 12–14jährigen Inkamädchens auf. Umfangreiche Untersuchungen ließen den Schluß zu, daß das mit einem Gewand aus feiner Alpakawolle bekleidete Mädchen vor rund 500 Jahren auf dem Gipfel des in der Nähe von Arequipa gelegenen Ampato-Berges im Rahmen eines religiösen Ritus durch einen Schlag auf den Kopf getötet worden war.

6 Beattie, Owen und John Geiger, a. a. O., S. 96.

7 Ebd., S. 104.

8 Ebd., S. 107.

9 Von griech. kryos «Kälte» und engl. suspension «Aufhängung, Aufschub». Die folgende Darstellung basiert auf folgenden Berichten: Freyermuth, Gundolf S.: Kryokonserven. Kursbuch 119, 1995, S. 147–185, und Phönix aus dem Eis. Der Spiegel 1995, 9, S. 170–174.

10 Geregelt wird die Bezahlung u. U. über Lebensversicherungen. Alcor darf mit seinen Diensten erst beginnen, wenn die Schulmedizin den klinischen Tod des jeweiligen Aspiranten festgestellt hat.

11 Murko, Matthias: Kälte gegen Krankheit und Tod. In: Unter Null. Kunsteis, Kälte und Kultur. München 1991, S. 273.

12 Ebd.

13 Freyermuth, Gundolf S., a. a. O., S. 176.

14 Zit. nach: Freisinger, Gisela: Der Traum vom ewigen Leben. Tempo 12 (1987), S. 65. Satirisch vorweggenommen wurde das Thema übrigens bereits 1864 von Wilhelm Busch in seiner Bilderposse «Eispeter».

15 Zit. nach: Freyermuth, Gundolf S., a. a. O., S. 169.

16 Ebd., S. 170.

17 Zit. nach: Der Spiegel 1968, 14, S. 163.

# Eiszauber – ewig in der Erinnerung

«Echt cool», meinte ein Passant, als er den lebensgroßen, aus Eis geschnitzen Löwen vor einem Hamburger Porzellangeschäft erblickte. Beherzt griff er dem Eiswesen in seine kalte Mähne. Vor einem gespannten Publikum hatte der Ice-Carver Christian Funk aus einem tonnenschweren Klareisblock seinen Löwen entstehen lassen. Motorsäge, Meißel und eine Reihe von Spezialwerkzeugen trugen dazu bei, daß nach nur zwei Stunden das eiskalte Kunstwerk des Bildhauers in voller Pracht erkennbar war. Selbst das strähnige Fell der Mähne hatte der Künstler mit einer Feile «hineingekämmt».

Schiffe, Tiere, Bauten, Firmenlogos – all das zaubert Funk aus Eis. Besonders beliebte Motive sind Adler, Schwan und Schalen mit Meeresfrüchten. In Beselich-Schupbach im hessischen Oberlahnkreis stellt er in einem ehemaligen Sägewerk das Ausgangsmaterial für seine Kunstwerke her, Eisblöcke von $100 \times 50 \times 24$ cm$^3$, jeder drei Zentner schwer. Die besondere Vorliebe des Künstlers gehört den großen Objekten, «so ab 200 Blöcken, besser 400 oder 600», wie er sagt.

Den bislang ungewöhnlichsten Auftrag erhielt der Eiskünstler anläßlich der Eröffnung des Innsbrucker Casinos. Insgesamt 164 Eisblöcke verarbeitete er in seinem Atelier zu 312 Bauteilen, die er in Kühlcontainern nach Österreich transportieren ließ. Sein 19 Tonnen schwerer, fünfeinhalb Meter hoher Triumphbogen aus Eis prägte dreieinhalb Wochen lang das Stadtbild der Hauptstadt von Tirol.

Die Nachfrage nach seinen Kunstobjekten ist groß. «Wir liegen damit im Trend unserer Zeit», meint der Künstler, der als Gastronom auf einem Kreuzfahrtschiff den Weg zu seinem neuen Beruf fand. «Die Kunstwerke bilden ein Erlebnis», beschreibt er den faszinierenden Eindruck seiner Oeuvres auf den Betrachter.

Funks Eisskulpturen bieten nicht nur optischen Genuß, sondern verkörpern, so der Künstler, den philosophischen Aspekt der Vergänglichkeit: «Filigrane Formen glätten sich, physikalischen Gegebenheiten folgend, verselbständigen sich zu neuen, eigenständigen und manchmal surreal erscheinenden Objekten.» Wie lange existiert eine Eisskulptur? Funk: «Ewig in der Erinnerung des Betrachters und ungefähr vier bis fünf Stunden bei Zimmertemperatur.»

Die Eisschnitzerei, der sich heute vor allem Betriebe der Gastronomie zur Dekoration von festlichen Buffetts bedienen, soll ihren Ursprung in Japan haben. Ob das Brauchtum zum Neujahrsfest im nordostchinesischen Qiqihar auf japanischen Einfluß zurückgeht, läßt Jürgen Bertram, der das Spektakel im Februar 1985 besuchte, offen: «Aus dem meterdick zugefrorenen Heilong Jiang, dem Fluß des Schwarzen Drachen, haben die Arbeiter der städtischen Fabriken riesige Blöcke herausgeschlagen, daraus mit dem Meißel Gestalten aus der chinesischen Sagenwelt geformt und sie in einem der vielen Parks aufgestellt. Schaurig schön sehen sie aus, die Drachen und Götter, wenn die Wintersonne ihre Körper aus Eis bläulich aufschimmern läßt. Einige der Figuren sind mit Lämpchenketten dekoriert, die in den verschiedensten Farben leuchten und den Kitsch bis zur Vollendung steigern. Doch den Bürgern gefällt das. Zu Zehntausenden pilgern sie in den Park, die meisten behängt mit Fotoapparaten, den Insignien aufkommenden Wohlstands.»[1]

Aus Rußland wird berichtet, die überspannte Zarin Anna Ivanovna habe im Winter 1739 ein Schloß aus Eis auf der zugefrorenen Newa errichten lassen. Der norwegische Romancier Erik Fosnes Hansen hat eine Beschreibung dieses Palastes, die Christoph Hermann von Mannstein, seinerzeit Diplomat in St. Petersburg, lieferte, literarisch verarbeitet: «In diesem stahlkalten Winter errichtete die Kaiserin also auf dem zugefrorenen Fluß ein Eisschloß – und es war ein Eisschloß, wie man es weder vorher noch nachher jemals gesehen hat, konstruiert von dem großen Architekten Eropkin (der dann 1740 wegen Verrats zum Tode verurteilt worden ist). Die Eisblöcke wurden aus den klarsten Eisflächen gesägt, die man auf der Newa finden konnte, und man fügte sie mit Wasser zusammen, das bei dem strengen Frost die Teile fester verband als jeder Mörtel.

Das Schloß ragte auf der Newa zwischen der Admiralität und dem Winterpalast auf, es hatte eine Balustrade, Statuen, Säulen und Möbel aus Eis. Die besten Künstler des Zarenreiches hatten es gebaut. Es war von neunundzwanzig Eisbäumen umgeben, und auf den Eisbäumen saßen Eisvögel. Bäume und Vögel waren mit naturgetreuen Farben bemalt.

Den Palast selbst hatte man transparent gelassen, abgesehen von den Fensterstürzen, die grün bemalt waren, um Marmor vorzutäuschen. Die Scheiben der Fenster waren aus laubdünnem Eis gefertigt. Handwerksmeister und -gesellen übertrafen sich draußen auf dem zugefrorenen Fluß selbst, wo sie von morgens bis abends schufteten, um die Laune der Zarin zu befriedigen. Zwei Fabeltiere und zwei Kanonen aus Eis flankierten den Eingangsbereich des Palastes. ... Ein Eiselefant in natürlicher Größe diente als Springbrunnen – das Wasser sprühte aus seinem Rüssel –, und die erwähnten Eiskanonen konnten tatsächlich Schüsse abfeuern, so stahlhart waren sie gefroren.

Die einzige Konstruktion, die nicht aus gefrorenem Wasser bestand, war ein hölzener Zaun, den man um den Palast herum errichtet hatte, um die Bevölkerung auf Abstand zu halten.

Und das Volk hatte ein großes Vergnügen an Anna Iwanownas Einfall. Selbst in der Nacht gingen viele hinaus zu dem Eisschloß, das von innen erleuchtet war – es muß ein hinreißender, unwirklicher Anblick gewesen sein.»[2]

Ein weitaus weniger exklusives, aber genauso attraktives Opus schufen Bewohner von Lech am Arlberg anläßlich des Sonnenskilaufs 1995. Sie verarbeiteten 250 t Schnee zum Bau der längsten Schneebar. Unter Anleitung des Bildhauers Andreas Wiederin nach einem Entwurf des Architekten Johann Neyer formten sie den Schriftzug Lech. Lecher Vereine übernahmen anschließend an der 104,7 m langen und 1,1 m hohen Bar die Bewirtung.[3]

Eis und Schnee sind für die meisten Menschen in erster Linie Boten der weißen Jahreszeit, des Winters[4], sie sind mit typischen Assoziationen besetzt. Maler und Dichter haben ihnen entsprechende Aussagen unterlegt. Sie schwanken zwischen Ruhe und Beschaulichkeit, Frieden und Tod, aber auch Vorfreude auf den kommenden Frühling und das neu beginnendende Leben. Im christlichen Kulturraum der Nordhemisphäre sind Schnee und Eis zudem die natürliche Kulisse des Weihnachtsfests und des Jahreswechsels: «Still und starr ruht der See», beschreibt das bekannte Weihnachtslied die winterliche Idylle.

*«Schneeflöckchen, Weißröckchen,*
*da kommst du geschneit,*
*du kommst aus den Wolken,*
*dein Weg ist so weit»,*

begrüßt ein altes Volkslied den ersten Schnee und lädt ihn ein:

*«Komm setzt dich ans Fenster,*
*du lieblicher Stern,*
*malst Blumen und Blätter,*
*wir haben dich gern.»*

Etwas nachdenklicher stapft Christian Morgenstern durch den «Neuschnee»:

*«Flockenflaum zum ersten Mal zu prägen*
*mit des Schuhs geheimnisvoller Spur,*
*deinen ersten Pfad zu schrägen*
*durch des Schneefelds jungfräuliche Flur –*
*kindisch ist und köstlich solch Beginnen,*
*wenn der Wald dir um die Stirne rauscht*
*oder mit bestrahlten Gletscherzinnen*
*deine Seele leuchtend Grüße tauscht.»*[5]

Nicht nur fasziniert von der Schönheit des Eises, sondern nachdenklich ist die Dichterin Vera Ferra-Mikura bei ihrem winterlichen Spaziergang:

*«Am Fenster blüht der Eiskristall*
*in seiner kalten Pracht.*
*Sogar der große Teich fror zu*
*in der vergangnen Nacht.*

*Der Atem fliegt aus meinem Mund*
*wie Rauch aus dem Kamin.*
*Ich stelle meinen Kragen auf*
*und stapfe stumm dahin.*

*Die Bäume sind so dick vermummt,*
*die ganze Welt ist weiß.*
*Was werden wohl die Fischlein tun,*
*die Fischlein unterm Eis?»*[6]

Die Zahl der Dichter, die Schnee und Eis besingen, ist unüberschaubar. Georg Trakl, Robert Walser, Walter Hasenclever, Thomas Mann, Karl Krolow, Hans Magnus Enzensberger, Jean Paul, Adalbert Stifter, Ger-

hart Hauptmann, Hermann Hesse, Gottfried Keller, sie alle haben sich mit dem Phänomen Schnee auseinandergesetzt.[7] Der nahezu lautlose leichte Fall der Schneeflocken, die Reinheit und Formenvielfalt der Kristalle, die Eigenschaft, alles sanft zu bedecken und so jedem Gegenstand ein neues Aussehen zu verleihen, entzückt und begeistert Dichter oder läßt sie ins Schwärmen geraten, wie Martin Walser: «Wir haben Schnee, lieber Freund, soviel du begehrst und du Lust hast. Das ganze Land ist dick mit Schnee bedeckt. Wohin man blickt: Schnee; Schnee da und Schnee dort. Auf allen Gegenständen liegt er, und die Leute unserer Stadt, groß und klein, werfen sich, um sich ein Vergnügen zu machen, Schneebälle an.»[8] Gelegentlich neigen Dichter dazu, Naturgewalten mit Humor zu nehmen, wie Peter Altenberg: «Ich liebe den Schnee auf den Spitzen der hölzernen Gartenzäune, auf den eisernen Straßengeländern, auf den Rauchfängen, kurz überall da am meisten, wo er für die Menschen unbrauchbar und gleichgültig ist.»[9]
Auch Robert Walser witzelt:

*«Der Schnee fällt nicht hinauf*
*sondern nimmt seinen Lauf*
*hinab und bleibt hier liegen*
*noch nie ist er gestiegen.»* [10]

Die schnelle Vergänglichkeit des Schnees findet Ausdruck bei Günter Bruno Fuchs:

*«Ich möchte dir einen*
*Schneestern bringen –*
*mit leeren Händen*
*werde ich vor dir stehen.»* [11]

Der Winter ist die Jahreszeit, in der alle Lebensprozesse verlangsamt werden. «Von allen Jahreszeiten hat der Winter, zumindest in den bäuerlich strukturierten Gesellschaften, den Menschen das meiste Gepräge gegeben, ist es doch die Zeit, da Mensch und Tier in ihre Unterkünfte gezwungen werden und die Arbeit und alle Unternehmungen ruhen. Diese erzwungene Arbeitsruhe gibt auf der anderen Seite aber der Phantasie eine größere Gelegenheit zur Betätigung und führt die Menschen zum Erzählen»,[12] meint der Philologe Erich Ackermann. Gleichzeitig wird die von Schnee und Eis ausströmende Kälte zum Sinnbild des Todes. Die Winterzeit stimmt nachdenklich.

*«Sie ist leicht, wie der Schnee der fällt,*
*Sie gleicht diesem ruhigen Schneien,*
*das den Himmel zusammen hält*
*und die Schwierigkeit, zu sein, was man nicht für möglich hält*
*in der täglich tödlichen Welt*
*und dem Leben mit sich allein*
*bis zum endlichen Totenschein.*

*Sie ist wie der Schnee, so leicht.*
*Du hoffst auf ein Weiterschneien,*
*das vom Himmel zur Erde reicht.*
*Es hüllt die Landschaft ein,*
*die dem ruhigen Schneien gleicht,*
*das bis an die Augen reicht*
*mit weißem Widerschein.*
*Du bist wie der Schnee, so leicht.»*[13]

Mit dem Winter sind eine Reihe von Volksbräuchen verbunden, zu denen in unseren Breitengraden der Bau des Schneemanns zählt. «Schneemann bist ein armer Wicht, hast den Stock und wehrst dich nicht», sinnierte Wilhelm Hey (1789–1854). Im Norden Japans feiern Kinder Anfang Februar ein paar Tage lang ein Schneefest zu Ehren der Geister, die ihre Inselwelt mit Wasser versorgen. Winzige Altäre werden in kleinen Schneehütten aufgebaut, und eine Nacht lang dürfen die Kinder in diesen Iglus verbringen und Besuche von ihren Eltern und Freunden empfangen.[14]

Auch die Malerei hat den Winter zum Thema gemacht. Zu den ersten Malern, die eine Schneelandschaft auf die Leinwand brachten, zählt der niederländische Malers Pieter Bruegel (ca. 1525–1569). Der amerikanische Klimaforscher H. H. Lamb sieht im Werk des Malers und dem Einsetzen der härtesten Klimaphase während der «kleinen Eiszeit» eine enge Beziehung und ist der Ansicht, daß der Winter 1564/65 einen außerordentlich großen Einfluß auf den Künstler hatte: «Dies war der Beginn einer ganz neuen künstlerischen Tradition. Im Februar dieses Winters, der in Dauer und Härte alle Winter seit den dreißiger Jahren des 15. Jahrhunderts übertraf, malte Bruegel sein berühmtes Bild Jäger im Schnee. Dies war wohl das erste Mal, daß die Landschaft als solche, wenn auch in diesem Fall nur eine frei erfundene, zum eigentlichen Thema eines Bildes wurde und nicht als bloßer Hintergrund der Darstellung diente.»[15] Bruegel führte seine Landschaftsmalerei mit einer

Bildfolge fort, in der er jede der vier Jahreszeiten darstellt. Der bittere flämische Winter veranlaßte ihn dazu, ein religiöses Thema wiederaufzugreifen – die Geburt Jesu –, diesmal um die Armut und die ungeschützte Unterkunft besonders zu betonen.[16]

Aus dem Jahr 1601 stammt die älteste bislang bekannt gewordene Bilddarstellung eines alpinen Gletschers. Es handelt sich um eine aquarellierte Federzeichnung des Vernagtferners und des vor ihm aufgestauten Sees. Zusammen mit späteren Bildern ist auch diese Darstellung des Eises von Klimaforschern analysiert worden.

Nur wenige Jahrzehnte nachdem Bruegel die winterliche Landschaft der Niederlande festgehalten hatte, wiesen Landsleute die «Wege ins Eis»[17] der Polargebiete. Seeleute aus England, den Niederlanden und Frankreich brachen auf, um von Europa aus Wege zu den Gewürzschätzen des Orients zu finden. 1553 segelte die erste englische Expedition – bestehend aus drei Schiffen – unter Sir Hugh Willoughby in nordöstliche Richtung. 1576 stach der Brite Martin Frobisher in See. Schließlich sandten auch die Holländer einen der ihren auf die Suche: Wilhelm Barents. Am 10. Mai 1596 verließ er Amsterdam zu seiner dritten und letzten Expedition zur Entdeckung der Nordostpassage. Er erreichte die Nordspitze Novaja Zemljas, doch dann gebot das Eis ihm Halt. Am 26. August wurde sein Schiff an der Nordostecke der Insel vom Eis eingeschlossen. Die Besatzung verließ ihr Schiff und errichtete auf dem nahen Land eine Überwinterungshütte. Im folgenden Sommer rettete sie sich mit den beiden offenen Booten, die ihnen verblieben waren, über das heute nach Barents benannte Meer und erreichte das Gebiet von Murmansk. Barents überlebte die Expedition nicht. Seine Männer hingegen trafen am 1. Dezember 1597 wieder in Amsterdam ein. Gerrit de Veer hat 1598 den Expeditionsbericht über diese Reise herausgegeben, in dem er die Ereignisse detailliert schildert. Diesem Bericht wurde zur Illustration eine Reihe von Radierungen beigefügt. Damit wurde zum ersten Mal in der Geschichte der Graphik das Motiv des Schiffbruchs im Eis gestaltet.[18] Eine Abbildung zeigt, wie das dreimastige Expeditionsschiff vom pressenden Eis hochgedrückt worden ist und hoffnungslos eingeschlossen daliegt. Das Schiff wurde von Eis bedrängt «in großen Brokken, von denen manche so hoch waren wie die Salzberge, die man in Spanien sieht»,[19] schrieb de Veer im Text.

Das Thema des Schiffbruchs im Eis der Arktis wurde im 17. Jahrhundert in der holländischen Malerei, die zu dieser Zeit bahnbrechend in der Darstellung aller Bereiche der Seefahrt war, wichtiges Motiv. Ein vermutlich um 1677 gemaltes Bild von Abraham Hondius ist dafür ein eindrucksvolles Beispiel. Außerordentlich dramatisch stellte er die verzweifelte Lage von Schiff und Besatzung in der Verlorenheit der Eiswüste dar und gab sehr realistisch die charakteristische Situation des von der Eispressung emporgehobenen Schiffes wieder.

Im 17. Jahrhundert hatte der Walfang vor Spitzbergen eine große Bedeutung erlangt, an dem insbesondere englische, niederländische und deutsche Schiffe beteiligt waren. Von den 14167 holländischen Schiffen, die in den 109 Jahren von 1669 bis 1778 auf Walfang ausfuhren, kehrten 561 nicht zurück, sie bleiben im Eis oder sanken.[20] Von Hamburg aus nahmen in der Zeit von 1670 bis 1719 insgesamt 2289 Schiffe Kurs auf die arktischen Gewässer, von denen 84 verlorengingen. Die Fangfahrten wurden Gegenstand zahlreicher Gemälde, bei denen immer wieder die Gefahren der Navigation am Rand des Eises behandelt werden und die tödliche Umklammerung eines Schiffs durch arktisches Packeis häufiges Motiv ist.

Ende des 18. Jahrhunderts rückte auch die Antarktis verstärkt in den Gesichtskreis der seefahrenden Nationen. 1769 war der britische Kapitän James Cook aufgebrochen, Terra australis incognita zu suchen, 1772–75 unternahm er eine zweite Fahrt, auf der er weit in das südliche Eismeer vorstieß und als erster den südlichen Polarkreis überfuhr, bis das Eis seine Fahrt stoppte. Darüber vermerkte er am 30. Januar 1774 im Logbuch: «Um 4 Uhr morgens sahen wir, daß die Wolken am südlichen Horizont einen ungewöhnlich weißen Glanz hatten. Dies bedeutete, wie wir wußten, daß wir uns einem Eisfelde näherten. Bald darauf wurde es vom Mastkorb aus gesichtet. 97 Eisberge konnte man unterscheiden. … So große Eisberge wie diese sind … in den Grönlandmeeren nie beobachtet worden. … Es bedarf keiner weiteren Begründung dafür, daß ich drehte und nach Norden zurücksteuerte. Wir befanden uns auf 71 Grad südlicher Breite.»[21] Begleitet wurde Cook von den beiden deutschen Naturforschern Reinhold und Georg Forster. Letzterer schrieb über die Fahrt das Buch «Reise um die Welt», mit dem er das Genre des literarischen Reiseberichts begründete. Ferner war der Landschaftsmaler William Hodges als offizieller Expeditionsmaler verpflichtet worden, der die Fahrt im Südpolarmeer besonders aufmerksam verfolgte und dramatische Bilder von der Begegung der Expeditionsschiffe *Resolution* und *Adventure* mit dem Eis der Antarktis mitbrachte.

«Zu keiner anderen Zeit ist die elementare Gewalt des Eises eindringlicher dem Bewußtsein des Menschen nähergerückt worden, nie ist die grandiose Unendlichkeit der arktischen Eiswüste intensiver empfunden worden, das schicksalhaft Bedrohliche und Vernichtende, das in der Begegnung des seefahrenden Menschen mit dem Eis steckt»,[22] beschreibt der Schiffahrtshistoriker Werner Timm die weitere Entwicklung zur Zeit der Romantik, die sich auch auf die Literatur übertragen läßt.

Es ist zwar kalendarischer Zufall, daß die Ballade «The Rime of the Ancient Mariner» von Samuel Taylor Coleridge im selben Jahr 1798 erschien, in dem der Maler Caspar David Friedrich erstmals das Motiv eines scheiternden Schiffes im Eis mit Öl auf die Leinwand brachte. Doch es zeigt auch, daß dieses Thema in der Luft lag.

«Es heißt», meint Timm, «daß Friedrich die Zeitungsnachricht von einem tragischen Schiffsunglück in der Beringstraße sehr bewegt habe. Nachrichten vom im Eis verunglückten Walfängern waren keine Seltenheit. Es gab auch kleine Schriften, die Schilderungen solcher Schiffskatastrophen zum Inhalt hatten, zum Beispiel: ‹Nachricht von dem 1777 auf Wallfischfang nach Grönland verunglückten Schiffe Wilhelmina›.»[23] Caspar David Friedrich griff das Thema des vom Eis bedrohten Schiffes mehrmals auf. 1798 enstand das Bild «Wrack im Eismeer», welches heute in der Hamburger Kunsthalle ausgestellt ist. 1822 malte Friedrich ein zweites, leider verlorengegangenes, Bild dieses Motivs. Es wurde unter dem Titel «Ein gescheitertes Schiff auf Grönlands Küste im Wonne-Mond verschollen» im Entstehungsjahr auf der Dresdner Akademischen Kunstausstellung gezeigt. In einem späteren Katalog heißt es über das Werk: «Reste von durch Eisberge zerstörten Schiffen lagern zwischen umgebenden Eisschollen, die größten Trümmer gehörten dem Schiff ‹Hoffnung›, wie man auf demselben liest.»[24]

Die bekannteste Darstellung Friedrichs zu diesem Thema ist das 1823/1824 entstandene, heute ebenfalls im Besitz der Hamburger Kunsthalle befindliche Bild «Im Eismeer». Es zeigt spitz aufgetürmte Eisschollen mit dem kaum wahrnehmbaren eingeschlossenen Wrack des Expeditionsschiffes *Hoffnung*. Das Bild wurde zunächst unter dem Titel «Ideale Szene eines arctischen Meeres, ein gescheitertes Schiff unter den aufgethürmten Eismassen» ausgestellt.[25]

Friedrich malte all diese Bilder, ohne je in den Polargebieten gewesen zu sein. Anregungen hatte er, wenngleich nicht aus der arktischen, so doch aus der heimischen Natur empfangen. Im strengen Winter 1820/21 hatte er von seinem Atelier am Elbberg in Dresden aus das Eis auf der Elbe beobachten können. Am Elbufer fertigte Friedrich sogar Studien in Öl von Eisschollen an, die ihm später im Atelier als Vorlage für das Gesamtwerk dienten.

Es ging ihm besonders um Einzelheiten; er beabsichtigte, «die zu verschiedenen Zeiten enstandenen Kristallisationen des Wassers in den

Schollen nachzuweisen», wobei er um eine so große Detailtreue bemüht gewesen war, daß seine Studien «bei einer öffentlichen Vorlesung über die Bildung von Gletschereis als augenscheinliche Belehrung dienten».[26] Das Eis auf der Elbe dieses strengen Winter wurde auch von Carl Gustav Carus, einem Freund Friedrichs, beobachtet und in den «Neun Briefen über Landschaftsmalerei» beschrieben. Carus hielt fest, wie sich die Elbe ihm damals zeigte; zunächst vom Standort der Brühlschen Terrasse: «Der Fluß war in der Nähe noch durchaus mit seiner, bis vor wenigen Tagen befahrenen Eisdecke belegt; weiter hinauf zeigte sich schon freies Wasser, und die von dort fortgetriebenen Schollen waren an den Rändern des stehenden Eises zackig, aufwärts und zusammengeschoben. Der gewaltige Drang der obern Wassermasse arbeitete unablässig, obwohl unsichtbar in der Tiefe, bis endlich, gegen das jenseitige Ufer hin, eine Lücke sich öffnete, und ein Strom im Strome mäßige Schollen weiterwälzte, um sie doch in kurzem da, wo der neuentstandene Strom unter dem Eise sich wieder verbarg, abermals aufzutürmen. Die Gewalt des eindringenden Wassers auf jener Seite setzte endlich auch die diesseitigen Eismassen in Bewegung, und gegen die Ufer des Elbberges schoben sich jetzt, ernst und gewaltig, breite Schollen, gleich anschlagenden, erstarrten, übers Land flutenden Meereswellen, weit herauf.» Carus änderte seinen Standort und ging hinaus zum Elbberg, um das Eis näher zu betrachten: «Da stand ich an den, vor kurzem erst heraufgeschobenen Eistafeln. Ihre Dicke betrug von ein halb bis einen Fuß, die Farbe teils gelblich, teils ein durchscheinend grünlich Blau, ihre Breite 4, 6 bis 8 Fuß. Dahinter lag die weite, feste Eisdecke, an vielen Stellen jedoch schon geborsten, in den Spalten oft aufgerichtete kleinere Schollen, bald Baumzweige einklemmend. Drüben wühlte der Strom fort und schob am jenseitigen, vorspringenden Ufer eben wieder einen Schollenberg in die Höhe.»[27]

Das Eis der Elbe diente Friedrich somit nur als Muster für das Eis der Arktis. Inspiriert worden war er zu seinem Werk vom Bericht des Polarforschers William Edward Parry. Dieser hatte auf seiner zweiten Expedition (1819/1820) versucht, mit den Schiffen *Hecla* und *Griper* die Nordwestpassage zu durchfahren. Sein 1821 erschienenes «Journal of the Voyage for the Discovery of the North-West-Passage from the Atlantic to the Pacific 1819–1820» war 1822 in deutscher Übersetzung in Hamburg erschienen. Friedrich äußerte den Wunsch, selber den Norden zu sehen und beabsichtigte sogar, Island zu besuchen. Damit stand er im Gegensatz zu seinen zeitgenössischen Kollegen, die es eher nach Italien zog. Dem französischen Bildhauer David d'Angers, der ihn 1834 in seinem

Atelier besuchte, vertraute er weitere künstlerische Zukunftspläne an: «Er sagte mir, er hätte die Absicht, ein anderes Bild zu malen, in welchem man am Horizont einen Eisberg sehen würde, welcher ein Schiff erdrückt habe. Im Vordergrund wäre das Wasser klar und durchsichtig und eine Frühlingsvegetation erkennbar, am Flußufer läge ein Logbuch mitteilend, der Kapitän X und seine Mannschaft hätten die außerordentlichsten Naturschauspiele gesehen, die sich der Mensch vorstellen könnte. Welch große Idee für ein Bild.»[28] Es ist nicht bekannt, ob Friedrich dieses Bild je gemalt hat, jedenfalls ist es nie in der Öffentlichkeit bekannt geworden. Für das «Eismeer» mußte er allerdings 1826 auf einer Berliner Ausstellung herbe Kritik einstecken; Kaiser Wilhelm III. meinte, «das große Eis im Norden möchte wohl anders aussehen»,[29] obzwar Majestät das arktische Eis auch nur vom Hörensagen kannte. Das «epochale Katastrophenbild»[30] von Caspar David Friedrich – das später nicht selten auch als Sinnbild politischen Scheiterns interpretiert wurde – erhielt im 20. Jahrhundert als Zitat eine neue Dimension. Klaus Staeck schuf 1990 eine Collage, die das «Eismeer» vor dem Brandenburger Tor zeigt.

Während es Friedrich versagt blieb, das Eis der Arktis mit eigenen Augen zu sehen, gelang es einer Reihe anderer Künstler, die eisige Pracht der Polargebiete selber zu erleben. So ließ den amerikanischen Maler Frederick Edwin Church das Arktisfieber nicht los, nachdem er im Sommer 1859 erstmals Eisberge vor den Küsten Neufundlands und Labradors gesehen hatte. Sein Landsmann William Bradford, Sohn eines Schiffsausrüsters aus New Bedford, war ebenfalls fest entschlossen, die «Natur unter den außerordentlichen Gegebenheiten der kalten Zone zu studieren»[31] und reiste zwischen 1861 und 1868 zunächst siebenmal nach Labrador, bevor er sich 1869 auf eine dreimonatige Reise begab, die ihn bis zur Melvillebucht an der Küste Grönlands führte. Die Impressionen dieser Reise bildeten die Grundlage für zahlreiche Gemälde, auf denen Bradford die Schwierigkeiten der Eisfahrt darstellte.

In England zeigte der Landschaftsmaler William Turner mit seinem 1846 entstandenen Bild «Walfischfänger, in Treibeis eingeschlossen, bemühen sich, sich zu befreien» Schiffe im Polareis, ohne allerdings selber vor Ort gewesen zu sein. Zuvor hatte er sich von den eisigen Naturgewalten europäischer Breiten beeindruckt gezeigt. 1810 malte er das Gemälde «Die Lawine», und das Erlebnis eines Schneesturms im heimischen England fand seine künstlerische Umsetzung in dem 1812 gemalten Bild «Hannibal überschreitet die Alpen».

Die Kollision von Schiffen mit Eisbergen wurde im 19. Jahrhundert zu einem beherrschenden Thema in der maritimen Malerei, häufig spielten dabei aktuelle Anlässe eine Rolle. So stieß 1803 die englische Postbrigg *Lady Hobart* vor Neufundland mit einem Eisberg zusammen, ein Jahr später entstand durch Nicholas Pockock dazu ein Gemälde.

Als 1912 die *Titanic* einen Eisberg rammte, konnte noch einmal ein Anstieg von Darstellungen dieses Motive registriert werden. Der junge Max Beckmann brachte mit seiner Darstellung «Untergang der Titanic», die noch im Unglücksjahr entstand, vor allem das menschliche Drama, das sich bei der Katastrophe abspielte, zum Ausdruck: am Horizont sind das sinkende Schiff und der Eisberg zu sehen, unmittelbar im Vordergrund, für den Betracher ganz nah, zeigt es jedoch die Menschen in und an den Rettungsbooten: «Das Bild wirkt wie ein ins Maritime übertragener Höllensturz der Verdammten, Verzweifelten»,[32] interpretiert Werner Timm die Perspektive.

Auch in der Literatur rückte das arktische Eis Ende des 18. Jahrhunderts und im 19. Jahrhundert Europa näher. Was Maler auf die Leinwand brachten, beschrieben nun auch Dichter. Edgar Allan Poe ließ seinen Helden ins Eis reisen und veröffentlichte 1838 «The Narrative of Arthur Gordon Pym of Nantucket». Es ist die Schilderung der Reise eines 16jährigen blinden Passagiers, der an Bord eines Walfängers Schiffbruch erleidet, jedoch von einem anderen Schiff, der *Jane Guy*, geborgen wird und mit ihm in die Antarktis fährt. Dort ist er vom Unglück verfolgt; Einwohner einer Insel bringen Schiff und Besatzung in ihre Gewalt, nur Pym und ein Freund können sich retten und in einem Kanu entkommen. Wenig später bricht die Erzählung ab. Der Leser erfährt in Poes Nachwort vom Tode Pyms. Dieser überraschende Schluß hat sowohl C. A. Drake als auch Jules Verne angeregt, die Geschichte wieder aufzugreifen. So schickte Verne 1897 in «Le sphinx des glaces» den Bruder des Kapitäns der *Jane Guy* auf die Suche nach Überlebenden, der zudem das Schicksal Pyms klären soll. Auch hier kommt es zur Kollision des Schiffs, der *Halbrane*, mit dem Eis: «Ein Nebelschleier verhüllte den Eisberg. Man konnte nicht erkennen, welchen Platz er in der nach Süden treibenden Flottille einnahm. Die einfachste Klugheit erforderte es nun, die *Halbrane* auszuräumen. Wir wußten ja nicht, ob das Schiff schon seine endgültige Lage eingenommen hatte, ein erneuter Umsturz des Eisbergs war nicht auszuschließen. ... In wenigen Minuten hatte die Mannschaft das Schiff verlassen. Jeder suchte auf dem Eisberg Schutz, so gut es ging. Auf 2 m konnten wir uns gegenseitig erkennen. Die *Halbrane* bildete dagegen nur eine formlose dunkle Masse, die sich vom weißen Eis abhob. ... Nachdem der unterere Teil des Eisbergs durch die Berührung mit wärmerem Wasser zernagt worden war, hatte er sich etwas gehoben, wodurch sein Schwerpunkt verlagert wurde. Er konnte sein Gleichgewicht nur durch einen plötzlichen Umsturz wieder herstellen. ... Unser Schiff lag jetzt in einer Vertiefung in der Westflanke des Eisbergs. Mit emporgetriebenem Heck und gesenktem Bug neigte es sich weit über Backbord. Beim geringsten Stoß, so sah es aus, konnte die Böschung des Eisbergs hinab ins Meer gleiten.»[33] Es gelang der Besatzung, das Schiff wieder frei zu bekommen; die Fahrt durch das Eismeer wurde fortgesetzt. «In der Literatur erhalten die Polarfahrten eine mysteriöse Qualität, wie sie kaum einer anderen Gegend zukommt»,[34] schreibt der Literaturwissenschaftler Friedhelm Marx.

So wie die Beschreibungen der Polarfahrer Romanschriftsteller inspirierten, trugen diese dazu bei, Vorstellungen über die arktische Welt beim Publikum auszubilden. «Der Eindruck, den der Anblick der Treibeismassen des Polarmeeres auf den Seereisenden macht, wenn er das erstemal mit ihm in Berührung kommt, ist ganz eigentümlich. Was man erblickt, ist für die meisten sicher sehr verschieden von dem, was man erwartet hat. Eine gaukelnde Traumwelt mit wilden, phantastischen Formen, die nach allen Richtungen hin über dem Horizont aufragt, stets wechselnd, immer neu, ein Reichtum von strahlenden Regenbogenfarben –, so ist das Phantasiegebilde, das gewöhnlich von jenen Gegenden gemalt wird», schrieb Fridtjof Nansen 1888 gegen die Vorurteile seiner Zeitgenossen. «So aber sieht diese Eiswelt keineswegs aus; sie ist einförmig und einfach, und doch macht sie einen eigenartigen Eindruck auf das Gemüt. Im kleinen hat sie Formen, die bis in das Unendliche wechseln, und Farben, die in allen Schattierungen von Blau und Grün spielen und sich brechen – im Großen aber wirkt diese Natur gerade durch ihre einfachen Gegensätze. Das treibende Eis, das sich gleich einer mächtigen, weißen Fläche glänzend und schimmernd ausdehnt, soweit das Auge reicht, einen weißen Widerschein auf Luft und Wolken werfend –, das dunkle Meer, das sich oft fast kohlschwarz von der weißen Fläche abhebt –, und über all dieser Einförmigkeit ein Himmel, bald weißblau an hellen Tagen, bald dunkel drohend, mit treibenden Wolken bedeckt oder in dichte Nebel gehüllt, bald erglühend im Sonnenauf- und -untergang, oder träumend in der lichten Sehnsucht der Nächte. Und dann die dunkle Jahreszeit mit den seltsamen Nächten, mit Sternenschimmer und Nordlicht über diesen weißen Flächen spielend, oder der Mond, der wehmutsvoller als sonst auf Erden seine lautlose Bahn durch eine öde ausgestorbene Natur zieht. Der Himmel hat in diesen Gegenden eine größere Bedeutung als überall sonst, die Landschaft selber ist sich stets gleich, der Himmel aber gibt ihr Farbe und Stimmung.»[35]

Ende des 19. Jahrhunderts, aber vor allem im 20. Jahrhundert setzten Expeditionen auf neue technische Entwicklungen. Ballon, Zeppelin und Flugzeug tauchten auch über dem Polareis auf und beflügelten einmal mehr die Phantasie der Dichter. Zusätzlich erfuhr das Interesse am Eis durch den Kampf um die Pole neue Nahrung. Georg Heym, Karl Kraus, Lion Feuchtwanger, Hans Erich Nossack – das sind nur wenige Namen von Literaten aus dem deutschsprachigen Raum, die das Thema aufgegriffen haben. Auch die Zahl der Schriftsteller, die sich an Ort und Stelle ein Bild vom Eis machten, nahm zu. Max Dauthendey, Walter Benjamin, Ernst Jünger oder Alfred Andersch nahmen es selber in Augenschein.

«Das Ende der literarischen Entdeckungsfahrten ist nicht in Sicht», glaubt Friedhelm Marx.[36] 1983 erschien Sten Nadolnys Roman «Die Entdeckung der Langsamkeit», dessen Hintergrund die Franklin-Expedition ist, die beim Versuch, die Nordwestpassage zu durchfahren, scheiterte; 1987 veröffentliche Christoph Ransmeyer die «Schrecken des Eises und der Finsternis», für die die Österreichisch-Ungarische Polarexpedition 1872–74 den Anstoß gab. In den neunziger Jahren erschienen gleich mehrere Werke, die den Leser «frösteln» lassen: «Robbenfraß. Ein Roman aus der Arktis» von Bernd Späth (1992), «Zwischen den Eisbergen» von J. Bernlef (dt. 1993), «Fräulein Smillas Gespür für Schnee» von Peter Høeg (dt. 1994), «Die Farben des Eises» von Audrey Schulmann (dt. 1994) und «Eislandfahrt» von Elizabeth Arthur (dt. 1996). «Diese Konjunktur verdankt sich wohl auch der Tatsache, daß die unzugänglichste Region der Erde inzwischen vom Massentourismus nahezu erschlossen ist. Wenn man diesen Büchern Glauben schenken will, führen sowohl Mordspuren als auch Selbsterfahrungstrips zivilisationsmüder Europäer immer häufiger in die Arktis. Für weitere Eismeerlektüre ist gesorgt», weiß Friedhelm Marx, denn auch das Eis der Antarktis verzeichnet eine ständig steigende Besucherzahl. 1995/96 erlebten mehrere tausend Kreuzfahrttouristen eine Reise in das Eis des Südpolarmeers.

Die Antarktis wird gern als Kontinent der Superlative gefeiert. Eines wird nie erwähnt: Die Antarktis ist unter allen Kontinenten derjenige, dessen Eroberung durch den Menschen in der Fotografie festgehalten wurde. Als der Belgier Adrien de Gerlache 1898/99 mit seinem Schiff *Belgica* als erster im antarktischen Meereis überwinterte, wurden zahlreiche fotografische Aufnahmen gemacht; als ein Jahr später der Norweger Carsten Borchgrevink als erster mit zehn Gefährten in einer kleinen Hütte am Kap Adare im Eingang zum Rossmeer den Winter auf dem antarktischen Kontinent verbrachte, wurden zahlreiche Begebenheiten ihres Aufenthaltes im Foto festgehalten. Die Briten Robert Scott und

Ernest Shackleton ließen sich auf ihren Expeditionen sogar von professionellen Fotografen begleiten: Die Fotos der antarktischen Eislandschaft von Herbert Ponting wurden weltberühmt, ebenso die Aufnahmen, die Frank Hurley von Shackletons *Endurance* machte, als das Eis sie zerdrückte. Ponting wie auch Hurley drehten auch Filme über die Expeditionen.

Es war Friedrich Nietzsche, der die Einsamkeit des «Im Eise-Lebens» bereits im 19. Jahrhundert postulierte: «Es bedarf dazu der Gewöhnung an scharfe, hohe Luft, an winterliche Wanderungen, an Eis und Gebirge in jedem Sinn. Wer die Luft meiner Schrift zu atmen weiß, weiß, daß es eine Luft der Höhe ist, eine starke Luft. Man muß für sie geschaffen sein, sonst ist die Gefahr keine kleine, sich in ihr zu erkälten. Das Eis ist nah, die Einsamkeit ist ungeheuer, aber wie ruhig alle Dinge im Lichte liegen, wie frei man atmet, wie viel man unter sich fühlt! Philosophie, wie ich sie bisher verstanden und gelebt habe, ist das freiwillige Leben in Eis und Hochgebirge.»[37]

Die eisbedeckte Berglandschaft stand für den Regisseur Arnold Fanck in den zwanziger und dreißiger Jahren des 20. Jahrhunderts im Zentrum vieler seiner Spielfilme, in denen er mit Naturaufnahmen beeindruckte. Die heute leicht befremdend wirkende Mystifizierung der Natur entsprach dem Stil der damaligen Zeit. Zahlreiche Filme drehte Fanck zusammen mit Sepp Allgeier, der 1913 – gerade 18jährig – als erster Kameramann in Deutschland die Chance erhalten hatte, die Rettungsexpedition für die im Norden Spitzbergens vermißten Mitglieder der Schröder-Stranz-Expedition zu begleiten. Als Allgeier später seinen 1 1/2 stündigen Film der Öffentlichkeit präsentierte, war die Kritik vor allem von den Eissequenzen beeindruckt: «Wunderbare Bilder sind es, die an dem Auge des Betrachters vorüberziehen. Majestätische Eisberge und ausgedehnte Eisflächen, treibendes Eis, übereinander getürmtes Eis, und mitten drin das Expeditionsschiff. Man sieht, wie das Schiff ausgerüstet wird, man sieht, wie es stolz seinem Ziele zustrebt, man sieht aber auch, wie die Eismassen das Schiff einschließen, wie die riesigen Schollen sich übereinander schieben und die Schiffswände eindrücken.»[38]

Eis, mit dem subjektiven Auge des Künstlers gesehen, kann sogar dem Wissenschaftler neue Aspekte seines Forschungsobjektes vermitteln. Als die Fotografin Britta Lauer, die 1994/95 an einer Fahrt mit dem Forschungseisbrecher *Polarstern* teilgenommen hatte, ihre Aufnahmen präsentierte, erläuterte der Münchner Kunsthistoriker Andreas Strobler: «Den Glaziologen hat sie so die flüchtigen Stadien ihres Forschungsgegenstandes festgehalten. Uns Daheimgebliebenen hat sie eine neue, ferne Welt eröffnet. Eis ist nicht Eis. Es scheinen viele Materialien zu sein, die wir hier sehen: gesteinsartige Formationen ebenso wie dünne, fragile Krusten und metallartige Platten, verwehter Eisstaub und unter Wasser schwimmende, glattgeschliffene Formen.»[39]

Ging es Allgeier noch um eine realistische Darstellung, so ist das Eis in Werbefilmen unserer Tage zur Kulisse degradiert worden, wenngleich zu einer außerordentlich reizvollen. Automobilhersteller beispielsweise haben in den letzen Jahren Schnee und Eis gern als Hintergrund zur Präsentation ihrer neuesten Modelle gewählt. Vielleicht mit dem Gedanken: Wer Schnee und Eis bezwingt, bleibt auch Sieger auf den Autobahnen gemäßigterer Breitengrade. Zudem bietet die weiße Oberfläche des Eises durchaus einen reizvollen Kontrast zum angepriesenen Verkaufsobjekt: Nichts lenkt die Aufmerksamkeit des Betrachters ab.

Eine schöne Scheinwelt auf dem Eis beschwört seit langem auch die Eisrevue «Holiday on Ice» herauf. 1945 gegründet, konnte sie 1995 anläßlich ihres 50jährigen Bestehens Bilanz ziehen: Nach bisher insgesamt 87 Inszenierungen in 80 Ländern der Welt haben diesen Zauber zwischen Kunst und Kommerz auf eisigem Parkett bereits mehr als 270 Millionen Menschen gesehen.

## Anmerkungen

1 Bertram, Jürgen und Helga: Im Reich der Roten Kaiser. München 1994, S. 53f.
2 Hansen, Erik Fosnes: Choral am Ende der Reise. Köln 1995, S. 210f. Vgl. auch Bechtolsheim, Hubert v.: Leningrad. München 1988, S. 90f. (Bericht des Christoph Hermann von Mannstein.)
3 Vgl.: Guiness-Buch der Rekorde 1996. Berlin 1995, S. 255.
4 Das deutsche Wort Winter leitet sich wahrscheinlich vom gallischen Wort vindo (weiß) ab, bedeutet also die weiße Jahreszeit.
5 Morgenstern, Christian: Gesammelte Werke, Wiesbaden 1996, S. 534.
6 Zit. nach: Domenego, Hans und Hilde Leiter: Das Buch vom Winter. Wien, München 1984, S. 174
7 Vgl. die folgenden Anthologien: Ackermann, Erich: Märchen und Geschichten zur Winterzeit. Frankfurt am Main 1992. – Müller, Marin: Winterfreuden. München, Zürich 1986. – Fröhlich, Anne Marie (Hrsg.): Winter. Zürich 1989. – Bender, Hans und Hans Georg Schwark (Hrsg.): Das Winterbuch. Frankfurt am Main 1983.
8 Zit. nach: Bender, Hans und Hans Georg Schwark, a. a. O., S. 81.
9 Zit. nach: ebd., S. 209.
10 Zit. nach: ebd., S. 45.
11 Domenego, Hans und Hilde Leiter, a. a. O., S. 160.

12 Ackermann, Erich (Hrsg.): Märchen und Geschichten zur Winterzeit. Frankfurt am Main 1992, S. 263.
13 Krolow, Karl: Zwischen Null und Unendlich. Frankfurt am Main 1982.
14 Vgl.: Doyle, Robert: Das Mystische Jahr. Amsterdam 1992, S. 131.
15 Lamb, H. H.: Klima und Kulturgeschichte. Reinbek 1989, S. 257.
16 Ebd.
17 Buchtitel: Marx, Friedhelm: Wege ins Eis. Frankfurt am Main, Leipzig 1995.
18 Vgl.: Timm, Werner: Schiffe und ihre Schicksale. Bielefeld, Rostock 1976, S. 100.
19 Lehane, Brendan: Die Nordwestpassage. Amsterdam 1984, S. 39.
20 Timm, Werner, a. a. O., S. 102.
21 Zit. nach: Berckenhagen, Ekhart: Schiffahrt in der Weltliteratur. Hamburg 1995, S. 173.
22 Timm, Werner, a. a. O., S. 104.
23 Ebd. Neue Forschungen bezweifeln Friedrichs Autorschaft am 1798 entstandenen Bild.
24 Zit. nach: ebd., S. 108.
25 Vgl.: Rautmann, Peter: C. D. Friedrich: Das Eismeer. Frankfurt am Main 1991, S. 14.
26 Zit. nach: ebd., S. 15.
27 Zit. nach: Bender, Hans und Hans Georg Schwark, a. a. O., S. 146.
28 Zit. nach: Rautmann, Peter, a. a. O., S. 19.
29 Zit. nach: ebd., S. 14. Der Bremerhavener Eisforscher Hajo Eicken hat das Bild ebenfalls auf sich wirken lassen. »Das Bild verdeutlicht die Unterschiede zwischen ‹thermodynamischen› bzw. statischem Eiswachstum durch Anfrieren an der Eisunterseite, das zu einer ebenen Eisdecke von relativ geringer Dicke führt (ebenmäßige Flächen im Bildhintergrund und einzelne Schollenbruchstücke im Vordergrund) sowie der Verdickung unter Einwirkung mechanischer Kräfte (z. B. durch Wind und Wellen), bei der einzelne Schollen oder Bruchstücke zu einem Vielfachen ihrer ursprünglichen Dicke übereinander geschichtet werden können. Während das Bild thematisch in der Arktis angesiedelt ist, legen die Dicke und Beschaffenheit des aufgepreßten Eises den Schluß nahe, daß sich der Maler vom Eisgang der Ostsee inspirieren ließ.» Eicken, Hajo: Wie polar wird ein Polarmeer durch das Meereis? In: Hempel, Irmtraut und Gotthilf: Biologie der Polarmeere. Jena 1995, S. 66.
30 Vgl.: Rautmann, Peter, a. a. O., S. 1.
31 Zit. nach: Lehane, Brendan, a. a. O., S. 6.
32 Timm, Werner, a. a. O., S. 122.
33 Verne, Jules: Die Eissphinx. Frankfurt am Main 1987, S. 104–106.
34 Marx, Friedhelm: Das Tor der Geheimnisse. Der Südpol und die Dichter. In: Lauer, Britta: Im Eismeer. München 1995, S. 10.
35 Nansen, Fridtjof: Auf Schneeschuhen durch Grönland. Berlin 1951, S. 51.
36 Marx, Friedhelm: Wege ins Eis, a. a. O., S. 321.
37 Zit. nach: Ebertshäuser, Heidi Caroline: Träume im Packeis. In: Unter Null. Kunsteis, Kälte und Kultur. München 1991, S. 38.
38 Allgeier, Sepp: Die Jagd nach dem Bild. Stuttgart 1931, S. 41.
39 Strobl, Andreas: Bilder vom anderen Ende der Welt. In: Lauer, Britta, a. a. O., S. 21.

# Ein Wort zum Schluß

Das Foto, das Eric Shipton, Leiter der Mount-Everest-Erkundungs-Expedition, im Jahr 1951 auf einem Gletscher in Nordostnepal machte, entbehrte jeglicher künstlerischen Qualität und jeglichen dramatischen Gehalts. Dennoch ging es um die Welt, sorgte für Schlagzeilen in den Medien und rief Wissenschaftler auf den Plan. Dabei zeigt es nichts anderes als einen Fußabdruck im Schnee. Das Besondere daran war allerdings, daß er keinem bekannten Lebewesen zuzuordnen war. Das Foto wurde seinerzeit zum stärksten Indiz für die Existenz des legendären Yeti oder Schneemenschen.

Dr. Michael Ward, ein britischer Bergsteiger, der Shipton begleitete, hat die Umstände, unter denen das Foto gemacht wurde, später beschrieben: «Wir waren ungefähr 5500 bis 5800 m hoch und näherten uns dem unteren Teil des Menlung-Gletschers. Einige der Spuren, die wir sahen, waren gut ausgetreten, andere waren ziemlich undeutlich. Ihre Zahl ließ vermuten, daß sie von mehreren Tieren herrührten. Sie hielten sich mehr oder weniger in der Mitte des Gletschers, und wir folgten ihnen etwa 400 Meter, ehe wir zu einer Seitenmoräne abbogen.»[1]

Nach ihrer Tiefe zu urteilen, stammten die Spuren offensichtlich von Geschöpfen, die mindestens 90 kg wogen. Die Abdrücke waren 30 bis 35 cm lang und ungefähr 15 cm breit. «Am Abdruck, den wir photographierten, waren fünf ausgeprägte Zehen zuerkennen. Der mittlere Zeh war wie beim menschlichen Fuß am längsten. Der kleine Zeh hatte nur einen sehr schwachen Abdruck hinterlassen. Der übrige Fuß ähnelte stark einem Menschenfuß, außer daß er natürlich breiter war. Dort, wo das Tier eine kleine Spalte übersprungen hatte, konnte man erkennen, wo sich die Zehen eingegraben hatten, um beim Landen mehr Halt zu finden, und es schien auch, als seien Nägelabdrücke vorhanden. Das war jedoch nicht mit absoluter Sicherheit festzustellen.»[2]

Die Sherpas haben dem Schneemenschen den Namen Yeti (ye «Fels», The «Tier») gegeben.[3] Die Lepcha, die Bewohner der Bergtäler Sikkims, verehren ihn als Jagdgott und erzählen zahlreiche Sagen über den Chumung («Schneegeist»), wie er bei ihnen heißt. In ihrer Vorstellung ist er ein riesiges dunkelbraunes Affentier mit einem eiförmigen, eher spitzen Schädel und karger, rötlicher Behaarung. Er soll über zwei Meter groß sein, wenn er aufrecht steht. Er hält sich in den höchsten Gebirgsgegenden auf und verläßt sie nur, wenn er Appetit auf salzige Moose verspürt, die auf Moränenfeldern gedeihen. Auf der Suche nach ihren soll er manchmal Schneefelder überqueren. Seine Fußspuren sollen denjenigen eines Bären ähneln. Einheimische Jäger der Lepcha behaupten, daß der Schneegeist eher harmlos und scheu und wohl schon ausgestorben sei. Einige russische und chinesische Forscher neigen dazu, im Yeti einen vereinzelten Überlebenden eines Urmenschentyps zu sehen;[4] eine Theorie besagt, die Schneemenschen seien die letzten Angehörigen der Gigantopithecinen, prähistorischer Menschenaffen, die uns nur aufgrund fossiler Knochen bekannt sind.[5]

Nach drei kleineren Unternehmungen wurde 1960/61 schließlich eine umfangreiche Expedition in das Rolwaling- und Solu-Khumbu-Gebiet (Nepal) durchgeführt, großzügig finanziert durch amerikanische Verlage und unterstützt durch die US Air Force, deren erklärtes Ziel es war, «die Behauptung von der Existenz des Yeti zu beweisen oder zu widerlegen. Wir hatten die Absicht, jeden erdenklichen Anhaltspunkt zu prüfen: Legenden, Berichte über Begegnungen mit Yetis sowie Überreste und Fußspuren des Schneemenschen. Wir wollten versuchen, den Yeti mit Teleobjektiven und automatischen Kameras, die durch Stolperdrähte ausgelöst wurden, zu fotografieren. Gegebenenfalls konnten wir den oft vernommenen Ruf des Yeti auf Tonband aufnehmen: Jenes hohe pfeifende Geräusch, das unsere Expeditionssherpas offenbar gehört hatten. Unsere starken Ferngläser sollten uns ermöglichen, Schneemenschen zu beobachten. Natürlich hatten wir den Ehrgeiz, einen Yeti lebendig zu fangen, obwohl keiner von uns genau wußte, was wir mit dem Geschöpf anfangen wollten, falls wir seiner habhaft wurden.»[6] Für den Expeditionsleiter – kein geringerer als Edmund Hillary, dem 1953 mit dem Sherpa Tenzing Norgay die Erstbesteigung des Mount Everest gelungen war und der 1957/58 zusammen mit dem Briten Vivian Fuchs die Transantarktis-Expedition durchgeführt hatte – stand allerdings fest: «Ich würde sie nach einer gründlichen Untersuchung laufen lassen.

Ich glaube nicht, daß die Zivilisation dem Yeti viel zu bieten hat.»[7] Prophylaktisch erließ die Regierung Nepals jedenfalls ein Gesetz, das das Töten von Schneemenschen verbot. Doch Hillary und sein Team, die keineswegs die Absicht hatten, dieses Gesetz zu übertreten, führten ohnehin vor allem Betäubungsgewehre mit sich.

Die Expedition ging zahlreichen Berichten über Schneemenschen nach. In der eisigen Bergwelt des Himalaja folgte sie immer wieder Hinweisen der sie begleitenden Sherpas auf Spuren und Abdrücke im Schnee, die von Yetis stammen sollten. Auf den Wegen von Lagerplatz zu Lagerplatz waren die hochgebirgserfahrenen einheimischen Träger dem Gros der Expedition oft vorausgeeilt. Zeitweise brachte die Spurensuche die Teilnehmer an den Rand der Erschöpfung. «Ich hatte immer geglaubt, daß grenzenlose Begeisterung den Menschen alle Schwierigkeiten überwinden läßt. Wie hatte ich mich geirrt», stöhnte Desmond Doig, Journalist einer amerikanischen Zeitung und Chronist des Unternehmens, als sie sich wieder einmal den Sherpas folgend zu gesichteten Schneespuren vorkämpften. «Obwohl ich beinahe vor Erregung platzte und energiegeladen war wie eine Rakete, brachte mich die Anstrengung des Eilmarsches über fünf Kilometer Gesteinsschutt und Felsbrocken fast um. Meinen Begleitern erging es nicht viel besser; selbst Perkins begann bereits nach hundert Metern, die Yetis im allgemeinen und insbesondere jenen zu verfluchen, der unsere Strapazen verursacht hatte. Ein Teil der Spur war von unseren Sherpas zertrampelt worden, aber es gab noch immer einzelne gute Abdrücke. Mir gelang es sogar, von einem einen Gipsabguß herzustellen (28 cm lang und 13 cm breit), ein nicht ganz leichtes Unterfangen in dem lockeren Schnee.»[8]

Tage später entdeckten sie erneut Abdrücke im Schnee: «Als wir die Spuren weiter verfolgten, verblüffte uns immer wieder das außergewöhnliche Zusammentreffen von Sonnenbestrahlung in großer Höhe, schmelzendem Schnee und harmlosen Fährten kleiner Vierfüßler. Auf einer Strecke von hundert bis zweihundert Metern enthielt die gleiche Spur ‹Fußabdrücke›, die zwischen 5 Zentimeter und 36 Zentimeter Länge und zwischen 5 Zentimeter und 18 Zentimeter Breite schwankten. Fasziniert beobachteten wir, wie kleine Pfoten sich in Riesenfüße verwandelten, wie Krallenspuren zu Zehen wurden, und wie übergroße Yeti-Spuren sich in die Pfotenabdrücke eines kleinen Tiers von der Größe eines Fuchses zurückverwandelten.»[9]

Weitere ähnliche Beobachtungen trugen dazu bei, daß die Expedition den Schneemenschen letztlich in das Reich der Legende verwies, zumal auch alle übrigen Hinweise auf seine Existenz entkräftet wurden.[10]

Hillary konstatierte kurz: «Offensichtlich ist noch nicht allgemein bekannt, daß in Regionen bis zu 5800 Meter Höhe durchaus noch Lebewesen anzutreffen sind: Füchse, Wölfe, Schneeleoparden, Murmeltiere und andere Säugetiere leben dort – ganz abgesehen von den Yaks, Schafen, Ziegen und Menschen!»[11]

Als sich die Expedition vom Lama-Ältesten des Klosters Thyang Boptschi verabschiedete, wurde ihr allerdings mit auf den Weg gegeben: «Wenn Sie mir eine Kamera hier lassen würden, könnte ich Ihnen bestimmt einen Yeti fotografieren. Denn während Ihr Sahibs hier herumlauft, kommen die Yetis niemals in die Nähe des Klosters; doch sobald die Fremden den Rücken kehren, tauchen sie bestimmt wieder auf!»[12]

Die Yetis sind wieder aufgetaucht. In der Phantasie von Bergsteigern und in Schlagzeilen sensationslüsterner Medien: Manchmal, so mag es scheinen, just dann, wenn es an anderen publikumswirksamen Ereignissen mangelte. Zugegeben, die Spurensuche in der Eiswelt des Himalaja ist eine etwas ungewöhnliche Geschichte. Aber die Entdeckungsgeschichte unseres Planeten und die Geschichte der Naturwissenschaften war bislang reich an ungewöhnlichen Begebenheiten. Und sie lehrt, daß nicht wenige Dinge, die uns heute banal und selbstverständlich erscheinen, einst als abstrus und unerhört verworfen wurden. Angesichts der Tatsache, daß die moderne Weltraumforschung auch auf anderen Planeten Eis festgestellt hat, sei der Schluß gestattet, daß für die Beschäftigung des Menschen mit dem kalten Phänomen noch lange kein Ende abzusehen ist. Sicherlich läßt sich noch nicht einmal ahnen, wo und nach welchen Spuren im Eis Menschen künftig noch suchen werden.

«Eis erzeugt neues Eis, Eis verbindet sich mit Eis, Eis ist sich selbst genug»,[13] philosophierte der amerikanische Historiker Stephen Pyne angesichts des größten gegenwärtigen Eisgebietes der Erde, des gewaltigen Kontinentalgletschers der Antarktis. Dieses Buch wollte seine Leser für das Thema «Schnee, Eis und Kälte» erwärmen, nicht mehr und nicht weniger. Was dazu thematisch angesprochen wurde, war nur die sprichwörtliche Spitze des Eisbergs.

*Wir segeln auf der arktischen See – es ist ziemlich hell,*
*Durch die klare Luft breite ich mich aus in die Wunderschönheit,*
*Die riesigen Massen von Eis ziehen vorbei an mir, ich ziehe vorbei an ihnen,*
*Ringsum nach allen Seiten ist Klarheit.*
*Die weißköpfigen Berge erscheinen in der Ferne, ich werfe ihnen meine Träume entgegen.*

*Wir nähern uns einem großen Schlachtfeld, wir werden bald im Kampf stehen.*
*Vorbei an den riesigen Vorposten des Lagers gleiten wir leise mit Vorsicht …*
*Walt Whitman (Grashalme 1856)*

## Anmerkungen

1 Nicolson, Nigel: Der Himalaya. Amsterdam 1991, S. 73.
2 Ebd.
3 Olschak, Blanche Christine u. a.: Himalaya. Köln 1987, S. 254. Zum Wort Himalaja: «Schnee heißt in der altindischen Sprache, dem Sanskrit, hima. Und der Wohnsitz des Menschen, der dort seine Heimat hat, heißt alaya. So ist der Himalaya die ‹Heimstätte des Schnees›.» Ebd., S. 5.
4 Vgl. ebd.
5 Vgl.: Nicolson, Nigel, a. a. O., S. 74.
6 Hillary, Edmund und Desmond Doig: Schneemenschen und Gipfelstürmer. Wiesbaden 1963, S. 13.
7 Ebd.
8 Ebd., S. 67.
9 Ebd., S. 69.
10 Ein Yeti-Skalp erwies sich zwar als interessante Reliquie, aber dennoch als Fälschung, eine «Yeti-Hand» im Kloster Pangotsche war menschlichen Ursprungs, Pelze, von den Sherpas als Yeti-Felle bezeichnet, waren Bärenfelle. Ebd., S. 159.
11 Ebd., S. 164.
12 Ebd., S. 160.
13 Pyne, Stephen J.: The Ice. New York 1986, S. 3.

# Dank

Ohne die Hilfe zahlreicher Menschen wäre dieses Buch nicht zustande gekommen. Es ist an dieser Stelle nicht möglich, sie alle persönlich zu nennen.

Mein Dank gilt jedoch meiner Lektorin Frau Dorothée Engel vom Birkhäuser Verlag, die sich nicht nur schnell für das Thema erwärmte, sondern im Verlag auch das Eis für dieses Buchprojekt brach. Anregungen habe ich in den letzten Jahren in den Bibliotheken und Archiven sowie von den Mitarbeitern des Alfred-Wegener-Instituts für Polar- und Meeresforschung in Bremerhaven, des Bundesamtes für Seeschiffahrt und Hydrographie und der Universität in Hamburg, vom Institut für Polarökologie und vom GEOMAR Forschungszentrum für marine Geowissenschaften Kiel erhalten. Unterstützt haben mich die Besatzungen des Forschungsschiffes *Polarstern* sowie der Expeditionskreuzfahrtschiffe *Explorer, World Discoverer, Bremen* und *Hanseatic,* auf deren Fahrten ich das Eis der Polargebiete immer wieder hautnah erleben konnte. Literatur haben mir Herr Peter Wick vom Gletschergarten Luzern und das Eidgenössische Institut für Schnee- und Lawinenforschung in Davos zur Verfügung gestellt.

Mein besonderer Dank gilt jedoch meinem Mann Klaus Kunze, der die Entstehung des Manuskriptes ebenso geduldig wie kritisch begleitet hat und dem ich zahlreiche Anregungen und Ideen verdanke. Darüber hinaus hat er gemeinsam mit Dorothée Engel die Endphase der Produktion betreut, während ich bereits wieder im Eis der Arktis unterwegs war.

*Hamburg, im Juni 1996*
*Christine Reinke-Kunze*

# Anhang

## Die Eiszeit

Für Freunde abgedruckt am Geburtstag Galilei's, 1837

*Mehr als der Leu dort oder der Elephant,*
*Mehr als des Äffleins Fratzengesicht, woran*
*Sich freut der Pöbel, während Denker*
*Heimlich sich schämen des Mitgesellen:*

*Mehr als die Vollzahl aller Geschöpfe selbst,*
*Die Sammellust doch häuft, und der tiefe Sinn*
*Des Forschers so geordnet, daß fast*
*Unwiderstehlich der Geist sich kund gibt:*

*Mehr als das Reich rings, fesselst du den Sinn,*
*Eisbär des Nordpols! Führst mich in Gegenden,*
*Wo winterfroh du noch im Treibeis*
*Wohnst und behaglich dich übst im Fischfang.*

*Wohnst hingedrängt dort lange bereits, doch einst*
*War deine Heimath näher bei uns! es war*
*Vielleicht das Urland deiner Schöpfung,*
*Winterbedeckt noch, das Herz Europas.*

*Wohl war zuvor mild, milder als jetzt, die Welt:*
*Weithin im Urwald hallte Gebrüll des Rinds,*
*Mammuthe grasten still, in Mooren*
*Wälzten sich lüsterne Pachydermen.*

*Längst sind vertilgt sie, der gebleicht Gebein*
*Einhüllt das Fluthland, oder mit Haut und Fleisch*

*Zugleich und frisch erhalten, ausspeit,*
*Endlich erliegend das Eis des Nordens!*

*Ureises Spätrest, älter als Alpen sind!*
*Ureis von damals, als die Gewalt des Frostes*
*Berghoch verschüttet selbst den Süden,*
*Ebnen verhüllt so Gebirg als Meere!*

*Wie stürzte Schneesturm, welche geraume Zeit,*
*Endlos herab! wie, reiche Natur, begrubst*
*Du lebensscheu dich, öd und trostlos!*
*Aber es ging ja zuletzt vorüber!*

*Tief aus dem Grund brach Alpengebirg hervor,*
*Brach durch die Eiswucht, deren erstarrter Zug*
*Unendlich trümmervoll mit Blöcken*
*Seltsam geziert noch den Kamm des Jura.*

*Wie stand sie hoch erst, deren Zusammensturz*
*Dich schöner See Genfs, dich auch von Neuenburg,*
*Als jener Vorzeit Wundersiegel,*
*Einzig entzog der Geröllverschüttung!*

*Denn als sie hinschmolz, als sich die Erde neu*
*Sehnsüchtig aufthat, flutheten grauenvoll,*
*Dem Guß und Sturz der Wasser weichend,*
*Weg die Molassen als Löß ins Rheinthal!*

*Des Zeuge warst du, herrlicher Kaiserstuhl,*
*Breisgraues Hochwart, sanfterer Sohn Vulcans!*
*Neun Linden schmücken jetzt das Haupt dir,*
*Schauend in spätere Paradiese.*

*Noch aber lehnt am feuergekochten Fels*
*Spätzeitger Flötzung, der sich zu Alpen hob,*
*Die Schaar von Gletschern, deren Rückzug*
*Zaudernd gereihet die Block-Moränen.*

*Hoch ragt die Jungfrau, welche der Kindheit noch*
*Stolz eingedenk stets weiße Gewänder trägt,*
*So gut als kurz vor ihrer Ankunft*
*Schwer die getragen der Pathe Montblanc.*

*Sie sammt dem Heerzug, Brüder und Schwestern all,*
*Wie stehn sie stumm da, hüllen sich ein in Eis!*

*Denn lauter als sie alle sprichst du,*
*Das sie bewohnt, o du kleines Schneehuhn!*

*Als nach dem Ausbruch dieser Gewaltigen*
*Hinsank des Frosts Reich, lebengeschwellt Natur*
*Der aus sich selbst erwarmten Erde*
*Kinder verlieh in erneuter Schöpfung:*

*Damals gebar euch, Zaubern der Möglichkeit*
*Rasch folgend Tellus, ward sich zuerst in euch,*
*Die ihr jetzt wohnt im Eis des Poles,*
*Wieder gewahr in der Macht des Lebens.*

*Nicht hätte nachher euch sie gebracht, da voll*
*Freihin der Strom floß derer die jetzo sind;*
*Vorgänger seid ihr aller Andern,*
*Athmetet sehnlich den ersten Frühling!*

*Nahrung genug bot Fluthengewimmel schon,*
*Neu hing am Fels auch freudiger Flechtenwuchs,*
*Genügsam, wie das edle Renn, das*
*Ahnte den Herrn, der es jetzt gezähmt hat!*

*Ihr wicht! Erfüllung wurde gewährt, und ganz,*
*Auf letzten Umsturz, siegte das Lebenreich;*
*Im alten und im neuen Baustyl*
*Wandelt das Volk der verjüngten Erde!*

*Ihr wicht! Der Schauplatz wurde zu warm, und fern*
*Wohnt ihr am Pol jetzt! Aber der Herrschende,*
*Der dann zuletzt erschien, kennt euch!*
*Staunt der Geschichten, die ihr ihm kündet!*

*Neuchâtel, den 15ten Februar 1837. Dr. F. K. Schimper*

Quelle: Kaiser, Karlheinz: Die Inlandeis-Theorie, seit 100 Jahren fester Bestand der Deutschen Quartärsforschung. Eiszeitalter und Gegenwart. 26 (1975), S. 1-30.

# Eis in Zahlen

## Bedeutendste Gletscher der Alpen

| | Länge km | Fläche $km^2$ |
|---|---|---|
| Aletschgletscher (Berner Oberland) | 16,5 | 115 |
| Mer des Glace (Montblanc Gebiet) | 14 | 50 |
| Gornergletscher | 13 | 67 |
| (Walliser Alpen) | 10,2 | 24,5 |
| Gepatschferner (Ötztaler Alpen) | 9,2 | 21,7 |

*Quelle: Schumann, Walter: Das Buch der Erde. München 1987. Band 1. S, 200*

## Gletschertypen

| | Beschreibung | Beispiele |
|---|---|---|
| kontinentaler Eisschild | Inlandeis überdeckt große Landflächen | Antarktis, Grönland |
| Eisfeld | Eisschild und -decke, welche die darunter liegende Felstopographie nicht vollkommen verbirgt | Patagonischer Eisschild |
| Eiskappe | Gewölbte Eismasse mit radialem Abfließen | Vatnajökull (Island) |
| Outlet-Gletscher | aus obigen Gletschertypen ausfließende Gletscherzungen | Jakobshavn-Brae (Grönland) |

| | Beschreibung | Beispiele |
|---|---|---|
| Talgletscher | liegt in einem Teil seines Akkumulationsgebiets und dem ganzen Ablationsgebiet im Talgrund; nimmt im unteren Teil Zungenform an und folgt ohne wesentliche Formveränderung der Talsohle. | Aletsch-, Gorner-, Fiescher-, Unteraar-, Grindelwald-, Morteratschgletscher; total ca. 55 Talgletscher in der Schweiz |
| Gebirgsgletscher<br>Flankenvereisungen<br>Kargletscher<br>Nischengletscher | beliebige Form, oft dem Talgletscher ähnlich, aber wesentlich kleiner, liegt häufig in Kar oder Nische | häufig; in der Schweiz ca. 775, oft sehr kleine Gletscher |
| Gletscher- und Firnflecken | kleine Eis- bzw. Firnmasse beliebiger Form, überdauert mindestens zwei aufeinanderfolgende Sommer; im Ggs. zu Gebirgsgletschern keine deutlichen Hinweise auf Fließbewegung | sehr häufig, kleine Flächen (meist ohne Namen) |
| Eisschelf | schwimmende Eisdecke entlang der Küste; ernährt durch Gletscher | Rosseis- und Filchnereisschelf (Antarktis) |

*Quelle: Gletscher, Schnee und Eis. Das Lexikon zu Glaziologie, Schnee- und Lawinenforschung in der Schweiz. Luzern 1993, S. 27.*

## Gletscher. Vergletscherte Flächen der Erde

| | Fläche in km$^2$ | Prozent |
|---|---|---|
| Südamerika | 25 908 | 0,16 |
| Nordamerika | 276 100 | 1,74 |
| Grönland | 1 726 400 | 10,88 |
| Afrika | 10 | 0,00 |
| Europa | 53 967 | 0,34 |
| Island | 11 260 | 0,07 |
| Spitzbergen | 36 612 | 0,23 |
| Skandinavien | 3 174 | 0,02 |
| Alpen | 2 909 | 0,02 |
| Pyrenäen | 12 | 0,00 |
| Asien/ehem. UdSSR | 185 211 | 1,17 |
| Neuseeland/subant. Inseln | 7 860 | 0,05 |
| Antarktis | 13 586 310 | 85,65 |
| | 15 861 766 | 100,00 |

*Quelle: Gletscher, Schnee und Eis. Das Lexikon zu Glaziologie, Schnee- und Lawinenforschung in der Schweiz. Luzern 1993, S.28*

## Gletscher. Vergletscherte Fläche der Alpen

| Land | Fläche in $km^2$ | Prozent |
|---|---|---|
| Österreich | 542 | 18,63 |
| Frankreich | 417 | 14,33 |
| Deutschland | 1 | 0,03 |
| Italien | 607 | 20,87 |
| Schweiz | 1342 | 46,13 |
| Total | 2909 | 100,00 |

*Quelle: Gletscher, Schnee und Eis. Das Lexikon zu Glaziologie, Schnee- und Lawinenforschung in der Schweiz. Luzern 1993, S.28*

# Definition der Eisbezeichnungen

**Aged ridge – Gealterter Preßeisrücken: Preßeisrücken**, der einer erheblichen Verwitterung ausgesetzt war.

**Anchor ice – Grundeis:**Untergetauchte Eis, das am Grunde verankert ist, gleichgültug welcher Entstehungsart.

**Bare ice – Schneefreies Eis:** Eis ohne Schneedecke

**Belt – Eisgürtel:** Ein langgestrecktes Gebiet mit **Treibeis**, dessen Breite 1 km bis mehr als 100 km betragen kann.

**Bergy bit – Eisbergstück:** Ein großes Stück schwimmendes **Gletschereis**, es ragt 1 bis 5 m über den Wasserspiegel und hat eine Fläche von ungefähr 100 bis 300 $m^2$.

**Beset – Schiff im Eis eingeschlossen:** Das Schiff ist fahruntüchtig.

**Big floe – Große Eisscholle:** siehe Floe – **Eisscholle**.

**Bight – Eisbucht:** Eine weite, halbmondförmige Einbuchtung des **Eisrandes**, die durch Wind oder Strömung geformt wurde.

**Brash ice – Trümmereis:** Ansammlung von **kleinen Eisbruchstücken** mit einem Durchmesser von nicht mehr als 2 m; Trümmerform von anderen Eisarten.

**Bummock – Steiß:** Vom U-Boot aus gesehen, ein an der Unterseite des **Eisdaches** befindlicher Eisvorsprung; der nach unten ragende Teil eines **Preßeishügels**.

**Calving – Kalben:** Das Abbrechen einer Eismasse von einer **Eismauer, Eisfront** (Schelfeisrand) oder einem **Eisberg**.

**Close pack ice – Dichtes Treibeis: Treibeis** mit einer **Eiskonzentration** von 7/10 bis 8/10 (6/8 bis weniger als 7/8); die Eisschollen berühren sich meistens.

**Compacted ice edge – Kompakter Eisrand:** Stark ausgeprägter Eisrand, dessen Form durch die Schubwirkung des Windes oder der Strömung auf der Luvseite des Treibeisgebietes entstanden ist.

**Compacting – Zusammenschieben des Eises:** Infolge der zusammenlaufenden Bewegung der Eisstücke wird die **Eiskonzentration** erhöht, so daß Spannungen im Eis auftreten, die wiederum zur Deformation des Eises führen können.

**Compact pack ice – Zusammengeschobenes Treibeis: Treibeis** mit einer Eiskonzentration von 10/10 (8/8); es ist kein Wasser sichtbar.

**Concentration – Eiskonzentration:** Das Verhältnis in Zehntel zwischen der eisbedeckten und der gesamten Wasseroberfläche an einem bestimmten Ort oder in einem abgegrenzten Gebiet.

**Concentration boundary – Grenze der Eiskonzentration:** Eine Linie, die den Übergang zwischen zwei **Treibeis**gebieten von eindeutig verschiedener **Eiskonzentration** annähernd beschreibt.

**Consolidated pack ice – Zusammenhängendes Treibeis: Treibeis** mit einer **Eiskonzentration** von 10/10 (8/8); die Eisschollen sind zusammengefroren.

**Consolidated ridge – Zusammenhängender Preßeisrücken: Preßeisrücken** mit zusammengefrorener Basis.

**Crack – Riß:** Jeder Riß im Meereis, der das Eis nicht trennt.

**Dark nilas – Dunkle Nilas: Nilas,** weniger als 5 cm dick und von sehr dunkler Farbe

**Deformed ice – Deformiertes Eis:** Allgemeine Bezeichnung für zusammengedrücktes Eis. Es wird unterteilt in: **übereinandergeschobenes Eis, gepreßtes Eis** und **hügelig aufgepreßtes Eis.**

**Difficult area – Schwieriges Gebiet:** Es wird darunter ein Gebiet mit schwerem Eis verstanden, in dem die Schiffahrt schwierig ist.

**Diffuse ice edge – Stark aufgelockerter Eisrand:** Sehr schwach ausgeprägter **Eisrand**, der ein Gebiet mit verstreutem Eis begrenzt; tritt gewöhnlich auf der Leeseite eines Treibeisgebietes auf.

**Diverging – Auflockern des Treibeises oder der Eisfelder:** Infolge der auseinanderlaufenden Bewegung nimmt die **Eiskonzentration** ab, so daß die eventuell vorher vorhandenen Spannungen im Eis nachlassen.

**Dried ice – Wasserfreies Eis/Dürreis: Meereis**, von dessen Oberfläche das Schmelzwasser nach Bildung von **Rissen** und Löchern abgeflossen ist; beim Austrocknen nimmt die Eisoberfläche ein weißliches Aussehen an.

**Easy area – Leichtes Gebiet:** Es wird darunter ein Gebiet mit leichtem Eis verstanden, in dem die Schiffahrt nicht schwierig ist.

**Fast ice – Festeis: Meereis,** das gewöhnlich an der Stelle, an der es entstanden ist, fest liegen bleibt. Es kommt entlang der Küste vor, wo es am Ufer, an einer **Eismauer** oder **Eisfront** befestigt ist, oder über Untiefen, wo es durch Inseln oder gestrandete **Eisberge** festgehalten wird. Festeis entsteht direkt aus dem Meerwasser oder durch Zusammenfrieren des **Treibeises.** Es kann sich von der Küste bis zu mehreren hundert Kilometern seewärts ausdehnen. Bei Änderungen des Wasserstandes kann es vertikalen Schwankungen unterworfen sein. Mehr als einjähriges Festeis wird durch die Altersangabe näher gekennzeichnet (**alt, zweijährig, mehrjährig**). Wenn seine Oberfläche mehr als 2 m über dem Meeresspiegel liegt, wird es als **Eisschelf** bezeichnet.

**Fast ice boundary – Festeisgrenze:** Eine zu einer bestimmten Zeit bestehende Abgrenzung zwischen **Festeis** und **Treibeis** oder Treibeisgebieten.

**Fast ice edge – Festeisrand/Festeiskante:** Eine zu einer bestimmten Zeit bestehende Abgrenzung zwischen **Festeis** und **offenem Wasser**.

**Finger rafted ice – Auf- und untergeschobenes Eis:** Eine Art des **übereinandergeschobenen Eises**, Teile einer **Eisscholle** liegen fingerartig abwechseln über und unter einer anderen Scholle.

**Finger rafting – Auf- und Unterschieben des Eises:** Eine Art des **Übereinanderschiebens des Eises**, wodurch Teile einer **Eisscholle** fingerartig abwechselnd über und unter eine andere Scholle geraten. Tritt im allgemeinen bei **Nilas** und bei **grauem Eis** auf.

**First year ice – Einjähriges Eis: Meereis**, das sich aus dem **jungen Eis** entwickelt und in einem Winter gebildet wurde; Eisdicke 30 cm–2 m. Es kann unterteilt werden in

**dünnes einjähriges Eis/weißes Eis, mitteldickes einjähriges Eis** und **dickes einjähriges Eis.**

**Flaw – Reibungszone an der Festeisgrenze:** Eine schmale Grenzzone zwischen **Treibeis** und **Festeis,** in der Eisstücke chaotisch herumliegen; sie wird durch die Scherbewegung des unter starkem Wind- und Strömungseinfluß stehenden Treibeises entlang der Festeisgrenze gebildet.

**Flaw lead – Eisrinne an der Festeisgrenze:** Eine befahrbare Rinne zwischen **Treibeis** und **Festeis.**

**Flaw polynya – Polynye an der Festeisgrenze:** Eine zwischen **Treibeis** und **Festeis** vorhandene **Polynye.**

**Floating ice – Schwimmendes Eis:** Jedes im Wasser schwimmende Eis. Seine Hauptarten sind **Seeis, Flußeis, Meereis,** die sich durch gefrieren des Wassers an der Oberfläche bilden, und **Gletschereis,** das auf dem Land oder in einem **Eisschelf** entstanden ist. Der Begriff umfaßt auch das gestrandete und auf Grund festsitzende Eis.

**Floe – Eisscholle:** Ein verhältnismäßig flaches Stück **Meereis,** dessen Durchmesser 20 m oder mehr beträgt. Je nach Größe werden unterschieden:
riesig große Eisschollen Durchmesser über 10 km
sehr große Eisschollen Durchmesser 2–10 km
große Eisschollen Durchmesser 500–2000 m
mittelgroße Eisschollen Durchmesser 100–500 m
kleine Eisschollen Durchmesser 20–100m

**Floeberg – Eisschollenberg:** Ein massives Stück **Meereis,** das aus einem **Preßeishügel** oder einer Gruppe zusammengefrorener Preßeishügel besteht. Es ist von dem ihn umgebenden Eis getrennt und kann bis zu 5 m über den Wasserspiegel ragen.

**Flooded ice – Überflutetes Eis: Meereis,** das vom Schmelz- oder Flußwasser stark überflutet worden ist.

**Fracture – Bruch:** Jeder Bruch, der durch Deformationsvorgänge im **sehr dichten Treibeis, zusammengeschobenen** und **zusammenhängenden Treibeis, Festeis** oder in einer einzelnen **Scholle** entstanden ist. In den Brüchen können **Trümmereis** und / oder **Nilas** und / oder **junges Eis** vorkommen. Ihre Länge schwankt zwischen einigen Metern und vielen Kilometern.

**Fracture zone – Bruchzone:** Ein Gebiet mit vielen Brüchen im Eis.

**Fracturing – Aufbrechen/Bildung von Brüchen im Eis:** Preßvorgänge, wodurch das Eis laufend deformiert wird und Brüche auftreten. Der Ausdruck wir im allgemeinen verwendet, um die Bildung von Brüchen im **sehr dichten Treibeis, zusammengeschobenen** und **zusammenhängenden Treibeis** zu beschreiben.

**Frazil ice – Freischwebende Eisnadeln oder Eisplättchen:** sie können sich in der gesamten Wassersäule bilden.

**Friendly ice – Gutes Eis/Freundliches Eis:** Vom U-Boot aus gesehen, ein **Eisdach** mit vielen großen **Oberlichtern/Eisfenstern** oder anderen Merkmalen, das ein Auftauchen erlaubt. Es müssen mehr als zehn Merkmale auf einer 30 sm (56 km) langen Fahrstrecke vorhanden sein.

**Frost smoke – Frostrauch:** Nebelähnliche Wolken, die durch Berührung von kalter Luft mit verhältnismäßig warmem Wasser entstehen. Er kann über offenen Stellen im Eis oder im Lee des **Eisrandes** auftreten und auch während der Neueisbildung bestehen bleiben.

**Giant floe – Riesig große Eisscholle:** Siehe Floe – **Eisscholle**

**Glacier berg – Gletschereisberg:** Ein unregelmäßig geformter **Eisberg.**

**Glacier ice – Gletschereis:** Jedes von einem Gletscher stammende Eis, gleichgültig, ob auf dem Land oder im Meer, wo es als **Eisberge, Eisbergstücke** oder **Growler** auftritt.

**Glacier tongue – Gletscherzunge:** Zungenartige Ausdehnung eines Gletschers auf das Meer, gewöhnlich schwimmend. In der Antarktis können sich Gletscherzungen über viele Zehner von Kilometern erstrecken.

**Grease ice – Eisschlamm:** Kennzeichnet ein späteres Stadium des Gefriervorgangs als die **freischwebenden Eisnadeln** oder **Eisplättchen**. Die Eisnadeln oder Eisplättchen sind zusammengefügt und bilden an der Wasseroberfläche eine dünne suppenartige Schicht. Eisschlamm reflektiert wenig Licht und gibt der See ein mattes Aussehen.

**Grey ice – Graues Eis: Junges Eis**, 10–15 cm dick. Es ist weniger elastisch als **Nilas** und wird durch die Dünung zerbrochen. Durch seitlichen Druck wird es übereinandergeschoben.

**Grey-white ice – Grauweißes Eis: Junges Eis**, 15–30 cm dick. Durch seitlichen Druck wird es mehr gepreßt als übereinandergeschoben.

**Grounded hummock – Auf Grund festsitzender Preßeishügel:** Es können einzelne und in Reihen angeordnete Preßeishügel sein, die im seichten Wasser auf dem Grunde festsitzen.

**Grounded ice – Auf Grund festsitzendes Eis: Schwimmendes Eis**, das im seichten Wasser auf dem Grund festsitzt.

**Growler – Eishümpel/Growler:** Eisstück, kleiner als ein **Eisbergstück** oder **Eisschollenberg**, häufig von grünlicher oder fast schwarzer Farbe; es ragt weniger als 1 m über den Wasserspiegel und bedeckt gewöhnlich eine Fläche von etwa 20 $m^2$.

**Hostile ice – Schlechtes Eis/Feindliches Eis:** Vom U-Boot aus gesehen, ein **Eisdach** ohne große **Oberlichter/Eisfenster** oder andere Merkmale, die ein Auftauchen erlauben würden.

**Hummock – Preßeishügel:** Übereinandergehäufte Eisblöcke, die durch starke Eispressungen entstanden sind. Der im Wasser eintauchende Teil eines Preßeishügels wird **Steiß** genannt.

**Hummocked ice – Hügelig aufgepreßtes Eis:** Willkürlich übereinandergehäuftes Eis. Im verwitterten Zustand sind die Seitenflächen des Preßeishügels geglättet.

**Hummocking – Hügelartiges Aufpressen des Eises:** Preßvorgang, der zur Bildung von Preßeishügeln führt. Wenn dabei die Eisschollen sich drehen, wird dieser Vorgang Schrauben des Eises genannt.

**Iceberg – Eisberg:** Ein massives Eisstück von sehr unterschiedlicher Gestalt, das mehr als 5 m über den Wasserspiegel herausragt und von einem Gletscher abgebrochen ist. Es schwimmt im Wasser oder sitzt auf dem Grunde fest. Eisberge können beschrieben werden als **tafelförmig**, kuppelförmig, schief, spitz, verwittert oder als **Gletschereisberge**.

**Iceberg tongue – Eisbergzunge:** Eine größere Ansammlung von Eisbergen, die sich von der Küste ins Meer hinaus erstreckt und ortsfest ist. Die Eisberge sitzen auf dem Grund fest und sind durch Festeis miteinander verbunden.

**Ice blink – Eisblink:** Ein weißlicher Schimmer an der Unterseite von niedrigen Wolken über einer entfernt liegenden Eisansammlung.

**Ice bound – Durch Eis abgeriegelt:** Kennzeichnet einen Hafen, eine Bucht, etc., wenn die Schiffahrt ohne Eisbrecherunterstützung nicht möglich ist.

**Ice boundary – Eisgrenze:** Die zu einer bestimmten Zeit bestehende Abgrenzung zwischen **Festeis** und **Treibeis** oder zwischen Treibeisgebieten verschiedener Konzentration.

**Ice breccia – Eisbrekzie:** Zusammengefrorene Eisstücke verschiedenen Alters.

**Ice cake – Eisbruchstück:** Ein verhältnismäßig flaches Stück **Meereis** mit einem Durchmesser von weniger als 20 m.

**Ice canopy – Eisdach:** Vom U-Boot aus gesehen, **Treibeis.**

**Ice cover – Eisbedeckung:** Das Verhältnis zwischen einer Eisfläche von beliebiger **Eiskonzentration** und der gesamten Wasseroberfläche in einem großen geographischen Bereich; dieser Bereich kann global, hemisphärisch oder durch spezifische ozeanographische Verhältnisse vorgeschrieben sein, wie Baffin Bay oder Barentssee.

**Ice edge – Eisrand:** Die zu irgendeiner Zeit bestehende Abgrenzung zwischen dem offenen Meer und dem **Meereis.** Bei näherer Bestimmung kann der Eisrand als **kompakt** oder **stark aufgelockert** bezeichnet werden.

**Ice field – Eisfeld:** Ein Gebiet mit **Treibeis,** das aus **Eisschollen** jeglicher Größe besteht und einen Durchmesser von mehr als 10 km hat.

**Ice foot – Eisfuß:** Eine an der Küste besfestigte Eisstufe, die durch die Gezeiten nicht bewegt wird und übrig bleibt, nachdem das **Festeis** abgetrieben wurde.

**Ice free – Eisfrei:** Kein **Meereis** vorhanden. Es kann aber etwas **Landeis** vorkommen.

**Ice front – Eisfront/Schelfeisrand:** Vertikales Kliff; es bildet die Seeseite eines Eisschelfs oder anderer schwimmender Gletscher und ragt 2 m bis über 50 m über den Wasserspiegel hinaus.

**Ice island – Eisinsel:** Ein großes Stück schwimmendes Eis, das von einem arktischen Eisschelf abgebrochen ist. Es ragt etwa 5 m über den Wasserspiegel, ist 30–50 m dick und hat eine Fläche von einigen 1000 $m^2$ bis zu 500 $km^2$ oder mehr; gewöhnlich ist die Oberfläche wellenförmig gestaltet.

**Ice jam – Eisstauung:** Eine Anhäufung von zerbrochenem **Fluß-** oder **Meereis,** das sich in einem schmalen Kanal oder Flußbett verfangen hat.

**Ice keel – Eiskiel:** Vom U-Boot aus gesehen, ein an der Unterseite des **Eisdaches** befindlicher Eisrücken; der nach unten ragende Teil eines Preßeisrückens. Eiskiele können bis zu 50 m unter den Wasserspiegel hinabreichen.

**Ice limit – Grenze für extreme Ausdehnung des Eises:** Ein klimatologischer Begriff, worunter die aufgrund mehrjähriger Beobachtung festgestellte extreme Lage der maximalen oder minimalen Ausdehnung des Eises in irgendeinem Monat oder in einem anderen Zeitraum verstanden wird. Bei der Anwendung des Begriffes sollte besonders zum Ausdruck gebracht werden, ob darunter die extreme Lage der maximalen oder minimalen Ausdehnung des Eises gemeint ist.

**Ice massif – Dauereis:** Eine in jedem Sommer in demselben Gebiet anzutreffende Ansammlung des **Meereises,** dessen Fläche Hunderte von Quadratkilometern ausmacht.

**Ice of land origin – Landeis:** Jedes schwimmende Eis, das auf dem Land oder in einem **Eisschelf** gebildet wurde. Dieses Eis kann auch am Ufer gestrandet sein oder auf dem Grunde festsitzen.

**Ice patch – Sehr kleines Eisfeld:** Ein Gebiet mit **Treibeis,** dessen Durchmesser weniger als 10 km beträgt.

**Ice port – Eishafen:** Eine Einbuchtung der **Eisfront,** die von Schiffen zum Ankern und Verladen am Eisschelf aufgesucht werden kann.

**Ice rind – Eishaut:** Eine spröde, blanke Eiskruste, die sich auf einer ruhigen Wasseroberfläche durch direktes Gefrieren oder aus dem **Eisschlamm** gebildet hat; gewöhnlich im salzarmen Wasser. Dicke bis zu 5 cm. Sie wird durch Wind oder Dünung leicht zerbrochen; die zerbrochenen Stücke sind im allgemeinen rechtwinklig.

**Ice shelf – Eisschelf:** Schwimmendes Eis mit ebener oder leicht gewellter, großer Oberfläche, das 2–50 m aus dem Wasserspiegel ragt und an der Küste befestigt ist. Es wird durch die jährlichen Ablagerungen von Firnschnee und häufig durch die in die See vorspringenden Gletscher genährt. Teile eines Eisschelfs können auf dem Grund liegen. Seine Seeseite wird als **Eisfront** bezeichnet.

**Ice under pressure – Pressendes Eis:** Eis, in dem Deformationsvorgänge stattfinden; es stellt für die Schiffahrt ein mögliches Hindernis oder eine Gefahr dar.

**Ice wall – Eismauer/Eisfront:** Eiskliff, bildet die Seeseite eines nicht im Wasser schwimmenden **Gletschers**. Eine Eismauer liegt auf dem Grunde. Das Gesteinsfundament liegt in Höhe des Meeresspiegels oder darunter.

**Lake Ice – Seeis:** Das auf einem See gebildete Eis, gleichgültig, an welchem Ort es beobachtet wird.

**Large fracture – Breiter Bruch:** Mehr als 500 m breit.

**Large ice field – Großes Eisfeld:** Ein Eisfeld mit einem Durchmesser von mehr als 20 km.

**Lead – Rinne:** Jeder befahrbare Bruch oder Durchgang im **Meereis**.

**Level ice – Ebenes Eis: Meereis**, das noch nicht deformiert worden ist.

**Light nilas – Helle Nilas: Nilas**, mehr als 5 cm dick und von etwas hellerer Farbe als **dunkle Nilas**.

**Mean ice edge – Mittlere Lage des Eisrandes:** Die aufgrund mehrjähriger Beobachtungen festgestellte durchschnittliche Lage des Eisrandes in irgendeinem Monat oder in einem anderen Zeitraum. Andere verwendete Bezeichnungen sind mittlere maximale Lage und mittlere minimale Lage des Eisrandes.

**Medium first year ice – Mitteldickes einjähriges Eis: Einjähriges Eis**, 70–120 cm dick.

**Medium floe – Mittelgroße Eisscholle:** Siehe Floe – **Eisscholle**.

**Medium fracture – Mittelbreiter Bruch:** 200–500 m breit.

**Medium ice field – Mittelgroßes Eisfeld:** Ein **Eisfeld** mit einem Durchmesser von 15–20 km.

**Multi-year ice – Mehrjähriges Eis: Altes Eis**, bis zu 3 m und mehr dick, überdauerte die Eisschmelze von mindestens zwei Sommern und ist fast salzfrei. Die **Preßeishügel** sind noch mehr abgerundet als beim **zweijährigen Eis**. Wo eine Schneedecke fehlt, hat das Eis gewöhnlich eine blaue Farbe. Während der Eisschmelze bilden sich auf dem Eis große, untereinander verbundene Pfützen, das Abflußsystem ist gut entwickelt.

**New ice – Neueis:** Eine allgemeine Bezeichnung für kürzlich gebildetes Eis, die **freischwebende Eisnadeln** und **Eisplättchen, Eisschlamm, Schneeschlamm** (Schneebrei) und **Eisbreiklümpchen** einschließt. Diese Eisformen sind aus Eiskristallen zusammengesetzt, die nur leicht zusammengefroren sind und nur beim Schwimmen eine bestimmte Form annehmen.

**New ridge – Neuer Preßeisrücken:** Ein kürzlich gebildeter **Preßeisrücken** mit scharfen Spitzen und gewöhnlich um 40° geneigten Seitenflächen. Bruchstücke sind von Luft aus in niedriger Höhe zu erkennen.

**Nilas – Nilas:** Eine dünne elastische Eiskruste, von matter Oberfläche und bis zu 10 cm dick. Sie wird durch Seegang und Dünung leicht verbogen; durch seitlichen Druck entsteht das auf- und untergeschobene Eis. Unterteilungen sind **dunkle Nilas** und **helle Nilas**.

**Nip – Eispressung am Schiff.**

**Old ice – Altes Eis: Meereis**, das die Eisschmelze von mindestens einem Sommer überdauert hat. Die meisten seiner morphologischen Merkmale sind glatter als beim **einjährigen Eis**. Es wir unterteilt in **zweijähriges Eis** und **mehrjähriges Eis**.

**Open pack ice – Lockeres Treibeis: Treibeis** mit einer Eiskonzentration von 4/10 bis 6/10 (3/8 bis weniger als 6/8); die Eisschollen berühren sich im allgemeinen nicht; es sind viele Rinnen und Stellen mit offenem Wasser vorhanden.

**Open water – Offenes Wasser:** Eine große fast eisfreie Wasserfläche mit einer **Eiskonzentration** von weniger als 1/10 (1/8).

**Pack ice – Treibeis:** Eine im weiten Sinne verwendete Bezeichnung für irgendein mit **Meereis**, gleichgültig welcher Art und Verteilung – mit Ausnahme von **Festeis** und **Neueis** –, bedecktes Gebiet.

**Pancake ice – Pfannkucheneis:** Vorwiegend kreisförmige Eisstücke mit einem Durchmesser von 30 cm – 3 m, bis zu 10 cm dick und mit erhöhten Rändern, die durch das Aneinanderstoßen der einzelnen Stücke entstehen. Es wird bei leichter Dünung aus dem **Eisschlamm, Schneeschlamm** oder aus **Eisbreiklümpchen** gebildet oder es entsteht durch Zerbrechen der **Eishaut, Nilas** und, bei schweren Seegangs- und Dünungsverhältnissen, des **grauen Eises**. Es bildet sich manchmal auch innerhalb der Wassersäule an der Grenzfläche zwischen zwei physikalisch verschiedenen Wasserkörpern, von der es an die Oberfläche aufschwimmt. Pfannkucheneis kann rasch weite Wasserflächen bedecken.

**Polynya – Polynye:** Jede nicht geradlinige Öffnung im Eis. Es können darin vorkommen **Trümmereis, Neueis, Nilas** oder **junges Eis**; vom U-Boot aus gesehen, erscheint sie als ein Eisfenster. Eine Polynye, die auf der einen Seite durch die Küste begrenzt ist, wird **Küstenpolynye** genannt. Tritt sie in jedem Jahr an derselben Stelle auf, wird sie als **ständige Polynye** bezeichnet.

**Puddle – Pfütze:** Eine auf dem Eis vorhandene Ansammlung von Schmelzwasser, hauptsächlich durch schmelzenden Schnee hervorgerufen, tritt aber auch im vorgeschrittenen Stadium der Eisschmelze auf.

**Rafted ice – Übereinandergeschobenes Eis:** Eine Form des **deformierten Eises**, gebildet durch das Aufschieben eines Eisstückes auf ein anderes.

**Rafting – Übereinanderschieben des Eises:** Preßvorgang, wodurch ein Eisstück auf ein anderes geschoben wird; am meisten verbreitet beim **Neueis** und **jungen Eis**.

**Ram – Eissporn:** Unterwasservorsprung eines **Eisberges**, einer **Eismauer, Eisfront** oder **Eisscholle**. Er bildet sich gewöhnlich infolge des stärkeren Abschmelzens der aus dem Wasser ragenden Eisteile.

**Recurring Polynya – Wiederkehrende Polynye:** Eine **Polynye**, die in jedem Jahr an derselben Stelle wiederkehrt.

**Ridge – Preßeisrücken:** Aufgepreßtes Eis in Form eines Rückens oder Walles, wobei die **Eisschollen** übereinandergehäuft wurden. Der Rücken kann auch verwittert sein. Sein im Wasser nach unten ragender Teil wird **Eiskiel** genannt.

**Ridged ice – Aufgepreßtes Eis:** Übereinandergehäufte Eisstücke in Form von Rücken oder Wällen. Sie werden gewöhnlich beim **einjährigen Eis** beobachtet.

**Ridged ice zone – Zone mit aufgepreßtem Eis:** Ein Gebiet, in dem viel **aufgepreßtes Eis** mit einander ähnlichen Merkmalen gebildet wurde.

**Ridging – Aufpressen des Eises:** Preßvorgang, wodurch Preßeisrücken entstehen.

**River ice – Flußeis:** Das auf einem Fluß gebildete Eis, gleichgültig, an welchem Ort es beobachtet wird.

**Rotten ice – Verrottetes Eis/morsches Eis: Meereis**, das durch den Schmelzvorgang eine wabenartige Struktur bekommen hat und sich in einem vorgeschrittenem Stadium der Auflösung befindet.

**Sea ice – Meereis:** Jede im Meer beobachtete Eisform, die durch das Gefrieren des Meerwassers entstanden ist.

**Second year ice – Zweijähriges Eis: Altes Eis**, das die Eisschmelze eines Sommers überdauert hat. Da es dicker und weniger dicht als das **einjährige Eis** ist, ragt es höher über den Wasserspiegel hinaus. Gegenüber dem **mehrjährigen Eis** entsteht während des Schmelzens auf dem Eis ein regelmäßiges Muster von zahlreichen kleinen **Pfützen**. Schneefreie Flecken und Pfützen haben gewöhnlich eine grünlich-blaue Farbe.

**Shearing – Scherbewegung des Treibeises:** Ein Treibeisgebiet ist einer Scherung unterworfen, wenn die Geschwindigkeit des Eises sich eindeutig in der Normalen zur Bewegungsrichtung ändert, so daß Scherkräfte auftreten.

**Shore lead – Küstenrinne:** Eine **Rinne** zwischen **Treibeis** und dem Ufer oder zwischen Treibeis und einer **Eisfront**.

**Shore polynya – Küstenpolynye:** Eine **Polynye** zwischen **Treibeis** und der Küste oder zwischen Treibeis und einer **Eisfront**.

**Shuga – Eisbreiklümpchen:** Eine Ansammlung von schwammartigen weißen Eisklümpchen, deren Durchmesser einige Zentimeter beträgt. Sie bilden sich aus dem **Eisschlamm** oder **Schneeschlamm/Schneebrei** und manchmal aus **Grundeis**, von dem Teile zur Wasseroberfläche aufschwimmen.

**Skylight – Eisfenster/Oberlicht:** Vom U-Boot aus gesehen, dünne Stellen im **Eisdach**, gewöhnlich weniger als 1 m dick. Sie erscheinen als verhältnismäßig helle, durchscheinende Stellen in der sonst dunklen Umgebung. Die Unterseite eines Eisfensters / Oberlichtes ist gewöhnlich eben. Eisfenster / Oberlichter werden als groß bezeichnet, wenn ihre Größe (120 m) dem U-Boot erlaubt, einen Auftauchversuch zu unternehmen; sie werden klein genannt, wenn ihre Größe für den Auftauchversuch nicht ausreicht.

**Slush – Schneeschlamm/Schneebrei:** Schnee, der vom Wasser durchtränkt ist und der auf dem Land oder Eis liegt, oder eine zähe schwimmende Masse, die nach starkem Schneefall im abgekühlten Wasser entstanden ist.

**Small floe – Kleine Eisscholle:** Siehe Floe – **Eisscholle**.

**Small fracture – Schmaler Bruch:** 50–200 m breit.

**Small ice cake – Kleines Eisbruchstück:** Ein **Eisbruchstück** mit einem Durchmesser von weniger als 2 m.

**Small ice field – Kleines Eisfeld:** Ein **Eisfeld** mit einem Durchmesser von 10–15 km.

**Snow covered ice – Schneebedecktes Eis.**

**Standing floe – Aufgerichtete Eisscholle:** Eine einzelne, senkrecht oder geneigt stehende **Eisscholle**, die von ziemlich ebenem Eis umschlossen ist.

**Stranded ice – Gestrandetes Eis:** Eis, das bei ablaufendem Wasser am Ufer abgelagert wurde.

**Strip – Eisstreifen/Eisband:** Ein langes schmales **Treibeis**gebiet, ungefähr 1 km oder weniger breit, gewöhnlich aus kleinen, von der Hauptmasse des Eises losgelösten Bruchstücken bestehend, die durch Wind, Dünung und Strömung zusammengetrieben wurden.

**Tabular berg – Tafeleisberg:** Ein Eisberg mit flacher Oberfläche, der eine horizontale Schichtung hat und gewöhnlich von einem **Eisschelf** abgebrochen ist.

**Thaw holes – Schmelzwasserlöcher:** Vertikale Löcher im **Meereis**; sie entstehen, wenn die auf der Eisoberfläche vorhandenen Pfützen sich durch das Eis bis zum darunterliegenden Wasser hindurchschmelzen.

**Thick first year ice – Dickes einjähriges Eis: Einjähriges Eis**, mehr als 120 cm dick.

**Thin first year ice/White ice – Dünnes einjähriges Eis/Weißes Eis: Einjähriges Eis**, 30–70 cm dick.

**Tide crack – Gezeitenriß/Gezeitenspalte:** Ein Riß, der zwischen einem unbeweglichen **Eisfuß** oder **Eiswall** und **Festeis** infolge der von den Gezeiten abhängigen Wasserstandsschwankungen entsteht.

**Tongue – Eiszunge:** Ein bis zu mehreren Kilometern langer Vorsprung des Eisrandes, der durch Wind oder Strömung entstanden ist.

**Vast floe – Sehr große Eisscholle:** Siehe Floe – **Eisscholle.**

**Very close pack ice – Sehr dichtes Treibeis: Treibeis** mit einer **Eiskonzentration** von 9/10 bis weniger als 10/10 (7/8 bis weniger als 8/8).

**Very open pack ice – Sehr lockeres Treibeis: Treibeis** mit einer **Eiskonzentration** von 1/10 bis 3/10 (1/8 bis weniger als 3/8); es ist mehr offenes Wasser als Eis vorhanden.

**Very small fracture – Sehr schmaler Bruch:** 0–50 m breit.

**Very weathered ridge – Stark verwitterter Preßeisrücken: Rücken** mit stark abgerundetem Oberteil, die Seitenflächen sind gewöhnlich um 20–30° geneigt.

**Water sky – Wasserhimmel:** Charakteristische dunkle Streifen an der Unterseite von niedrigen Wolken, die auf Wasserstellen im umgebenden Meereis hinweisen.

**Weathered ridge – Verwitterter Preßeisrücken: Rücken** mit leicht abgerundeten Spitzen, die Seitenflächen sind gewöhnlich um 30–40° geneigt. Einzelne Bruchstücke sind nicht erkennbar.

**Weathering – Verwittern:** Vorgänge der Abtragung und Anhäufung, die allmählich die Unregelmäßigkeiten einer Eisoberfläche beseitigen.

**White ice – Weißes Eis:** Siehe thin first year ice – **dünnes einjähriges Eis.**

**Young coastal ice – Junges Küsteneis:** Anfangsstadium der Festeisbildung, besteht aus **Nilas** oder **jungem Eis**, seine Breite schwankt zwischen einigen Metern und 100–200 m Entfernung von einer Uferlinie.

**Young ice – Junges Eis:** Eis im Übergangsstadium vom **Nilas** zum **einjährigen Eis**, 10–30 cm dick. Es kann unterteilt werden in **graues Eis** und **grauweißes Eis.**

*Quelle: Koslowski, Gerhard: Die WMO-Eisnomenklatur. Deutsche Hydrographische Zeitschrift 22 (1996) 6, S.260–267.*

*Abdruck mit freundlicher Genehmigung der Bundesamt für Seeschiffahrt und Hydrographie, Hamburg.*

# Literatur- und Quellenverzeichnis

Ackermann, Erich (Hrsg): Märchen und Geschichten zur Winterzeit. Frankfurt am Main 1992.

Agassiz, Elizabeth C.: Louis Agassiz. Sa vie et sa correspondance. Paris 1887.

Alaska's Glaciers. Alaska Geographic 9 (1982) 1.

Allen, Oliver E.: Die Atmosphäre. Amsterdam 1983.

Allgeier, Sepp: Die Jagd nach dem Bild. 18 Jahre Kameramann in Arktis und Hochgebirge. Stuttgart 1931.

Amundsen, Roald: Die Nordwest-Passage. München o. J.

Andrée, Salomon August: Dem Pol entgegen. Leipzig 1930.

Anderson, William R. und Clay Blair: Die abenteuerliche Fahrt des Nautilus. Wien, München, Basel 1959.

Andel, Tjeerd H. van: Das neue Bild eines alten Planeten. Die neuen Erkenntnisse der dynamischen Erdwissenschaft. Hamburg 1989.

Andrist, Ralph: Das große Buch der Polarforscher. Reutlingen 1962.

Arktis + Antarktis. GEO Wissen 1990.

Baeyer, Hans Christian v.: Regenbogen, Schneeflocken und Quarks. Physik und die Welt, die wir täglich erleben. Reinbek 1996.

Bailey, Ronald H.: Gletscher. Amsterdam 1983.

Ballard, Robert D.: Das Geheimnis der Titanic. 3800 m unter Wasser. Berlin, Frankfurt am Main 1987.

Balmes, Hans Jürgen (Hrsg.): Die Dichter auf dem Eise. Ein Bilderbogen poetischer Winterfreuden von damals bis heute. München, Wien 1986.

Barüske, Heinz: Grönland. Wunderland der Arktis. Berlin 1977.

Bárdarson, Hjálmar R.: Eis und Feuer. Kontraste der isländischen Natur. Reykjavík 1980.

Beattie, Owen und John Geiger: Der eisige Schlaf. Das Schicksal der Franklin-Expedition. Köln 1989.

Beesley, Lawrence: Tragödie der Titanic. Letztes Geheimnis gelüftet? Hamburg 1995.

Bender, Hans und Hans Georg Schwark (Hrsg): Das Winterbuch. Frankfurt am Main 1983.

Bentley, W. A und W. J. Humphreys: Snow Crystals. New York 1962.

Berckenhagen, Ekhart: Schiffahrt in der Weltliteratur. Ein Panorama aus fünf Jahrtausenden. Hamburg 1995.

Berger, Alfred: Die Stettiner Eisbrecher 1889–1939. Stettin 1939.
Bertram, Jürgen und Helga: Im Reich der Roten Kaiser. Als Korrespondent in China. München 1994.
Blüthgen, Joachim und Wolfgang Weischet: Allgemeine Klimageographie. Berlin, New York 1980.
Borchgrevink, Carsten: Das Festland am Südpol. Die Expedition zum Südpolarland in den Jahren 1898–1900. Breslau 1905.
Brigham, Lawson W. (Hrsg.): The Soviet Maritime Arctic. London 1991.
Bruns, Erich: Ozeanologie. Band II. Berlin 1962.
Buchheister, M. und E. Bensberg: Hamburgs Fürsorge für die Schiffbarkeit der Unterelbe. Hamburg 1901.
Burch, Ernest und Werner Forman: Die Eskimos. Das Volk des Nordens. Luzern, Herrsching 1988.
Byrd, Richard Evelyn: Flieger über dem Sechsten Erdteil. Meine Südpolexpedition 1928/30. Leipzig 1931.
Byrd, Richard Evelyn: Mit Flugzeug, Schlitten und Schlepper. Meine zweite Expedition nach dem Sechsten Erdteil 1933/35. Leipzig 1936.
Cellura, Dominique: Schlittenhunde in Eis und Schnee. München 1990.
Chorlton, Windsor: Eiszeiten. Amsterdam 1983.
Cook, Frederick A.: Die erste Südpolarnacht 1898–1899. Kempten 1903.
Damas, David: Arctic. Washington 1984. (Sturtevant, William C. (Hrsg.): Handbook of North American Indians, Bd. 5.)
Darwin, Charles: The Voyage of the Beagle. New York 1962.
Das neue Universum. Stuttgart 1880. ND München o. J.
Debenham, Frank: Antarktis. Geschichte eines Kontinents. München 1959.
Dolgušin, L. D. und G. B. Osipova: Ledniki. Moskau 1989.
Domico, Terry und Mark Newman: Die Bären der Welt. Braunschweig 1990.
Drygalski, Erich v.: Zum Kontinent des eisigen Südens. Berlin 1904.
Drygalski, Erich v. und F. Machatschek: Gletscherkunde. Wien 1942.
Dunbar, Carl O.: Die Erde. Lausanne 1970.
Dyson, James, L.: The World of Ice. New York 1962.
Dyson, John: Heiße Arktis. Wien, München 1981.
Egede, Hans: Die Heiden im Eis. Als Forscher und Missionar in Grönland 1721–1736. Stuttgart, Wien 1986.
Eggers, Ralf: Skisport und Ökologie. Schorndorf 1993.
Ehlers, Peter, Georg Duensing, Günter Heise (Hrsg.): Schiffahrt und Meer. 125 Jahre maritime Dienste in Deutschland. Herford 1993.
Eidenschink, Otto: Richtiges Bergsteigen in Fels und Eis. Die Technik im Eis. München 1965.
Eidgenössische Forschungsanstalt für Wald, Schnee und Landschaft (WSL)(Hrsg.): Naturgefahren. Publikation zur Tagung «Forum für Wissen» vom 28. Januar 1993 an der WSL in Birmensdorf.
Eis. Geographische Rundschau 1988, 3.
Eiszeitforschung. Mitteilungen der Naturforschenden Gesellschaft Luzern 29 (1987).
Engell, M. C.: Über die Entstehung der Eisberge. Zeitschrift für Gletscherkunde 5 (1910/11) 2, S.122–132.
Enzyklopädie Naturwissenschaft und Technik. München 1979–81.
Ernest, Albert: Wetter, Schnee und Lawinen. Lawinengefahr, Einflüsse, Beurteilung, Verhalten. Graz, Stuttgart 1981.

Erpf, Hans (Hrsg.): Das große Buch der Eskimo. Kultur und Leben eines Volkes am Rande des Nordpols. Oldenburg, Hamburg 1977.
Farrand, John: Wetter. Köln 1991.
Feazel, Charles T.: Eisbären. Faszinierende Bewohner der Arktis. München 1994.
Felinau, Josef Pelz v.: Titanic. Der berühmte Roman um die größte Schiffskatastrophe der Welt. Frankfurt am Main 1953.
Filchner, Wilhelm: Zum sechsten Erdteil. Berlin 1923.
Filchner, Wilhelm: In China. Auf Asiens Hochsteppen. Im ewigen Eis. Freiburg 1930.
Finsterwalder, R.: Seit 100 Jahren Beobachtungen am Minapingletscher im Hunzakarakorum. Zeitschrift für Gletscherkunde und Glazialgeologie 15 (1989) 2, S. 209–216.
Fischer, Hanns: Die Sintflut und Hörbingers Welteislehre. Leipzig 1924.
Fitzhugh, William W. und Aron Crowell: Crossroads of Continents. Cultures of Siberia and Alaska. Washington D.C. 1988.
Flaig, Walther: Das Gletscherbuch. Rätsel und Romantik, Gestalt und Gesetz der Alpengletscher. Leipzig 1938.
Flaig, Walther: Lawinen. Abenteuer und Erfahrung. Erlebnis und Lehre. Wiesbaden 1955.
Fliri, F.: Über Veränderungen der Schneedecke in Nord- und Osttirol in der Periode 1895–1991. Zeitschrift für Gletscherkunde und Glazialgeologie 26 (1990) 2, S. 145–154.
Flögel, Karl Friedrich: Geschichte des Grotesk-Komischen. Leipzig 1862. ND Dortmund 1978.
Forster, Georg: Reise um die Welt. Frankfurt am Main 1967.
Franke, Harald: 80 Jahre Eisbrecher auf der Unterelbe. Schiff und Hafen 3 (1951) 9, S. 294–300.
Fraser, Colin: Lawinen – Geißel der Alpen. Rüschlikon-Zürich, Stuttgart, Wien 1968.
Freisinger, Gisela: Der Traum vom ewigen Leben. Tempo 12 (1987).
Freyermuth, Gundolf S.: Kryokonserven. Kursbuch 119, 1995, S. 147–185.
Fritz, Hans und Gerhard Januschkowetz: Rodeln. Von den Grundbegriffen bis zur Perfektion. München 1981.
Fröhlich, Anne Marie (Hrsg.): Winter. Texte aus der Weltliteratur. Zürich 1989.
Furon, Raymond und Andre de Cayeux: Meere – Gletscher – Vulkane. München 1963.
Gamma, Karl: Das Ski-Handbuch. München 1982.
Gassner, August: Goethe als Eisläufer. Frankfurt am Main 1990.
Gerdau, Kurt: Ein Schiff mit dem Namen «Comite». Schiff und Zeit 10 (1979), S. 18–22.
Giedion, Sigfrid: Die Herrschaft der Mechanisierung. Frankfurt am Main 1982.
Gierloff-Emden, H. G.: Geographie des Meeres. Ozeane und Küsten. Teil 2. Berlin, New York 1979.
Gierloff-Emden, H. G.: Das Eis des Meeres. Berlin, New York 1982.
Gletscher im ständigen Wandel. Jubiläums-Symposium der Schweizerischen Gletscherkommission 1993 Verbier (VS) «100 Jahre Gletscherkommission – 100000 Jahre Gletschergeschichte». Zürich 1995.
Gletscher, Schnee und Eis. Das Lexikon zu Glaziologie, Schnee- und Lawinenforschung in der Schweiz. Luzern 1993.
Gletschergarten Luzern 1872–1972. Festschrift. Bern 1973. Separatabdruck aus Geographica Helvetica 18 (1973) 2.
George, Uwe: Expedition in die Urwelt. Paläontologie: Die Erforschung der steinernen Zeit. Hamburg 1993.
Gordijenko, Pavel: Die Polarforschung der Sowjetunion. Düsseldorf, Wien 1967.
Görz M. und M. Buchheister: Das Eisbrechwesen im Deutschen Reich. Berlin 1900.
Goudie, Andrew: Physische Geographie. Heidelberg, Berlin, Oxford 1995.

Gray, D. M. und D.H. Male (Hrsg.): Handbook of Snow. Principles, Processes, Management and Use. Toronto, Oxford, New York, Sydney, Paris, Frankfurt am Main 1981.

Gribbin, John und Mary: Kinder der Eiszeit. Beeinflußt das Klima die Evolution des Menschen? Basel, Berlin, Boston 1992.

Gross, Günther: Der Flächenverlust der Gletscher in Österreich 1850 - 1920 - 1969. Zeitschrift für Gletscherkunde und Glazialgeologie 23 (1987) 2, S. 131–141.

Haeferli, R.: Schnee, Lawinen, Firn und Gletscher. In: Bendel, Ludwig: Ingenieurgeologie, II. Hälfte. Wien 1948, S. 663–735.

Halban, George: Unternehmen Alaska-Pipeline. München, Zürich 1978.

Hall, Sam: Die Vierte Welt. Das Erbe der Arktis und ihre Zerstörung. Stuttgart, Wien 1988.

Hambrey, Michael und Jürg Alean: Glaciers. Cambridge 1992.

Hampe, Matthias: Stilwandel im Eiskunstlauf. Eine Ästhetik- und Kulturgeschichte. Frankfurt am Main 1994.

Hansen, Erik Fosnes: Choral am Ende der Reise. Köln 1995.

Harborn, John D.: Moderne Eisbrecher. Spektrum der Wissenschaft 1984,2, S. 22–29.

Heim, A.: Handbuch der Gletscherkunde. Stuttgart 1885.

Heise, Günter: Wetterkunde. Vom Abendrot bis zur Zyklone. Hamburg 1984.

Hellmann, Ulrich: Künstliche Kälte. Die Geschichte der Kühlung im Haushalt. Gießen 1990.

Hempel, Gotthilf (Hrsg.): Biologie der Meere. Heidelberg 1991.

Hempel, Gotthilf (Hrsg.): Antarctic Science. Global Concerns. Berlin, Heidelberg, New York 1995.

Hempel, Irmtraut und Gotthilf: Biologie der Polarmeere. Erlebnisse und Ergebnisse. Jena 1995.

Herbert, Wally: Jäger des hohen Nordens. Die Eskimo. Amsterdam 1981.

Herbert, Wally: Eskimos. Im Land des Langen Tages. Esslingen 1984.

Hess, H.: Die Gletscher. Braunschweig 1904.

Heusler, Holger: Unbekannte UdSSR. Frankfurt am Main 1977.

Heyn, Erich: DIERCKE – Die Rekorde der Erde. Vom höchsten Berg zum tiefsten Graben. 40 extreme Naturerscheinungen. München 1981.

Higgins, A. K. und A. Weidick: The Worlds's Northernmost Surging Glacier? Zeitschrift für Gletscherkunde und Glazialgeologie 24 (1988) 2, S. 111–123.

Hilck, Erwin und Rudolf Auf dem Hövel: Jenseits von minus Null. Die Geschichte der deutschen Tiefkühlwirtschaft. Köln 1979.

Hillary, Edmund und Desmond Doig: Schneemenschen und Gipfelstürmer. Die Hillary-Himalaja-Expedition 1960/61. Wiesbaden 1963.

Hobbs, Peter V.: Ice Physics. Oxford 1974.

Høeg, Peter: Fräulein Smillas Gespür für Schnee. München, Wien 1994.

Hohl, Rudolf: Unsere Erde. Eine moderne Geologie. Frankfurt am Main 1984.

Hohl, Rudolf (Hrsg.): Die Entwicklungsgeschichte der Erde. Leipzig 1985.

Hopkins, David M.: The Bering Land Bridge. Stanford 1967.

Husseiny, A. A.: (Hrsg.): Iceberg Utilization. Proceedings of the First International Workshop on Iceberg Utilization October 2–6, 1977. New York, Toronto, Oxford, Sydney, Frankfurt am Main, Paris 1978.

Hutter, K. (Hrsg.): Dynamik umweltrelevanter Systeme. Berlin, Heidelberg, New York, London, Paris 1991.

Hutterer, Kolumbian: Stoffgleichungen von Eis. Zeitschrift für Gletscherkunde und Glazialgeologie 15 (1979) 1, S. 47–63.

Hyde, K. A. und J. Rothwell: Ice Cream. Edinburgh, London 1973.

Imbrie, John und Katherine Palmer Imbrie: Die Eiszeiten. München 1981.
Ives, Jack D. und David Sugden (Hrsg.): Polarregionen. Die illustrierte Enzyklopädie der Erde. Hamburg 1994.
Jaccard, C. (Hrsg.): 50 Jahre Schnee- und Lawinenforschung auf dem Weissfluhjoch. Mitteilungen des Eidgenössischen Instituts für Schnee- und Lawinenforschung 44, 1987.
Jacob, Klaus: Entfesselte Gewalten. Stürme, Erdbeben und andere Naturkatastrophen. Basel, Boston, Berlin 1995.
Janssen: Freerk: Die Versorgung antarktischer Forschungsstationen. Pfaffenweiler 1989.
Jeier, Thomas: Die Eskimos. Geschichte und Schicksal der Jäger im Hohen Norden. München 1979.
Kahlke, Hans Dietrich: Das Eiszeitalter. Leipzig, Jena, Berlin 1981.
Kaiser, Karlheinz: Die Inlandeis-Theorie, seit 100 Jahren fester Bestand der Deutschen Quartärsforschung. Eiszeitalter und Gegenwart 26 (1975), S. 1–30.
Kaiser, Peter: Die Rückkehr der Gletscher. Die Welt vor einer Naturkatastrophe. Wien, München, Zürich, Innsbruck 1971.
Keller, Beat und Peter Wick (Hrsg.): Gletschergarten Luzern. Luzern 1985.
Keller, Beat, Peter Wick, Franz Schenker, Walter Fellmann: Der Dropstone von Luzern. Separatdruck aus Mitteilungen der Naturforschenden Gesellschaft Luzern 34 (1995).
Kick, W.: Eisgeschwindigkeitsmessungen an Gletschern Hochasiens. Geschichte – Technik – Ergebnisse. Zeitschrift für Gletscherkunde und Glazialgeologie 13 (1977) 1/2, S. 7–22.
Klebelsberg, R. v.: Handbuch der Gletscherkunde und Glazialgeologie. Wien 1948.
Kleine, Erich: Der Aufbau einer Elbe-Eisbrecherflottille durch die preußische Elbstrombauverwaltung und ihre technische Entwicklung bis hin zur Wasser- und Schiffahrtsverwaltung des Bundes. Schiffahrt und Technik 1985, 14, S. 58–65 und 15, S. 41–49.
Kleine, Erich: Eisbekämpfung im Elbstromgebiet. Eisbrecher und deren Entwicklung, Eisverhältnisse und Bekämpfungsmethoden. Jahrbuch der Hafentechnischen Gesellschaft 41 (1985/86), S. 107–129.
Kloppenburg, M. und J. Schwarz: Neue Wege in der Eisbrechtechnik. Jahrbuch der Schiffbautechnischen Gesellschaft 69 (1975), S. 191–212.
Kludas, Arnold und Ralf Witthohn: Die deutschen Kühlschiffe. Herford 1981.
Kohnen, Heinz: Antarktisexpedition. Deutschlands neuer Vorstoß ins ewige Eis. Bergisch Gladbach 1981.
Koldewey, Carl: Die erste Deutsche Nordpolar-Expedition im Jahre 1868. Petermanns Geographische Mittheilungen 1871, Ergänzungsheft 28. ND Gotha 1993.
Körner, H. J.: Lawinendynamik – Was muß gemessen werden? Zeitschrift für Gletscherkunde und Glazialgeologie 15 (1979) 2, S. 165–173.
Kost, Wolfgang: Vorgänge bei der Eisbildung. Abhandlungen des Deutschen Kältetechnischen Vereins 8 (1953).
Kuhle, Matthias: Glazialgeomorphologie. Darmstadt 1991.
Küster, Hansjörg: Geschichte der Landschaft in Mitteleuropa. Von der Eiszeit bis zur Gegenwart. München 1995.
Lamb, H. H.: Klima und Kulturgeschichte. Der Einfluß des Wetters auf den Gang der Geschichte. Reinbek 1989.
Lang, Ludwig: Gletschereis. Stuttgart 1927.
Lanius, Karl: Die Erde im Wandel. Grenzen des Vorhersagbaren. Heidelberg, Berlin, Oxford 1995.
Lapp, Ralph E.: Die Materie. Amsterdam 1965.
Lauer, Britta: Im Eismeer. München 1995.

Laurell, Seppo und Erkki Riimala: Through Ice and Snow. The story of Finnish winter navigation. Published by The Ship Historical Society of Finland. Helsinki 1985.
Lehane, Brendan: Die Nordwestpassage. Amsterdam 1984.
Lethcoe, Nancy R.: An Observer's Guide to the Glaciers of Prince William Sound, Alaska. Valdez 1987.
Lewis, Richard S.: Abenteuer Antarktis. München 1966.
Lexikon für Bergfreunde. Luzern, Frankfurt am Main 1978.
Liedtke, Herbert: Eiszeitforschung. Darmstadt 1990.
Liljequist, Göst H. und Konrad Cehak: Allgemeine Meteorologie. Braunschweig, Wiesbaden 1979.
Linde, Carl: Aus meinem Leben und von meiner Arbeit. Erinnerungen des Pioniers der Kältetechnik. ND Düsseldorf 1984.
Lindgrén, S. und J. Neumann: Crossings of Ice-Bound Sea Surfaces in History. Climatic Change 4 (1982), S. 71–97.
Liss, C. C.: Der Morenogletscher in der patagonischen Kordillere, sein ungewöhnliches Verhalten seit 1899 und der Eisdamm-Durchbruch des Jahres 1966. Zeitschrift für Gletscherkunde und Glazialgeologie 6 (1970) 1/2, S. 161–180.
Lopez, Barry: Arktische Träume. Leben in der letzten Wildnis. München 1989.
Lord, Walter: Die Titanic Katastrophe. München 1977.
Louis, Herbert und Klaus Fischer: Allgemeine Geomorphologie. Berlin, New York 1979.
Lynch, Donald: Titanic. Königin der Meere. Das Schiff und seine Geschichte. München 1992.
Maasch, Otto: Das Eisbrechwesen im Hafen Hamburg und Elbegebiet. Hansa 87 (1950), S. 287–292.
Maasch, Otto: Die neuen hamburgischen Eisbrecher *Johannes Dalmann* und *Hofe*. Schiff und Hafen 4 (1952) 6, S. 184–194.
Machacek, Fritz: Gletscherkunde. Leipzig 1902.
Maegerlein, Heinz: Faszination Ski. 100 Jahre Skilauf. München 1980.
Maegerlein, Heinz: Faszination Eissport. 100 Jahre Eissport. München 1986.
Maisch, Max, Conradin A. Burga, Peter Fitze: Lebendiges Gletschervorfeld. Von schwindenden Eisströmen, schuttreichen Moränenwällen und wagemutigen Pionierpflanzen im Vorfeld des Morteratschgletschers. Führer und Begleitbuch zum Gletscherlehrpfad Morteratsch. Samedan 1993.
Marcinek, Joachim: Gletscher der Erde. Leipzig 1984.
Marx, Friedhelm (Hrsg.): Wege ins Eis. Nord- und Südpolfahrten. Frankfurt am Main, Leipzig 1995.
Mathiassen, Therkel: Mit Knud Rasmussen bei den amerikanischen Eskimos. Leipzig 1928.
Matthews, Rupert O.: Die großen Naturwunder. München 1991.
Mawson, Douglas: Leben und Tod am Südpol. Leipzig 1922.
May, John: Das Greenpeace-Buch der Antarkis. Ravensburg 1988.
Mayer, Fred: Sibirien. Zürich, Schwäbisch Hall 1983.
Mehl, Erwin: Grundriss der Weltgeschichte des Schifahrens (Schigeschichte). I. Von der Steinzeit bis zum Beginn der schigeschichtlichen Neuzeit (1860). Beiträge zur Lehre und Forschung der Leibeserziehung. Band 10. Schorndorf 1964.
Meyers Kleines Lexikon Sport. Mannheim, Wien, Zürich 1987.
Meyers Kleines Lexikon Meteorologie. Mannheim, Wien, Zürich 1987.
Mickleburgh, Edwin: Abenteuer Antarktis. Bedrohter Kontinent im ewigen Eis. Hamburg 1980.

Middleton, Charles: Die Anfänge der Menschheit. Urgeschichte – 3000 v. Chr. Amsterdam 1993.
Miller, George A.: Wörter. Streifzüge durch die Psycholinguistik. Heidelberg, Berlin, New York 1993.
Morrison, Tony: Die Anden. Amsterdam 1991.
Moss, Sanford und Lucia deLeiris: Antarktis. Ökologie eines Naturreservats. Heidelberg, Berlin, New York 1992.
Mousson, A.: Die Gletscher der Jetztzeit. Zürich 1854.
Müller, Marin: Winterfreuden. Texte von Xenophon bis Hermann Burger. München, Zürich 1986.
Nansen, Fridtjof: Auf Schneeschuhen durch Grönland. Berlin 1951.
Nicolson, Nigel: Der Himalaya. Amsterdam 1991.
Nicolussi, K.: Bilddokumente zur Geschichte des Vernagtferners im 17. Jahrhundert. Zeitschrift für Gletscherkunde und Glazialgeologie 26 (1990) 2, S. 97–119.
Nusser, F.: Die neue internationale Eisnomenklatur. Deutsche Hydrographische Zeitschrift 9 (1956) 4, S. 174–182.
Obholzer, Anton: Geschichte des Skis und des Skistocks. Ihre Entstehung und Entwicklung. Schorndorf 1974.
Oerlemans, J. und C. J. van der Veen: Ice Sheets and Climate. Dordrecht, Boston, Lancaster 1984.
Oesterle, Bernd: Eisbrecher aus aller Welt. Moers 1988.
Olschak, Blanche Christine u. a. : Himalaya. Wachsende Berge, Lebendige Mythen. Wanderne Menschen. Köln 1987.
Ostersehlte, Christian: Die Geschichte des Eisbrechwesens im Überblick. Von den Anfängen und der Entwicklung des ersten ausgereiften Eisbrechers in Hamburg bis zur Gegenwart. Deutsches Schiffahrtsarchiv 6 (1983), S. 109–132.
Pantenburg, Vitalis: Seestraßen durch das Große Eis. Herford 1967.
Papanin, Iwan D.: Das Leben auf einer Eisscholle. Berlin 1947.
Peroni, Robert: Der weiße Horizont. Drei Männer durchqueren Grönlands unerforschte Eiswüste. Frankfurt am Main, Berlin 1987.
Pillewizer, Wolfgang: Zwischen Alpen, Arktis und Karakorum. Fünf Jahrzehnte kartographische Arbeit und glaziologische Forschung. Berlin 1986.
Polednik, Heinz: Weltwunder Skisport. Wels 1969.
Prager, Hans Georg und Christian Ostersehlte: Dampfeisbrecher Stettin. Seine Vorgänger und Nachfolger. Lübeck 1986.
Prell, Heidemarie: Vom Gipfelschnee zur fröhlichen Eiszeit. Siegeszug der faszinierenden Köstlichkeit Speiseeis. Vom Genuß- zum Nahrungsmittel. Nürnberg 1987.
Pyne, Stephen J.: The Ice. A Journey to Antarctica. New York 1986.
Quilici, Brando: Arktis. Köln 1992.
Rautmann, Peter: C. D. Friedrich: Das Eismeer. Durch Tod zu neuem Leben. Frankfurt am Main 1991.
Reinke-Kunze, Christine: Eisfahrt auf dem Kiel-Kanal. Kehrwieder 29 (1985) 3, S. 18–20.
Reinke-Kunze, Christine: Den Meeren auf der Spur. Die Geschichte der deutschen Forschungsschiffe. Herford 1986.
Reinke-Kunze, Christine: Hamburger Hafenschiffe. Herford 1989.
Reinke-Kunze, Christine: Antarktis. Braunschweig 1992.
Reinke-Kunze, Christine: Aufbruch in die weiße Wildnis. Die Geschichte der deutschen Polarforschung. Hamburg 1992.

Reinke-Kunze, Christine: Alfred Wegener. Polarforscher und Entdecker der Kontinentaldrift. Basel 1994.
Reinke-Kunze, Christine: Welt der Forschungsschiffe. Hamburg 1995.
Reinwarth, O. und G. Stäblein: Die Kryosphäre - das Eis der Erde und seine Untersuchung. Würzburger Geographische Arbeiten 36, 1972.
Robinson, Andrew: Erdgewalten. Erdbeben, Unwetter und andere Katastrophen. Köln 1994.
Roscow, James P.: 800 Miles to Valdez. The Building of the Alaska Pipeline. Englewood Cliffs 1977.
Röthlisberger, Friedrich: 100 000 Jahre Gletschergeschichte der Erde. Aarau, Frankfurt am Main, Salzburg 1986.
Scharnow, U., W. Berth, W. Keller: Maritime Wetterkunde. Berlin 1990.
Schild, Melchior: Lawinen. Dokumentation für Lehrer, Skilager- und Tourenleiter. Zürich 1972.
Schneider, Götz: Naturkatastrophen. Stuttgart 1980.
Schneider, Wolf: Mythos Titanic. Das Protokoll der Katastrophe - drei Stunden, die die Welt erschütterten. Hamburg 1986.
Schneider, Wolf und Guido Mangold: Die Alpen. Wildnis - Almrausch - Tummelplatz. Hamburg 1989.
Schönwiese, Christian-Dietrich und Bernd Diekmann: Der Treibhauseffekt. Der Mensch ändert das Klima. Reinbek 1989.
Schulz, Heinz: Leben wir in einem Eiszeitalter? Zur Geschichte der Eiszeittheorien. Berlin 1985.
Schumann, Walter: Das Buch der Erde. 2 Bände. München 1987.
Schwander, Andreas: Der weiße Tod. Geo 1994, 3, S. 36–55.
Schwarzbach, Martin: Das Klima der Vorzeit. Eine Einführung in die Paläoklimatologie. Stuttgart 1974.
Sedlag, Ulrich: Urania Tierreich. Tiergeographie. Leipzig, Jena, Berlin 1995.
Seiler, Signe: Kalte Giganten am Pol. Kosmos 1994, 6, S. 86–93.
Semmel, Arno: Periglazialmorphologie. Darmstadt 1994.
Sharp, Robert P.: Glaciers. Eugene 1960.
Shumskiy, P. A.: Dynamic Glaciology. New Delhi, Bombay, Calcutta, New York 1978.
Skeib, Günter: Antarktis. Leipzig, Jena, Berlin 1966.
Smith, William D.: Northwest Passage. The Historic Voyage of the S. S. Manhattan. New York 1970.
Sorge, Ernst: Mit Flugzeug, Faltboot und Filmkamera in den Eisfjorden Grönlands. Erlebnisse mit Knud Rasmussen und Ernst Udet. Berlin 1933.
Sparks, John und Tony Soper: Penguins. London 1987.
Spindler, Michael und Gerhard S. Dieckmann: Das Meereis als Lebensraum. In: Hempel, Gotthilf (Hrsg.): Biologie der Meere. Heidelberg, Berlin, New York 1991, S. 102ff.
Stauffer, Bernhard: Die Zusammensetzung der Luft in natürlichem Eis. Zeitschrift für Gletscherkunde und Glazialgeologie 17 (1981) 1, S. 57–78.
Stefan, J.: Ueber die Theorie der Eisbildung, insbesondere über die Eisbildung im Polarmeere. Annalen der Physik und Chemie NF 42 (1891) 2, S. 269–286.
Stevens, Jane Allen: Exploring Antarctic Ice. National Geographic 189 (1996)5, S. 36–53.
Stiebler, Christof und Richard Kerler: Ski. Geschichte, Disziplinen, Rekorde. München 1968.
Stirling, Ian (Hrsg.): Bären. Enzyklopädie der Tierwelt. Hamburg 1993.

Stoffel, Hans Peter: Studien zur Geschichte der russischen Skisportterminologie. Bern, Frankfurt am Main 1975.
Stoll, Victor: Die Arktis. Zürich 1991.
Stonehouse, Bernard: North Pole, South Pole. A Guide to the Ecology and Resources of the Arctic and Antarctic. London 1990.
Stonehouse, Bernard: Arktis – Antarktis. Luzern 1993. (Dt. Übers. des vorhergenenden Titels).
Strauch, Karl Theodor: Entstehung, Verhütung und Beseitigung von Eis in stehenden und fließenden Gewässern und insbesondere an Stauanlagen. Besondere Mitteilungen zum Deutschen Gewässerkundlichen Jahrbuch 10, 1954.
Strübing, K.: Eisberge im Nordatlantik, 60 Jahre International Ice Patrol. Der Seewart 35 (1974) 1, S. 1–14 und 3, S. 103–126.
Sullivan, Walter: Männer und Mächte am Südpol. Die Eroberung eines neuen Kontinents. Zürich o. J.
Sullivan, Walter: Angriff auf das Unbekannte. Das Internationale Geophysikalische Jahr. Wien, Hannover, Bern 1962.
Summerfield, Michael A.: Global Geomorphology. New York 1991.
Temple, Robert K. G.: Das Land der fliegenden Drachen. Chinesische Erfindungen aus vier Jahrtausenden. Bergisch-Gladbach 1990.
Thompson, Philip D. und Robert O'Brien: Das Wetter. Amsterdam 1966.
Tidick, M. J.: Schneller als der Wind. Bielefeld, Berlin 1972.
Timm, Werner: Schiffe und ihre Schicksale. Bielefeld, Rostock 1976.
Timokhov, L. A.: Dynamics of Ice Cover. Rotterdam 1984.
Toepfer, V.: Tierwelt des Eiszeitalters. Leipzig 1963.
Tromnau, Gernot: Menschen im Eis. Eskimo früher und heute. Ausstellungskatalog. Duisburg 1988.
Tyndall, John: Die Gletscher der Alpen. Braunschweig 1898.
Uhle, Margret: Icecream en vogue. München 1988.
United Nations Environment Programme (Hrsg.): Glaciers and the Environment. Nairobi 1992.
Unter Null. Kunsteis, Kälte und Kultur. Ausstellungskatalog Centrum Industriekultur Nürnberg und Stadtmuseum Nürnberg. München 1991.
Uspenski, Sawwa: Heimat der Eisbären. Leipzig, Moskau 1979.
Verne, Jules: Die Abenteuer des Kapitäns Hatteras. Berlin 1992.
Wade, Wyn Craig: Die Titanic. Das Ende eines Traums. München 1983.
Walker, Jearl: Experiment des Monats. Spektrum der Wissenschaft 1984, 2, S. 128f.
Walton, D. W. H.: Antarctic Science. Cambridge, London, New York, New Rochelle, Melbourne, Sydney 1987.
Wegener, Alfred: Die Entstehung der Kontinente. Petermanns Geographische Mitteilungen 58 (1912).
Wegener, Alfred: Mit Motorboot und Schlitten in Grönland. Bielefeld, Leipzig 1930.
Wegener, Else (Hrsg): Alfred Wegeners letzte Grönlandfahrt. Leipzig 1932.
Weiss, Walter: Arktis. Wien, München 1975.
Welsch, W. und H. Kinzl: Der Gletschersturz von Huascaran (Peru) am 31. Mai 1970. Die größte Gletscherkatastrophe der Geschichte. Zeitschrift für Gletscherkunde und Glazialgeologie 6 (1970) 1/2, S. 181–192.
Weyer, Helfried: Alaska. Karlsruhe 1980.
Weyer, Helfried: Schlittenhunde. Freiburg i. Br. 1995.
Wick, Peter: Der Rhonegletscher und seine Umgebung. Ein Beitrag zur Gletscher- und

Klimaforschung des Geographischen Institutes der ETH Zürich. Ausstellungsbroschüre. Luzern o. J. (1980).
Wick, Peter: Gletschergarten Luzern 1872–1993. 120 Jahre Gletschergarten Luzern. Zusammenfassung in drei Kapiteln. Luzern 1993.
Wie funktioniert das? Wetter und Klima. Mannheim 1989.
Wiley, Sally D.: Blue Ice in Motion. The Story of Alaska's Glaciers. Anchorage 1990.
Wilhelm, Friedrich: Schnee- und Gletscherkunde. Berlin, New York 1975.
Wilhelm, Friedrich: Hydrogeographie. Grundlagen der Allgemeinen Hydrogeographie. Braunschweig 1993.
Wilhelmy, Herbert: Geomorphologie in Stichworten. III. Exogene Morphodynamik. Stuttgart 1992.
Worsley, F. A.: Shackleton's Boat Journey. London 1974.
Ziak, Karl: Der Mensch und die Berge. Eine Weltgeschichte des Alpinismus. Salzburg, Stuttgart 1965.
Zindel, Christian Siegmund: Der Eislauf oder das Schlittschuhfahren. Ein Taschenbuch für Jung und Alt. Nürnberg 1825. ND Hanau 1980.